AMBIENTE E INDUSTRIA EN MÉXICO

CENTRO DE ESTUDIOS ECONÓMICOS

AMBIENTE E INDUSTRIA EN MÉXICO

TENDENCIAS, REGULACIÓN Y COMPORTAMIENTO EMPRESARIAL

Editores
Rhys O. Jenkins
Alfonso Mercado García

EL COLEGIO DE MÉXICO

363.70972
A492

Ambiente e industria en México : tendencias, regulación y comportamiento empresarial / editores Rhys O. Jenkins ; Alfonso Mercado García. — 1a ed. — México, D.F. : El Colegio de México, Centro de Estudios Económicos, 2008.
520 p. : cuadros, gráficas ; 22 cm.

ISBN 978-968-12-1367-1

1. Industria manufacturera — Aspectos ambientales — México. 2. Industria manufacturera — Aspectos ambientales — Latinoamérica. 3. Industria maquiladora — Aspectos ambientales — México. 4. Industria maquiladora — Aspectos ambientales — Latinoamérica. I. Jenkins, Rhys O., ed. II. Mercado García, Alfonso, ed.

Primera edición, 2008

ISBN 978-968-12-1367-1

Impreso en México

ÍNDICE

Primera parte

INTRODUCCIÓN

I. AMBIENTE E INDUSTRIA EN MÉXICO

Rhys O. Jenkins y Alfonso Mercado[1]

La contaminación de la industria manufacturera en México

Abatir y controlar la contaminación generada por la actividad manufacturera es un desafío ambiental, económico y social para México. El gran crecimiento de la producción manufacturera en las últimas décadas ha presionado intensamente en el ambiente con cada vez mayores niveles de contaminación en el país. Dicha presión ha sido severa y ha sobrepasado la todavía incipiente adopción de tecnologías "limpias" y la capacidad de infraestructura para el tratamiento y la disposición de residuos peligrosos, emisiones a la atmósfera y descargas a los cuerpos de agua y los suelos.

El crecimiento manufacturero de México en las últimas dos décadas fue notable. Luego de un desempeño inestable y volátil de 1980 a 1986, a partir de este año (coincidente con la incorporación de México al Acuerdo General de Comercio y Aranceles[2]) la producción manufacturera del país creció anualmente a tasas más altas que las de Estados Unidos, Canadá, la Unión Europea (15 países) y el promedio de los países de la Organización para la Cooperación y el Desarrollo Económicos (OCDE). En el periodo 1986-2000, la tasa de crecimiento anual promedio (promedio aritmético) de la producción manufacturera en México fue de 3.57%, mientras que en Estados Unidos era de 3.44%, en Canadá de 2.78%, en los países de la OCDE de 2.80% y en los 15 países de la Unión Europea de 2.3%. Después de la firma del Tratado de Libre Comercio de América del Norte (TLCAN), y luego de una caída en 1995, la producción manufacturera mexicana volvió a crecer a tasas elevadas —superando las de los países mencionados— en el periodo 1995-2000.[3]

[1] Agradecemos las valiosas sugerencias sobre el libro que formularon dos dictaminadores anónimos, sin comprometerlos. También reconocemos el gran apoyo de los directores de nuestros respectivos centros de estudios durante varias etapas de la elaboración del libro: Jaime Sempere, del Centro de Estudios Económicos de El Colegio de México, así como Cecile Jackson y Michael Stocking, de la School of Development Studies de la Universidad de East Anglia, Inglaterra.

[2] GATT, por sus siglas en inglés: General Agreement on Tariffs and Trade.

[3] Véanse los datos de la OCDE para 2002: Organización para la Cooperación y el Desarrollo Económicos, *Environmental Data. Compendium 2002*, OCDE, París, 2003.

Cuadro I.1
Industrias significativas para el ambiente, 1990-2000
(Índices de producción 1995 = 100)

Año	*Papel y celulosa*[a]	*Química*[b]	*Petróleo refinación*[c]	*Hierro y acero*[d]	*Maquinaria eléctric*[e]	*Automotriz*[f]
			México			
1990	95	91	114	76	97	100
1994	98	96	114	88	103	124
1995	100	100	100	100	100	100
1996	110	108	104	119	128	132
1997	117	109	114	134	151	150
1998	123	118	123	136	192	162
1999	131	123	125	138	225	172
2000	136	122	138	143	230	211
			Estados Unidos			
1990	88	91	96	90	53	72
1994	99	98	98	97	79	98
1995	100	100	100	100	100	100
1996	99	102	102	101	128	100
1997	104	107	105	106	166	108
1998	6	107	106	103	215	112
1999	107				270	127
2000	106				357	129
			Canadá			
1990	95	87	98	88	82	
1994	99	95	99	99	89	93
1995	100	100	100	100	100	100

1996	102	101	105	102	106	100
1997	102	110	107	107	114	112
1998	101				124	118
1999	108				145	138
2000	111				162	139

[a] Rama 3411 de la CIIU.
[b] Rama 351 de la CIIU.
[c] Rama 353 de la CIIU.
[d] Rama 371 de la CIIU.
[e] Rama 383 de la CIIU.
[f] Rama 3843 de la CIIU.
Fuente: OCDE, *Environmental Data...*, *op. cit.*

La industria mexicana creció en todos los sectores —a dos dígitos en la Clasificación Industrial Internacional Uniforme (CIIU)—, tanto los altamente contaminantes como los de baja intensidad de contaminación, y a tasas de crecimiento mayores a las de Estados Unidos, Canadá y la OCDE en casi todos los sectores, excepto el de productos de minerales no metálicos, en el que creció casi igual que Canadá. El mayor crecimiento se concentró en sectores de diversa intensidad de contaminación, como el de maquinaria (poco contaminante) y los de la metálica básica y textil (más contaminantes). Pero la mayoría de las ramas manufactureras —a tres dígitos en la CIIU— significativas para el ambiente crecieron a tasas más altas que las de Estados Unidos y Canadá en la década de los años noventa; como por ejemplo las ramas del papel y celulosa, productos químicos, refinación de petróleo, hierro y acero, y automotriz. La industria de maquinaria eléctrica tuvo un crecimiento notablemente mayor en Estados Unidos. (Véase el cuadro I.1.)

Durante la expansión industrial se elevó la importancia relativa de los establecimientos de tamaño "micro" (con empleo de hasta 30 personas), al incrementarse su participación en el valor agregado manufacturero de 6.7% en 1988 a 11.3% en 1998. Debido a ello, sin que hubiese aumentado la participación de los establecimientos pequeños (de 31 a 100 trabajadores) y medianos (de 101 a 500 trabajadores), la participación del segmento de empresas micro, pequeñas y medianas en el valor agregado manufacturero se incrementó de 47% a 52% de 1988 a 1998 (datos de los censos industriales del Instituto Nacional de Estadística, Geografía e Informática, INEGI). La mayoría de este extenso segmento de empresas no cumple con las normas ambientales, pues al afrontar dificultades económicas severas continúa utilizando viejas tecnologías y se le dificulta en extremo proteger el ambiente o prevenir riesgos para el trabajador y la comunidad vecina.[4]

Además, el crecimiento se magnificó en la industria maquiladora de exportación (IME), establecida principalmente en la frontera con Estados Unidos. Desde su inicio, en los años sesenta, la IME ha funcionado con reglas especiales de libre comercio transfronterizo y se ha erigido como un gran centro de manufactura que surte a los mercados globales. Las tasas de crecimiento anual de la IME no fueron negativas en ningún año de 1980 a 2000 (a diferencia de la industria no maquiladora que tuvo varias contracciones), y en cada año de dicho periodo, las tasas de crecimiento de la IME superaron las de la producción manufacturera (en más del doble en diez años del periodo). En estas circunstancias, a pesar de las medidas tomadas por las autoridades mexicanas, la presión del rápido crecimiento económico ha conducido a la contaminación transfronteriza.[5]

Las consecuencias en la generación de contaminantes industriales significan un problema ambiental de alta relevancia nacional e internacional. El gasto público para el abatimiento y control de la contaminación puede ser estimado en aproximadamente 0.8% del producto interno bruto (PIB).[6] De acuerdo con estimaciones de la OCDE, en México se emiten aproximadamente 358 millones de toneladas de dióxido de carbono en procesos industriales y por uso de combustibles (dato de 1995), que superan en 44% las estimaciones hechas para Brasil, y equivalen a 82% de lo estimado para Canadá, 7% de Estados Unidos y 66% del Reino Unido. Estas emisiones aumentaron en 5% de 1991 a 1995. En 1985, la producción de clorofluorocarbono (CFC) representaba el triple de la de España y de la del Reino Unido y la mitad de la de Estados Unidos. La producción de hidroclorofluorocarbono (HCFC) era comparativamente baja. La producción en México de estas sustancias agotadoras del ozono estratosférico se incrementó en más de 80% de 1986 a 1995. El movimiento transfronterizo y disposición de residuos peligrosos en México se calcula que es de 3 446 000 toneladas (en 1998), lo cual es comparable a lo estimado para España y el triple de Bélgica. (Véase el cuadro I.2.)

[4] Véase, por ejemplo, OCDE, *Environmental Performance Reviews (1st Cycle). Conclusions and Recommendations. 32 Countries (1993-2000). Report on Mexico*, OCDE, Working Party on Environmental Performance, París, noviembre de 2000; así como el artículo de A. Mercado, L. Domínguez y Ó. A. Fernández, "Contaminación industrial en la zona metropolitana de la Ciudad de México", *Comercio exterior*, vol. 45, núm. 10, Banco Nacional de Comercio Exterior, México, octubre de 1995, pp. 766-774.

[5] OCDE, *idem.*

[6] OCDE, *Environmental Data..., op. cit.*, con datos sobre México de la Secretaría de Medio Ambiente y Recursos Naturales.

Cuadro I.2
México. Indicadores de contaminación ambiental en años selectos, 1985-1998

Concepto	*Unidad de medida*	*Periodo*	*Indicador*
Emisiones de dióxido de carbono en procesos industriales y por uso de combustibles	Miles de toneladas	1995	357834
Cambio	%	1991-1995	5.3
Producción de CFC[a]	PAO por ton.[b]	1985	15737
Cambio	%	1986-1995	83.0
Producción de HCFC[c]	PAO por ton.[b]	1985	118
Cambio	%	1986-1995	91.0
Movimiento transfronterizo y disposición de residuos peligrosos	Miles de toneladas	1998	3446

[a] CFC: Clorofluorocarbono.
[b] PAO: Potencial de agotamiento de la capa de ozono.
[c] HCFC: Hidroclorofluorocarbono.
Fuente: OCDE, *Environmental Data...*, *op. cit.*

En este contexto dinámico, el gobierno mexicano emprendió reformas profundas en la política y la administración pública ambiental orientadas a reducir y controlar la contaminación manufacturera, entre otros objetivos. Así, además del convencional enfoque de "normas y castigos" (*command and control*), con esfuerzos para hacer cumplir las regulaciones y los permisos más uniformemente y de monitorear más de cerca a las principales empresas, el gobierno ha promovido el cumplimiento voluntario, aunque falta introducir instrumentos económicos. La incorporación de México a la OCDE y al mercado integrado de Norteamérica con el TLCAN, brinda excelentes oportunidades de aprendizaje en el diseño de instrumentos de política ambiental y de fortaleza en su ejecución; los resultados son de progreso en la regulación de la contaminación y la difusión de conductas empresariales con responsabilidad ambiental (especialmente, las empresas grandes). Pero las estimaciones comentadas líneas arriba y otras evidencias[7] indican que es todavía largo el camino por andar. No se trata solamente de la falta de instrumentos de política, sino que se requiere también de estudios sistemáticos; no obstante la gran importancia del problema, en el vasto conjunto de investigaciones sobre la industrialización son escasos los estudios dedicados al impacto ambiental del desarrollo industrial manufacturero en México, incluida la maquila. Es necesario investigar sectores manufactureros específicos y aspectos concretos de la industria maquiladora, así como sectores de empresas por tamaño y poder de mercado.

El presente libro pretende contribuir a satisfacer dicha necesidad de investigaciones. El interés central es la contaminación industrial en México considerando el contexto de liberalización económica y de políticas ambientales. Este interés responde a la preocupación por la dimensión del problema de la contaminación y por la perspectiva de extraer lecciones útiles de diversas industrias, tanto las que han logrado avances proambientales como las que observan rezagos. La mayoría de los capítulos brinda resultados de investigación de dos proyectos, gestionados y supervisados por los coordinadores del libro;[8] también contribuyen autores invitados que no formaron parte de los equipos de investigación de estos proyectos. Así, se logró coleccionar un conjunto de 15 capítulos que se presentan en cuatro partes. Después de esta parte introductoria, la segunda parte se refiere a las tendencias en América Latina y en México; la tercera incluye estudios del desempeño ambiental en sectores selectos de la industria manufacturera, y la cuarta contiene varios análisis de la maquila de exportación. Estos estudios abordan principalmente los siguientes cuatro temas: *a)* la globalización y los efectos de escala, composición y tecnológico; *b)* las normas, la empresa contaminante y los mercados ambientales; *c)* enfoques voluntarios a la protección ambiental; y *d)* comportamiento ambiental de las empresas e innovación "limpia". A continuación se reseñan las principales aportaciones de los capítulos de este libro en cada uno de los temas, en forma selecta (no exhaustiva) y sin que ello equivalga a sustituir la utilidad de su lectura.

[7] Por ejemplo, OCDE, *Environmental Performance…, op. cit.*

[8] El primer proyecto se denominó "Pollution, Trade and Investment in Mexico" y fue financiado por la Universidad de East Anglia, Inglaterra; el segundo se denominó "El papel de las normas ambientales y las estrategias competitivas en el cuidado ambiental de la industria en México" ("Namex"), y contó con el financiamiento del Consejo Nacional de Ciencia y Tecnología (Conacyt) y la Procuraduría Federal de Protección al Ambiente (Profepa). Algunos de los resultados de los dos proyectos se publicaron en revistas académicas, en un libro (R. Jenkins, ed., *Industry and Environment in Latin America*, Londres, Routledge, 2000) y en un capítulo de libro (A. Mercado, "El comportamiento empresarial con respecto al cumplimiento de las normas ambientales en la industria mexicana", en M. Bañuelos, coord., *Sociedad, derecho y medio ambiente*, Conacyt-SEP-UAM-Semarnap-PFMA, México, 2000, pp. 291-322).

La globalización y los efectos de escala, composición y tecnológico

Como bien lo explica Jenkins en el capítulo II de este libro, una forma común de analizar el impacto de la globalización en la contaminación es dividir las emisiones en tres efectos separados.[9] El primero es el efecto de *escala*, y ocurre por el nivel de la actividad manufacturera, que cambia consecuentemente el nivel de emisiones. Así, en tanto la globalización conduzca al crecimiento de la producción manufacturera generará mayor contaminación. El segundo es el efecto de *composición*, donde el nivel de emisiones depende de la contribución de las diferentes industrias al valor agregado total: si las industrias más contaminantes, tales como la petroquímica o la de cemento, aumentan su participación en la producción, la contaminación total tiende a incrementarse. Finalmente, hay un efecto *tecnológico*, en forma de reducción de emisiones por unidad de producto, con lo cual la contaminación cambia. Este efecto resulta de cambios en la intensidad de la contaminación dentro de cada industria. Entonces, la reforma comercial de apertura a la economía global podría llevar a la adopción de procesos productivos menos contaminantes —por ejemplo, debido a la disponibilidad creciente y a menor costo de tecnología importada o porque la producción para los mercados de exportación requiere el uso de tales tecnologías— de tal forma que la contaminación por unidad de producción tendería a bajar.

Una evaluación completa del impacto ambiental de la liberalización comercial en un país requeriría una consideración de los tres efectos: de *escala*, *composición* y *tecnológico*.[10] Mientras que el impacto del efecto de escala en la contaminación es claramente aumentarla[11] y el efecto tecnológico se interpreta generalmente como el de reducirla, el efecto de composición es ambiguo y no puede generalizarse indiscriminadamente. Por ejemplo, en cuanto al efecto de composición, la estructura productiva podría cambiar hacia industrias menos contaminantes, pero aun así el nivel total de emisiones podría incrementarse como efecto final,

[9] Véase el trabajo de G. M. Grossman y A. B. Krueger, "Environmental impacts of a North American Free Trade Agreement", en *National Bureau of Economic Research*, Documento de Trabajo, núm. 3914, noviembre de 1991 (otra versión fue publicada en 1992, *Discussion Papers*, Centre for Economic Policy Research [CEPR], Londres, núm. 644), y el artículo de N. Birdsall y D. Wheeler, "Trade Policy and Industrial Pollution in Latin America: Where are the Pollution Havens?", en P. Low (ed.), *International Trade and the Environment, World Bank Discussion Papers*, núm. 159, Banco Mundial, Washington, 1992.

[10] Véase la revisión de las investigaciones sobre estos tres efectos que hicieron Beghin y Potier ("Effects of Trade Liberalisation on the Environment in the Manufacturing Sector", *World Economy*, junio de 1997).

[11] Hay por supuesto el argumento de la curva ambiental de Kuznets en el sentido de que por encima de ciertos niveles de la renta per cápita, los niveles de contaminación tenderán a declinar. Sin embargo esto se alcanza con los efectos de composición y tecnología que sobrecompensan el efecto de escala.

aunque las industrias rezagadas y contaminantes crezcan a tasas menores que las de las industrias limpias. Además, el efecto tecnológico expresado en cambios en la intensidad de la contaminación industrial depende de la tasa de adopción de tecnologías menos contaminantes o de mejoras en la gestión ambiental de las empresas en respuesta tanto a la apertura a la globalización como a mayores presiones de regulación ambiental.

El capítulo II de Rhys Jenkins brinda una explicación detallada de cada uno de estos efectos y los considera en el análisis empírico de la contaminación industrial en los tres principales países latinoamericanos: Argentina, Brasil y México. Jenkins encuentra que el efecto de escala de la liberalización es probablemente bastante limitado en los tres países. Respecto del efecto de escala, aun cuando la liberalización haya llevado a mayor crecimiento —como algunos autores han sugerido—, definitivamente no es claro que además conlleve una tasa de crecimiento más rápida del sector manufacturero. Sólo en México —a diferencia de los casos de Argentina y Brasil— es probable que el efecto combinado de la liberalización y el TLCAN haya llevado a una tasa de crecimiento más rápida de la industria manufacturera y de ahí al mayor crecimiento de la contaminación industrial. Además, Jenkins insiste en que el TLCAN ha llevado a establecer normas ambientales más altas. Por otra parte, el efecto composición de la liberalización siguió diferentes direcciones en los tres países. Mientras que en Argentina y Brasil los cambios en las exportaciones y en las importaciones después de la liberalización propiciaron una creciente transferencia de recursos ambientales al resto del mundo, en México ocurrió lo contrario. Dos factores parecen haber desempeñado un papel central: la ventaja comparativa del país considerado y el patrón de protección previo a la liberalización.

Alejandro Guevara, en el capítulo III, examina los argumentos ambientales en contra y los que están a favor del TLCAN en el caso de México, tales como los argumentos negativos de los "paraísos contaminantes"[12] y el "efecto de escala", y

12 La hipótesis de los paraísos de la contaminación sugiere que si el comercio se liberaliza, el sur, con su regulación ambiental menos rigurosa, tenderá a especializarse más en industrias contaminantes. Jensen precisa que varios autores subrayan el uso deliberado de una regulación ambiental débil para atraer capital como la conformación de un paraíso de la contaminación. No obstante tal definición, la cual depende de la motivación de los responsables de la política, no se puede probar empíricamente analizando los patrones de comercio ("The Pollution Haven Hypothesis: Some Perspectives on Theory and Empirics", en S. Hansen, J. Hesselberg y H. Hveem, *International Trade Regulation, National Development Strategies and the Environment: Towards Sustainable Development?*, Occasional Paper, Centre for Development and the Environment, núm. 2, Universidad de Oslo, 1996). Jensen ofrece una definición alternativa de que "debido a las diferencias en los niveles aceptables de emisiones para los tomadores de decisiones, algunos países pueden ganar una ventaja comparativa en la producción de bienes intensivos en contaminación" (*ibid.*, p. 320). Ésta es la interpretación que se da a la hipótesis de los paraísos de la contaminación en la publicación bien conocida de Birdsall y Wheeler ("Trade Policy...", *op. cit.*).

los argumentos positivos como el del "efecto tecnológico" y la necesidad de cumplir con mayores estándares ambientales para acceder a mercados de exportación. Guevara concluye que el TLCAN ha alentado en México un efecto de escala (con implicaciones de degradación ambiental), pero al mismo tiempo ha sido factor de mejoras tecnológicas que permiten hacer más limpios algunos procesos (efecto tecnológico). Es decir, el Tratado ha detonado una dinámica que induce mayores volúmenes de producción (lo cual tiene un impacto ambiental negativo), pero produciendo de forma más limpia (con obvio impacto positivo). El autor sostiene que el gran reto es inducir un *impacto neto* positivo en el ambiente, a través de la ampliación y el cumplimiento de mayores estándares ambientales.

En el caso de la concentrada industria acerera mexicana, Alfonso Mercado, en el capítulo IX, encuentra con base en datos secundarios y el estudio de 12 empresas (incluidas las principales plantas de aceración y laminación y una variedad de plantas de laminación y acabado de productos elaborados) que el TLCAN indujo los tres efectos. Primero, la escala de la producción aumentó, creció a tasas más altas que la mayoría de las industrias manufactureras en México; en segundo lugar, la composición de exportaciones cambió, y aumentó la importancia relativa de los productos terminados y de consumo final (comparativamente "limpios") respecto de los productos primarios (comparativamente contaminantes); tercero, ocurrió un cambio tecnológico, reflejado en la creciente productividad y la adopción de equipo moderno. Además, en los años del Tratado, el sector del acero redujo su intensidad de uso de energía. Por consiguiente, hay evidencia que indica cierto progreso en el desempeño ambiental de este sector y sugiriere que los efectos ambientalmente positivos de composición y cambio tecnológico han sido al menos tan importantes como el efecto negativo de escala.

Con referencia a la industria maquiladora de exportación, Alfonso Mercado y Óscar Fernández brindan en el capítulo XI un análisis regional de los efectos de escala y composición de la maquila entre los años 1990 y 2000, a partir de cálculos basados en los indicadores del sistema de proyección de la contaminación industrial (Industrial Pollution Projection System, IPPS) del Banco Mundial (BM) y en las cifras del sistema de cuentas nacionales de México del INEGI. Por falta de datos y otra información tecnológica, los autores no estudian el efecto tecnológico. Ellos encuentran un fuerte efecto de escala adverso al ambiente y un débil efecto de composición también contaminante en las principales tres entidades maquiladoras de México: Chihuahua, Baja California y Tamaulipas. También descubren que en las entidades maquiladoras emergentes, dicho efecto de composición resulta ser "anticontaminante", aunque sigue siendo pequeño.

En el capítulo XIII, Humberto García Jiménez explora especialmente el efecto tecnológico. El autor identifica tres trayectorias de cambio tecnológico ambiental en las maquiladoras: *a) trayectoria control*; *b) trayectoria procesos*, y *c) trayectoria proceso-producto*. Las maquiladoras que siguen la trayectoria control aplican mínimamente tecnologías ambientales (para el manejo de residuos, control de emisiones y segregación de materiales), denominadas por el mismo autor como "tecnologías de control". La fuerza de trabajo es de bajos niveles de conocimientos manufactureros en la producción de su principal producto (baja complejidad y diferenciación). La trayectoria procesos es seguida por maquiladoras que se han movido de la trayectoria control (con el uso mínimo de tecnologías) a la utilización de medidas para la disminución de residuos en el proceso de manufactura. Finalmente, en la trayectoria proceso-producto se encuentran las maquiladoras que han incorporado a sus actividades de diseño medidas para la disminución de residuos. En esta etapa se produce una *transición efectiva*, en la que el conocimiento manufacturero se integra plenamente a las actividades ambientales.

García Jiménez sostiene que la conformación de competencias manufactureras es un elemento clave en las trayectorias de cambio tecnológico ambiental de la IME; por ello sugiere que la política ambiental diseñada para las maquiladoras tiene que considerar los factores de aprendizaje y de evolución de competencias, como factores centrales para orientar el comportamiento ambiental. Por ejemplo, la certificación ISO 14000 (International Organisation for Standardisation) en varias maquiladoras ha facilitado el descubrimiento de problemas ambientales, al usar conocimiento manufacturero para disminuir la generación de residuos.

Las normas, la empresa contaminante y los mercados ambientales

Además de la influencia de la apertura económica, está la exigencia de las normas ambientales. En México y en la mayoría de los países, el instrumento más usual para el control de la contaminación ambiental ha sido el establecimiento y la aplicación de normas y castigos (*command and control*), casi desde el inicio de sus políticas ambientales. La norma ambiental es un instrumento de regulación directa, con mayor aplicación que otros instrumentos de regulación indirecta (impuestos, subsidios, permisos comerciales, créditos preferenciales, programas voluntarios, etc.). La mayor difusión de las normas se atribuye a la mayor complejidad de los demás instrumentos, a varios efectos indirectos adversos de éstos en la economía —efectos que refuerzan resistencias a la aceptación de dichos instrumentos tanto por los diseñadores de la política como por quienes son afectados— y a conductas de inercia relacionadas con la tradición normativa.[13]

[13] Véase, por ejemplo, B. C. Field y M. K. Field, *Environmental Economics. An Introduction*, McGraw-Hill, Nueva York, 3ª ed., 2002, capítulos 10 a 13. (También publicado en español: *Economía ambiental*, McGraw-Hill, Barcelona y Madrid, 2ª ed., 2002.)

Las autoridades públicas establecen ciertos límites para la cantidad y calidad de las emisiones y descargas, y los incorporan al sistema legal; luego vigilan el cumplimiento de estos límites y aplican sanciones a quienes los infringen. Se espera que al cumplirse con los límites de las emisiones y otras condiciones de las normas, se proteja el ambiente y la economía pueda desarrollarse de manera sustentable.

La principal crítica de los economistas al enfoque de normas y castigos se refiere a su ineficiencia, tanto estática como dinámica. Desde el punto de vista estático se tiende a incurrir en ineficiencias por la obligación de que todas las fuentes contaminantes cumplan las mismas normas sin importar los costos marginales del cumplimiento; desde la perspectiva dinámica, el enfoque de normas y castigos ofrece pocos incentivos para el avance tecnológico, una vez logrado el cumplimiento.[14]

Por otro lado, queda en cuestionamiento la competitividad de las empresas que cumplen con las normas. Jaffe, Peterson, Portney y Stavins examinaron varias investigaciones sobre el tema en el caso de la industria manufacturera estadounidense, y encontraron poco apoyo empírico para la hipótesis convencional de que las normas ambientales tienen grandes efectos nocivos en la competitividad; sin embargo, dicho estudio no obtuvo ninguna evidencia sistemática para apoyar la hipótesis revisionista de que las normas ambientales estimulan la innovación y mejoran la competitividad. Así, los autores sostienen que la realidad de la relación entre la protección ambiental y la competitividad internacional no se encuentra en los extremos del debate actual.[15]

Otra línea de estudio es el surgimiento de mercados ambientales —con riesgos morales— como consecuencia de la aplicación de normas rigurosas y la ejecución de sanciones que hacen creíble la exigencia de la autoridad.[16]

Alfonso Mercado, en el capítulo IV, sostiene que aunque han habido avances significativos en la normatividad y en la exigencia de su cumplimiento, éstos son insuficientes para incidir efectivamente en la protección ambiental. Los resultados de una encuesta en 62 plantas manufactureras indican, contrario a lo que se esperaría, que no hay relación significativa entre la mayor *exigencia gubernamental* y la mayor *disposición a cumplir* las normas por los establecimientos

14 Véase D. O'Connor, "La aplicación de instrumentos económicos en países en vía de desarrollo: de la teoría a la implementación", en A. Mercado (coord.), *Instrumentos económicos para un comportamiento empresarial favorable al ambiente en México*, El Colegio de México-Fondo de Cultura Económica, México, 1999, pp. 43 y 44.

15 A. B. Jaffe, S. R. Peterson, P. R. Portney y R. Stavins, "Environmental Regulation and the Competitiveness of U.S. Manufacturing: What Does the Evidence Tell Us?", *Journal of Economic Literature,* vol. 33, núm. 1, marzo de 1995.

16 Véase, por ejemplo, Environmental Business International Inc., *The Global Market and United States Environmental Industry Competitiveness,* California, 1995, <www.ine.gob.mx>.

productivos. Así, son otros los factores que inciden en la conducta empresarial, en particular los factores de tipo estructural (según el tamaño de la empresa, las especialidades manufactureras y la tecnología) y de localización geográfica de las plantas. Para fines de este estudio, Mercado define la *exigencia gubernamental* en términos de la vigilancia oficial del cumplimiento normativo mediante la aplicación de auditorías ambientales conforme a la ley y en términos de la importancia otorgada por los propios directivos a la regulación gubernamental en la motivación ambiental de la planta. El autor adopta una metodología para evaluar las percepciones de los directivos y la documentación disponible sobre la *exigencia gubernamental*, y conforma un índice de calificación. La *disposición a cumplir* es otro concepto central, también definido y cuantificado con un índice de calificación por Mercado: se refiere al compromiso patente (documentado y comprobable) de cumplir sin que la autoridad reguladora haya descubierto incumplimiento de la planta.

Carlos Montalvo estudia las capacidades innovadoras ambientales de la industria maquiladora de exportación en el capítulo X, aunque con validez para todo establecimiento productivo. Él hace una llamada de atención para incrementar el techo del desempeño exigido por las normas respecto de la protección ambiental y aumentar la ambición de quienes estudian y promueven el desarrollo sustentable en las zonas industriales.

Cueva y Vásquez presentan en el capítulo XIV un estudio de 13 maquiladoras de autopartes en las ciudades fronterizas mexicanas de Matamoros y Reynosa. Las autoras encuentran que pese a que la *exigencia gubernamental* es la principal motivación proambiental de la mayoría de las maquiladoras estudiadas, no parece incidir tanto en su cumplimiento ni en la administración ambiental ni en un mejor desempeño ambiental, puesto que no son maquiladoras ambientalmente destacadas. Cueva y Vásquez hacen notar que una minoría de plantas que cumplen las normas y tienen mejor desempeño ambiental indicó que la responsabilidad ambiental corporativa es su principal motivación; así, parece ser más efectiva la regulación corporativa de la matriz que la gubernamental. Un resultado similar encuentran Alfonso Mercado y Lilian Albornoz (capítulo XV) al analizar la maquila de la confección en Yucatán: índices de *exigencia gubernamental* muy bajos e inferiores a los ya bajos índices de responsabilidad corporativa.

Verónica Medina Ros (capítulo VIII) postula una clasificación de cuatro tipos de empresas según su cumplimiento ambiental, con base en la experiencia de 17 empresas químicas. Al frente de esta clasificación se encuentran las empresas que son "proactivas", innovan, cuentan con buena gestión ambiental y tienen generalmente buenas relaciones con las comunidades y las organizaciones sociales. Generalmente cumplen más allá de las regulaciones del Estado. El segundo tipo de empresa es más "reactiva" que proactiva, minimiza residuos y reduce las fuentes contaminantes, pero sus esfuerzos ambientales son a veces inconsistentes y están en vía de mejorar su gestión ambiental. El tercer tipo de empresa es la "cumplidora" y su motivación principal es satisfacer los requisitos ambientales legales, reaccionando solamente a las regulaciones mexicanas sin una cultura preventiva de la contaminación. El cuarto y último tipo de empresa es la "rezagada" que lucha para cumplir con los requisitos ambientales legales mínimos. Generalmente es más pequeña, afronta limitaciones económicas y lucha a veces simplemente para sobrevivir y permanecer en el mercado. Tienen una cultura con fuerte resistencia al cambio y no ven una buena razón de invertir en la prevención o aun en el control de la contaminación porque tienen otras prioridades.

La regulación ambiental gubernamental mediante normas exigentes, aunada a las exigencias de la certificación ambiental, los códigos empresariales de conducta ambiental que se transfieren a las filiales y la propia competencia en mercados en la que se demanda una imagen "limpia" a las empresas, han sido factores impulsores de transacciones de equipos y servicios ambientales; es decir, mercados ambientales, referidos por ejemplo al equipo para el tratamiento de aguas residuales y a los servicios de manejo de residuos municipales. Graciela Carrillo, en su capítulo V, examina estos factores y estudia cómo tales mercados han ganado terreno en algunos países líderes y en México. La autora cita cálculos de que estos mercados pasaron de 408 000 millones de dólares en 1994 a más de 600 000 millones de dólares en 2004 y que con las tasas de crecimiento anual observadas los mismos podrían llegar a 826 600 millones de dólares en 2010. Los mercados ambientales se concentran en Estados Unidos, Europa Occidental y Japón, al dar cuenta de 88% del total mundial. Destacan, no por su escala, sino por su dinamismo los mercados emergentes asiáticos, con tasas de hasta 25% anual, y los países latinoamericanos grandes con tasas superiores a 12% al año. Graciela Carrillo muestra que a pesar de contar con una demanda comparativamente pequeña, el mercado ambiental mexicano se ubicó como el segundo en América Latina, después de Brasil, y se prevé una expansión muy importante en el futuro cercano.

ENFOQUES VOLUNTARIOS A LA PROTECCIÓN AMBIENTAL

Una respuesta de política ambiental a las críticas de que el enfoque de normas y castigos es inflexible e innecesariamente costoso es el enfoque voluntario a la protección ambiental, que consiste en que los contaminadores emprendan voluntariamente acciones proambientales, y no por la obligación de un requerimiento de la regulación.[17]

[17] Véase, por ejemplo, K. Segerson y N. Li, "Voluntary Approaches to Environmental Protection", en H. Folmer y T. Tietenberg (eds.), *The International Yearbook of Environmental and*

El concepto de *acuerdo voluntario* o *enfoque voluntario* o *programa voluntario* ha sido definido de varias formas, dependiendo de su alcance y del tipo de acciones involucradas.[18] Una concepción amplia y precisa es la de Segerson y Li, quienes definen los *enfoques voluntarios* incorporándolos en tres tipos: *a) iniciativas unilaterales* de las empresas o las industrias (con el establecimiento de códigos privados), cuyo objetivo es reducir las emisiones o la degradación ambiental; el gobierno no se involucra activamente en estas iniciativas; *b) acuerdos bilaterales* entre el organismo gubernamental regulador y una empresa o un grupo industrial individual, como resultado de una negociación directa entre las dos partes; y *c) programas voluntarios* diseñados por el organismo regulador para inducir la participación de las empresas, sin haber negociado con ellas los términos del programa; en vez de ello, el organismo diseña el programa e incluye los criterios de elegibilidad, las recompensas y obligaciones de la participación, y entonces espera a que empresas se inscriban voluntariamente en el programa.[19]

Una clasificación similar es la del Programa de las Naciones Unidas para el Medio Ambiente (PNUMA) que postula cuatro categorías:[20] *1) acuerdos volunta-*

Resource Economics 1999/2000. A Survey of Current Issues, serie "New Horizons in Environmental Economics", Edward Elgar, Cheltenham, Reino Unido, Northampton, MA, Estados Unidos, 1999, cap. 7, pp. 273-306.

18 Por ejemplo, una definición estrecha es la de Rauscher (*International Trade, Factor Movements, and the Environment*, Clarendon Press, Oxford, 1997), quien incluye solamente las acciones de abatimiento tomadas por disposición propia o altruismo. Storey, Boyd y Dowd ("Voluntary Agreements with Industry", en C. Carraro y F. Lévêque, eds., *Voluntary Approaches in Environmental Policy*, Dordrecht, Kluwer Academic Publishers, 1999) definen el término como "un acuerdo entre el gobierno y la industria para facilitar la acción voluntaria con un resultado social deseable, la cual es promovida por el gobierno para que la emprenda el participante basado en su propio interés". La definición de la OCDE (*Voluntary Approaches for Environmental Policy*, París, 1999) también es amplia, aunque la restringe a los casos en que el participante va más allá de las normas, al considerar estos programas como "esquemas en los que las empresas hacen compromisos para mejorar su desempeño ambiental más allá de los requerimientos legales". Las metas de reducción de emisiones podrían ser diversas y no necesariamente superar lo dispuesto por las normas oficiales. Utting define los *programas voluntarios* como "iniciativas que animan a los negocios a emprender una autorregulación corporativa o una cooperación con el gobierno para negociar e implementar normas mutuamente acordadas con el fin de cumplir con las regulaciones ambientales legales e ir más allá de ellas" (*Business Responsibility for Sustainable Development*, United Nations Research Institute for Social Development, Ginebra, 2000).

19 La tipología de enfoques voluntarios de Segerson y Li ("Voluntary Approaches...", *op. cit.*) no incluye los acuerdos internacionales bilaterales por la razón de que generalmente no tienen enfoque alternativo al de la regulación tradicional, sino más bien dan respuesta a un problema ambiental internacional o global con múltiples fuentes y receptores. Sobre este tema los autores remiten a la consulta del libro coordinado por Carraro (*International Environmental Negotiations: Strategic Policy Issues*, Edward Elgar, Cheltenham, Reino Unido, 1997).

20 Véase la publicación del PNUMA, *Voluntary Codes of Conduct for the Environment*, Oficina de Industria y Medio Ambiente, París, 1998.

rios entre la industria y el gobierno (son acuerdos contractuales); *2) iniciativas del gobierno*, las cuales pueden establecerse como retos a los negocios, programas de ecoetiquetado, etc.; *3) programas voluntarios de la industria*: son programas de administración y autoevaluación en materia ambiental realizados por una empresa, una organización multiempresa o un sector industrial específico. Pueden incluir códigos voluntarios de conducta (por ejemplo, el "Cuidado Responsable") o lineamientos de política de la empresa (por ejemplo, los Sistemas de Gestión Ambiental y los European Union's Eco-Management Schemes, EMAS); *4) iniciativas de terceros*, las cuales se conforman de normas y programas sujetos a la verificación y la auditoría de una organización independiente; por ejemplo, normas voluntarias tales como las de los certificados ISO. En este libro se adopta esta concepción de "programas voluntarios".[21]

Sobre la base de una encuesta levantada en 17 empresas químicas en México, Verónica Medina Ross examina en el capítulo VIII la adopción de programas voluntarios; encuentra que se adoptan más y tienen mayor éxito entre las empresas multinacionales que en las nacionales. Los factores principales que incentivan la adopción son la imagen de la empresa, las ventajas económicas del programa y la necesidad de cumplir con las normas ambientales. De forma congruente con lo anterior, Lilia Domínguez-Villalobos (capítulo VII) subraya que los programas de auditorías voluntarias de la Profepa han sido vehículo proambiental en las empresas productoras de fibras químicas: éste es uno de los resultados de su estudio de seis empresas que tienen diez plantas (las cuales representan 90% de la producción nacional de fibras químicas). Verónica Medina Ross observa que una debilidad de los programas voluntarios en la industria química mexicana es que carecen de una forma independiente de monitoreo y verificación de cumplimiento; así, hay dudas sobre si las declaraciones ambientales de las plantas se quedan en la retórica y no llegan a la práctica con beneficios ambientales reales.[22]

21 Véase el capítulo VIII de este libro.

22 Los programas voluntarios tienden a reducir costos de transacción tanto para el organismo regulador como para las empresas usuarias. También generalmente brindan incentivos a las empresas para adoptarlos, al reducir los costos del cumplimiento de las regulaciones gubernamentales. Sin embargo, algunos estudios teóricos y empíricos sugieren que una estrategia puramente voluntaria podría no ser muy efectiva en términos del abatimiento de la contaminación, aun si las empresas decidieran participar, debido a deficiencias de exigencia, ejecución y monitoreo, entre otras (Segerson y Li, "Voluntary approaches...", *op. cit.*). La efectividad de los programas requiere de un marco regulador, de tal forma que en vez de concebir los enfoques normativo y voluntario como instrumentos de política sustitutos, es mejor tomarlos como complementarios.

Comportamiento ambiental de las empresas e innovación "limpia"

El estudio del comportamiento ambiental de una empresa es tema central de la economía ambiental.[23] Dicho comportamiento se estudia en varios capítulos del libro. Por ejemplo, Alfonso Mercado en el capítulo IV lo concibe como una reacción estratégica —materializada en un cambio en el desempeño ambiental de la empresa, asociado a cambios en la escala de producción, selección y calidad del producto, tecnología y precio— ante las decisiones ambientales de las principales competidoras (o bien, de la competidora potencial que está por decidir si entra al mercado), o ante las exigencias ambientales de otras empresas en una relación "vertical" (proveedoras o clientes) o ante las regulaciones del gobierno. En el capítulo X, Carlos Montalvo estudia el comportamiento innovador en materia ambiental y examina las capacidades tecnológicas ambientales de las maquiladoras. Además de afectar el desempeño competitivo de la propia empresa y la calidad del ambiente, el comportamiento ambiental empresarial impacta el funcionamiento del mercado y el nivel de bienestar de la sociedad. Estos temas han merecido especial atención teórica y empírica en los años recientes, como se muestra en varios capítulos de esta obra.

Frente a las exigencias gubernamentales y sociales de protección ambiental, la empresa es forzada a incurrir en costos de abatimiento de la contaminación e internalizar el costo de sus descargas y emisiones contaminantes. Dada la racionalidad económica de la empresa, los puntos de debate académico son su respuesta ambiental y el impacto neto de dicha respuesta en su competitividad. Hay la empresa que busca proteger sus costos evitando o minimizando el cumplimiento, y hay la que decide minimizar los costos del cumplimiento e incluso ir más allá de lo requerido por las normas, para conformar una imagen pública de empresa "limpia". Los costos del cumplimiento son objeto de análisis de optimización y de búsqueda de compensación. Así, por un lado está el punto de vista "convencional" que sostiene que la protección ambiental reduce la competitividad de la empresa, y por el otro la posición "revisionista" de que la protección ambiental tiende a estimular innovaciones y a elevar la competitividad. La primera posición es base del argumento central de la hipótesis de los paraísos de la contaminación.[24] La segunda posición da sustento a la idea de la *doble ganancia* (*win-win*, en inglés), respectivamente en pro del ambiente y en pro del desempe-

[23] Un área importante de la economía ambiental es de tipo microeconómico, al estudiar cómo y por qué los consumidores y las empresas (en lo individual o en pequeños grupos, como el de un sector industrial) toman decisiones que tienen consecuencias ambientales (véase por ejemplo B. C. Field y M. K. Field, *Environmental Economics...*, *op. cit.*); también el análisis microeconómico se aplica para estudiar los posibles efectos de un instrumento de política ambiental en las decisiones de los consumidores y las empresas.

[24] Véase la nota 12.

ño competitivo de la empresa. Esta idea parece tener sus raíces en un polémico artículo de Michael Porter en el que argumenta que las regulaciones ambientales estrictas no obstaculizan inevitablemente la competitividad frente a las empresas rivales extranjeras, sino realmente la realzan, con lo cual la política ambiental puede ser de doble ganancia.[25] Este punto de vista llegó a ser conocido como "la hipótesis de Porter".[26]

Queda la duda de si en el largo plazo la internalización del costo de la protección ambiental tienda a llevar a una doble ganancia. Ello es probable, considerando que en la economía global del presente una empresa ya no puede ser anónima ni permitirse cuidar únicamente de la producción de su bien o servicio al precio justo, como antaño. Ciertamente, en este inicio del siglo XXI los mercados son más transparentes y exigen más del comportamiento de las empresas, no solamente respecto de la calidad del producto y su precio, sino también de las externalidades negativas de la producción, como la contaminación; es decir, además de las regulaciones gubernamentales, hay nuevos incentivos de mercado que tienden a inducir comportamientos proambientales en las empresas; sin embargo, todavía hay inercias de producción contaminante, relacionadas con problemas estructurales y de información, entre otros factores.

Sobre este debate, Rhys Jenkins (capítulo II) argumenta que desde una perspectiva agregada, no se justifican las posiciones extremas acerca de los efectos de la liberalización en el ambiente. El optimismo de quienes ven una relación de doble ganancia (donde la liberalización comercial produce beneficios sustanciales ambientales) no es consistente con la realidad estudiada. El resultado difiere de país a país, dependiendo de su particular ventaja comparativa y de la estructura de protección que había antes de la liberalización.

25 La hipótesis de Porter ("America's Green Strategy", *Scientific American*, Nueva York, abril de 1991) de la doble ganancia podría ocurrir si se dan varias condiciones, como por ejemplo que la empresa regulada no fuera competitiva antes de la regulación y que su respuesta estratégica fuera la de un crecimiento en la competitividad lo suficientemente grande para sobrecompensar el nuevo costo internalizado de la protección ambiental (véase L. H. Gabel y B. Sinclair-Desgagné, "The Firm, its Routines and the Environment", en T. Tietenberg y H. Folmer, eds., *The International Yearbook... op. cit.*, cap. 3, pp. 89-118). También el resultado depende de lo discriminado que sea el rigor estricto de la regulación por tipo de empresa, sector industrial y país. Varios estudios han tratado de probar empíricamente la hipótesis de la "doble ganancia". Gabel y Sinclair-Desgagné citan a Meyer ("Environmentalism and Economic Prosperity: Testing the Environmental Impact Hypothesis", MIT, 1992), quien encontró evidencia estadística de Estados Unidos que apoya esta hipótesis. Pero Jaffe, Peterson, Portney y Stavins ("Environmental Regulation…", *op. cit.*) encuentran poco apoyo empírico a la hipótesis y concluyen que la realidad respecto a la relación entre la protección ambiental y la competitividad no se encuentra en ninguno de los extremos del debate actual, sino en una situación intermedia.

26 Porter elaboró posteriormente su hipótesis con muchos más ejemplos; véase, Porter y Van der Linde, "Green and competitive: Ending the Stalemate", *Harvard Business Review*, Boston, septiembre-octubre de 1995, pp. 120-134.

En este debate los conceptos de *disposición a cumplir, gestión ambiental, innovación limpia, trayectoria del desempeño ambiental* y *responsabilidad corporativa* son claves y ameritan ser explicados. Varios capítulos toman estos conceptos y los evalúan. Por ejemplo, Mercado (capítulo IV) define y cuantifica varios de estos conceptos y adopta un sistema de puntajes basado en observaciones y preguntas a los directivos responsables del ambiente en las plantas productivas. El estudio de Flor Brown sobre la industria textil (capítulo VI) y el de Lilia Domínguez-Villalobos sobre la industria de fibras químicas (capítulo VII) evalúan el *desempeño ambiental,* tanto corporativo como de la planta, con las observaciones de las empresas. La evaluación sigue un sistema de puntajes que integra las evaluaciones siguientes: *a)* la política ambiental de la empresa; *b)* la gestión ambiental; *c)* los programas ambientales; *d)* la gestión ambiental en la planta; y *e)* la evolución del impacto ambiental.[27] Mercado, en su estudio sobre el acero adopta un sistema muy similar para construir índices de calificación.[28] El anexo general ofrece un resumen de definiciones y procedimientos utilizados en diversos capítulos del libro.

Algunos de los resultados de los estudios de Mercado (capítulo IV), Brown (capítulo VI), Domínguez (capítulo VII), Mercado (capítulo IX), Cueva y Vázquez (capítulo XIV) y Mercado y Albornoz (capítulo XV) sugieren que varias empresas en México han avanzado hacia comportamientos más responsables con el impacto ambiental (con altos índices de gestión ambiental, desempeño ambiental y responsabilidad corporativa), pero al mismo tiempo se descubren importantes diferencias con incumplimiento y bajo desempeño ambiental. En el capítulo IV, Mercado encuentra que el comportamiento ambiental es pobre en un promedio general y por estratos. En un acercamiento más desagregado, él identifica tres tipos de comportamiento ambiental en México: *a) positivo* y *activo* o *proactivo,* entre los establecimientos muy grandes, de mediano margen de exportación, que son maduros o muy maduros y que cuentan con tecnología muy nueva; *b) pasivo* y *reactivo,* en los establecimientos grandes y medianos, que tienen alto margen de exportación (maquila) o no exportan y que cuentan con tecnología no muy nueva, sino nueva; y *c) pasivo* y *más bien negativo,* en las empresas pequeñas y medianas, que tienen bajo margen de exportación, son nuevas o muy nuevas y cuentan con tecnología vieja.

En el capítulo XII, Jorge Carrillo, Humberto García y Redi Gomis encuentran un avance cuantitativo y cualitativo en el comportamiento ambiental en la industria maquiladora. Ellos muestran que en tal industria, el papel de la *responsabilidad corporativa* ha sido relevante en el fortalecimiento de las estructuras de organización para la protección ambiental y que la gran mayoría de ellas cuenta con certificaciones internacionales. El estudio de Cueva y Vázquez sobre la ma-

[27] Véase el apéndice del capítulo VII.

[28] Véase el anexo general al final del libro.

quila en el estado de Tamaulipas (capítulo XIV), muestra que tal responsabilidad es de mayor impacto que la exigencia gubernamental. En cambio, el estudio de Carrillo, García y Gomis, realizado en tres importantes ciudades maquiladoras (en tres diferentes estados de México), Tijuana, Mexicali y Juárez, concluye que la exigencia gubernamental se ubica como la principal causa por la cual las maquiladoras orientan sus acciones ambientales, mientras que la responsabilidad corporativa tiene un efecto directo sobre el comportamiento ambiental solamente cuando tienen la necesidad de certificarse con la norma ISO 14001. Ellos encuentran que la certificación de procesos y el cumplimiento de normas son dos factores impulsores del comportamiento ambiental de la maquila. Además, como ya se mencionó, los factores de tipo estructural (según el tamaño de la empresa, las especialidades manufactureras y la tecnología) y de localización geográfica de las plantas destacan en la diferenciación del comportamiento ambiental.

El trabajo de Carlos Montalvo (capítulo X) se concentra en las capacidades innovadoras de las empresas maquiladoras de exportación y llega a varias conclusiones, entre las cuales destacan dos: *1)* pese a que predominan capacidades bajas, algunas maquiladoras se encuentran por encima del promedio contando con capacidades claras para innovar. De aquí que la agenda de investigación necesita explicar el porqué de estas diferencias, e iluminar el camino para alentar y promover la innovación de las maquiladoras; *2)* dado que no se esperan innovaciones ambientales radicales en la maquila a gran escala durante los próximos setenta años, se necesita apresurar la marcha de la innovación de la empresa y la investigación de las instituciones reguladoras. Estos resultados y los que se reseñan arriba representan un gran desafío de política ambiental.

Los estudios aquí reunidos logran avanzar en los conocimientos de la relación entre el ambiente y la industria manufacturera mexicana con aportaciones originales y específicas, algunas de las cuales acaban de comentarse en esta introducción; sin embargo, es preciso reconocer que debido en buena parte a la falta de información cualitativa y cuantitativa, quedan pendientes varios puntos de investigación que no pudieron abordarse, como por ejemplo, una cuantificación del efecto tecnológico de la apertura, el estudio de la contaminación industrial local en relación a la problemática ambiental global, como el cambio climático, y el análisis ambiental del amplio sector de servicios. Habrá que incorporar estos puntos a la agenda de investigación.

Segunda parte

TENDENCIAS EN AMÉRICA LATINA Y MÉXICO

II. GLOBALIZACIÓN, LIBERALIZACIÓN Y CONTAMINACIÓN INDUSTRIAL EN AMÉRICA LATINA: LOS TEMAS DE ESTUDIO[1]

RHYS O. JENKINS

INTRODUCCIÓN

En años recientes dos grandes tendencias han entrado en conflicto en la arena internacional: la primera es la globalización de la actividad económica, definida como "el *proceso* en el cual las estructuras de *los mercados económicos, las tecnologías y los patrones de comunicación* se vuelven progresivamente más internacionales con el tiempo";[2] la segunda es la creciente preocupación por el impacto ambiental de la actividad económica, con mayor conciencia de las dimensiones globales de muchos problemas ambientales. En la medida en que la globalización se ha asociado con una mayor liberalización de los mercados internacionales de bienes y de capital, la mayor conciencia de los problemas ambientales ha llevado a nuevas formas de regulación, tanto en el ámbito nacional como en el internacional.

Qué tanto representan la globalización y la liberalización una amenaza ambiental es tema de fuerte debate. Los defensores de la liberalización comercial temen que el medio ambiente proporcione una nueva arma a los proteccionistas y que se use para frenar el avance de la globalización; en cambio, el activista ecológico ve la globalización como una amenaza a las normas ambientales nacionales y cree que la Organización Mundial del Comercio (OMC) priorizará el libre comercio en detrimento del ambiente. Estos puntos de vista conflictivos se manifestaron a partir del debate sobre la firma del Tratado de Libre Comercio de América del Norte (TLCAN), a principios de los años noventa, y mediante las críticas hechas a la OMC que culminaron en protestas durante la reunión de Seattle en noviembre de 1999.

Este capítulo explora algunos de estos debates empíricos y estudia el impacto de la liberalización comercial en la contaminación industrial en los tres princi-

[1] Este capítulo fue traducido del inglés al español por Alfonso Mercado García y el estilo de redacción fue corregido por la Dirección de Publicaciones de El Colegio de México; se trata de una investigación realizada con el financiamiento del Programa del Cambio Ambiental Global (Global Environmental Change Programme) del Consejo de Investigación Económica y Social (Economic and Social Research Council) del Reino Unido, cuyo apoyo se agradece.

[2] Organización para la Cooperación y el Desarrollo Económicos, *Economic Globalisation and the Environment*, OCDE, París, 1997, p. 7.

pales países latinoamericanos: Argentina, Brasil y México.[3] América Latina proporciona una buena arena para observar estos aspectos debido al gran cambio en el régimen de la política económica que se produjo desde mediados de los años ochenta; esto se describe en la siguiente sección. La tercera sección del capítulo proporciona un marco conceptual para analizar las maneras en las cuales la mayor inserción de los países latinoamericanos en la economía mundial ha incidido en la contaminación industrial. El resto del capítulo considera cada uno de estos impactos potenciales. El cuadro que surge es mucho más complejo que cualesquiera de las posiciones extremas del propio debate.

La liberalización en América Latina

El periodo que abarca desde mediados de los años ochenta al presente ha visto una gran liberalización de las economías latinoamericanas. Aunque durante el periodo suceden otros hechos tales como la privatización, la desregulación financiera, las reformas fiscales y los cambios en el mercado laboral, los cambios más rápidos y llamativos se han presentado en la apertura de las economías de la región a través de la liberalización comercial y de los cambios en las políticas de inversión extranjera directa.

De los tres principales países latinoamericanos, México fue el primero en abrir su economía a mediados de los ochenta; Argentina y Brasil le siguieron en una oleada de países que empezaron a liberalizarse alrededor de 1990.[4] La liberalización comercial involucró la reducción del nivel promedio de los aranceles de importación, un nivel mucho más uniforme de aranceles (dispersión reducida), la reducción en la proporción de comercio protegido por barreras no arancelarias, y menores impuestos a las exportaciones. Entre mediados de los años ochenta y mediados de los noventa, el arancel promedio se redujo de más de 50% a 14% en Argentina, de más de 80% a 13% en Brasil, y de más de 40%

[3] El interés central de este capítulo y del resto de este libro es la contaminación industrial; sin embargo, debe considerarse que la liberalización también tiene consecuencias ambientales mucho más amplias que las asociadas sólo a la manufactura, como por ejemplo cuando lleva a la creciente explotación de los recursos naturales. Así, el capítulo no debe leerse como un análisis de la totalidad de los impactos ambientales de la apertura reciente de las economías de América Latina.

[4] Algunos investigadores dan distintas fechas del inicio de la liberalización comercial en cada país, pero todos están de acuerdo en que las fechas importantes son alrededor de 1985 en México, y 1990 en Argentina y Brasil. Véanse M. Agosin y R. Ffrench-Davis, "Trade Liberalisation in Latin America", *Revista de la CEPAL*, núm. 50, Santiago de Chile, 1993, cuadro 1; S. Edwards, *Crisis and Reform in Latin America: From Despair to Hope,* Oxford University Press for the World Bank, Nueva York, 1995, cuadro 1-1; y S. J. Burki y G. Perry, *The Long March: A Reform Agenda for Latin America and the Caribbean in the Next Decade*, Banco Mundial, Washington, 1997, cap. II.A.

a 14% en México.[5] Para principios de los años noventa la proporción de artículos protegidos por las barreras no arancelarias era menor que 4% en México, 1.5% en Brasil y 0.2% en Argentina.[6]

Al mismo tiempo que esas barreras de comercio se desmantelaban, estas economías también relajaron sus controles sobre la inversión externa. Nuevamente México fue el primero de los tres países en abrirse al capital extranjero. A partir de 1984 el marco regulador se volvió menos restrictivo, y en 1989 un nuevo conjunto de reglas derogó todas las regulaciones previas que regían la inversión extranjera y amplió el rango de operaciones en las que se permitió en 100% la propiedad extranjera. En 1993 se emitió una nueva ley que consolidó estos cambios.[7] En 1994 la creación del TLCAN abrió más allá la economía mexicana al comercio y la inversión de Estados Unidos y Canadá.

En Argentina, desde 1989 se removieron las restricciones a la inversión extranjera en varios sectores, incluidos los de la tecnología de la información, las telecomunicaciones y la electrónica. En 1993 se aprobó una nueva Ley de Inversión Extranjera que abrió más la economía al capital extranjero y eliminó todas las restricciones a las remesas de ganancias.[8] Para 1994, Argentina había desregulado totalmente la inversión extranjera.[9]

En Brasil el cambio fue menos rápido que en México o Argentina. La nueva Constitución de 1988 de hecho impuso mayor control a las actividades de las empresas extranjeras; sin embargo, en los años noventa se eliminó el control de la salida de capitales y se permitió la entrada de empresas extranjeras a la industria informática. Las reformas a la Constitución en 1993 y las subsecuentes enmiendas aprobadas después de 1995 liberalizaron la política de inversión extranjera.[10]

Durante los años noventa, los resultados de la apertura comercial eran claramente visibles en los tres países. La participación del comercio como porcentaje del producto interno bruto (PIB) se incrementó primeramente en México, después de mediados de los ochenta, y luego en Argentina y Brasil en los noventa (véase el cuadro II.1). Además, la participación de la inversión extranjera en la formación de capital fijo bruto aumentó sustancialmente en el periodo posterior a la reforma.

[5] Véase S. J. Burki y G. Perry, *ibid.*, cuadro 2.2. Véase también Banco Interamericano de Desarrollo, *Economic and Social Progress in Latin America, 1997*, BID, Washington, 1997, gráfica 17.

[6] S. Burki y G. Perry, *ibid.*, cuadro 2.2.

[7] J. Ros, J. Draisma, N. Lustig y A. Ten Kate, "Prospects for Growth and the Environment in Mexico in the 1990s", *World Development*, vol. 24, núm. 2, Elsevier, Montreal, 1996, pp. 307-324.

[8] D. Chudnovsky y A. López, *Las estrategias de las empresas transnacionales en Argentina y Brasil*, Documento de Trabajo, Cenit, Buenos Aires, 1997.

[9] S. Edwards, *Crisis and Reform...*, *op. cit.*, cuadro 7-10.

[10] D. Chudnovsky y A. López, *Las estrategias...*, *op. cit.*

Cuadro II.1
Comercio total y acervo de la inversión extranjera directa (IED) como porcentaje del producto interno bruto (%)

País	*Concepto*	*1980*	*1990*	*1995*	*2000*
Argentina	Comercio total	15.4	14.5	21.4	25.7
	Acervo de la IED	6.9	6.4	10.8	25.6
Brasil	Comercio total	12.9	12.6	18.2	21.9
	Acervo de la IED	7.4	8.0	6.0	33.1
México	Comercio total	27.6	32.9	46.6	77.7
	Acervo de la IED	3.6	8.5	14.4	16.9

Notas: Comercio total (importaciones + exportaciones) como participación en el PIB. Acervo de la IED como porcentaje del PIB.

Fuente: *1)* Comercio total como porcentaje del PIB: CEPAL, *Anuario estadístico de América Latina y el Caribe, 2000*, CEPAL, Santiago de Chile, 2001; *2)* Acervo de la IED como porcentaje del PIB: UNCTAD, *World Investment Report 2002*, Naciones Unidas, Ginebra, Anexo, cuadro B6, 2002.

Un marco analítico

Al analizar el impacto de la liberalización en la contaminación, es común dividir las emisiones en tres componentes separados.[11] El total de las emisiones industriales de cualquier contaminante (E_j) se puede derivar como sigue:

$$E_j = \sum e_{ij} w_i Y$$

donde e_{ij} se refiere a las emisiones del contaminante j por unidad de valor agregado en la industria i; w_i es la participación del valor agregado de la industria i en el valor agregado industrial total; Y es el valor agregado industrial total.

Si la liberalización afecta la contaminación, entonces ello se debe reflejar en el cambio de uno o más de los tres siguientes componentes. Primero, si la libera-

[11] Véase G. Grossman y A. Krueger, *Environmental Impacts of a North American Free Trade Agreement, National Bureau of Economic Research*, Documento de Trabajo, núm. 3914, 1992; y N. Birdsall y D. Wheeler, "Trade Policy and Industrial Pollution in Latin America: Where are the Pollution Havens?", en P. Low (ed.), *International Trade and the Environment*, World Bank Discussion Papers, núm. 159, Washington, 1992.

lización afecta el nivel de la actividad industrial (Y), entonces el nivel de emisiones cambiará; esto es lo que se llama efecto *escala*. Segundo, el nivel de emisiones dependerá de la contribución de las diferentes industrias al valor agregado total (w_i). Es claro que si las industrias más contaminantes como la petroquímica o la de cemento aumentan su participación en la producción, la contaminación total tendería a incrementarse; a esto se le conoce como efecto *composición*. Tercero, la contaminación cambiaría con cualquier reducción de emisiones por unidad de producto que se alcance en una industria (e_{ij}); esto se ha descrito como efecto *tecnológico* o *de proceso*, el cual resulta de cambios en la intensidad de la contaminación en cada rama de actividad industrial.

El impacto de la liberalización en cada uno de estos tres elementos no se puede derivar a priori. El efecto escala depende de si la liberalización lleva a un crecimiento industrial rápido en un país dado. Los cambios en la composición pueden incrementar o disminuir el nivel total de emisiones, dependiendo del crecimiento relativo de las diferentes ramas industriales, de manera que el impacto de este efecto en la contaminación es ambiguo. Los cambios en la intensidad de la contaminación industrial dependerán de si las empresas introducen o no tecnologías menos contaminantes o si mejoran su gestión ambiental en respuesta a la liberalización. La intensidad de la contaminación también puede ser afectada indirectamente como resultado del impacto de liberalización en la regulación ambiental del país.

Así, el resultado en términos de contaminación industrial dependerá de la dirección y de la importancia relativa del impacto de la liberalización en la escala de la producción industrial; en la composición de la producción industrial; en la tecnología de producción; en los sistemas de gestión; y en el marco de regulación. Cada uno de estos impactos se discute en las siguientes secciones. Una limitación importante de este análisis es que se concentra solamente en emisiones industriales y por eso no capta los efectos de las emisiones crecientes del transporte de productos en una mayor escala, lo cual es indudablemente uno de los efectos de la liberalización.

Los efectos escala de la liberalización

Los efectos escala de la liberalización en la contaminación industrial dependen de si conducen a un crecimiento más rápido de la producción que lo que sería en el caso de la ausencia de una reforma. Una racionalidad importante de la reforma comercial es la creencia de que ésta llevará a una tasa de crecimiento económico más rápida. Sin embargo, se debate ampliamente el impacto de liberalización en el crecimiento y definitivamente no hay acuerdo universal de que la mayor apertura lleva de hecho al mejor desempeño económico en la realidad.

Varios estudios han intentado estimar empíricamente el impacto de las nuevas reformas latinoamericanas en el crecimiento económico de la región.[12] Todos ellos concuerdan en que la liberalización incrementó las tasas de crecimiento en América Latina en los años noventa, en comparación con los ochenta. Aunque las estimaciones difieren y usan metodologías diferentes, generalmente coinciden en que ha habido un impacto perceptible en las tasas de crecimiento y que la apertura de las economías ha sido la reforma más importante en términos de mejorar el desempeño económico. Esto sin duda refleja el hecho de que es en el área de comercio e inversión en donde las reformas se emprendieron primero y donde han ido más lejos.

Sin embargo, aceptar que la liberalización ha tenido efectos positivos en el crecimiento del producto interno bruto no necesariamente implica que haya tenido el mismo efecto en el crecimiento del sector manufacturero, el cual es de interés primordial aquí. En primer lugar, como se puede observar en el cuadro II.2, el crecimiento manufacturero se rezagó del crecimiento del producto interno bruto en Argentina y Brasil durante los noventa. Así, si se supone que la liberalización comercial ha incrementado la tasa de crecimiento del PIB en 1% en los noventa,[13] esto se reflejaría en un crecimiento adicional en el valor agregado manufacturero en alrededor de tres quintos de un punto porcentual en Argentina y de un tercio de un punto porcentual en Brasil.

Sin embargo, el punto no es precisamente que el crecimiento del PIB exagere el efecto de la liberalización en la industria manufacturera en Argentina y Brasil, sino que el rezago del crecimiento manufacturero puede ser un *resultado* de la liberalización.[14] Si éste fuera el caso, entonces el efecto de la liberalización podría ser el de aminorar la tasa del crecimiento manufacturero. Éste es el argumento de que la liberalización lleva a la desindustrialización. Dado que la liberalización implica un cambio en la asignación de recursos entre las diferentes actividades económicas, es muy posible que cuando las economías se abren a una mayor

12 Véase S. Edwards, *Crisis and Reform...*, *op. cit.*, cap. 5; S. Burki y G. Perry, *The Long March...*, *op. cit.*, y B. Stallings y W. Peres, *Growth Employment and Equity: The Impact of Economic Reforms in Latin America and the Caribbean*, Brookings Institution, Washington, 2000.

13 Desgraciadamente, los estudios no dan estimaciones individualizadas de la contribución de la liberalización comercial al crecimiento total de los países. En la región, como un todo, se estima que las reformas comerciales aumentaron el crecimiento en 0.8%, calculado como un promedio simple, y 1.1%, como un promedio ponderado (BID, *Economic and Social...*, *op. cit.*, cuadro 5).

14 El caso de Brasil sugiere esto por la mucho menor elasticidad de su valor agregado manufacturero en el periodo posterior a la reforma (1990-1997), en comparación con el periodo previo a la crisis (1970-1980). En el caso de Argentina, la elasticidad fue bastante similar en los dos periodos, pero tiene que recordarse que el país había pasado por un periodo previo a la liberalización comercial significativa, en la segunda mitad del decenio de los años setenta, el cual fue subsiguientemente revertido, y que esto afectó el crecimiento manufacturero en dicho decenio.

competencia internacional, los recursos se alejan del sector manufacturero que fue protegido bajo el modelo económico previo.

Cuadro II.2
Elasticidad del crecimiento del valor agregado manufacturero respecto al PIB[a]

País	*1970-1980*	*1980-1990*	*1990-2000*
Argentina	0.52	2.00[b]	0.60
Brasil	1.11	0.59	0.33
México	1.11	2.14	1.29

[a] La elasticidad se calculó como la razón entre el crecimiento del valor agregado manufacturero y la tasa de crecimiento del PIB en cada periodo.

[b] En este periodo el crecimiento del valor agregado manufacturero y el crecimiento del PIB en Argentina fueron negativos.

Fuente: Banco Mundial, *World Development Indicators 2004* y *World Development Report, 1995,* Anexo, cuadro 2.

Desafortunadamente, los estudios sobre este tema no examinan el impacto de la liberalización en el crecimiento manufacturero de América Latina, por lo que es necesario observar otros trabajos para poder abordar este asunto. Un estudio que intentó hacer esto en varios países de la región concluyó que el impacto de la reforma de las políticas en el crecimiento del sector manufacturero fue negativo o insignificante.[15] De los tres países estudiados aquí, México mostró una menor tasa de crecimiento manufacturero en el periodo posterior a la reforma, y en Argentina y Brasil no hubo ningún efecto claro.[16] Una revisión de varios estudios sobre el impacto de la liberalización comercial en el desarrollo industrial de América Latina también concluyó que no hubo efecto positivo de largo plazo de la liberalización en la productividad ni en el crecimiento manufacturero.[17]

Entonces es difícil decir cuál ha sido el efecto neto de la liberalización en el crecimiento del sector manufacturero en los tres países. En vista de que el im-

15 J. Weeks, "The NEM and the Manufacturing Sector in Latin America", en V. Bulmer-Thomas (ed.), *The New Economic Model in Latin America and its Impact on Income Distribution and Poverty,* Macmillan, Londres, 1996.

16 Una limitación de este resultado es que Weeks sólo consideró el periodo hasta 1992, el cual no dio mucho margen para observar el impacto de la liberalización comercial en Argentina y Brasil.

17 G. Dijkstra, *Trade Liberalisation and Industrial Development: Theory and Evidence from Latin America,* Working Paper Series, núm. 255, La Haya, Institute of Social Studies, 1997.

pacto de la liberalización en el crecimiento global es relativamente limitado, y la industria manufacturera ha crecido más despacio que la economía en conjunto en Argentina[18] y Brasil, no es probable que el efecto escala de la liberalización en los dos países haya incrementado significativamente la contaminación industrial. Aun en México, donde la industria manufacturera ha crecido más rápido que el PIB en los años noventa, un estudio detallado de la inversión manufacturera concluyó que el efecto de las reformas económicas de los ochenta no había llevado a un crecimiento más rápido del sector manufacturero.[19] El TLCAN pudiera haber tenido un efecto más significativo en el crecimiento industrial en México en los últimos años, pero aún no conocemos evidencia confiable sobre su impacto preciso en el crecimiento del sector manufacturero.

Aunque la liberalización no hubiera conducido a incrementos significativos en el nivel total de la contaminación industrial en los tres países (con la posible excepción del impacto del TLCAN en México), hay varios aspectos no considerados aquí que de hecho han causado problemas ambientales significativos. Como primera consideración, la liberalización pudo haber inducido cambios en la distribución espacial de la actividad industrial, lo cual puede tener consecuencias ambientales locales significativas.[20] El impacto del nivel de las emisiones industriales en un país dependerá en gran parte de la manera en la que éstas se distribuyan geográficamente. En México por ejemplo, se ha estimado que el Distrito Federal y otros tres estados —de un total de 32— explican la mitad de la existencia de las emisiones tóxicas.[21] En el contexto de la liberalización, aun cuando el crecimiento manufacturero total no estuviese muy afectado, su distribución regional lo estaría. Así, en México el crecimiento industrial ha sido particularmente rápido en la industria de la maquila en la frontera entre México y Estados Unidos, dando lugar a problemas ambientales significativos en las ciudades fronterizas.

Otro aspecto que no ha sido posible considerar aquí es el impacto del crecimiento en el transporte de carga como resultado de la liberalización. Existe claramente un efecto ambiental del transporte cuando los volúmenes de comercio se incrementan y por consiguiente los bienes son trasladados a distancias más

[18] La publicación del Censo Industrial de Argentina en 1994 llevó a una revaluación más amplia del desempeño manufacturero después de la liberalización, ya que mostró que el crecimiento del valor agregado desde 1990 había sido insignificante (B. Kosacoff, ed., *Corporate Strategies under Structural Adjustment in Argentina,* Macmillan, Londres, 2000, cap. 6).

[19] J. C. Moreno-Brid, *Reformas macroeconómicas e inversión manufacturera en México,* Serie Reformas Económicas, núm. 47, Comisión Económica para América Latina y el Caribe, Santiago de Chile, 1999.

[20] Debo este punto a David Barkin.

[21] A. Mercado y Ó. A. Fernández, "La generación de contaminación industrial en México y sus regiones", en A. Mercado e I. Aguilar Barajas (eds.), *Sustentabilidad ambiental en la industria. Conceptos, tendencias internacionales y experiencias mexicanas,* El Colegio de México, Instituto Tecnológico y de Estudios Superiores de Monterrey, México, 2005, cap. VII, pp. 173-188.

largas. Sin embargo, ya que el enfoque se centra en las emisiones industriales, no ha sido posible estimar la magnitud de la contaminación adicional del transporte. También es importante considerar que no se ha hecho ningún esfuerzo por observar los impactos totales de la liberalización en el ambiente más allá de la industria manufacturera. Es claro que si otros sectores diferentes al manufacturero han crecido particularmente rápido como resultado de la liberalización, la degradación ambiental causada en ellos necesitaría tomarse en cuenta también en cualquier evaluación de los efectos ambientales de la reforma económica.

Cambios en la composición de la producción

La segunda forma en que la liberalización puede afectar el nivel de contaminación industrial en un país es a través de los cambios en la estructura de la producción; en otras palabras, una mayor apertura al comercio exterior o a la inversión extranjera puede llevar a una composición de la producción manufacturera más o menos intensiva en contaminación.

Perspectivas teóricas

Existe una fuerte controversia sobre si la apertura comercial indujo a los países en desarrollo a especializarse en industrias "sucias" o si las economías más abiertas tienen estructuras industriales menos intensivas en contaminación.[22] Un punto de vista es que puesto que los países en desarrollo tienen una regulación ambiental menos severa que los países de mayores ingresos, y que por consiguiente los productores internalizan menos los costos ambientales de la producción, ellos gozarán una ventaja comparativa en las industrias más contaminantes. En consecuencia, la liberalización comercial tenderá a generar impactos ambientales negativos en los países en desarrollo.[23]

Sin embargo, se ha argumentado contra esto que generalmente los costos del control ambiental en la industria manufacturera son bajos y que otros factores distintos a las consideraciones ambientales son los determinantes más importantes de las ventajas comparativas.[24] En este caso es muy posible que un país en

[22] Para una revisión reciente de este debate véase H. Nordström y S. Vaughan, *Trade and Environment,* Special Studies, núm. 4, Organización Mundial del Comercio, Ginebra, 1999, capítulo III.

[23] B. Copeland y S. Taylor, "North-South Trade and the Environment", *Quarterly Journal of Economics,* vol. CIX, núm. 3, 1994.

[24] J. Dean, "Trade and the Environment: A Survey of the Literature", en P. Low (ed.), *International Trade and the Environment,* World Bank Discussion Papers, núm. 159, Washington, 1992.

desarrollo con un sistema de regulación ambiental menos severo tenga, no obstante, una ventaja comparativa en industrias menos contaminantes. Si la intensidad en capital y la intensidad en contaminación están correlacionadas, los países con una ventaja comparativa en industrias intensivas en mano de obra generarían un beneficio ambiental al especializarse conforme a su ventaja comparativa. Más aún: la contaminación tenderá a crecer en los países desarrollados debido a su especialización en industrias intensivas en capital y tenderá a reducirse en los países en desarrollo.[25] Esto se asocia con el punto de vista de que la estructura de la protección en los países desarrollados tiene un "sesgo sucio". En otras palabras, se sugiere que bajo regímenes de substitución de importaciones las industrias altamente contaminantes tienden a estar más protegidas que las industrias menos contaminantes.[26]

Hay un debate similar sobre el impacto ambiental de la liberalización de la inversión extranjera. Este tema se ha discutido normalmente en términos de si los países en desarrollo son "paraísos de los contaminadores", en los cuales se usa una regulación ambiental laxa para atraer empresas contaminantes y el correspondiente "traslado industrial" de los contaminadores que afrontan normas más altas y estrictas en los países desarrollados. Respecto a este punto, un tema central es qué tanto la regulación ambiental se considera como un gran determinante de las decisiones de localización de los inversionistas extranjeros. Los críticos de la hipótesis de "los paraísos de los contaminadores" sostienen que otros factores como las oportunidades del mercado, el costo de la mano de obra y el "clima para la inversión" son mucho más determinantes en la localización de la producción. Por otro lado, varios estudios de caso y evidencias anecdóticas revelan ejemplos de inversiones donde las consideraciones ambientales han desempeñado un papel importante.[27]

Apertura, liberalización comercial e intensidad de la contaminación en América Latina

Dos tipos de estudios previos pueden ilustrar los vínculos entre las políticas comerciales y la contaminación industrial en América Latina. Un tipo de estudio se enfoca en la intensidad de la contaminación de la producción industrial como un todo y su variación entre los países y en el transcurso del tiempo; el segundo

25 W. Antweiler, B. Copeland y S. Taylor, *Is Free Trade Good for the Environment?,* Discussion Paper, núm. 98-11, University of British Colombia, Department of Economics, 1998.

26 N. Birdsall y D. Wheeler, "Trade Policy...", *op. cit.*

27 N. Mabey y R. McNally, *Foreign Direct Investment and the Environment: From Pollution Havens to Sustainable Development,* WWF-UK Report, Londres, 1999.

tipo de estudio observa más explícitamente el comercio, y particularmente las exportaciones, para ver qué tan contaminantes son y cómo ha cambiado eso en el tiempo.

En el primer grupo, un estudio que tuvo gran influencia y que fue realizado por el Banco Mundial a principios de los años noventa encontró que las economías más abiertas en la región tendieron a tener una menor tasa de crecimiento de la contaminación que las economías más protegidas, llevando a los autores a concluir que "los paraísos de la contaminación se pueden encontrar, pero no donde se han buscado generalmente. Están en las economías proteccionistas".[28]

Sin embargo una crítica a este estudio ha señalado varias debilidades.[29] Primero, sólo considera emisiones tóxicas, las cuales no necesariamente se correlacionan con los contaminantes convencionales del aire o del agua. Segundo, el estudio mencionado basa su medida de apertura comercial en el índice de David Dollar que ha sido objeto de crítica.[30] Tercero, Birdsall y Wheeler comparan la tasa de crecimiento de la intensidad de la contaminación en lugar del nivel absoluto, en economías abiertas y cerradas. Finalmente se ha sugerido que el menor crecimiento de la contaminación en las economías más abiertas puede ser un artificio estadístico.[31] Las propias estimaciones de Rock (no sólo para América Latina) muestran que las economías más abiertas tienden a tener una composición más contaminante de la producción.

Un estudio más reciente del Banco Mundial[32] ha mostrado un crecimiento sostenido de la participación de las industrias contaminantes en la producción de América Latina desde principios de los años sesenta, lo cual contrasta fuertemente con la disminución de la participación de dichas industrias en Europa, América del Norte y Japón. Esto implica que la tendencia dominante en América Latina ha sido que su producción es cada vez más intensiva en contaminación. Un estudio de México apoya esto, al haber encontrado un crecimiento

28 N. Birdsall y D. Wheeler, "Trade Policy...", *op. cit.*, p. 167.

29 D. Rock, "Pollution Intensity of GDP and Trade Policy: Can the World Bank be Wrong?", *World Development,* vol. 24, núm. 3, 1996, pp. 471-479.

30 D. Rodrik, "King Kong Meets Godzilla: The World Bank and the East Asian Miracle", en A. Fishlow (ed.), *Miracle or Design? Lessons from the East Asian Experience*, Overseas Development Council, Washington, 1994.

31 Específicamente se señala que la variable usada para medir la apertura comercial es un término de la interacción entre la tasa de crecimiento del ingreso per cápita y el así llamado índice de Dollar de la apertura comercial. Rock sugiere que lo que esta variable expresa es el impacto de la tasa de crecimiento en lugar de la apertura comercial (véase D. Rock, "Pollution Intensity...", *op. cit.*).

32 M. Mani y D. Wheeler, "In Search of Pollution Havens? Dirty Industry in the World Wconomy, 1960-1995", en P. Fredriksson (ed.), *Trade, Global Policy and the Environment*, World Bank Discussion Paper, núm. 402, Washington, 1999.

significativo en la intensidad tóxica de la producción hasta finales de los años ochenta.[33]

Desde el punto de vista del análisis del impacto de la liberalización comercial en la contaminación, una gran limitación de estos estudios es que generalmente cubren un periodo que termina a mediados o finales de los ochenta, o a más tardar a principios de los noventa. Dado que, como se puede observar arriba, la liberalización solamente empezó en México a mediados de los ochenta y en Argentina y Brasil a principios de los noventa, es necesario observar datos más recientes para poder evaluar lo que ha ocurrido en términos de la intensidad de la contaminación durante los noventa. Una segunda limitación es que todos los estudios se han concentrado en emisiones tóxicas, y como se señaló antes, éstas no son necesariamente representativas de todas las formas de contaminación. Por consiguiente, cobra gran interés construir índices de intensidad de la contaminación en una variedad de diversos contaminantes.

Un número limitado de estudios ha examinado más directamente las relaciones entre el comercio y la contaminación en América Latina, pero parecen ser bastante superficiales. Un estudio del World Resources Institute estimó la contaminación total atribuible a la exportación de la producción en varios países latinoamericanos, sobre todo a principios de los años noventa, concluyendo de manera tentativa que hay una tendencia ligera a la mayor concentración de la expansión de la exportación en sectores de baja intensidad en contaminación más que en los sectores de alta contaminación.[34] Los datos utilizados en Argentina y Brasil fueron muy limitados; sin embargo, en el caso de México la participación de las exportaciones en la producción de industrias con alta intensidad en contaminación cayó significativamente a principios de los noventa.

Un estudio más detallado, que realizó en nueve países latinoamericanos la Comisión Económica de América Latina y el Caribe (CEPAL), encontró que en términos absolutos, el volumen de las exportaciones de las industrias "sucias" ha tendido a incrementarse desde inicios de los años ochenta en todos los países estudiados; sin embargo, la participación de estas industrias en las exportaciones desminuyó significativamente a finales de los ochenta y principios de los noventa en todos los países, salvo Brasil.[35] El *efecto composición* de los cambios recientes en las exportaciones ha sido por lo tanto hacia industrias menos intensivas en contaminación.

33 A. Ten Kate, *Industrial Development and the Environment in Mexico*, Secretaría de Comercio y Fomento Industrial, México, 1993.

34 C. F. Runge *et al.*, *Sustainable Trade Expansion in Latin America and the Caribbean: Analysis and Assessment,* World Resources Institute, Washington, 1997.

35 M. Schaper, *Impactos ambientales de los cambios en la estructura exportadora en nueve países de América Latina y el Caribe: 1980-1995,* CEPAL, División de Medio Ambiente y Asentamientos Humanos, Santiago de Chile, 1999.

También ha habido un número limitado de estudios sobre la relación entre la composición de las exportaciones y la contaminación en países individuales. En Argentina la participación de las industrias intensivas en contaminación en las exportaciones manufactureras destinadas tanto a los países de la OCDE como a todos los países disminuyó entre 1990 y 1997.[36]

En Brasil, que se caracteriza por una participación relativamente alta de industrias "sucias" en sus exportaciones, la participación aumentó significativamente durante los años ochenta[37] y siguió siendo particularmente dinámica en la primera mitad del decenio de los noventa.[38] Una prueba adicional de la especialización relativamente contaminante es que, de acuerdo con la mayoría de los indicadores de la contaminación, en los decenios de los años ochenta y noventa la intensidad de contaminación media de las exportaciones superó a la del sector manufacturero en su conjunto;[39] asimismo, se ha señalado que las exportaciones tienen un componente de contaminación bastante superior al de las importaciones.[40]

En el caso de México, las preocupaciones sobre los impactos ambientales del TLCAN llevaron a realizar varios estudios a principios de los noventa, los cuales abarcaron la estructura del comercio mexicano.[41] Estos estudios encontraron que las exportaciones mexicanas no se concentraban fundamentalmente en industrias intensivas en contaminación y que las importaciones estadounidenses de

36 Véase D. Chudnovsky, F. Porta, A. López y M. Chidiak, *Los límites de la apertura: liberalización, reestructuración productiva y medio ambiente*, Cenit, Alianza Editorial, Buenos Aires, 1996, cuadro v.1, y D. Chudnovsky, E. Cap, E. Trigo y S. Rubin, *Comercio internacional y desarrollo sustentable: la expansión de las exportaciones argentinas en los años 1990 y sus consecuencias ambientales,* Documento de Trabajo, núm. 25, Centro de Investigaciones para la Transformación, Buenos Aires, 1999, cuadros 9 y 10.

37 United Nations Conference on Trade and Development, "Trade, Environment and Development. Lessons from Empirical Studies: The Case of Brazil", en *Reconciliation of Environment and Trade Policies: Results of Case Studies*, UNCTAD, Ginebra, 1999, cuadro 3.

38 C. Ferraz y C. Young, *Trade Liberalization and Industrial Pollution in Brazil,* Serie Medio Ambiente y Desarrollo, núm. 23, CEPAL, Santiago de Chile, 1999.

39 Véase C. Young, "Industrial Pollution and Export-Oriented Policies in Brazil", *Revista Brasileira de Economia,* vol. 52, núm. 4, Río de Janeiro, 1998, y Ministerio del Medio Ambiente [Brasil], *Comércio e meio ambiente: uma agenda positiva para o desenvolvimento sustentable,* Secretaría de Políticas para el Desarrollo Sustentable, documento preparado para la XIII Reunión del Foro de Ministros de Medio Ambiente de América Latina y el Caribe, 2001 <http://www.mma.gov.br/port/sds/c&ma/corpo.html>.

40 C. Young, M. Lustosa, A. Periera y J. C. de Almeida, *Comércio e meio ambiente,* Relatório de Pesquisa presentado para la red IPEA, Instituto de Economía, Río de Janeiro, 2001, cuadro 4.3.

41 Véanse G. Grossman y A. Krueger, *Environmental Impacts..., op. cit.*, y P. Low, "Trade Measures and Environmental Quality: The Implications for Mexico's Exports", en P. Low (ed.), *International Trade and the Environment,* World Bank Discussion Papers, núm. 159, Washington, 1992.

productos mexicanos no se relacionaban con los costos de la reducción de la contaminación en Estados Unidos. En un estudio del periodo previo a la firma de dicho TLCAN se encontró que en términos generales la apertura comercial en México, en el decenio de los años ochenta y comienzos de los noventa, tuvo efectos positivos para el medio ambiente,[42] mientras que en otro trabajo, posterior a la entrada en vigor del TLCAN, se concluyó que la estructura de las exportaciones mexicanas había evolucionado hacia una menor intensidad de contaminación.[43]

El cuadro que surge de los estudios previos sobre los vínculos comercio-ambiente en América Latina es por consiguiente muy variado. En parte esto se debe a las diferentes metodologías utilizadas en los estudios, así como a la adopción de distintas definiciones de industrias "sucias" y diferentes periodos del tiempo cubiertos, lo cual pudiera también reflejar diferencias en la realidad subyacente de los diversos países. En otras palabras, no hay necesariamente un solo modelo del impacto del comercio en la contaminación que se aplique en toda la región. A continuación, se usa una metodología común para analizar el impacto del modelo cambiante del comercio manufacturero en la contaminación industrial en Argentina, Brasil y México.

Una limitación de los estudios previos sobre el comercio y el ambiente en América Latina es que se concentraron exclusivamente en las exportaciones; sin embargo, la liberalización comercial tiene impacto no sólo en la exportación sino también en la importación, ya que la mayor apertura implica el incremento tanto en un flujo comercial como en el otro. Otra limitación de la mayoría de estos estudios es que tratan sobre los cambios de la participación de un grupo de industrias definidas como intensivas en contaminación en el total de las exportaciones manufactureras. Se adopta un enfoque diferente aquí, con el fin de poder estimar los efectos netos de los cambios en las exportaciones y las importaciones en el nivel de contaminación en un país.

Para hacer lo anterior, es útil concebir las emisiones como un insumo en el proceso productivo. Aunque a menudo las emisiones se interpretan como un resultado de la producción, ellas reflejan el hecho de que los recursos ambientales se han usado en la producción;[44] así, es posible pensar que los bienes comerciados tienen incorporada cierta cantidad de recursos ambientales. Lee y Roland-Holst,

[42] F. Aroche, *Reformas estructurales y composición de las emisiones contaminantes industriales. Resultados para México,* Serie Medio Ambiente y Desarrollo, núm. 24, CEPAL, Santiago de Chile, 2000.

[43] C. Schatan, *Mexico's Manufacturing Exports and the Environment under NAFTA,* documento preparado para el North American Symposium on Understanding the Linkages between Trade and Environment, Commission for Environmental Cooperation, 2000 <www.cec.org/programs_projects/trade_environ_econ/pdfs/Schatan.pdf>.

[44] M. Rauscher, *International Trade, Factor Movements, and the Environment,* Clarendon Press, Oxford, 1997, p. 30.

quienes usaron el concepto de *comercio de emisiones incorporadas* (*Embodied Effluent Trade*), adoptan un enfoque similar.[45] El resultado de este enfoque es que los flujos comerciales implican transferencias internacionales de recursos ambientales: si las exportaciones de un país generan más contaminación que sus importaciones, entonces ese país es un exportador neto de recursos ambientales; recíprocamente, si el país se especializa en productos relativamente "limpios", entonces será un importador de recursos ambientales.

Una plena evaluación de si Argentina, Brasil y México son exportadores o importadores netos de recursos ambientales requeriría un análisis del patrón del comercio total de los tres países, pero esto iría mucho más allá del interés de este libro sobre el impacto ambiental de la industria; por lo tanto, la atención aquí se concentrará en el impacto del comercio manufacturero y en si la contaminación generada por las exportaciones manufactureras es mayor o menor que la causada por las importaciones manufactureras.

Con estos fines se estimaron las emisiones totales asociadas a las exportaciones y las importaciones usando los coeficientes IPPS.[46] Estos coeficientes se aplicaron a las cifras de importaciones y exportaciones de manufacturas, reclasificadas de acuerdo con las categorías de cuatro dígitos de la Clasificación Industrial Internacional Uniforme (CIIU) que difundió la CEPAL. Esto brindó estimaciones del volumen total de cada contaminante generado por las exportaciones, y la contaminación evitada (o más bien generada en otra parte) como resultado de las importaciones. La mejor forma de observar si un país tiende a especializarse en industrias relativamente contaminantes o no, y entonces si pudiera ser un exportador neto de recursos ambientales, es comparar la intensidad de contaminación media de un dólar de exportaciones con la de un dólar de las importaciones. El cuadro II.3 muestra la relación entre la contaminación por dólar de las exportaciones y la contaminación por dólar de las importaciones, para cada contaminante, al inicio del proceso de liberalización en cada país.

Antes de la liberalización en cada país, las exportaciones eran más intensivas en contaminación que las importaciones para la mayoría de los contaminantes

[45] H. Lee y D. Roland-Holst, *International Trade and the Transfer of Environmental Costs and Benefits*, Development Centre, Technical Papers, núm. 91, OCDE, París, 1993.

[46] Éstos son coeficientes que han sido calculados por el Banco Mundial con base en datos de Estados Unidos. Miden las emisiones de una amplia gama de contaminantes por cada dólar estadounidense de producto. Ciertamente, el uso de coeficientes derivados de Estados Unidos probablemente subestime el volumen de la contaminación asociado a una cantidad dada de producción en América Latina, donde la regulación ambiental es por lo general menos estricta y la reducción de la contaminación es más limitada. No obstante, dado que la distribución jerárquica de las industrias según su intensidad de contaminación es similar a la de Estados Unidos, los cálculos basados en estos coeficientes son útiles para indicar el impacto que los cambios en los flujos comerciales y en la estructura industrial podrían tener en las emisiones.

cubiertos. Las excepciones fueron las emisiones tóxicas, en cuyo caso las importaciones fueron más tóxicas que las exportaciones en los tres países, los compuestos orgánicos volátiles (COV) en Argentina y Brasil, la demanda bioquímica de oxígeno (DBO) en Argentina y México, y los sólidos suspendidos totales (SST) en México.

Cuadro II.3
Intensidad de contaminación de las exportaciones respecto de las importaciones al inicio de la liberalización

Contaminantes	*Argentina (1990)*	*Brasil (1990)*	*México (1985)*
Tóxicos totales	0.54	0.70	0.88
Metales totales	1.21	2.17	1.31
SO_2	1.47	1.77	1.78
NO_2	1.02	1.29	1.42
CO	1.03	2.03	1.16
COV	0.90	0.97	1.43
PMIO	4.69	4.50	3.48
PST	3.19	2.56	1.80
DBO	0.70	1.08	0.65
SST	1.66	4.39	0.74

Fuente: Elaboración propia con datos de la CEPAL sobre el comercio y con los coeficientes IPPS.

El *efecto composición* de la liberalización comercial puede observarse si se compara la contaminación generada por las exportaciones y las importaciones al principio de las reformas con la contaminación que se encontró en 1996, el último año para el que estaban disponibles los datos del comercio; en otras palabras, se estima que este efecto se da con los cambios de la transferencia neta de recursos ambientales entre los países latinoamericanos y el resto del mundo. El asunto es entonces si la liberalización ha conducido a la mayor o menor transferencia de recursos ambientales de los tres países.

Un factor que complica la interpretación es que también ocurren cambios en la balanza comercial año tras año, y éstos afectan la transferencia real de recursos ambientales en cualquier año. Para estudiar los efectos de los cambios de la composición de las exportaciones y las importaciones es necesario abstraerse de los cambios en la balanza comercial. Las importaciones de recursos ambientales se calcularon por consiguiente como si el comercio de manufacturas estuviera en equilibrio, tanto en el año inicial como en el año final.[47]

Cuadro II.4
Impacto de los cambios comerciales en la contaminación nacional después de la liberalización

Contaminantes	*Argentina (1990-1996)*	*Brasil (1990-1996)*	*México (1985-1996)*
Tóxicos totales	+	+	—
Metales totales	+	+	-
SO_2	+	+	-
NO_2	+	+	—
CO	+	+	-
COV	+	-	-
PMIO	++	+	+
PST	+	+	-
DBO	+	+	—
SST	-	+	-

Nota: Los símbolos indican la clase de cambio observado en la contaminación industrial total al inicio del periodo, de acuerdo con varias estimaciones, como sigue:
+ Aumento
++ Aumento sustancial
- Disminución
— Disminución sustancial
Fuente: Elaboración propia con datos de la CEPAL sobre el comercio y con los coeficientes IPPS.

47 Esto implicó aplicar el coeficiente medio de emisiones de cada contaminante estimado a partir de la composición de las importaciones en el año inicial y el final, al valor del total de las exportaciones en esos años. Esto dio una estimación para cada año de la transferencia neta de recursos ambientales que habría ocurrido con el comercio en equilibrio, e hizo posible calcular el cambio en las emisiones netas, abstrayéndose de la influencia de cambios en la balanza comercial.

El cuadro II.4 muestra si la transferencia neta de recursos ambientales, por cada contaminante, aumentó o disminuyó entre el inicio de la liberalización y 1996.

No podía ser mayor el contraste de Argentina y Brasil con México. En los dos países sudamericanos, nueve de los diez contaminantes mostraron un crecimiento en la fuga neta de recursos ambientales[48] luego de la liberalización, mientras que en México se observa una reducción en las transferencias, siendo la excepción la emisión de partículas finas. Así, mientras que México parece apoyar el punto de vista de que la liberalización comercial conduce a la especialización en industrias relativamente menos contaminantes, Argentina y Brasil parecen haber desplazado recursos hacia actividades más contaminantes después de abrir sus economías.

Para situar los cambios en perspectiva, hay que compararlos con estimaciones de las emisiones totales de los diversos contaminantes al principio del periodo de la liberalización.[49] Todo cambio en las emisiones asociado al nuevo patrón comercial que fuera mayor a 10% de las emisiones estimadas antes de la liberalización fue considerado como "sustancial". Esto muestra que, con la excepción de las partículas de hasta 10 micrómetros en tamaño (PM10) en Argentina, el crecimiento de las emisiones en los dos países sudamericanos en el periodo fue relativamente pequeño. En México, ciertamente en un periodo algo más largo, tres contaminantes mostraron reducciones de más de 10% en comparación con el año inicial.[50]

Como se indicó anteriormente, una de las razones por las cuales algunos autores predicen que la liberalización comercial conduce a menos producción contaminante en los países en desarrollo, es porque creen que con la substitución de importaciones las políticas proteccionistas tendían a favorecer a las industrias "sucias" y que este "sesgo café" sería eliminado. ¿Qué tan cierto era esto en los tres países latinoamericanos en el periodo previo a la apertura comercial?

Para responder esta pregunta se analizó la estructura de protección en Argentina, Brasil y México que existía antes del periodo de la liberalización. Se obtuvieron estimaciones de la tasa efectiva de protección (TEP) por sector en 1973

48 Esto implica la existencia de un mayor superávit en términos de recursos ambientales exportados, o un menor déficit.

49 Las estimaciones de las emisiones totales fueron las que se usaron para ilustrar el crecimiento de la contaminación industrial en los tres países. Se calcularon usando los datos de valor agregado para tres dígitos de la Clasificación Industrial Internacional Uniforme (CIIU) y los coeficientes de valor agregado IPPS para las emisiones; por consiguiente, dichas estimaciones no son estrictamente comparables con las realizadas con los datos del comercio.

50 Todos estos contaminantes mostraron también una disminución de más de 10% entre 1990 y 1996, de manera que el periodo más largo no fue un factor importante en su fuerte reducción.

en Brasil,[51] 1980 en Argentina[52] y 1979 en México.[53] Con base en estos datos, se clasificaron las industrias de alto nivel de protección efectiva en un grupo y las que tenían un bajo nivel en otro grupo.[54] Se consideró que las industrias de Brasil y México tendrían altos niveles de protección si su respectiva TEP era superior a 50%, mientras que en Argentina, donde el nivel global de protección era más alto, una industria se clasificó como de alta TEP cuando era superior a 75 por ciento.

Cuadro II.5
Relación entre la intensidad de contaminación en industrias con alta tasa efectiva de protección (TEP) y la intensidad de contaminación en industrias con baja TEP

Contaminantes	*Argentina*	*Brasil*	*México*
Tóxicos totales	0.32	0.17	1.42
Metales totales	1.11	0.05	1.60
DBO	0.81	1.32	1.34
SST	0.30	0.01	0.41
NO_2	0.13	0.39	2.30
PMIO	0.08	0.16	0.18
SO_2	0.24	0.19	3.64
CO	0.23	0.11	2.01
PST	0.21	0.44	0.98
COV	0.15	0.63	3.27

Fuente: Elaboración propia con datos de la ONUDI y los coeficientes de IPPS.

[51] D. Coes, "Brazil", en D. Papageorgiou, M. Michaely y S. Choksi, *Liberalizing Foreign Trade,* vol. 1, Blackwell, Oxford, 1991, cuadro 4.1.

[52] D. Cavallo y J. Cottani, "Argentina", en D. Papageorgiou, M. Michaely y S. Choksi, *Liberalizing Foreign Trade, op. cit.*, cuadro 3.19.

[53] A. Ten Kate y F. de Mateo Venturini, "Apertura comercial y estructura de la protección en México", *Comercio exterior*, vol. 39, núm. 4, Banco Nacional de Comercio Exterior, México, 1989, cuadro 4.

[54] Se omitieron algunas industrias debido a la ausencia de estimaciones de protección eficaz. Además, varias estimaciones estaban disponibles sólo para dos dígitos y se hizo el supuesto de que la industria a tres dígitos compartió las mismas características en cuanto a protección que la de dos dígitos a la que pertenecía.

Una vez clasificados los dos grupos de industrias, se procedió a calcular la intensidad media de contaminación en industrias con TEP alta y baja, y a derivar la relación entre la intensidad de contaminación de los dos grupos. Si protección tiene un "sesgo café", o sea, que tienda a proteger las industrias más altamente contaminantes, entonces la relación sería mayor que uno. Sorprendentemente en el caso de Argentina y Brasil el sesgo estaba en la dirección opuesta, siendo las industrias más protegidas las que tenían relativamente bajas emisiones de la mayoría de los contaminantes (véase el cuadro II.5). Solamente México resultó, conforme a las expectativas, con la mayor protección en las industrias relativamente intensivas en contaminación, con la excepción de algunos sólidos totales suspendidos y partículas.

Esto ayuda a explicar por qué, de los tres países, solamente México se ajustó al patrón de especialización creciente en industrias menos contaminantes después de que la liberalización se puso en marcha. Esto simplemente refleja el hecho de que era el único de los tres países en el que la protección tenía un sesgo fuerte en favor de industrias más contaminante antes de la liberalización.

Inversión extranjera e intensidad de la contaminación

El conjunto de publicaciones sobre el impacto de la inversión extranjera en la intensidad de la contaminación en América Latina es todavía más limitado que el de las publicaciones sobre los vínculos entre el comercio y la contaminación, y la evidencia es principalmente anecdótica o basada en estudios de caso selectos. Hay ejemplos en los que la regulación ambiental ha sido un factor importante para que las compañías grandes se reubiquen en América Latina. Un caso muy citado es el de la relocalización de fabricantes de muebles de la región de Los Ángeles a México, a finales de los años ochenta.[55]

Sin embargo, los estudios más agregados generalmente no han encontrado un patrón claro. Un estudio de México y Venezuela no encontró correlación alguna de los sectores en los que se localizó la inversión extranjera con los costos de la reducción de la contaminación ni con varios indicadores de intensidad de la contaminación.[56] Otra área de debate ha sido la de las maquiladoras en México, con puntos de vista contrastantes respecto de la importancia de los costos ambientales como un factor de influencia en la localización industrial. Al respecto,

[55] Office of Technology Assessment, *Trade and Environment: Conflicts and Opportunities*, Congress of the United States, OTA, Washington, 1992, p. 100.

[56] G. Eskeland y A. Harrison, *Moving to Greener Pastures? Multinationals and the Pollution-Haven Hypothesis*, Documento de Trabajo, núm. 1744, Banco Mundial, Policy Research Department, Washington, 1997.

Grossman y Krueger no encontraron vínculos entre el patrón de inversión y los costos de la reducción de la contaminación, pero Molina critica este resultado.[57]

Si la relocalización de la industria de países con regulación ambiental más estricta es un factor importante, entonces se puede esperar que las empresas extranjeras tiendan a concentrarse en industrias relativamente intensivas en contaminación. Argentina, Brasil y México han recibido flujos sustanciales de inversión extranjera directa en los años recientes. Desgraciadamente no fue posible obtener datos recientes de la distribución de propiedad extranjera por industria, salvo en México. Sin embargo, se puede usar información anterior para tener una indicación de los tipos de sectores en los que el capital extranjero ha tendido a concentrarse. (Véase el cuadro II.6.)

Para probar si las empresas extranjeras tienden a concentrarse en las industrias más intensivas en contaminación en los tres países, se calcularon coeficientes de correlación de Spearman entre la participación de la propiedad extranjera en una industria y las emisiones por dólar de valor agregado para los contaminantes enlistados en el cuadro II.5. Ninguno de los coeficientes de correlación calculados de esta manera fue significativo en el nivel de 5% en cualquiera de los tres países; entonces, no hay evidencia que apoye el punto de vista de que el capital extranjero ha tendido a concentrarse en industrias "sucias".

Aunque esta evidencia no indica si ha habido o no desplazamiento en la composición de la inversión extranjera hacia industrias más o menos contaminantes en el periodo de las reformas económicas, sugiere que otros factores más que las consideraciones ambientales son los principales determinantes de la distribución sectorial del capital extranjero. Parece improbable, por consiguiente, que la liberalización haya tenido efectos significativos benéficos o negativos en la contaminación en cuanto a la distribución sectorial de la inversión extranjera.

Conclusión

La evidencia muestra que no hay un modelo universal en lo referente al *efecto composición* de la liberalización sobre la contaminación en lo que concierne a los tres países. Sólo en México, donde el modelo anterior de protección estaba sesgado en favor de las industrias relativamente contaminantes, la mayor apertura se ha asociado con un cambio en la ventaja comparativa hacia las industrias más limpias. Éste no ha sido el caso en Argentina ni en Brasil, donde las industrias contaminantes no estaban más protegidas que las otras. Además en ninguno de

[57] Véase G. Grossman y A. Krueger, *Environmental Impacts...*, *op. cit.*, y D. Molina, "A Comment on Whether Maquiladoras are in Mexico for Low Wages or to Avoid Pollution Abatement Costs", *Journal of Environment and Development*, vol. 2, núm. 1, 1993.

los tres países parece haber habido un vínculo entre el patrón de inversión extranjera en el sector manufacturero y la intensidad de la contaminación.

Cuadro II.6
Participación de las empresas extranjeras en la industria manufacturera en América Latina

CIIE[a]	*Industria*	*Argentina (1983)*	*Brasil (1983)*	*México (1994)*
311	Alimentos	21.2	18.0	15.2
313	Bebidas	63.3	15.0	15.0
314	Tabaco	99.6	73.0	42.0
321	Textiles	22.4	22.0	21.9
322	Prendas de vestir, excepto calzado	6.3	4.0	7.6
323	Productos de cuero	16.0	15.0	7.0
324	Calzado, excepto de hule o plástico	47.8	4.0	5.0
331	Productos de la madera, excepto muebles	16.5	5.0	5.8
332	Muebles, excepto de metal	32.9	3.0	7.3
341	Papel y productos derivados	66.9	21.0	27.0
342	Imprenta y editorial	8.3	3.0	8.8
351	Productos químicos industriales	83.4	21.0	21.9
352	Otros productos químicos	57.4	62.0	60.5
353	Refinación de petróleo	39.9	n.a.	0.0
354	Productos misc. del petróleo y el carbón	80.1	n.a.	25.0
355	Productos de hule	69.2	63.0	31.6
356	Productos de plástico	58.8	17.0	23.7
361	Cemento y cerámica	6.2	n.a.	17.7
362	Vidrio y poductos de vidrio	62.1	n.a.	18.9
369	Otros productos minerales no metálicos	28.6	n.a.	4.8

371	Hierro y acero	28.2	23.0	18.9
372	Metales no ferrosos	34.8	44.0	31.4
381	Productos metálicos	22.1	23.0	14.1
382	Maquinaria, excepto eléctrica	74.3	41.0	52.5
383	Maquinaria eléctrica	74.0	44.0	58.3
384	Equipo de transporte	88.4	68.0	64.4
385	Equipo profesional y científico	98.5	n.a.	64.3
390	Otros productos manufacturados	n.a.	29.0	28.5
	Total	n.a.	28.5	28.5

[a] Clasificación industrial internacional estándar.
n.a.: no se aplica.
Fuentes: Argentina: E. M. Basualdo, E. Lifschitz y E. Roca, *Las empresas multinacionales en la ocupación industrial en la Argentina, 1973-1983*, Oficina Internacional del Trabajo, Ginebra, 1988, cuadro 18; Brasil: W. Fritsch y G. Franco, *Foreign Direct Investment in Brazil: Its Impact on Industrial Restructuring*, OCDE, París, 1991, cuadro 1.6; México: INEGI.

La liberalización y los procesos de producción

Perspectivas teóricas

Quizás más importantes que los cambios en la asignación de recursos entre diferentes industrias, desde el punto de vista del impacto de la liberalización en los niveles de contaminación, son los cambios que se dan dentro de las industrias en la empresa y la planta. Se han planteado varios argumentos acerca de los vínculos potenciales entre la liberalización y el desempeño ambiental.

Se ha dicho que producir para exportar lleva a la adopción de tecnologías limpias debido a los requisitos de los mercados internacionales.[58] Hay casos puntuales, como por ejemplo los de la industria de la celulosa y del papel que necesita eliminar el cloro, y la industria del curtido que requiere erradicar el cromo;[59]

[58] Véase N. Johnstone, "Globalisation, Technology and Environment", en *Globalisation and Environment: Preliminary Perspectives,* OCDE, París, 1997, y E. Neumayer, *Greening Trade and Investment: Environmental Protection without Protectionism,* Earthscan, Londres, 2001, cap. 7.

[59] D. Wheeler y P. Martin, "Prices, Policies, and the International Diffusion of Clean Technology: The Case of Wood Pulp Production", en P. Low (ed.), *International Trade..., op. cit.*

aun donde no hay estos requisitos tan específicos, los productores temerían que los grupos de presión proteccionistas en sus mercados principales recurran a las normas ambientales como campos de acción contra sus exportaciones. Así los exportadores podrían interesarse cada vez más en obtener la certificación ISO 14000 como credencial ambiental. También se sostiene que las economías más abiertas acceden mejor a lo último en tecnología ambiental extranjera y que por consiguiente la liberalización induce una difusión más rápida de métodos de producción menos contaminantes.[60]

A pesar de estos beneficios potenciales de producir para el mercado externo y tener acceso a equipo importado, la creciente competencia que obliga a la minimización de costos —ya sea para competir en los mercados de exportación o contra las importaciones en el mercado interno— dificultaría el establecimiento de medidas para proteger el ambiente. El asunto de la competitividad está en el corazón de muchas preocupaciones ambientales en torno de la liberalización comercial:[61] cuanto más esté sujeta una industria a las presiones competitivas internacionales, probablemente más se resistirá a los intentos de los reguladores de imponer medidas de protección ambiental que aumentarían sus costos.

También se han desarrollado más los argumentos sobre los efectos benéficos de la liberalización en el caso de la inversión extranjera. A menudo se dice que la empresa transnacional se adhiere a sus propias normas ambientales corporativas, y que éstas son más rigurosas que las de los países en desarrollo donde opera.[62] Así los crecientes flujos de capital extranjero tienden a traer consigo normas ambientales más altas; en la práctica, no es claro que las transnacionales requieran que sus subsidiarias observen prácticas ambientales más altas. Dos estudios de tales empresas llegaron a conclusiones bastante diferentes.[63] Incluso cuando las

60 N. Johnstone, "Globalisation, Technology...", *op. cit.*

61 R. Jenkins, J. Barton, A. Bartzokas, J. Hesselberg y H. Knutsen, *Environmental Regulation in the New Global Economy: The Impact on Industry and Competitiveness*, Edward Elgar, Cheltenham, 2002, cap. 2.

62 Véase T. Gladwin, "Environment, Development and Multinational Enterprise", en C. Pearson (ed.), *Multinational Corporations, Environment, and the Third World: Business Matters*, Durham, Duke University Press, 1987; D. Levy, "The Environmental Practices and Performance of Transnational Corporations", *Transnational Corporations*, vol. 4, núm. 1, 1995; y M. Hansen, "Environmental Regulation of Transnational Corporations: Needs and Prospects", en P. Utting (ed.), *The Greening of Business in Developing Countries: Rhetoric, Reality and Prospects*, Zed Books, Londres, 2002.

63 La mayoría de las empresas transnacionales encuestadas por un estudio de las Naciones Unidas ("Benchmark Corporate Environmental Survey") informaron que tenían políticas ambientales corporativas que fueron más allá de lo requerido por la legislación nacional del país anfitrión (United Nations Centre on Transnational Corporations, *World Investment Report, 1992*, Naciones Unidas, Nueva York, 1992, p. 234). Sin embargo, otra encuesta de empresas transnacionales hecha por el Ministerio de Industria y Comercio japonés (MITI) encontró todo lo contrario: que la mayoría de las empresas únicamente toma las medidas requeridas para cumplir con las normas

transnacionales no tienen políticas ambientales corporativas explícitas, su tendencia a usar la tecnología de la matriz, la cual se ha desarrollado para satisfacer los requerimientos reguladores ambientales más estrictos de sus países de origen, las llevará a tener una producción menos contaminante que las empresas locales en los países en desarrollo.[64]

La apertura comercial y la producción más limpia

Las evidencias de estudios previos sobre el vínculo entre la producción de exportación y la contaminación no son concluyentes: algunos corresponden a estudios de caso y hay indudables ejemplos de empresas que reducen emisiones para cumplir con las normas extranjeras del producto, como en la industria de la celulosa y del papel en Chile;[65] otros estudios más sistemáticos, que involucran encuestas de la gestión ambiental de las empresas, brindan también evidencia sobre el comportamiento relativo de las empresas que producen para la exportación en comparación con las que producen principalmente para el mercado interno. Contrario a lo esperado, un estudio de 90 empresas en el área metropolitana de la ciudad de México no encontró una relación estadísticamente significativa entre la proporción de la producción exportada y el grado en el que la empresa protegía el ambiente.[66] Esto fue confirmado por un estudio econométrico de 236 empresas en México que encontró que no había vínculo entre producir para exportar a países de la OCDE y el desempeño ambiental de las empresas.[67]

En Brasil, en contraste, un estudio de empresas químicas encontró una asociación positiva entre la producción destinada a la exportación, ya sea en términos absolutos o como porcentaje del total producido, y la participación en el

---

ambientales locales (*Malaysia, Managing the Costs of Urban Pollution*, Banco Mundial, Washington, 1993, recuadro 3.2).

64 Véase M. Ferruntino, *International Trade, Environmental Quality and Public Policy*, Documento de Trabajo, US International Trade Commission, Office of Economics, Washington, 1995; D. Esty y B. Gentry, "Foreign Investment, Globalisation and Environment", en *Globalisation and Environment: Preliminary Perspectives,* OCDE, París, 1997, y R. U. Sprenger, "Globalisation, Employment and Environment", *op.cit.*

65 N. Birdsall y D. Wheeler, "Trade Policy...", *op. cit.*

66 L. Domínguez-Villalobos, "Comportamiento empresarial hacia el medio ambiente: el caso de la industria manufacturera de la Zona Metropolitana de la Ciudad de México", en A. Mercado (coord.), *Instrumentos económicos para un comportamiento empresarial favorable al ambiente en México,* El Colegio de México, Fondo de Cultura Económica, México, 1999.

67 S. Dasgupta, H. Hettige y D. Wheeler, *What Improves Environmental Performance? Evidence from Mexican Industry,* Working Papers Series, núm. 1877, Banco Mundial, Development Research Group, Washington, 1997.

programa "Cuidado Responsable de la Industria".[68] Varios estudios de caso sobre temas de comercio y ambiente en Brasil sugieren que mientras que la producción de exportación ha forzado a las empresas de la celulosa y del papel a satisfacer normas ambientales más rigurosas, no han habido todavía presiones en la industria siderúrgica.[69]

Otros estudios de caso de tres industrias en Argentina también muestran una situación mixta. Un gran productor de celulosa había respondido directamente a demandas en el mercado europeo mejorando su desempeño ambiental, y una empresa empacadora también había tomado medidas para satisfacer los requisitos de Alemania para usar materiales reciclados y hacer posible el reúso de sus productos.[70] Una empresa siderúrgica también había sido inspeccionada por un cliente europeo interesado en su desempeño ambiental y las empresas líderes de la industria entendieron que necesitaban cumplir las normas internacionales de calidad, seguridad y ambiente si querían ser competitivas en los mercados de mayor demanda.[71] En contraste, en la industria petroquímica, las demandas de los mercados de exportación no habían sido un gran factor que llevara a las empresas líderes a la adopción de medidas ambientales.[72]

Otros estudios recientes proporcionan mayores evidencias sobre el vínculo entre la exportación y el desempeño ambiental. Chudnovsky, López y Freylejer encontraron en una muestra pequeña de grandes empresas en Argentina que las empresas exportadoras habían ido mucho más allá en cuanto al manejo ambiental y la prevención de la contaminación que las que producen principalmente para el mercado interno.[73] Varios estudios de caso de Brasil presentan situaciones bastante diferentes, aunque no existe una comparación formal de empresas en cuanto a sus principales mercados. Dalcomuni encontró que las exigencias de los clientes europeos han sido un gran factor en la mejora del desempeño ambiental en la industria de la celulosa;[74] en contraste, Barton sostiene que no hay un

[68] T. Roberts, "The End of the 'Pollution Haven' as 'Comparative Advantage'? Emerging International Environmental Standards and the Brazilian Chemical Industry", documento presentado en UMASS-AMHERST Conference, Space, Place and Nation: Reconstructing Neo-liberalism in the Americas, noviembre, 1998.

[69] United Nations Conference on Trade and Development, "Trade, environment and development...", *op. cit.*

[70] D. Chudnovsky, F. Porta, A. López y M. Chidiak, *Los límites de la apertura...*, *op. cit.*, cap. VI.

[71] *Ibid.*, p. 502.

[72] *Ibid.*, cap. VII.

[73] D. Chudnovsky, A. López y V. Freylejer, "The Diffusion of Pollution Prevention Measures in LDCs: Environmental Management in Argentine Industry", en R. O. Jenkins (ed.), *Industry and Environment in Latin America*, Routledge, Londres, Nueva York, 2000.

[74] S. M. Dalcomuni, "Industrial Innovation and Environment in the Pulp Export Industry in Brazil", en R. O. Jenkins (ed.), *Industry and Environment...*, *op. cit.*

claro vínculo entre la producción de exportación y el desempeño ambiental en la industria del acero.[75] En la industria del cuero, Odegard encontró que aunque se han sustituido algunos químicos para poder exportar al mercado alemán, en general la falta de un "mercado ecológico" del cuero se ha traducido en la falta de preocupación de los exportadores por los impactos ambientales de sus actividades;[76] además, el hecho de que una proporción creciente de la producción de exportación sea de productos relativamente intensivos en contaminación (*wet blue*) significa que la apertura ha tendido a inducir exportaciones de cuero más contaminantes.

Algunos de los estudios mexicanos publicados en este libro también muestran un cuadro mixto. En el caso de textiles, las empresas más orientadas a la exportación tienden también a tener mejores indicadores de desempeño ambiental corporativo, aunque en la planta, las diferencias entre las exportadoras y las no exportadoras no son significativas.[77] Paradójicamente, en el caso de las fibras sintéticas parece haber una relación inversa entre la participación de la producción exportada y el desempeño ambiental.[78] Sin embargo, es claro que las exigencias de los clientes en el mercado de exportación no han sido un factor de cambio particularmente importante para la mejora ambiental en ninguna de estas dos industrias. En la industria mexicana del acero las empresas que producen casi enteramente para el mercado interno tienen el peor desempeño ambiental, aunque las empresas más orientadas a la exportación no se desempeñen mejor que las empresas con un nivel intermedio de exportaciones.[79]

La evidencia sugiere que hay diferencias interindustriales importantes en el impacto de la producción de exportación en el desempeño ambiental. En algunas industrias, de las cuales la de la celulosa y el papel es el ejemplo más notable, las exigencias de los mercados de exportación hacen que los exportadores adopten tecnologías más limpias y mejoren su gestión ambiental. En otras industrias, sin embargo, hay poca diferencia entre el desempeño ambiental de las empresas exportadoras y de las productores para el mercado interno. Las diferencias bien podrían encontrarse en términos de otros factores, tales como el tamaño de la empresa o su nivel tecnológico, en lugar de las exportaciones por sí mismas. Por

[75] J. Barton, "'Aco Verde': The Brazilian Steel Industry and Environmental Performance", en R. O. Jenkins (ed.), *Industry and environment...*, *op. cit.*, cap. 5, pp. 89-120.

[76] J. T. H. Odegard, "Economic Liberalization and the Environment – A Case Study of the Leather Industry in Brazil", en R. O. Jenkins (ed.), *Industry and environment...*, *op. cit.*

[77] Véase más adelante el capítulo VI: "Apertura y respuesta ambiental: la industria textil mexicana".

[78] Véase más adelante el capítulo VII: "Control de la contaminación en la industria de fibras químicas en un contexto de apertura económica".

[79] Véase más adelante el capítulo IX: "La industria mexicana del acero: una evaluación de su comportamiento ambiental".

otro lado, es claro que la situación no es estática y es muy posible que conforme crezcan las preocupaciones ambientales en los mercados de los países desarrollados, y las empresas empiecen a insistir en los impactos ambientales de sus proveedoras, las exportadoras tendrán que adoptar normas ambientales cada vez más rigurosas.

Es difícil evaluar el impacto de la apertura en la contaminación a través del mejor acceso a equipo ambiental importado. Esto en parte es así porque aunque algunos equipos se pueden clasificar como "ambientales", definitivamente no hay una distinción tan clara. Hay un problema conceptual y otro de clasificación que hacen difícil identificar cambios en la importación de equipo que tengan beneficios ambientales. Conceptualmente, las mejoras en el desempeño ambiental se asocian a procesos mejorados y no se pueden identificar con piezas específicas de equipo. Aunque se puedan identificar algunos tipos de equipos como ambientales, las clasificaciones convencionales del comercio no necesariamente los separan de los otros equipos no ambientales, y ciertamente no los agregan para proporcionar una medida fácilmente accesible de importaciones de equipo ambiental.

Por consiguiente hay muy pocos datos disponibles sobre las importaciones de equipo ambiental en América Latina. Las estimaciones de principios de los años noventa muestran que entre 19 y 25% del mercado ambiental total en Argentina, Brasil y México fue suministrado por las importaciones;[80] sin embargo, la participación del mercado ambiental en el PIB de cada país ha permanecido relativamente pequeño (entre 0.6% y 0.7%) en comparación con los países de la OCDE.[81] Esto implica que las importaciones de equipo ambiental solamente equivalen a una proporción muy pequeña de las importaciones totales en cada país. Hay poca evidencia referente a estudios de caso detallados para concluir si el acceso a equipo extranjero ha sido un factor importante en el desempeño ambiental de las empresas en América Latina.

La inversión extranjera y la producción más limpia

Son limitadas las evidencias empíricas de América Latina sobre el impacto de la inversión extranjera en la intensidad de contaminación de la producción. A pesar de los argumentos a priori de que las empresas extranjeras se desempeñarían mejor que las empresas nacionales, falta hasta ahora evidencia empírica convincente para mostrar que el origen de la propiedad de la empresa sea un factor importante.

[80] J. Barton, "The North-South Dimension of the Environmental and Cleaner Technology Industries", en *Revista de la CEPAL*, núm. 64, Santiago de Chile, 1998, cuadro 8.

[81] M. Schaper, *Impactos ambientales...*, *op. cit.*, cuadro IV.2.

Se han usado dos diferentes enfoques para explorar este tema. El enfoque más simple busca comparar la proporción de empresas extranjeras que se consideran con buen desempeño en términos ambientales con las de pobre desempeño. En general se ha encontrado que las subsidiarias extranjeras están sobrerrepresentadas entre las empresas del mejor desempeño; así, un estudio de México encontró que las empresas extranjeras representaron 56% de las del mejor desempeño ambiental, aunque tales empresas eran sólo 26% de todas las empresas de la muestra.[82] Un estudio de Argentina también encontró que las empresas extranjeras estaban significativamente mejor representadas que las empresas nacionales entre las que mostraron mayor progreso en términos tanto de la gestión ambiental como de la prevención de la contaminación.[83] De manera semejante, el estudio previamente citado de la industria química brasileña encontró que las empresas extranjeras estaban desproporcionadamente representadas entre las empresas con programas de cuidado responsable y la certificación ISO 14000.[84]

Sin embargo este enfoque no permite precisar el impacto de la propiedad per se sobre el desempeño ambiental, ya que no tiene control de otras variables que también influirían en el desempeño, tales como el tamaño de empresa, la generación del equipo o el principal mercado. Los estudios que han intentado tomar en cuenta otros factores usando técnicas econométricas han fracasado en encontrar una relación significativa, aunque una simple comparación de la proporción de empresas extranjeras respecto de las de mejor desempeño ambiental podría haber sugerido que la propiedad extranjera es un factor importante. Así, el estudio de México previamente citado encontró que la relación global entre la propiedad extranjera y el desempeño ambiental no era estadísticamente significativa;[85] similarmente, un estudio mexicano más amplio también fracasó en encontrar cualquier relación entre la propiedad extranjera y el desempeño ambiental.[86]

Algunos de los estudios en este volumen también proporcionan ciertas evidencias sobre el desempeño ambiental comparativo de las empresas extranjeras y locales, aunque no tienen suficientes subsidiarias extranjeras para hacer comparaciones significantes. Debido al número pequeño de empresas involucradas, ninguno de los estudios puede usar un tipo de análisis multivariado. Los resultados son mixtos: en el caso de la industria mexicana de fibras sintéticas, las empresas extranjeras tienden a tener mejor desempeño ambiental que las empresas nacionales, mientras que en la industria del acero no hubo evidencia de un desempeño estático superior de las subsidiarias extranjeras, aunque se desempeñaron mejor

82 L. Domínguez-Villalobos, "Comportamiento empresarial...", *op. cit.*, cuadro IV.18.

83 D. Chudnovsky, A. López y V. Freylejer, "The Diffusion of Pollution...", *op. cit.*

84 T. Roberts, *The end of the 'pollution haven'...*, *op. cit.*

85 L. Domínguez-Villalobos, "Comportamiento empresarial...", *op. cit.*

86 S. Dasgupta, H. Hettige y D. Wheeler, *What improves environmental performance?...*, *op. cit.*

en los indicadores dinámicos. Estos estudios sin embargo padecen la misma limitación de los estudios previos, al no controlar otros factores, y por lo consiguiente el argumento de que la propiedad extranjera es un factor importante queda sin probarse.

Conclusión

Esta sección ha considerado varias maneras en las que la liberalización podría tener un *efecto tecnológico* o *de proceso* en la contaminación industrial y presentó varias evidencias de los principales países latinoamericanos. El cuadro que surge es mixto: en algunas industrias, las exigencias del mercado de exportación han llevado a las empresas a mejorar su desempeño ambiental, pero hasta ahora esto parece limitarse a industrias que han sido blanco de los activistas ambientales y de la presión de los consumidores, como en la industria de la celulosa y del papel, y el efecto no resulta tan obvio en varias encuestas de empresas en un conjunto de industrias; en el futuro, conforme crezcan las preocupaciones ambientales y se vinculen cada vez más a los temas del comercio, se ampliarían las diferencias entre las empresas exportadoras y las productoras para el mercado interno.

Es difícil evaluar las evidencias concernientes al impacto de la liberalización sobre las importaciones de tecnologías más limpias. Hay pocas dudas de que las importaciones de bienes de capital hayan crecido bastante, siguiendo a la liberalización, y de que esto pudiera llevar potencialmente a la incorporación de tecnologías más limpias; sin embargo, es difícil obtener evidencias más directas al respecto, y las inversiones ambientales en América Latina continúan estando muy por debajo de los niveles de los países industriales avanzados.

Por otro lado, como se observó arriba, a pesar de las afirmaciones acerca de las altas normas ambientales requeridas por las empresas transnacionales, no hay evidencia clara de que las empresas extranjeras se desempeñen mejor que las nacionales, una vez que se tienen en cuenta factores tales como el tamaño y el tipo de industria; así, la liberalización de la inversión extranjera no lleva necesariamente a una mejora en el desempeño ambiental de los países anfitriones.

Sin embargo, las comparaciones entre el desempeño ambiental de diferentes grupos de empresas sólo se dirigen parcialmente a la cuestión del impacto ambiental de una mayor apertura. Uno de los argumentos referidos al posible impacto ambiental negativo de la liberalización del comercio y la inversión es que lleva al establecimiento de normas ambientales más débiles. Si éste fuera el caso, entonces todas las empresas sentirían igualmente el impacto, ya fueran exportadoras o productoras para el mercado interno, extranjeras o de propiedad local. En esta situación, la falta de una clara diferencia entre dos grupos de empresas no significa necesariamente que un mayor comercio o una mayor apertura a la inversión extranjera no haya tenido un importante efecto ambiental. Es entonces necesario conocer el impacto de la apertura en el marco regulador latinoamericano.

La liberalización y la regulación ambiental

Una de las grandes preocupaciones expresadas por quienes temen las consecuencias ambientales de la liberalización es que la mayor competencia internacional llevará a "bajar" las normas ambientales; la así llamada "carrera hacia abajo" (*race to the bottom*). Dicho de otra forma, en la medida en que se liberalice el comercio, los productores de los países con las normas ambientales menos rigurosas disfrutarán una ventaja de costos porque internalizarán menos los costos ambientales de sus actividades. Esto hará que las empresas de los países con las normas ambientales más rigurosas presionen a sus gobiernos para relajar las normas con el fin de asegurar un "campo nivelado del juego". El resultado de este proceso será en general presionar las normas hacia niveles de rigor más bajos. Otro efecto menos extremo es que la mayor competencia internacional detuviera las iniciativas de política ambiental. Así, en lugar de que disminuyera el rigor de las normas ambientales, habría un "efecto congelante" en los intentos por aumentar la protección ambiental.[87]

En la actualidad, la evidencia empírica sobre el tema es sobre todo anecdótica.[88] Hay ciertamente ejemplos en los cuales las compañías han cabildeado con buen éxito para impedir que se establezcan medidas ambientales como los impuestos a la energía, apelando a los efectos competitivos adversos. Dos estudios concluyen que la apertura ha inducido una menor autonomía del regulador, o por lo menos una percepción de que éste es el caso, lo cual lleva a la necesidad de mayor cooperación internacional.[89]

No hay evidencias para apoyar el punto de vista de que la liberalización ha llevado a una "carrera hacia abajo" en la regulación ambiental en Argentina, Brasil y México. La tendencia de los años recientes en los tres países ha sido la de mayor regulación ambiental, más que la reducción del rigor normativo a medida que el comercio y la inversión se han liberalizado.

87 N. Mabey y R. McNally, *Foreign Direct...*, *op. cit.*

88 Únicamente existe un estudio más formal, realizado por P. Eliste y P. Frederiksson ("Does Open Trade Result in a Race to the Bottom? Cross-country Evidence", documento presentado en la conferencia "Trade, Global Policy and the Environment", Banco Mundial, Washington, 21-22 de abril, 1998), pero que trata sólo el impacto de la integración económica en la regulación ambiental en el sector agrícola, y por lo tanto no tiene relevancia directa para el presente estudio.

89 Véase N. Mabey y R. McNally, *Foreign Direct...*, *op. cit.*, y H. Nordström y S. Vaughan, *Trade and Environment...*, *op. cit.*

Argentina ha sido el más lento de los tres países en desarrollar su regulación ambiental. Aunque se establecieron normas del agua a finales de los años cuarenta y se extendieron a la calidad del aire en los setenta, fue hasta los noventa cuando se desarrollaron otras iniciativas con la creación de la Secretaría de Recursos Naturales y Ambiente Humano en 1991, y con la aprobación de una ley sobre residuos peligrosos en 1992; sin embargo, a mediados de los años noventa, el Banco Mundial describió la situación en los siguientes términos:

> Las instituciones gubernamentales a cargo de las políticas ambientales son débiles, sus responsabilidades se fragmentan, y su vigilancia y exigencia son inadecuadas en muchas áreas. El marco institucional para la gestión ambiental involucra un tejido de instituciones nacionales, provincianas y municipales que se traslapan. El sistema resultante, inusualmente complejo de leyes, regulaciones y autoridades, ha llevado a desigualdades e incertidumbres en la exigencia de las regulaciones y ha abierto muchas oportunidades para que el contaminador evada el cumplimiento de los objetivos ambientales.[90]

Aunque el progreso es lento en Argentina, dados los bajo niveles de regulación ambiental previos, no hay evidencia de que las normas se hayan relajado. La hipótesis del "congelamiento regulador" es más difícil de despejar, ya que la mejora limitada en la regulación pudiera ser resultado de los temores acerca de la posición competitiva de las empresas. Sin embargo es más probable que ello refleje la baja prioridad que se les da a los temas ambientales en Argentina y la relativa debilidad de los grupos ambientales de presión.

La regulación ambiental en Brasil se caracteriza por sus considerables diferencias entre los estados, aunque federalmente se establecen normas mínimas.[91] Los temas ambientales han tenido un perfil bastante más alto en Brasil que en Argentina. Los primeros intentos por controlar sistemáticamente la contaminación industrial se hicieron en 1974, con la Ley de Control y Prevención de la Contaminación Industrial. En 1988 la nueva constitución federal reorganizó el sistema ambiental del país y se creó una Secretaría del Ambiente.[92] En 1992, sin embargo, un informe del Banco Mundial destacó la limitada capacidad de exigencia de las autoridades ambientales de Brasil, y la pobre coordinación entre las instancias federal, estatal y municipal. En el caso de FEEMA,[93] la autoridad

90 Banco Mundial, *Argentina Managing Environmental Pollution: Issues and Options*, Banco Mundial, Environment and Urban Development Division, Washington, 1995, p. 5.

91 Véase J. Barton, "'Aco Verde': The Brazilian...", *op. cit.*, y J. T. H. Odegard, "Economic Liberalization...", *op. cit.*

92 D. Shaman, *Brazil's Pollution Regulatory Structure and Background*, Banco Mundial, Washington, 1996.

93 Fundação Estadual de Engenharia do Meio Ambiente.

ambiental del estado de Río, observó un declive drástico en su capacidad a finales de los años ochenta y en los noventa, causado por la falta de apoyo político y presupuestos limitados;[94] sin embargo, esto parece reflejar circunstancias específicas locales más que ser parte de un declive general en el rigor normativo ambiental asociado a la liberalización.

Como en el caso de Argentina, puede haber un efecto de "congelamiento regulador" de la competencia sobre la regulación ambiental en Brasil. Odegaard encontró que los reguladores tienden a ser menos exigentes de algunos contaminadores cuando éstos padecen dificultades económicas. La tendencia a proceder despacio en cuanto a regulación y exigencia es acentuada por la competencia entre los diferentes estados que perciben que afrontan

> [...] un regateo entre los ingresos públicos y la calidad ambiental [...] a mayor exigencia de los requisitos federales en un estado, menos contaminado estará el estado pero captará menores ingresos netos [...] Esta clase de razonamiento explicaría por qué el grado de exigencia de las leyes sobre contaminación se negocia a menudo entre el contaminador y el estado.[95]

México es el más interesante de los tres casos y brinda un escenario algo diferente del argentino o del brasileño. Esto es porque no sólo ha emprendido la liberalización comercial unilateral como los otros dos grandes países latinoamericanos, sino se ha incorporado también a un tratado de libre comercio con Estados Unidos y Canadá.

El primer intento de diseño de política ambiental en México fue la Ley Federal para la Prevención y el Control de la Contaminación Ambiental de 1971, pero ésta tuvo poco efecto, y en 1982 se promulgó una nueva ley para fortalecer la legislación ambiental y un año más tarde se creó la Secretaría de Desarrollo Urbano y Ecología (Sedue). En 1988, la ley de 1982 fue reemplazada por la Ley General de Equilibrio Ecológico y Protección del Ambiente. A pesar de las leyes anteriores, fue hasta los años noventa cuando se intensificó la exigencia de la regulación ambiental en México.[96]

Hay pocas dudas de que las crecientes medidas de protección ambiental tomadas por México a inicios de los noventa fueron en parte una respuesta a las preocupaciones expresadas en Estados Unidos acerca de las implicaciones del TLCAN

[94] Banco Mundial, *Brazil: Managing Environmental Pollution in the State of Rio de Janeiro,* vol. 1, Policy Report, Banco Mundial, Washington, 1996.

[95] D. Shaman, *Brazil's Pollution Regulatory...*, *op. cit.*, p. 4, citando un informe del Banco Mundial.

[96] Véase Y. Ruijters, *The Relevance of Environmental Legislation for the Transfer of Environmentally Sound Technology: The Mexican Experience*, Discussion Paper, núm. 9515, UNU/INTECH, Maastricht, 1995, y OCDE, *Environmental Performance Reviews: México*, OCDE, París, 1998.

acordado con México en esa época.[97] Las negociaciones, que empezaron en 1990, movilizaron grupos ambientales en Estados Unidos en una escala sin precedente por la posibilidad de que el TLCAN llevaría al "*dumping* ambiental" y al "traslado industrial" a México. Esto contribuyó a que también se firmara un acuerdo ambiental paralelo y se instalara la Comisión de Cooperación Ambiental.

Así, en el caso mexicano, la liberalización no se ha asociado al debilitamiento de las normas ambientales, sino realmente a lo opuesto; sobre todo en cuanto a la exigencia del cumplimiento. Es importante destacar dos características propias de la experiencia mexicana para entenderla mejor. Primero, no es la apertura per se lo que ha llevado a contar con normas ambientales más fuertes sino específicamente la adhesión a un acuerdo regional. La liberalización unilateral a finales de los años ochenta no llevó a un gran cambio en la regulación ambiental, el cual empezó sólo cuando el TLCAN estaba en negociación. Segundo, es importante considerar que el esquema específico de integración involucró a México en una asociación con países que ya tenían normas ambientales mucho más rigurosas, y que por consiguiente pudo obligar a fortalecer las normas mexicanas.

Repasando las evidencias de los tres países, entonces, no hay razón para creer que la liberalización ha llevado al relajamiento de las normas ambientales en cualquiera de ellos. En el caso de Argentina y Brasil, es posible que hubiera un elemento de "congelamiento regulador", pero es difícil establecer que, a falta de la liberalización, habría habido un crecimiento más rápido en la regulación ambiental. En el caso de México, sin embargo, la evidencia es que el TLCAN ha contribuido a una mejor regulación ambiental.

Conclusiones

Este capítulo ha analizado el impacto en la contaminación industrial derivado de la liberalización del comercio y la inversión en los tres principales países latinoamericanos. Una gran restricción de cualquier ejercicio como éste es la falta de datos directos sobre las emisiones contaminantes del sector industrial en cualquiera de los países considerados. En consecuencia, ha sido necesario adoptar un enfoque más indirecto.

Los estudios disponibles han identificado varios impactos potenciales de la liberalización en la contaminación y cada uno de éstos fue considerado. El cuadro II.7 proporciona una evaluación resumida de los probables efectos de la liberalización según las temáticas consideradas en este capítulo.

[97] B. Hogenboom, *Mexico and the NAFTA Environment Debate*, International Books, Utrecht, 1998, cap. 6.

Cuadro II.7
Impacto de la liberalización en la contaminación industrial

Concepto	*Argentina*	*Brasil*	*México*
Escala	Pequeño. Posible aumento suave en las emisiones	Insignificante	Insignificante desde la liberalización pero podría ser significante a partir del TLCAN
Composición	Pequeño aumento en las emisiones	Pequeño aumento en las emisiones	Emisiones reducidas
Proceso	Emisiones reducidas en algunos sectores	Emisiones reducidas en algunos sectores	Emisiones reducidas en algunos sectores
Regulación	Posible "congelamiento" pero efecto pequeño	Posible "congelamiento" pero efecto pequeño	Aumento de la regulación con el TLCAN
Total	Suave aumento en las emisiones	Insignificante efecto	Emisiones reducidas

El *efecto escala* de la liberalización es probablemente bastante limitado en los tres países. Aun cuando la liberalización haya inducido un mayor crecimiento como sostienen algunos autores, no es claro que haya llevado a una tasa de crecimiento más rápida del sector manufacturero; de hecho, la industria manufacturera se ha quedado rezagada del crecimiento del PIB en Argentina y en Brasil, de manera que sólo en México es probable que el efecto combinado de la liberalización y el TLCAN haya estimulado una tasa de crecimiento más rápida de la industria manufacturera y de ahí un mayor crecimiento de la contaminación industrial.

La dirección del *efecto composición* de la liberalización varió entre países. Mientras que en Argentina y Brasil los cambios en las exportaciones y en las importaciones después de la liberalización llevaron a la creciente transferencia de recursos ambientales al resto del mundo, en México ocurrió lo contrario. Esto indica que no hay una relación general entre la liberalización comercial y la intensidad de contaminación del comercio, sino que ello dependería de la ventaja comparativa del país considerado y el modelo de protección previo a la liberalización; sin embargo, la contribución total del comercio a la contaminación industrial en los dos países sudamericanos después de la liberalización fue relativamente pequeña.

Los *efectos tecnológicos* o *de proceso* de la liberalización no son claramente distinguibles y difieren de industria a industria. Así, mientras que la producción para la exportación alienta mejoras ambientales en algunas industrias, el impacto global podría ser limitado. De manera semejante, el papel de las empresas transnacionales en la incorporación de tecnologías más limpias no se observa en estudios agregados, en los cuales otros factores tales como el tamaño de la empresa y la rama industrial se tienen en cuenta. Finalmente, aunque hay un efecto potencial positivo por el más fácil acceso a equipo ambiental importado, probablemente éste ha sido muy pequeño.

Por otro lado, hay evidencia de que el TLCAN ha inducido el establecimiento de normas ambientales más rigurosas en México. La liberalización no ha tenido tal efecto en Argentina ni en Brasil y probablemente contribuyó a un "congelamiento regulador", aunque esto es difícil de evaluar.

Desde una perspectiva agregada, es claro que no se han justificado las posiciones extremas de los efectos de la liberalización en el ambiente. El optimismo de quienes ven una relación "ganar-ganar" en la que la liberalización comercial produce beneficios sustanciales ambientales no es consistente con la realidad estudiada. El resultado probablemente difiere de país a país, dependiendo de su ventaja comparativa y de la estructura de protección que había antes de la apertura; tampoco se justifican los temores de quienes ven la liberalización como una gran amenaza para el ambiente. Es más probable que haya la amenaza de bloquear la regulación ambiental que de un ingreso masivo de industrias "sucias" en América Latina; es decir, en tanto que haya amenazas al ambiente, éstas se derivan de los obstáculos que impiden la introducción de regulaciones ambientales estrictas, más que del ingreso masivo de industrias "sucias" a la región latinoamericana. La experiencia mexicana muestra sin embargo que la mayor integración internacional no tiene que llevar al debilitamiento de las normas ambientales nacionales.

La conclusión general que puede extraerse de la evidencia presentada aquí es que el debate central sobre la contaminación industrial en América Latina no debe ser principalmente el de las implicaciones de diferentes políticas económicas para el ambiente, sino del diseño de políticas ambientales adecuadas y marcos reguladores para reducir la contaminación. Ya sea que los países adopten políticas de desarrollo hacia afuera o hacia adentro, necesitan establecer un fuerte sistema regulador si pretenden controlar la contaminación industrial. En ausencia de tal sistema, es probable que el crecimiento económico induzca una mayor degradación ambiental, ya sea debido a factores internacionales o a los internos.

III. APERTURA COMERCIAL E IMPACTO AMBIENTAL: MOSAICO DE EVIDENCIAS EN EL SECTOR MANUFACTURERO DE MÉXICO

ALEJANDRO GUEVARA SANGINÉS[1]

INTRODUCCIÓN

Sin duda uno de los factores de mayor resistencia a la firma del Tratado de Libre Comercio de América del Norte (TLCAN) a principios de los años noventa fue la postura de organizaciones civiles preocupadas por los efectos negativos sobre el medio ambiente que se derivarían de su puesta en marcha. Dicha resistencia condujo finalmente a la firma de acuerdos de naturaleza ambiental de forma paralela a lo que era un acuerdo comercial propiamente dicho.

Ahora bien, desde su entrada en vigor en 1994, las preocupaciones sobre el efecto negativo del TLCAN en el ambiente han permanecido y ello ha impulsado una serie de iniciativas para tratar de cuantificar el sentido y la magnitud de dicho impacto. Como en el análisis de otras áreas de la actividad económica, el aislamiento de impactos o el establecimiento de relaciones causa-efecto no resulta trivial. Existen argumentos, como el de los "paraísos contaminantes" y el de los "efectos escala", que sugieren que la liberalización comercial necesariamente aumenta la degradación ambiental; además otros, relativos a la transferencia de tecnología e insumos "amigables" al ambiente, y la necesidad de cumplir con mayores estándares ambientales para acceder a mercados de exportación.

Este ensayo explora tales argumentos; revisa las metodologías propuestas y los estudios realizados, intenta aportar evidencia empírica complementaria en relación con este tema controversial, tratado ya por Jenkins en el capítulo II de este libro.

TLCAN Y MEDIO AMBIENTE: LOS PRINCIPALES ARGUMENTOS DEL DEBATE POLÍTICO

El TLCAN es y ha sido tema de grandes polémicas desde que por primera vez en 1992 se mencionó su posible negociación. Una parte central de la discusión se

[1] El autor agradece la invaluable asistencia en el desarrollo de esta investigación a Julio César Campos y Antonio Nava; asimismo, desea agradecer la ayuda de Patricia Gómez y José Antonio González.

basaba en las grandes asimetrías entre los países desarrollados (Estados Unidos y Canadá) y México, un país en vías de desarrollo.

La preservación del medio ambiente parecía tener un papel menos importante respecto de las ganancias del comercio y la integración económica, y no sería hasta que por enormes presiones de los grupos ambientalistas,[2] y por la influencia estadounidense del cambio gubernamental del presidente demócrata Clinton, que siguió al presidente republicano Bush en 1992, que se incorporó al TLCAN un acuerdo paralelo de cooperación ambiental, el cual consideraba la creación de la Comisión de Cooperación Ambiental (CCA).[3]

Dicho acuerdo, conocido como el Acuerdo de Cooperación Ambiental de América del Norte (ALCAAN) tiene como principal objetivo fomentar la cooperación entre las partes para identificar y solucionar los problemas ambientales; además de proteger, preservar y mejorar el ambiente para el bienestar de las generaciones presentes y futuras. Los compromisos específicos de los tres países firmantes son: la elaboración de estudios sobre el estado del medio ambiente; el mejoramiento de las disposiciones ambientales; la aplicación de la legislación ambiental; y la publicación y difusión de los resultados.

Según la Comisión Económica para América Latina (CEPAL), desde la firma del TLCAN en septiembre de 1993 y su posterior entrada en vigor a inicios de 1994, la dimensión ambiental ha ido adquiriendo mayor importancia en las negociaciones internacionales de comercio e inversión, en la conformación de áreas de libre comercio, uniones aduaneras y en otros procesos de integración regional.[4] Esto se debe, entre otras cosas, a que el resultado de dichas negociaciones tiene consecuencias directas e indirectas sobre la economía, la sociedad, el medio ambiente y la institucionalidad de los países involucrados.

Aunque en todos los aspectos el TLCAN se antojaba un experimento interesante, en lo que refiere al medio ambiente, se esperaba con ansiedad el momento de encontrar evidencia empírica que sustentara alguna de las diferentes posturas que en materia de comercio y medio ambiente se han desarrollado en los últimos años, tanto en favor como en contra. Los principales argumentos esgrimidos se detallan a continuación.

[2] Véase S. Weintraub, *El TLC cumple tres años: un informe de sus avances*, Fondo de Cultura Económica, ITAM, México, 1997.

[3] Para citar sólo algunas de sus resoluciones, el artículo 114 propone evitar que se bajen los estándares ambientales, de salud y de seguridad para atraer nuevas inversiones.

[4] CEPAL, *Evaluación ambiental de los acuerdos comerciales: un análisis necesario*, Serie Medio Ambiente y Desarrollo, núm. 41, CEPAL, Santiago de Chile, 2001.

Argumentos ambientales en contra del TLCAN

1) Incremento en el producto. El aumento en la producción derivado de la creación de comercio va a tener efecto negativo en el medio ambiente, simplemente porque aumenta el nivel de externalidades ambientales negativas asociadas al proceso productivo.

2) Incremento en el transporte. Relacionado con el al argumento anterior, indica que al establecerse un acuerdo comercial, el flujo de vehículos (aéreos, terrestres y marítimos) en el país va a ser mucho mayor y por lo tanto el impacto ambiental negativo será considerable.

3) Argumento de los "paraísos contaminantes". Este argumento sostiene que la contaminación industrial aumentará por la emigración de industrias intensivas en el uso de contaminantes de países desarrollados, donde las regulaciones ambientales y el monitoreo son mucho más estrictas.[5]

*4) Contaminación vía inversión extranjera directa (*IED*).* Las naciones en vías de desarrollo aceptarán su inevitable especialización a través de inversiones con tecnología "sucia", con el fin de obtener los beneficios económicos de dicha inversión.

5) Minimización de costos. Al enfrentar mayor competencia, las empresas intentarán minimizar aún más sus costos; por lo tanto, existirá menor inversión en abatimiento de la contaminación.

Argumentos ambientales en favor del TLCAN

1) Requerimiento de desarrollo de productos verdes, ecoetiquetas y estándares normativos. Parte del hecho de que las exportaciones de un país deben cumplir con ciertos estándares regulatorios sobre el proceso productivo de un bien; es decir, para poder exportar un producto determinado, las empresas deben cumplir con cierta normatividad o control de calidad durante el proceso productivo y comprobar que no hubo daño ambiental. Se parte de la conjetura de que un producto limpio implica un proceso limpio, y esto suele indicarse en el bien final con etiquetas o información al consumidor.

2) Transmisión de tecnología nueva y más limpia a través de la IED. En algunas ocasiones las industrias en países desarrollados se ven obligadas a invertir en tec-

[5] Una definición más formal de *paraísos contaminantes* la aporta E. Neumayer: "Un país provee de un paraíso contaminante si fija sus estándares ambientales por debajo del nivel socialmente eficiente o falla en hacer cumplir sus leyes y estándares ambientales con el fin de atraer inversión extranjera de países con estándares mucho más altos o que simplemente son más estrictos al hacerlos cumplir" (*Greening Trade and Investment. Environmental Protection*, Earthscan Publications Ltd., Londres, 2001).

nología que haga más eficiente, en términos ambientales, el proceso productivo, para no tener que pagar el costo de abatimiento en sus países de origen. Al realizar esta inversión, resultaría costoso para las empresas tener diferentes procesos productivos en diferentes países, por lo que después de una apertura comercial, las empresas tienden a entrar en desarrollo con tecnología más limpia que la que ya existía.[6]

3) Incremento del nivel de ingreso. Debido al efecto de "creación del comercio", la liberalización comercial incrementa el nivel de ingreso de las personas, quienes demandarán un ambiente más limpio, debido a que se conjetura que la mejor calidad ambiental tiene una elasticidad de ingreso positiva.

4) Normas estandarizadas. Los niveles de contaminación de una empresa pueden ser determinados por los niveles de regulación, su refuerzo y cumplimiento; por ello, los países en vías de desarrollo se beneficiarán al existir normas estandarizadas de regulación ambiental dentro del tratado de libre comercio.

Por lo tanto, y según el documento de la CEPAL:

> Reconociendo la hipótesis de que, efectivamente, los acuerdos comerciales tienen efectos sobre el medio ambiente,[7] y sobre la capacidad de gestión ambiental de los países,[8] resulta entonces conveniente realizar análisis explícitos de evaluación ambiental que permitan informar a las partes negociadoras todos los elementos que deben ser tomados en cuenta en el acuerdo (si es que esta evaluación es hecha *ex ante* de la firma del acuerdo comercial), o para corregir el rumbo de la gestión ambiental (si la evaluación ambiental es hecha *ex post* de la firma del acuerdo comercial).[9]

[6] Véase N. Birdsall y D. Wheeler, "Trade Policy and Industrial Pollution in Latin America: Where are the Pollution Havens?", en P. Low (ed.), *International Trade and the Environment*, The World Bank, Washington, 1992.

[7] Como se menciona en el mismo documento de la CEPAL: "Entendiendo estos efectos como variaciones, positivas o negativas, de variables ambientales (calidad del aire y agua, biodiversidad, etc.) o recursos naturales, expresadas a través del comportamiento de indicadores preestablecidos (nivel de emisiones de ciertos contaminantes, número de especies en peligro de extinción, nivel de extracción de recursos, etc.)."

[8] Entendiendo la *gestión ambiental* o *manejo ambiental* como el conjunto de actividades que tienen por objeto el ordenamiento racional del ambiente (R. Brañes, *Derecho ambiental mexicano*, Fundación Universo Veintiuno, México, 1987). Incluye la estructura normativa, regulatoria e institucional que sustenta la política pública ambiental, pero también la participación privada.

[9] CEPAL, *Evaluación ambiental...*, *op. cit.*

El debate inconcluso sobre liberalización comercial, crecimiento económico y medio ambiente

La promesa de la liberalización comercial es esencialmente una promesa de crecimiento económico; sin embargo debe reconocerse que la dinámica de dicho crecimiento tal como ha ocurrido hasta nuestros días ha dispuesto de los recursos naturales sin reemplazarlos, causando así una evidente y aguda degradación ambiental.[10] En apariencia, la conclusión que se deriva de concatenar ambas premisas es que el aumento del ingreso nacional, y por supuesto aquel que se origina a partir de la liberalización comercial, pasa necesariamente por la degradación ambiental.

Sin embargo, para corroborar la pertinencia de dicha conclusión, es menester examinar la segunda premisa, según la cual la degradación ambiental es resultado ineludible del crecimiento económico. No es de sorprender la intensa polémica desatada por este tema, ya que la evidencia empírica respecto a dicha cuestión no es conclusiva. Ante ello, existe una amplia gama de posturas filosóficas y prescriptivas respecto de la estrategia de crecimiento económico (tanto en su magnitud como en su composición sectorial) que deben seguir las naciones sobre todo a la luz de su impacto ambiental. Siguiendo la taxonomía propuesta por Tamames, los extremos se ubican desde una postura de "crecimiento sin límites" hasta aquella que postula un "crecimiento cero".[11]

Las posiciones más radicales sostienen que una mayor actividad económica daña de manera inevitable el ambiente y que de continuar las tendencias actuales tarde o temprano se llegará al colapso económico y ambiental.[12] Los críticos a dichas posturas afirman que el ejercicio prospectivo sugerido conduce a conclusiones erróneas, puesto que los modelos matemáticos empleados se basan en conjeturas estáticas respecto de la tecnología, la demografía, las preferencias y la inversión ambiental;[13] por ello, sugieren que de manera análoga a la tesis propues-

[10] D. Pearce y K. Turner, *Economics of Natural Resources and the Environment*, Harvester Wheatsheaf, Hertfordshire, 1990.

[11] Véase R. Tamames, *Ecología y desarrollo: la polémica sobre los límites al crecimiento*, Alianza, Madrid, 1985. Puesto en los términos que propone Tamames, desde los "capitalistas más expansivos" como Clark, Rostow y Kahn hasta los partidarios explícitos del crecimiento nulo, representados por el grupo de MIT (D. L. Meadows *et al.*, *Los límites del crecimiento*, Fondo de Cultura Económica, México, 1972) y su antecesor más inmediato, Paul Ehrlich. Como muestra de lo variado del espectro en torno de este dilema, baste mencionar que el citado autor hace un recorrido analítico de por lo menos nueve posturas.

[12] Véase D. L. Meadows *et al.*, *Los límites del crecimiento*, *op. cit.*; y H. Daly, *Steady State Economics*, 2ª ed., Island Press, Washington, 1991.

[13] Banco Mundial, *World Development Report 1992: Development and the Environment*, The World Bank, Oxford University Press, Washington, 1992.

ta por Kuznets,[14] la relación entre la degradación ambiental y el ingreso per cápita puede modelarse como una "U invertida". En otros términos: sostienen que a bajos niveles de ingreso, la degradación ambiental aumenta de manera concomitante al crecimiento de la economía, pero existen umbrales de ingreso después de los cuales el crecimiento va acompañado de una reducción en el impacto ambiental negativo derivado de la actividad económica. Esta propuesta tiene cierto fundamento intuitivo, ya que algunos servicios ambientales podrían concebirse como bienes superiores; no obstante, es importante recalcar que muchos de ellos son en realidad bienes básicos, especialmente para los grupos de población pobre.[15]

Dado lo manifiesto de la controversia que prevalece sobre la relación entre crecimiento y medio ambiente, resulta imprescindible presentar evidencia empírica que permita esclarecerla.

Comencemos por presentar la información disponible para México. El argumento subyacente a la firma de tratados comerciales es que la especialización en la producción y el desaliento a barreras comerciales conlleva a una producción más eficiente y puede tener beneficios potenciales en el bienestar nacional por tres motivos:

1) Eficiencia en la asignación. Una liberalización comercial permite que los países se especialicen en la producción de aquellos bienes que en su elaboración son relativamente más eficientes; es decir, donde poseen una "ventaja comparativa". Cada país hará lo mismo; por lo tanto se producirá más de cada bien para después ser intercambiados entre sí. Esto permite que los países que participan en el comercio internacional produzcan más bienes y servicios aumentando así el producto nacional bruto.

2) Eficiencia por competencia. El comercio también crea riqueza exponiendo a las empresas nacionales a la competencia extranjera; forzándolas así a innovar y hacerse más eficientes.

14 Kuznets postuló la hipótesis de que en la relación entre la distribución interna del ingreso de las naciones y su nivel de ingreso per cápita podía encontrarse un patrón susceptible de ser modelado en la forma de una U invertida. Véase S. Kuznets, "Economic Growth and Income Inequality", en *The American Economic Review*, vol. 49, American Economic Association, Nashville, 1955.

15 La evidencia respecto a esta relación en forma de *U* invertida es, en todo caso, controversial. Algunas de las críticas respecto de la postulación de la hipótesis sobre la "curva ambiental de Kuznets" se basan, entre otros, en argumentos de orden estadístico, ya que las estimaciones econométricas que apoyan dicha hipótesis no están exentas de dificultades (véanse P. Dasgupta y K. Mäler, "Poverty, Institutions, and the Environmental Resource Base", en J. Behrman y T. N. Srinivasan, eds., *Handbook of Development Economics*, vol. 3, Elsevier Science, Oxford, Reino Unido, 1991; y D. Stern, M. Common y E. Barbier, "Economic Growth and Environmental Degradation: The Environmental Kuznets Curve and Sustainable Development", *World Development*, vol. 24, núm. 7, Elsevier Science, Oxford, Reino Unido, 1996). Por ello se sugiere que para analizar una relación de tal complejidad convendría complementar el análisis estadístico de los datos con exámenes específicos de la experiencia histórica de los países al respecto.

3) Eficiencia importada. Un tercer modo de creación de beneficios por el comercio es la apertura a la inversión extranjera o la importación de tecnología extranjera, lo cual puede aportar métodos y procesos productivos más eficientes. Algunas empresas multinacionales se apegan a las normas globales y traen a los países menos desarrollados tecnologías y prácticas del mismo nivel que las que utilizan en otras partes del mundo, donde los avances tecnológicos son más frecuentes.

Evolución del deterioro ambiental en México

Deterioro ambiental global

La fuente de información oficial para analizar la evolución del deterioro ambiental de México está dada por el Sistema de Cuentas Económicas y Ecológicas de México (SCEEM),[16] que permite incorporar tanto los *costos de degradación* (CD) como los *costos de agotamiento* (CA) de los recursos naturales al entorno económico. De la suma de ambos resultan los *costos ambientales totales* (CAT).[17]

Los CA reflejan las estimaciones monetarias que expresan el desgaste o pérdida de los recursos naturales (equivalentes a una depreciación), como consecuencia de su utilización en el proceso productivo; por su parte, los CD son las estimaciones monetarias requeridas para restaurar el deterioro del ambiente ocasionado por las actividades económicas.

La gráfica III.1 muestra la evolución del costo ambiental total y de cada uno de sus componentes para el periodo 1988-2000. El promedio del costo ambiental total para dicho periodo asciende a 10.98 puntos porcentuales del PIB lo cual indica la enorme magnitud del problema.[18]

La gráfica muestra una tendencia decreciente para los costos de agotamiento y ligeramente creciente para los costos de degradación. Por su cuenta, los costos ambientales totales tienen una tendencia decreciente al principio del periodo, aunque ligeramente decreciente después de la firma del TLCAN.

16 INEGI, *Sistema de cuentas económicas y ecológicas de México, 1988-1996*, INEGI, Aguascalientes, México, 1998.

17 Al incorporar esta información es posible estimar una medida más cercana al verdadero cálculo del valor agregado de la economía: el PINE o producto interno neto ecológico. En el llamado "Método de producción" el PINE se estima a partir del producto interno neto (PIN) de la siguiente forma:

$PIN = PIB - \delta Kept$;

$PINE = PIN - (C_{ag} + C_{dg})$

Donde: C_{ag}: costo de agotamiento; C_{dg}: costo de degradación; $\delta Kept$: depreciación del acervo de capital al inicio del periodo t.

18 En el año 2000 los CAT se estimaron en poco más de 60 000 millones de dólares en términos reales de 2001.

Gráfica III.1
Costos ambientales como porcentaje del PIB

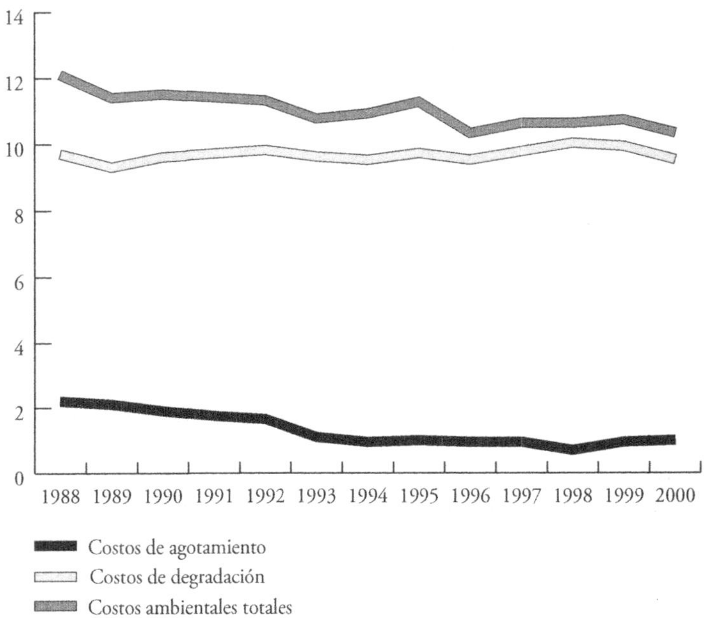

Fuente: Elaboración propia con base en INEGI, *Sistema de cuentas económicas y ecológicas de México*, años 1988, 1996 y 1995-2000.

Cuadro III.1
Costos ambientales promedio antes y durante el TLCAN, como porcentaje del PIB

Concepto	*Antes del TLCAN 1988-1993*	*Durante el TLCAN 1994-2000*
Costos por agotamiento	1.80	0.96
Costos por degradación	9.58	9.67
Costo ambiental total	11.42	10.61

Fuente: Elaboración propia con base en INEGI, *Sistema de cuentas económicas y ecológicas de México*, años 1988-1996 y 1995-2000.

En el cuadro III.1 puede observarse que la caída en los CA promedio ha compensado el crecimiento promedio en los CD promedio. Ello lógicamente ha incidido en una caída neta de los costos ambientales totales como proporción del PIB.

Sin embargo, aunque la reducción en términos relativos al deterioro ambiental se estima en casi un punto porcentual del PIB, resulta de mayor interés analizar dicho deterioro en términos absolutos. Ello se muestra en la gráfica III.2, que muestra los costos ambientales en precios constantes del año 2000.

Gráfica III.2
Costos ambientales a precios constantes
(2001 = 100), en millones de dólares

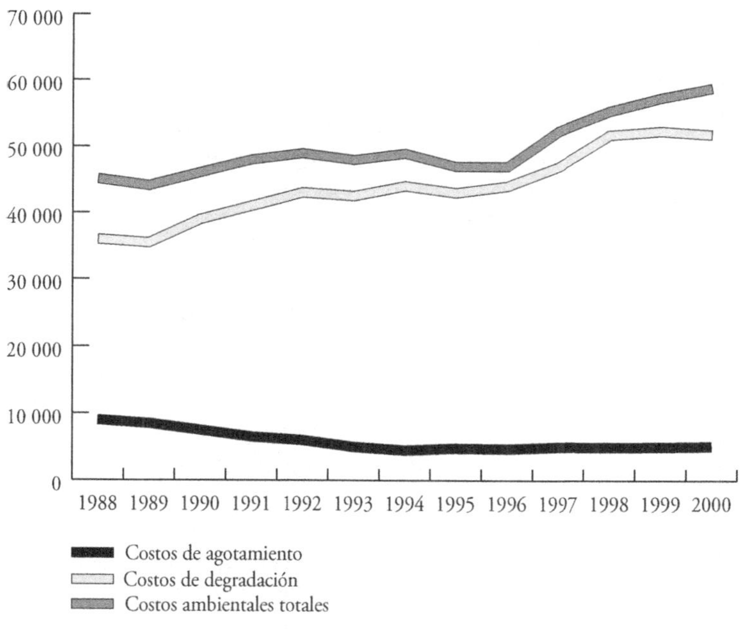

Fuente: Elaboración propia con base en INEGI, *Sistema de cuentas económicas y ecológicas de México*, años 1988-1996 y 1995-2000 y deflactor implícito del PIB del Banco de México.

Cuadro III.2
Costos ambientales promedio antes y durante el TLCAN, a precios constantes (2001 = 100), en millones de dólares

Concepto	*Antes del TLCAN 1988-1993*	*Durante el TLCAN 1994-2000*
Costos por agotamiento	782	4 761
Costos por degradación	39 811	48 596
Costo ambiental total	47 193	53 358

Fuente: Elaboración propia con base en INEGI, *Sistema de cuentas económicas y ecológicas de México*, años 1988-1996 y 1995-2000, y deflactor implícito del PIB del Banco de México.

Analizada de este modo, la evidencia empírica parece contundente: el deterioro ambiental expresado en términos monetarios ha seguido una tendencia creciente; además queda claro que en términos absolutos el daño ambiental, valuado en forma monetaria, ha aumentado después de la firma del TLCAN (véase cuadro III.2). No obstante, habrá que advertir al lector que la evidencia presentada no es indicación de un efecto causal puro; en otros términos, no podemos determinar que el TLCAN sea el motor de la degradación sino tan sólo que en una dimensión temporal, este deterioro ha sido mayor a partir de 1994, año en que el acuerdo fue firmado.

Deterioro ambiental en el sector manufacturero

Afortunadamente, con la información existente también es posible mostrar la tendencia para el sector manufacturero (punto principal de interés para esta investigación). La gráfica III.3 muestra un ejercicio análogo al anterior. En ella se puede observar que los CAT para dicho sector en términos reales son ascendentes a lo largo del periodo. Resalta además que en este sector prácticamente todo el impacto está dado por costos de degradación.

La gráfica III.3, que muestra el deterioro ambiental del sector manufacturero, confirma la evidencia para la economía en su conjunto: a pesar de que el deterioro ambiental del sector manufacturero puede estar cayendo como proporción del PIB, sigue una tendencia creciente en términos absolutos.

Gráfica III.3
Costos ambientales totales del sector manufacturero a precios constantes del año 2000, en millones de dólares

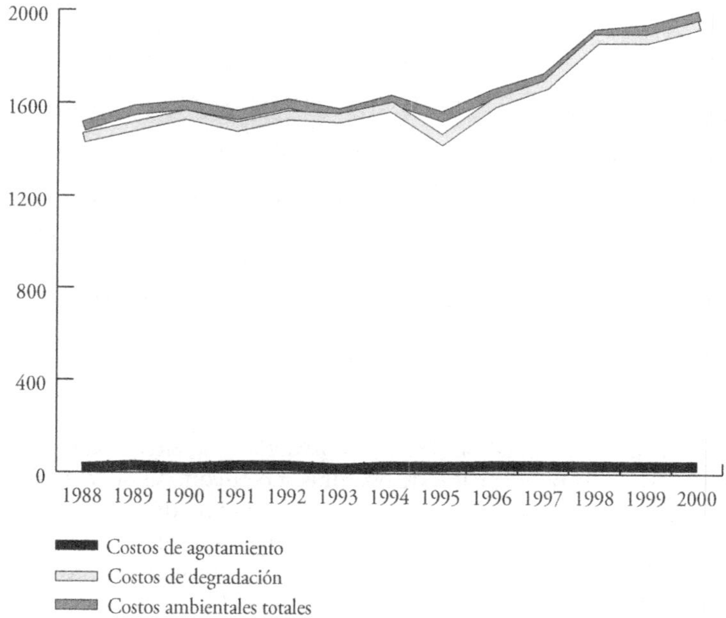

Fuente: Elaboración propia con base en INEGI, *Sistema de cuentas económicas y ecológicas de México*, años 1988-1996 y 1995-2000, y deflactor implícito del PIB del Banco de México.

El cuadro III.3 muestra los promedios, en términos reales, de los costos de degradación antes y después del la firma del TLCAN del sector manufacturero. Aunque se observa que dichos costos han aumentado, debe mantenerse cierta cautela, pues aunque sabemos que el costo ambiental de dicho sector ha crecido, falta por determinar si está influido por el acuerdo o no; esto es materia de discusión en las siguientes secciones.[19]

[19] Para realizar el análisis completo se requeriría hacer un ejercicio de tipo contrafactual; es decir, necesitaríamos diseñar un escenario base, que representase las características iniciales de la estructura económica del sector, y una senda de referencia que seguiría la economía en el caso de no existir acuerdo comercial, incluidos en ambos los impactos ambientales y sociales. El escenario base y la senda de referencia permitirán establecer comparaciones con y sin acuerdo, en contextos estático y dinámico, respectivamente (CEPAL, *Evaluación ambiental..., op. cit.*).

Cuadro III.3
Costos ambientales medios del sector manufacturero antes y durante el TLCAN (precios constantes de 2000, en millones de dólares)

Concepto	*Antes del TLCAN 1988-1993*	*Durante el TLCAN 1994-2000*
Costos por agotamiento	25	37
Costos por degradación	1 571	1 725
Costo ambiental total	1 596	1 762

Fuente: Elaboración propia con base en INEGI, *Sistema de cuentas económicas y ecológicas de México*, años 1988-1996 y 1995-2000, y deflactor implícito del PIB del Banco de México.

Efectos de la liberación del comercio

La simple mención de las palabras *deterioro ambiental y sus efectos* pareciera ser suficiente para provocar la polarización de posturas. Lo enconado de las reacciones en México y en el mundo sobre la posibilidad de alterar el medio ambiente se explica por lo espectacular de las promesas acerca de los beneficios que tiene el libre comercio y por los detractores del mismo; se trata de una discusión que no genera consenso. Para algunos, estamos ante un proceso donde el libre mercado se encargará de erradicar el hambre del planeta; para otros, ante la amenaza de un descontrol absoluto, producto de los efectos del libre comercio sobre el medio ambiente.

En esta sección trataremos de llevar a cabo una aproximación a los que se consideran en la literatura especializada como los efectos más relevantes que la liberalización comercial ha tenido sobre el medio ambiente y cómo se transmiten a través de seis efectos que se detallan a continuación.[20]

1) Efecto de escala. La actividad económica aumenta por el crecimiento asociado a la liberalización. Esto provoca incrementos en los niveles de recursos utilizados y en la contaminación, los cuales se magnifican con la existencia de fallas de mercado (por ejemplo ausencia de precios, subvaloración de los recursos naturales, externalidades, etc.) o de política (por ejemplo subsidios distorsionadores).

2) Efecto de ingreso. Si bien el crecimiento del ingreso, fruto de las ganancias del comercio, provoca mayores niveles de contaminación debido a las externalidades asociadas, también va asociado con una mayor disponibilidad a pagar por mejoras en la calidad ambiental (debido a mayores gastos públicos y privados

20 Efectos citados textualmente del estudio de la CEPAL (*Evaluación ambiental*..., *op. cit.*).

para la protección ambiental). Por otra parte, el crecimiento económico genera mayores recursos disponibles para la protección ambiental y eleva la prioridad que los problemas ambientales tienen en los presupuestos del gobierno.

3) Efecto estructural o composición. Refleja los cambios en la estructura de la actividad económica en función de las ventajas comparativas del país. En ausencia de fallas de mercado o de política, la estructura se adaptará mejor a la dotación de factores productivos (incluidos los recursos naturales).

4) Efecto de producto. El comercio permite abrir nuevos mercados a los bienes y servicios ambientales y a productos "verdes" o "amigables con el medio ambiente" (alimentos orgánicos, envases reciclables, etc.). Alternativamente, puede potenciar el comercio de productos ambientalmente perjudiciales, aun cuando el tráfico de los más dañinos está prohibido o muy regulado por convenciones internacionales (químicos tóxicos, residuos peligrosos, especies en peligro, etcétera).

5) Efecto tecnológico. La difusión tecnológica facilita la transferencia de equipos de capital más eficientes, tecnologías de producción limpia o las "mejores prácticas empresariales" desde un punto de vista ambiental.

6) Efecto en la legislación. Refleja el efecto de aumentar las legislaciones inducidas por el comercio, ya que éste puede facilitar reformas en las políticas ambientales, nuevas leyes o reglamentos e instituciones que refuercen la protección ambiental. En un gran número de acuerdos comerciales ya están incorporadas una serie de medidas ambientales.

En otros términos: la elasticidad ingreso por mejoras ambientales es positiva y en algunos casos mayor a uno; sin embargo se argumenta que el temor a la pérdida de competitividad derivada de las legislaciones ambientales más estrictas puede llevar a una homogeneización hacia abajo, aunque no existe evidencia concreta que lo demuestre.

Dificultades metodológicas para medir el impacto ambiental del TLCAN[21]

Es en esta etapa de la evaluación de impacto ambiental, es donde comenzamos a tener algunos problemas metodológicos que se resumen en tres rubros: dificul-

21 Metodologías de evaluación de impacto ambiental. Según la CEPAL, existen varias metodologías de evaluación de impacto ambiental, las cuales varían en la aplicación de enfoques, como objeto y alcance: evaluación ambiental o de sustentabilidad; contexto analítico; causalidad y correlación; momento de la evaluación; participación; evaluación cuantitativa o cualitativa; enfoques sectoriales; indicadores de evaluación y monitoreo, seguimiento y elaboración de políticas. Los principales organismos o países que han propuesto metodologías específicas son: la Organización para la Cooperación y el Desarrollo Económicos, la Unión Europea, la Comisión para la Cooperación Ambiental de América del Norte, Estados Unidos, Canadá y World Wildlife Fund.

tad para aislar el impacto de la apertura comercial; falta de información (sobre todo de índices de emisiones), e incompatibilidad de los sistemas de clasificación industrial.

Dificultad para aislar el impacto de la apertura comercial

Es difícil establecer con exactitud si la variación en los niveles de degradación del medio ambiente y agotamiento de los recursos naturales son consecuencia directa del TLCAN, ya que el fenómeno de degradación ambiental es multicausal, y por ello, atribuir todo este efecto al TLCAN sería caer en lo que se conoce como un "error de especificación" o un error de lógica; esto es, explicar la evolución del todo por la evolución de tan sólo una de sus partes.

Si queremos medir el incremento de emisiones contaminantes por el incremento de las exportaciones, nos enfrentamos a dos efectos que no podemos separar: por un lado no podemos determinar el grado en que las exportaciones crecieron por el TLCAN en sí, y por el otro, no podemos determinar si fue la devaluación del peso en diciembre de 1994 la que tuvo por efecto abaratar los productos mexicanos en el exterior haciendo más atractivas nuestras exportaciones.

Por otra parte, la liberalización comercial se inició en México, mucho antes de la firma del TLCAN, con la entrada de México al GATT en 1985, por lo que existen industrias contaminantes ya desreguladas al momento de la entrada en vigor del acuerdo. El incremento de la producción (sea ésta para exportación o consumo interno), y por lo tanto de las emisiones contaminantes, no siempre puede estar relacionado con el TLCAN, al menos directamente; puede tratarse de un producto aún no desregulado, o de un incremento de la demanda en el mercado interno.

Escasez de información

En segundo término, y sobre todo en los países en vías de desarrollo, nos enfrentamos a problemas de información, puesto que difícilmente se cuenta con la necesaria para hacer análisis cuantitativos de calidad. Por ejemplo: si queremos medir el impacto del TLCAN sobre la emisión de contaminantes industriales en agua, atmósfera y suelo, no contamos con datos sobre emisión industrial de contaminantes ni antes ni durante el TLCAN,[22] por lo que tienen que utilizarse mé-

[22] Aunque el Instituto Nacional de Ecología está desarrollando el registro de emisión y transferencia de contaminantes (RETC), éste dista mucho de ser equiparable con los índices de las otras partes del TLCAN, pues para el caso de México el incorporarse a este registro es aún voluntario para las empresas.

todos alternativos para estimar estos niveles de emisiones, extrapolando índices como los del IPPS del Banco Mundial.[23]

Alternativamente podríamos tratar de utilizar la información que se tiene disponible para permitirnos un acercamiento a la magnitud de estas emisiones; como por ejemplo: comparar la calidad de lagos, ríos y afluentes, antes y después de la firma del TLCAN (información con la que sí cuenta desde mediados de los ochenta la Comisión Nacional del Agua, CNA).

Pero esto nos remite al primer problema: es casi imposible aislar las dificultades que se desprenden directamente del TLCAN, y las que derivan de otros fenómenos como el crecimiento del parque vehicular, o el incremento de industrias ajenas a la influencia del TLCAN.

Incompatibilidad de los sistemas de clasificación industrial

Toda la información útil, disponible para poder hacer un análisis cuantitativo desagregado, se encuentra clasificada por divisiones o clases de actividad económica; el problema es que las clasificaciones normalmente no están homogeneizadas, ni siquiera dentro de un mismo país, ni tampoco dentro de una misma institución (por ejemplo, los datos sobre exportaciones están disponibles en un clasificador, y los datos sobre IED se encuentran en otro clasificador). Se comprenderá que el problema se agrava aún más cuando el análisis requiere de recopilar información de bases de datos procedentes de varios países.[24]

Desarrollo de una metodología para México

Como ya hemos visto, es difícil establecer con exactitud si la variación en los niveles de degradación del medio ambiente y agotamiento de los recursos naturales son consecuencia directa del TLCAN o de otros factores; por ello debemos intentar acotar el impacto ambiental. Existen varias formas de hacerlo; por ejemplo a

23 El Industrial Pollution Project System (IPPS) fue creado en los años noventa por el Banco Mundial para demostrar el hecho de que la contaminación ambiental está fuertemente afectada por la escala de la actividad industrial y su composición sectorial en los países en desarrollo, especialmente en el contexto de grandes limitaciones de datos e información. Estos coeficientes se calcularon en 1987 con información de una larga muestra de empresas en Estados Unidos.

24 Sólo a manera de ilustración se mencionan algunos de los sistemas de clasificación industrial más utilizados: ISIC (International Standard Industrial Classification); SA (Sistema Armonizado); CMAP (Codificador Mexicano de Actividades y Productos); SCI (Sistema de Cuentas Industriales); SITC (Standards of International Trade Classification); CIIU (Clasificación Industrial Internacional Uniforme); SCIAN (Sistema de Clasificación Industrial para América del Norte).

través del destino geográfico de la IED (en estados, regiones y zonas económicas); por destino sectorial de la IED (grandes divisiones, sectores, subsectores, ramas); o por calendario de desregulación (sobre los tiempos de desregulación de los sectores o productos).

Acotar el impacto ambiental del TLCAN para México

En el caso de México, el análisis de los efectos económicos del TLCAN (que se detallan en seguida) nos indica que el principal impacto de la liberalización comercial se percibe en el sector manufacturero de exportación, por lo que es la gran división 3 (según el SCEEM) donde deberían recaer los esfuerzos por determinar el impacto de la apertura comercial.[25]

Además, el mayor impacto del TLCAN se localiza —como era de esperarse— en la franja fronteriza norte de México, en los estados de Baja California, Sonora, Chihuahua, Coahuila, Nuevo León y Tamaulipas, así como en las dos grandes zonas metropolitanas de Guadalajara y del Valle de México, donde se encuentran las principales industrias manufactureras, maquiladoras y de exportación.

Los principales cambios que la economía mexicana experimenta durante el periodo de apertura comercial en el sector manufacturero tras la firma del TLCAN se observan en el sector externo. A continuación se presenta una recopilación de los principales resultados encontrados en la literatura especializada:

1) Las exportaciones crecieron 23.4% en el periodo de 1994-1998.[26]

2) Las exportaciones manufactureras, incluida la actividad maquiladora, creció 24% al año y las exportaciones de productos primarios lo hicieron en 14.5%.[27]

3) El dinamismo exportador y la estructura de las exportaciones de México han cambiado profundamente desde los años setenta, pero esta tendencia se pronuncia en los noventa. En 1977, 73% de las exportaciones mexicanas consistía en productos primarios y bienes intensivos en recursos naturales; para 1996 esta proporción había disminuido a 22%; lo opuesto ocurría en las exportaciones del

[25] Grandes divisiones de bienes y servicios según el SCEEM: *1)* Agropecuario, silvicultura y pesca; *2)* minería; *3)* industria manufacturera; *4)* construcción; *5)* electricidad, gas y agua; *6)* comercio, restaurantes y hoteles; *7)* transporte, almacenamiento y comunicaciones; *8)* servicios financieros, seguros o bienes inmuebles, y *9)* servicios comunales, sociales y personales.

[26] C. Schatan, *Contaminación industrial en los países latinoamericanos pre y post reformas económicas*, Serie Medio Ambiente y Desarrollo, núm. 22, CEPAL, Chile, 2000.

[27] C. Schatan, "Las exportaciones manufactureras de México y el medio ambiente bajo el TLCAN", en Comisión para la Cooperación Ambiental de América del Norte, *Efectos ambientales del libre comercio*, CCAAN, Montreal, pp. 361-381. El documento puede consultarse en <http://cec.org/files/PDF/ECONOMY/simposio-sp.pdf>.

sector de alta tecnología y del de tecnología intermedia: el primero aumentó de 10 a 30%, y el segundo de 5 a 27%, en el periodo que va de 1977 a 1996.[28]

4) La participación de la industria maquiladora ha sido creciente; sus exportaciones llegaron en promedio a 41.5% de las exportaciones totales de 1993 a 1998.[29]

5) En 1996, 83% de las exportaciones de ropa, 75% de las de plástico, 73% de las de maquinaria eléctrica y electrónica (incluidas computadoras, televisores, etcétera y sus partes), 65% de las de la industria de transporte (incluidos automóviles y autopartes) provinieron de la industria maquiladora.[30]

6) La industria maquiladora fue destino del segmento más dinámico de la IED. De 1994 a 1998, la inversión extranjera directa que fluyó a las maquiladoras creció 24% al año, y alcanzó casi 25% del total de la IED en México en septiembre de 1999.[31]

Revisión del impacto ambiental del TLCAN en el sector manufacturero mexicano: contraste de tres hipótesis

Como se mencionó al principio de este artículo, muchas fueron las posturas que se tomaron respecto de la relación entre medio ambiente y liberalización comercial. Con varios años en vigor del TLCAN, podemos explorar la evidencia empírica que existe para apoyar o refutar algunas de estas discusiones especulativas.[32] Para ello se recopilaron estudios sobre el impacto ambiental del TLCAN en el sector manufacturero, intentando así responder a algunos argumentos esgrimidos en la primera sección de este documento.[33]

[28] Los sectores de alta tecnología que concentraron el impulso exportador de México fueron, sobre todo, computadoras y otros equipos electrónicos, junto con la industria automovilística; en tanto, el sector farmacéutico y otros segmentos de la industria química lo hicieron en la industria de tecnología intermedia. Véase *idem.*

[29] E. Dussel, *El Tratado de Libre Comercio de Norteamérica y el desempeño de la economía en México*, CEPAL, México, 2000.

[30] C. Schatan, *Las exportaciones manufactureras...*, *op. cit.*

[31] E. Dussel, *El tratado...*, *op. cit.*

[32] Véase K. Reinert y D. W. Roland-Holst, "Repercusiones del TLCAN en la contaminación industrial: algunos resultados preliminares", Simposio de América del Norte sobre Análisis de los Vínculos entre Comercio y Medio Ambiente, México, Comisión de Cooperación Ambiental, 2002, en <www.cec.org>.

[33] Los argumentos que se exploran en este documento aluden tan sólo a efectos de tipo directo sobre el medio ambiente. Otros dos argumentos de interés sobre el debate se refieren a efectos de orden indirecto; esto es: los cambios sobre la capacidad de gestión ambiental, y el nivel de participación e influencia de las organizaciones ambientalistas. Aunque no se desarrollan estos argumentos en texto, baste decir que en términos de la capacidad de gestión de los países en desarrollo, algunas posturas sostienen que ésta se deteriorará al participar en un acuerdo de libre comercio, ya que se relajaría su

¿Se ha convertido México en un "paraíso contaminante" a causa del TLCAN?

Una de las especulaciones mayormente comentadas en torno de los efectos nocivos para México de firmar un tratado de libre comercio con Estados Unidos y Canadá, es que México, dadas sus normas ambientales menos estrictas en comparación con sus socios comerciales, se convertiría en un "paraíso" para la contaminación industrial, donde las empresas más contaminantes emigrarían, pasando a México la factura en cuanto a degradación ambiental y recursos naturales se refiere.

La evidencia parece indicar que México no se ha convertido en un "paraíso contaminante", puesto que no se ha especializado en la producción de sectores relativamente más contaminantes; en contraste, se ha especializado en sectores de alta tecnología y tecnología intermedia. Según el estudio de Schatan (2002), los sectores de alta tecnología que concentraron el impulso exportador de México fueron, sobre todo, computadoras y otros equipos electrónicos, junto con la industria automovilística; en tanto que el sector farmacéutico y otros segmentos de la industria química lo hicieron en la industria de tecnología intermedia. Dicho estudio, realizado para 28 sectores manufactureros mexicanos en los periodos 1992-1993 y 1997-1998, ubica las cifras del efecto composición con una reducción de 29.4 millones de toneladas de contaminantes.

Esto confirma lo que habíamos observado desde la entrada de México al GATT; esto es, que la estructura de las exportaciones mexicanas está cambiando rápidamente, ya que las exportaciones mexicanas de productos primarios y bienes intensivos en recursos naturales están disminuyendo su participación en las exportaciones totales, mientras que la participación de las exportaciones de los sectores de tecnologías alta e intermedia se incrementa en el total de exportaciones.

Por otro lado, si algunos de los sectores más contaminantes han incrementado sus exportaciones, también lo han hecho con sus importaciones, lo que re-

---

aplicación en aras de captar mayor IED. Así, el diseño de la normatividad y regulación se encaminaría más a incentivar la inversión que a proteger el medio ambiente. En dicho caso, la evidencia parece indicar que la política ambiental de México se ha mantenido sobre una senda de fortalecimiento. Probablemente el TLCAN ha sido uno de los motores principales subyacentes a las mejoras en las leyes y reglamentos federales, como la reforma a la Ley General del Equilibrio Ecológico y Protección del Ambiente (LGEEPA) de 1996 (véase Semarnap, *Ley general..., op. cit.*), la ampliación de normas oficiales mexicanas en materia ambiental y el pronunciado crecimiento en el número de inspecciones que se experimentó en el periodo inmediato anterior a la firma del acuerdo (Procuraduría Federal de Protección al Ambiente, *Informe trianual de actividades 1995-1997*, México, Semarnap, 1998). En términos del segundo argumento, debemos reconocer la mayor influencia de organizaciones de la sociedad civil en materia ambiental; entre otros factores reforzada por la alianza de organizaciones similares en Canadá y Estados Unidos. Entre otros elementos dicha influencia se ve plasmada en la posibilidad de la participación social y el acceso a la información ambiental contenida en la LGEEPA, el desarrollo del sistema nacional de información ambiental disponible para consulta, y la posibilidad de la comunidad de ejercer su derecho a presentar denuncias por daños ambientales tanto localmente como a través de la Comisión de Cooperación Ambiental de América del Norte.

fuerza la tesis de que México no se ha especializado en la producción de sectores más contaminantes, sino que más bien ha aumentado el volumen de comercio entre los países.

¿Cómo reconciliar entonces esta información con las cifras presentadas anteriormente en las que encontramos un aumento en el nivel absoluto de contaminación? Lo que sucede, según el estudio citado, es que el efecto de escala compensa más que proporcionalmente al efecto composición. Dicho efecto se estima en 59.8 millones de toneladas de contaminantes, menos 29.4 del efecto composición, da por resultado un incremento neto de 30.4 millones de toneladas. En conclusión, se produce de forma más limpia, pero al producirse proporcionalmente más, el efecto neto es negativo.

¿Se ha convertido México en un país "tumba" de residuos peligrosos?

La hipótesis sobre residuos peligrosos es una variante de aquella de los paraísos contaminantes; en este caso no como generadora de degradación sino como destino final de desechos. La experiencia parece indicar que México está aún lejos de convertirse en un basurero de residuos peligrosos.[34]

Si bien la exportación de residuos peligrosos (polvo de horno de arco eléctrico) de Estados Unidos a México creció sustancialmente —pasando de 15 242 toneladas métricas en 1993, hasta 25 910 toneladas métricas en 1997—, este importante incremento poco tiene que ver con el TLCAN, ya que México sigue prohibiendo la importación de residuos peligrosos para su eliminación final (Ley General de Equilibrio Ecológico y Protección al Ambiente 1996,[35] y Acuerdo de La Paz firmado entre México y Estados Unidos en 1993). Este incremento es explicado por factores como: *a)* el aumento de producción siderúrgica en Estados Unidos; cambios en los reglamentos en Estados Unidos, que hacen más caro el envío de residuos a confinamientos, provocando que éstos sean enviados a México, para su recuperación a alta temperatura; *b)* falta de capacidad suficiente en Estados Unidos para tratar residuos metálicos; y *c)* razones de costos, ya que es entre 25 y 50% más barata la eliminación de polvo del horno de arco eléctrico en México que en Estados Unidos.[36]

[34] Cabe mencionar que casi el total de los residuos peligrosos que se exportan a México son polvo de horno de arco eléctrico para la recuperación de metales a altas temperaturas, no su eliminación final, que está prohibida.

[35] Véase Semarnap, *Ley general...*, *op. cit.*

[36] Véase M. Jacott, C. Reed y M. Winfield, "Generación y manejo de residuos peligrosos y embarques transfronterizos de residuos peligrosos entre México, Canadá y Estados Unidos, 1990-2000", Simposio de América del Norte sobre Análisis de los Vínculos entre Comercio y Medio Ambiente, Comisión de Cooperación Ambiental, México, 2002, en <www.cec.org>.

En segundo lugar, es también cierto que es en la franja fronteriza donde se concentra la mayoría de las empresas manufactureras que generan residuos peligrosos; por lo tanto, el incremento de la generación y manejo de residuos peligrosos es un efecto de escala, resultante del incremento de los niveles de producción, no un signo de especialización de México en confinamiento, incineración o tratamiento de residuos peligrosos.

En tercer lugar, si México fuera un país "tumba" de residuos peligrosos, esperaríamos un importante crecimiento en el número de confinamientos e incineradores; en cambio lo que podemos observar es la tendencia opuesta, ya que en México operaban cuatro confinamientos en 1998, y ahora sólo queda uno, y existen cinco incineradores; mientras en Estados Unidos existen 21 confinamientos y 20 incineradores.[37]

Existen algunos elementos adicionales que permiten, por lo menos hasta ahora, evitar que México experimente un grave deterioro ecológico, derivado de la importación de residuos peligrosos:

1) Las provincias de Ontario y Quebec en Canadá tienen un marco regulatorio menos estricto, que facilita un importante aumento de la capacidad de eliminación de residuos peligrosos.

2) La Ley General del Equilibrio Ecológico y la Protección al Ambiente prohíbe la importación de residuos peligrosos con fines de almacenamiento o eliminación final, y estipula que los residuos peligrosos resultantes de materias primas introducidas al país bajo el régimen de importación temporal a través de programas de maquila u otros programas de promoción de las exportaciones deben retornarse al país de origen de los insumos, lo que también se incluye en el Acuerdo de La Paz firmado en 1993 por Estados Unidos y México.

3) Algunas protestas y denuncias ciudadanas han tenido cierto éxito en conseguir que se revoquen permisos de operación de confinamientos (Cytrar en Hermosillo, Sonora) y se evite la apertura de otros (Metalclad en San Luis Potosí).

En general, puede decirse que aunque sí existe un incremento en la generación, manejo, exportación e importación de residuos peligrosos, dado que los niveles de producción de los tres socios comerciales también se han incrementado, no es evidente que México se hubiese convertido en "tumba" de residuos peligrosos.

37 Véase *idem*. Aunque esto no es necesariamente una buena noticia, ya que la generación de residuos peligrosos continúa en aumento; por lo tanto, si no existen confinamientos apropiados para el manejo, tratamiento, almacenamiento y eliminación de residuos peligrosos, probablemente éstos se están destinando a sitios ilegales o inapropiados. Por esta razón, el Instituto Nacional de Ecología está promoviendo el establecimiento de Cimaris (Centros Integrales para el Manejo y Aprovechamiento de Residuos Industriales), apoyado por el proyecto "Atlas de vulnerabilidad", para identificar los lugares más apropiados para el manejo, tratamiento, almacenamiento y eliminación de residuos peligrosos.

¿Las empresas manufactureras en México han reducido su inversión en abatimiento de la contaminación para minimizar costos?

La hipótesis de la minimización de costos postula que dada la mayor competencia que enfrentarán las empresas con la entrada en vigor de un acuerdo comercial, intentarán minimizar aún más sus costos, disminuyendo de esta manera su inversión en equipo, tecnología e investigación para el abatimiento de la contaminación.

Las empresas exportadoras toman sus decisiones sobre la inversión en abatimiento de la contaminación con base en dos factores principalmente; a saber, mercados de exportación y aplicación gubernamental de la legislación ambiental.

Si una empresa compite en el mercado externo, es más probable que exista una correlación positiva entre sus exportaciones y su inversión en abatimiento de la contaminación, ya que automáticamente queda sujeta a un sinnúmero de medidas medioambientales internacionales, contenidas en los acuerdos multilaterales de medio ambiente, protocolos de las reuniones ministeriales de la Organización Mundial de Comercio, normas, leyes, acuerdos, medidas bilaterales, medidas trilaterales, medidas multilaterales, tratados, etc. Dichas medidas son dictadas principalmente por países como Estados Unidos, los de la Unión Europea, y organismos multilaterales como la Organización Mundial de Comercio.

Además existen normas internacionales que incluso permiten al importador pedir información sobre procesos y métodos de producción del exportador, para permitir la entrada de sus productos al país destino.

Aunado a ello, se exige cada vez con mayor frecuencia la certificación de procesos, requisito para poder exportar. Ésta tiene que estar hecha por una de las instituciones reconocidas de certificación o normalización, como la ISO (International Organization for Standardization); la ITU (International Telecommunication Union); la IEC (International Electrotechnical Commission) y la Codex Alimentarius Commission.

Otro de los recursos que pueden ser utilizados, si tan sólo se sospecha que un producto de importación pueda poner en peligro la vida o la salud de personas, animales o atente contra el medio ambiente, es el "Principio precaución", deteniendo la importación hasta que no se presente un análisis completo, desde los insumos utilizados para la producción.

Es por todos estos motivos que se presume que la relación entre exportaciones e inversión en abatimiento de la contaminación es positiva.

Inversión anticontaminante y exportación: un estudio que explica los determinantes de la adquisición de equipo e instalaciones anticontaminantes y el gasto de investigación y desarrollo tecnológico en la prevención y control de la contaminación confirma la correlación positiva con las exportaciones para nueve subsectores manufactureros en México; en contraste, descarta que las ventas en el mercado interno influyan en la decisión de abatir la contaminación. El autor utiliza el método de mínimos cuadrados ordinarios, y emplea la Encuesta Industrial Anual, 1994-1997, que comprende 205 clases de actividad económica para el sector manufacturero.[38] Este resultado demuestra, pues, que la hipótesis de la minimización de costos no se da para México; por el contrario, posiblemente el TLCAN haya sido un importante detonador de la inversión en abatimiento y control de la contaminación en las empresas manufactureras mexicanas.

Conclusiones

Los temas relacionados con desarrollo sustentable forman parte cada vez más de los debates que sobre política comercial tienen lugar en todo el mundo, y México no es la excepción. En las negociaciones del TLCAN los temas medioambientales fueron tocados como un aspecto fundamental de la relación comercial, ya que desde un comienzo fueron incluidos en la propia negociación dando pie a la firma de acuerdos paralelos de corte ambiental.

Si bien es cierto que hasta el momento no ha habido posibilidad de una evaluación suficientemente robusta para analizar y debatir todo el conjunto de interrelaciones que se han dado en los últimos años entre actividad comercial y desarrollo sustentable, la solución de este inconveniente es de suma importancia no sólo desde el punto de vista ambientalista sino también para la actividad comercial si se desea alcanzar amplio apoyo y consenso sobre los beneficios que ha traído el TLCAN para nuestro país.

Los denominados "procesos de evaluación de la sustentabilidad" constituyen un avance concreto, ya que pueden poner al descubierto temas medioambientales claves, sensibles a ser valorados y solucionados. Los resultados que arroja este documento nos permiten entrever que a partir de la entrada en vigor del TLCAN la actividad comercial en nuestro país ha aumentado; lo ha hecho de forma constante en los últimos años. Lamentablemente, este proceso ha estado acompañado por el deterioro ambiental, que a través del estímulo al comercio trae a la mayoría de los países del mundo un aumento en el producto nacional. Sin embargo, es justo mencionar que el TLCAN también ha sido factor de mejoras tecnológicas que han permitido hacer más limpios algunos procesos, y que éste ha desarrollado en industrias relativamente más limpias. En otras palabras y en términos mucho más globales, podemos afirmar que en México hoy se produce más y ello tiene un impacto negativo, pero se produce de forma más limpia. El reto final para que el *impacto neto* sea positivo en el ambiente estriba sin duda en la ampliación y el cumplimiento de mejores estándares ambientales.

38 Véase A. Nava, *Reflexiones sobre la relación existente entre apertura comercial y medio ambiente en México*, tesis de licenciatura, Universidad Iberoamericana, México, 2002.

IV. ¿CONDUCTA LIMPIA? UN ESTUDIO DEL COMPORTAMIENTO AMBIENTAL MANUFACTURERO EN MÉXICO

ALFONSO MERCADO GARCÍA

INTRODUCCIÓN

Para entender los factores que entran en juego en el grado de contaminación industrial y su evolución, es fundamental conocer la racionalidad del comportamiento ambiental que siguen las empresas. En el presente documento se investiga este tema, referido al caso de las empresas establecidas en México.[1]

El tema merece especial atención. Se trata de estudiar la racionalidad de las empresas en México frente a la regulación ambiental gubernamental, así como los criterios técnicos y económicos con los que se decide la inversión privada en pro del ambiente. En el caso de México, hay antecedentes de varios comportamientos ambientales empresariales. Víctor L. Urquidi sostiene que dada la falta de respuestas proambientales de las empresas —y algunas deficiencias de la administración pública— ha sido limitada la aplicación de las disposiciones para la protección del ambiente de 1997 en adelante.[2] Varios estudios de la empresa maquiladora en la frontera mexicana con Estados Unidos muestran un abanico de diversas respuestas a la regulación gubernamental.[3] En un extremo, hay inercias antiambientales

[1] En este capítulo se sintetizan los principales resultados del proyecto de investigación "El papel de las normas ambientales y las estrategias competitivas en el cuidado ambiental de la industria en México". El proyecto fue coordinado por el autor, en El Colegio de México, y contó con el apoyo financiero del Consejo Nacional de Ciencia y Tecnología y la Procuraduría Federal de Protección al Ambiente. El autor agradece dicho apoyo, así como la valiosa cooperación de los gerentes de las plantas estudiadas. También se agradece la colaboración de los investigadores Lilián Albornoz, Lourdes Blanco, Elizabeth Cueva, Humberto García, Lourdes Nieblas, Cristina Ocampo y Belém Vásquez. Finalmente, se agradece la asistencia de Nuyavi Malpica, en El Colegio de México, y Gustavo Banda, en El Colegio de la Frontera Norte.

[2] Véase Víctor L. Urquidi, "Limitantes y progresos en el comportamiento ambiental de las empresas mexicanas", *Comercio exterior*, vol. 52, núm. 2, Banco Nacional de Comercio Exterior, México, febrero de 2002, pp. 106-108.

[3] Véanse por ejemplo, Humberto García, "La evolución manufacturera y las tecnologías ambientales en la industria maquiladora electrónica de Tijuana", *Comercio exterior*, vol. 52, núm. 3, *op. cit.*, marzo de 2002, pp. 198-206, y Belém I. Vásquez y Teresa Elizabeth Cueva, "Normas ambientales y maquiladoras de autopartes en Matamoros y Reynosa", *Comercio exterior*, vol. 52, núm. 2, *op. cit.*, febrero de 2002, pp. 119-128.

del sistema productivo, el cual se compone en gran medida por empresas medianas y pequeñas (Pymes) con severas restricciones financieras y técnicoambientales, y en otro, hay casos de empresas grandes y medianas con alta responsabilidad ambiental y fácil acceso a nuevas tecnologías limpias.[4]

El interés del capítulo es el de explorar los factores que obstaculizan y los que facilitan una trayectoria hacia una mayor "ecoeficiencia" de la actividad productiva, con el fin último de avanzar en el conocimiento sobre el comportamiento estratégico privado, lo cual es fundamental para el diseño de políticas públicas orientadas al desarrollo sustentable.

Puesto que la relación ambiente-empresa es central en este capítulo, se ofrece un marco conceptual y analítico de la misma en la segunda sección. En la tercera sección se explora esta relación en la actividad manufacturera mexicana. Las secciones cuarta y quinta profundizan en el tema, con especial atención en el comportamiento ambiental empresarial, con base en una encuesta de plantas manufactureras. La sexta y última sección brinda una recapitulación y algunas conclusiones.

La empresa y el ambiente

La microeconomía moderna contiene una amplia área teórica sobre la empresa y su comportamiento estratégico en el mercado. ¿Qué es una empresa? ¿Cómo se comportan las empresas? Estas dos preguntas son centrales para entender a un agente económico básico en el tema de la organización industrial. Jean Tirole, por ejemplo, explica la idea fundamental de que "la empresa debe ser capaz de producir (o vender) más eficientemente que lo que harían sus partes que la componen actuando separadamente".[5] Diego Azqueta agrega que la empresa es un

[4] Véase, por ejemplo, Carlos Montalvo, *Environmental Policy and Technological Innovation: Why do Firms Adopt or Reject New Technologies?*, Edward Elgar, Cheltenham, Reino Unido y Northampton, MA, 2002. También consúltese el capítulo VIII escrito en el presente libro por Verónica Medina Ross, "La gestión ambiental voluntaria en el sector químico en México". Véase igualmente Lilia M. Domínguez-Villalobos, *México: empresa e innovación ambiental*, Universidad Nacional Autónoma de México, Miguel Ángel Porrúa, México, 2006. Sobre las Pymes consúltense las siguientes dos publicaciones: Alejandro Guevara y Paola del Río, "La microempresa y el cumplimiento voluntario de la ley ambiental en México: Recomendaciones de política", en Alfonso Mercado e Ismael Aguilar (eds.), *Sustentabilidad ambiental en la industria: conceptos, tendencias y experiencias mexicanas*, El Colegio de México, Instituto Tecnológico y de Estudios Superiores de Monterrey, México, capítulo X, pp. 249-268; y Alfonso Mercado y Óscar A. Fernández, "La contaminación y las pequeñas industrias en México", *Comercio exterior*, vol. 48, núm. 12, Banco Nacional de Comercio Exterior, México, 1998.

[5] Jean Tirole, *The Theory of Industrial Organization*, The MIT Press, Cambridge, Mass., 1989, p. 15.

agente económico que se sitúa entre su mercado (de bienes o servicios, ya sean finales, intermedios o de producción) y los mercados de insumos productivos, siendo una organización con propósitos de lucro. La empresa organiza el proceso de producción y distribución en función de las demandas de los consumidores y productores, sobre los que también intenta influir.[6]

El término *comportamiento* generalmente se refiere a "acciones de un objeto u organismo, usualmente en relación con su entorno o mundo de estímulos".[7] En términos generales, el comportamiento de las empresas en un mercado oligopólico se modela con juegos no cooperativos, en los cuales cada empresa se comporta (actúa) según su propio interés. Es decir, en general el comportamiento es no cooperativo. Sobre este punto, Tirole explica en forma clara que un cambio en el comportamiento de una empresa puede afectar la conducta de su oponente. Si una acción que incrementa las utilidades de una empresa reduce las utilidades de la rival, ambas seguirían un comportamiento "estratégico sustituto". Pero puede ocurrir que una acción que incrementa las utilidades de una empresa también incremente las de la rival, lo cual estimularía un comportamiento "estratégico complementario".[8]

Considérese que el comportamiento de las empresas (y otros organismos privados, públicos y sociales) cae dentro de un rango, en el cual hay comportamientos aceptados, y otros fuera de los límites aceptados. Esta aceptación es evaluada por las normas sociales y regulada por varios medios.[9] Así, hay reacciones estratégicas de la empresa, ante las acciones de la principal competidora (o bien, de la que está por entrar al mercado), o ante las regulaciones del gobierno.[10] Esa respuesta de la empresa —materializada en cambios de su acervo de capital, su tecnología o su precio— impacta el funcionamiento del mercado y el nivel del bienestar de la sociedad. En otras palabras, factores privados y públicos inducen a la empresa a alterar sus decisiones con efectos privados y públicos. Estos elementos de la teoría de la organización industrial se entrelazan con el área de la así llamada teoría de la economía ambiental, incorporando la valoración ambiental a la economía, tanto en lo privado como en lo público. Dicho entrelazamiento es lógico, ya que como bien asienta Azqueta, la empresa toma recursos naturales y ambientales para, valorizándolos en forma económica, introducirlos en el mercado.[11] Si la empresa en su actividad productiva genera contaminantes y explo-

6 Diego Azqueta, *Introducción a la economía ambiental*, McGraw-Hill, Madrid, 2002, p. 269.

7 Cita tomada de <http://es.wikipedia.org/>.

8 Jean Tirole, *The Theory..., op. cit.*, pp. 206-208.

9 Véase por ejemplo, <http://es.wikipedia.org/>.

10 Por ejemplo, las aportaciones de Jean-Jacques Laffont y Jean Tirole, *A Theory of Incentives in Procurement and Regulation*, The MIT Press, Cambridge, Mass., 1993, además de las ya comentadas de Azqueta, *Introducción a la economía..., op. cit.*, y Tirole, *The Theory..., op. cit.*

11 Diego Azqueta, *Introducción a la economía..., op. cit.*, p. 269.

ta un recurso natural, estas externalidades negativas pueden valorarse; también puede analizarse una forma de que la misma empresa compense a la sociedad afectada y un mecanismo mediante el cual se induzca en dicha empresa un comportamiento estratégico menos contaminante.[12] Esta área ha merecido una serie de investigaciones teóricas y empíricas. En esta línea de estudio, los efectos públicos de la respuesta empresarial a los mecanismos de política ambiental se han analizado tanto en términos económicos como ambientales, como una especie de "doble dividendo".[13] Es decir, el avance en la eficiencia de la empresa puede contribuir al progreso en el bienestar a corto plazo, y la preservación del ambiente (y aún más, su enriquecimiento) es una contribución positiva al bienestar futuro, a largo plazo, en beneficio de un desarrollo sustentable.[14]

El comportamiento ambiental empresarial se conceptualiza, entonces, como una respuesta estratégica que da forma a la voluntad, los esfuerzos de gestión con acciones técnicas de la empresa para cuidar el ambiente, trazando con ello su propio desempeño ambiental. Este concepto puede estudiarse en su contenido y pueden analizarse sus factores detonantes que lo provocan como respuesta estratégica. También es materia de estudio las consecuencias del comportamiento, como ya se planteó arriba; por ejemplo si el mismo conduce a un resultado de "ganar-ganar", o en otras palabras, a una especie de "doble dividendo". Además, dicho concepto puede medirse mediante índices, considerando sus componentes, y puede relacionarse estadísticamente con otros índices y diversos datos de la planta y su entorno.

Entrando en materia del estudio de los principales componentes del concepto de *comportamiento ambiental*, se considera que éstos son tres: *a)* la voluntad de la empresa para cumplir con una responsabilidad de cuidar el ambiente; *b)* sus esfuerzos de gestión con acciones técnicas; y *c)* la trayectoria trazada de su desempeño ambiental. El primero describe la disposición a cumplir, la cual expresa precisamente la voluntad o determinación de cumplir con las normas y deberes de protección ambiental. El segundo componente se refiere a la gestión ambiental con acciones en la empresa, y comprende la organización y administración de los planes y acciones de la empresa para proteger el ambiente en un tiempo dado. El tercero y último consiste en la trayectoria del desempeño ambiental y se refiere a

12 Véase Maureen L. Cropper y Wallace E. Oates, "Environmental Economics: A Survey", en *Journal of Economic Literature*, vol. XXX, junio de 1992, pp. 675-740; David W. Pearce, *Environmental Economics*, Longman Group Limited, Londres, 1976; y David W. Pearce y R. Kerry Turner, *Economics of Natural Resources and the Environment*, Harvester Wheatsheaf, Londres, 1990.

13 Lawrence H. Goulder, "Environmental Taxation and the 'Double Dividend': A Reader's Guide", NBER *Working Paper Series*, núm. 4896, National Bureau of Economic Research, Cambridge, Mass., octubre de 1994.

14 Ernst U. von Weizsacker y Jochen Jesinghaus, *Ecological Tax Reform. A Policy Proposal for Sustainable Development*, Zed Books Ltd., Londres-Nueva Jersey, 1992.

la evolución de los resultados de protección ambiental que ha logrado la empresa a lo largo de cierto tiempo. Éste es dinámico, a diferencia de los dos primeros.

Entre los factores detonantes del comportamiento ambiental, destacan dos que perecen ser muy cercanos: los códigos ambientales de la organización corporativa a la que pertenece la planta y la regulación de la autoridad gubernamental. El primer factor, bien conocido como responsabilidad ambiental corporativa, se concibe como la vigilancia interna para el cumplimiento de los códigos ambientales corporativos en las plantas productivas y otras unidades de la corporación. El segundo, también conocido como exigencia gubernamental, se refiere a la inspección y el monitoreo por el gobierno del cumplimiento de las leyes y normas ambientales.

En síntesis, el comportamiento ambiental se estudia aquí con base en los conceptos explicados —tanto los relativos a sus tres componentes como a los de sus dos detonantes que se cree son más cercanos— y a partir de ellos, se hacen mediciones de índices de calificación para evaluarlos y analizar sus relaciones. El cuadro IV.1 resume las definiciones y los criterios de medición de los índices, y en el anexo general, presentado al final del libro, se ofrece una explicación amplia de los criterios de medición de los índices.

Profundizando en el comportamiento ambiental empresarial, en este capítulo se toma en cuenta la tipología de comportamientos que postula Azqueta.[15] De acuerdo con el autor, hay un conjunto de comportamientos pasivos y más bien negativos de algunas empresas frente a los retos ambientales y otro conjunto de comportamientos positivos y preactivos de otras empresas. El primer conjunto está compuesto por tres tipos de comportamiento: *a)* "negativo", en el caso que se percibe la preocupación ambiental como una distorsión que dificulta la marcha del negocio y merma sus ganancias (empresa "ostra" o "resistente");[16] *b)* comportamiento "pasivo-indiferente", cuando la empresa percibe el ambiente como una variable que no es relevante para la empresa, aunque se vea forzada a actuar proambientalmente (empresa que protesta y cuestiona "¿y nosotros por qué?", también llamada empresa "lagarto": con conciencia pero incapaz de hacer frente al reto ambiental); y *c)* comportamiento "reactivo", cuando se percibe la variable ambiental como una obligación a la que hay que responder pero la empresa no se comporta activamente (empresa "pensativa"). El segundo conjunto consta de dos tipos de comportamiento: *a)* "proactivo", en el caso en que se percibe al ambiente como una variable integrada en sus procedimien-

[15] David Azqueta, *Introducción a la economía…*, *op. cit.*, pp. 270-271. Azqueta se basa, a su vez, en Fundación Entorno, *Informe 2001 de la gestión medioambiental en la empresa española*, Fundación Entorno, Empresa y Medio Ambiente, Madrid, 2001.

[16] Según Manuel Ludevid, *La gestión ambiental de la empresa*, Ariel Economía, Barcelona, 2000. Ludevid sigue a Richard Welford, *Corporate Environmental Management: Systems and Strategies*, Earthscan, Londres, 1996.

tos de gestión, ya sea para adelantarse a los acontecimientos o para explotar lo que percibe como ventajas de mercado (empresa "anticipativa"); y *b)* comportamiento "líder", cuando la empresa percibe la variable ambiental como una preocupación social que brinda una oportunidad de potenciar su propia línea de negocios (empresa "entusiasta").

Cuadro IV.1
Criterios de medición de los índices de calificación ambiental por concepto

Índice	*Concepto*	*Criterios de medición*
Comportamiento ambiental	Respuesta estratégica que da forma a la voluntad, los esfuerzos de gestión con acciones técnicas de la empresa para cuidar el ambiente, trazando con ello su propio desempeño ambiental	Suma ponderada de los siguientes tres índices: D, G, T
Disposición a cumplir	Voluntad o determinación de cumplir con las normas y deberes de protección ambiental	Calificar lo siguiente: *a)* documento con compromiso de cumplir; *b)* política de la matriz con obligaciones de cumplir; *c)* desempeño en términos de cumplimiento; *d)* incumplimiento detectado; y *e)* sanciones por incumplimiento
Gestión ambiental con acciones (evaluación estática)	Organización y administración de los planes y acciones de la empresa para proteger el ambiente en un tiempo dado	Calificar la política ambiental corporativa, las acciones con programas, la gestión ambiental y las acciones en la planta
Trayectoria del desempeño ambiental (evaluación dinámica)	Evolución de los resultados de protección ambiental que ha logrado la empresa a lo largo de cierto tiempo	Calificar los cambios en la planta con fines ambientales, las fuentes de las mejoras en la gestión ambiental y la evolución del desempeño ambiental propiamente dicha

Responsabilidad ambiental corporativa	Vigilancia interna para el cumplimiento de los códigos ambientales corporativos en las plantas productivas y otras unidades de la corporación	Calificar lo siguiente: *a)* política ambiental para las subsidiarias; *b)* requerimientos de cumplimiento; *c)* monitoreo, seguimiento del desempeño ambiental de la planta; y *d)* el impacto en la motivación de la planta.
Exigencia gubernamental	Inspección y monitoreo por el gobierno del cumplimiento de las leyes y normas ambientales	Calificar las actividades de auditoría ambiental por requerimiento del gobierno y el impacto en la motivación de la planta

Esta tipología puede elaborarse un poco más, incorporando los conceptos anteriormente descritos como componentes del comportamiento ambiental: la disposición a cumplir, la gestión ambiental con acciones y la trayectoria ambiental de la planta (véase el cuadro IV.2). En un extremo "negativo"de la tipología, al tomarse el cuidado ambiental como una distorsión en detrimento de las utilidades, se revela a una disposición a cuidar el ambiente baja o más bien muy baja, una gestión ambiental muy pobre y una trayectoria ambiental también muy pobre. En el otro extremo de la tipología, al comportamiento "líder" (en el que la variable ambiental constituye una oportunidad de potenciar el negocio) corresponde una disposición muy alta para cumplir con las exigencias ambientales, una gestión ambiental de calificación muy alta y una trayectoria ambiental alta o muy alta. Esta tipología elaborada se utiliza en el estudio empírico que se ofrece más adelante, en la sección 4.

Ahora bien, el que las empresas reaccionen de una manera aceptada por la sociedad o no, frente a los cambios introducidos por los factores detonantes depende en gran parte de la fuerza de dichos factores que impulsen el cambio, pero también de las condiciones que permiten a dicha fuerza manifestarse en mayor o menor medida. Estas condiciones pueden ser internas o externas a la organización empresarial. Así, por ejemplo, Azqueta propone las siguientes variables explicativas de la conducta ambiental:[17] *a)* ahorro de costos; *b)* necesidad de cumplir las normas; *c)* reducción de riesgos ambientales; *d)* presión de los demandantes; *e)* presión de los trabajadores; y *f)* una apuesta del futuro de un nicho ambiental (o amigable con el ambiente). A estas variables deben agregarse otras

[17] David Azqueta, *Introducción a la economía…*, *op. cit.*, pp. 271-275.

de tipo estructural de la industria que se trate, como la estructura de su mercado, el tipo de empresa (por ejemplo, su tamaño, la composición de su capital, su antigüedad y su actualización tecnológica) y las interacciones público-privadas.

Cuadro IV.2
Tipología del comportamiento ambiental de las empresas

Tipo[a]	*Descripción*[a]	*Disposición*	*Gestión con acciones*	*Trayectoria*
Comportamiento pasivo y más bien negativo frente a los retos ambientales				
Negativo	Se percibe la responsabilidad ambiental como una distorsión que dificulta la marcha del negocio y merma sus ganancias. "Ostra" o "resistente".	Baja o muy baja	Muy bajo	Muy baja
Pasivo-indiferente	Se percibe el ambiente como una variable que no es relevante para la empresa (aunque se vea forzada a actuar en pro del ambiente). Comportamiento de empresas "lagarto" (con cierta conciencia pero sin hacer frente al reto ambiental).	Mediana o baja	Bajo	Muy baja o baja
Reactivo	Se percibe la variable ambiental como una obligación a la que hay que responder pero sin hacerlo activamente. Es una empresa "pensativa".	Alta o mediana	Mediano	Baja o mediana
Comportamiento positivo y activo o proactivo				
Proactivo	Se percibe que el ambiente es una variable integrada en los procedimientos de gestión, ya sea para adelantarse a los acontecimientos o para explotar lo que la empresa percibe como ventajas de mercado. Es una empresa "anticipativa".	Muy alta o alta	Alto	Mediana o alta

Líder	Se percibe la variable ambiental como una preocupación social que brinda una oportunidad de potenciar su propia línea de negocios. Es una empresa "entusiasta".	Muy alta	Muy alto	Alta o muy alta

[a] Tipos y descripción tomados de Diego Azqueta, *Introducción a la economía ambiental*, McGraw-Hill, Madrid, 2002, pp. 270-271.

Nota:

Muy bajo, 30.0 puntos o menos.

Bajo, de 30.1 a 60.0 puntos.

Mediano, de 60.1 a 75.0 puntos.

Alto, de 75.1 a 90.0 puntos.

Muy alto, más de 90.0 puntos.

Fuente: Elaboración propia de la tipología original de Azqueta, *op. cit.*

La experiencia mexicana

Con la información estadística disponible se sabe que la contaminación industrial ha significado un problema ambiental de alta relevancia nacional (y con implicaciones globales). Ello se deriva de varios resultados de análisis estadísticos y de indicadores a partir de las cifras oficiales mexicanas. Por ejemplo, los siguientes dos aspectos de la problemática ambiental-industrial son de enorme relevancia. Por un lado, se sabe que el impacto energético del desarrollo industrial más preocupante es de escala, más que de intensidad. La intensidad energética de la producción manufacturera ha bajado en forma suave, pero el volumen de su consumo total ha crecido de manera acentuada: la intensidad bajó en 23% de 1970 al año 2000, pero el volumen subió en 186%.[18] Por otro lado, también se sabe que no se ha logrado inducir una mejora continua en el cumplimiento de las normas ambientales. Las inspecciones a establecimientos industriales han encontrado que alrededor de 25% de los mismos han tenido irregularidades ambientales en 1995-2006, sin apreciarse una disminución sustancial.[19]

18 Datos sobre el producto nacional bruto, publicados por el Instituto Nacional de Estadística, Geografía e Informática <http://www.inegi.gob.mx/> y sobre el consumo de energía, por la Secretaría de Energía, *Balance de energía*, Estadísticas de energía, Secretaría de Energía (Sener), México, varios años <http://www.energia.gob.mx/wb2/Sener/Sene_192_balance_de_energia>.

19 Datos de la Semarnat, publicados por Presidencia de la República, *Primer informe de gobierno*, anexo estadístico, Estados Unidos Mexicanos, México, 2007 <http://www.informe.gob.mx/ANEXO_ESTADISTICO/>.

En adición, se han hecho estimaciones combinando cifras oficiales mexicanas con fuentes externas directas, a partir de encuestas ocasionales. Con base en estas estimaciones, sobresalen las siguientes situaciones del ambiente y la industria mexicana: *a)* la mayoría de las ramas industriales (a tres dígitos de la CIIU) significativas para el ambiente crecieron a tasas más altas que las de Estados Unidos y Canadá en la década de los noventa (papel y celulosa, productos químicos, refinación de petróleo, hierro y acero y automotriz);[20] *b)* hay una alta concentración regional: se calcula que tan sólo cuatro entidades (Veracruz, el Estado de México, el Distrito Federal y Nuevo León), de las 32 que integran el país, aportaron 54% de la contaminación industrial total nacional en el año 2000, pero sin constituir un patrón territorial definido;[21] *c)* hay una enorme diferenciación regional: la diferencia entre el estado con menor contaminación industrial (Campeche) y la del mayor (Veracruz) se calcula que es superior a 300 veces. El estado con la mayor intensidad en contaminantes (Tabasco) es 16 veces más intenso que el de la menor intensidad (Baja California Sur);[22] *d)* en México se emiten aproximadamente 358 millones de toneladas de dióxido de carbono en procesos industriales y por uso de combustibles (dato de 1995), superando en 44% las estimaciones hechas para Brasil;[23] *e)* la expansión de la maquila del año 1970 al 2000 elevó la contaminación y sobrexplotó el agua en la zona fronteriza de México con Estados Unidos;[24] y *f)* se calcula que el movimiento transfronterizo y la disposición de residuos peligrosos en México son comparables a lo estimado para España y el triple de Bélgica (1998).[25]

En el ámbito de la empresa, se ha investigado cómo los problemas ambientales ocupan varios grados de importancia estratégica para las empresas mexicanas, pero no han estado en los primeros planos entre las medianas, pequeñas y micro. Éstas se enfrentan a problemas financieros y de insuficiencia de mercados. Las restricciones financieras y de rentabilidad tienden a ser más importantes entre las empresas de menor tamaño. Lilia Domínguez-Villalobos y Alfonso Mercado encontraron en una encuesta de 116 empresas que sus decisiones respecto

20 CIIU: Clasificación Industrial Internacional Uniforme. Las cifras son de la OCDE, *Environmental Data. Compendium 2002*, OCDE, París, 2003.

21 Véase el estudio de Alfonso Mercado y Óscar A. Fernández, "La generación de contaminación industrial en México y sus regiones", en Alfonso Mercado e Ismael Aguilar (eds.), *Sustentabilidad ambiental en la industria: conceptos, tendencias y experiencias mexicanas*, El Colegio de México, Instituto Tecnológico y de Estudios Superiores de Monterrey, México, cap. VII, 2005.

22 *Idem.*

23 Datos de la OCDE, *Environmental Data*, *op. cit.*, 2003.

24 Véanse, por ejemplo, los capítulos X al XV, publicados en la cuarta parte de este libro, y Jorge Carrillo y Claudia Schatán (coords.), *El medio ambiente y la maquila en México: un problema ineludible*, Comisión Económica para América Latina y el Caribe, México, Libros de la CEPAL, núm. 83, LC/MEX/G.9, 2005.

25 OCDE, *Environmental Data*, *op. cit.*, 2003.

al tratamiento del agua y el ahorro de energía, así como en lo concerniente al manejo de residuos contaminantes, se toman más en función de la exigencia del cumplimiento de las normas, el tamaño y la estructura del mercado en el que se desempeñan que con relación a los pocos instrumentos económicos que hasta la fecha han estado operando.[26] La respuesta de las empresas a todos estos factores es muy diversa. En consecuencia, la problemática de la contaminación industrial es muy heterogénea y falta mucha investigación por hacer.

Investigación basada en una encuesta

Para profundizar en el comportamiento ambiental de la empresa en México se partió de los conceptos descritos en la sección 2 y se siguió una metodología de medición de índices de calificación y de otros enfoques cualitativos y cuantitativos. Se diseñó un cuestionario para aplicarlo en una encuesta. Dicha encuesta se aplicó a 62 plantas manufactureras en diversos lugares de México y en ramas selectas, durante 1998 y 1999. La encuesta cubre cuatro estratos industriales: *a)* la industria de acero, como un caso de manufactura con alto valor agregado e integración nacional; *b)* la industria maquiladora de exportación (IME) localizada en la frontera norte del país, como un caso de manufactura de exportación y con poco grado de integración nacional; *c)* la IME establecida en Yucatán, como un caso de la nueva maquila al sur del país; y *d)* la industria de Guadalajara, como un caso de la manufactura ubicada en un gran centro urbano. Estos estratos brindan un marco diverso de la industria mexicana, comparando selectivamente ramas de actividad y regiones de México en las cuales operan plantas manufactureras enlazadas estrechamente con la economía global.

El muestreo utilizado en la encuesta fue no probabilístico, debido a restricciones de tiempo y recursos, y a que existió un alto factor de rechazo por las empresas para responder el cuestionario. Esto quiere decir que para la elección del tamaño de la muestra no se pudo aplicar un criterio de método estadístico aleatorio.[27] Por otra parte, se seleccionó preferentemente a las plantas más grandes y una cuota de plantas de tamaños mediano y pequeño en los cuatro estratos

[26] Véase Lilia Domínguez-Villalobos, "Comportamiento empresarial hacia el medio ambiente: el caso de la industria manufacturera de la Zona Metropolitana de la Ciudad de México", en Alfonso Mercado (coord.), *Instrumentos económicos para un comportamiento empresarial favorable al ambiente en México*, El Colegio de México, Fondo de Cultura Económica, México, 1999. También véase Alfonso Mercado, "Las decisiones ambientales de las empresas prestadoras de servicios," en Alfonso Mercado (coord.), *Instrumentos económicos…, op. cit.*, 1999.

[27] Este tipo de muestra llega a tener sesgos, pues quien la realiza puede cometer errores de juicio al no considerar la variación del objeto observado, debido a que se pueden elegir unidades muy grandes o muy pequeñas.

industriales a estudiar (acero, maquila en el norte, maquila en el sur y ramas selectas en Guadalajara). Se combinó de esta manera el muestro a juicio personal con el "muestreo por cuotas", ambos métodos no probabilísticos.

Como ya se dijo, se adoptó una metodología de evaluación muy enfocada a la medición de índices de calificación, de acuerdo a una lista de aspectos consultados a los gerentes encargados de la atención al ambiente en las plantas elegidas mediante la aplicación de un cuestionario. Sus respuestas fueron ponderadas en función de su significado ambiental. Los puntos de ponderación conformaron una base de índices de calificación, con una base igual a 100.[28] Los índices pueden clasificarse en cinco categorías: Muy altos, con valores de 90.1 a 100; Altos, de 75.1 a 90.0; Moderados, de 60.1 a 75.0; Bajos, de 30.1 a 60.0; y Muy bajos, con valores de 30.0 y menos. Este método tiene un riesgo de tener sesgos si se basa en encuestas con altos índices de rechazo y si no hay forma de verificar muchas de las respuestas. Debe advertirse que en este estudio así ocurrió y podría haber respuestas sesgadas hacia una sobrecalificación de la evaluación. Por esta razón, los resultados deben tomarse con cautela, como un acercamiento a la realidad.

Como se explica en el anexo general al final del libro, la lógica de los índices de calificación simplemente asigna los máximos puntos a las mejores respuestas en términos de la actitud y la toma de decisiones respecto al ambiente, así como la realización de estas decisiones y su seguimiento. Los detalles de los criterios de medición se presentan en el anexo general y aquí sólo se explica en síntesis lo que se considera medular y que se resume en el cuadro IV.1. El índice de calificación de la disposición a cumplir considera para la evaluación si se cuenta con un documento con compromiso de cumplir y una política de la matriz con obligaciones de cumplir, y considera además el desempeño en términos de cumplimiento, el incumplimiento detectado y, en su caso, las sanciones por incumplimiento. El índice de calificación de la gestión ambiental con acciones (evaluación estática) evalúa cuatro componentes: la política ambiental corporativa, las acciones con programas, la gestión ambiental y las acciones en la planta. El índice de la trayectoria del desempeño ambiental (evaluación dinámica) se centra en los cambios en la planta con fines ambientales, las fuentes de las mejoras en la gestión ambiental y la evolución del desempeño ambiental propiamente dicha. El índice de la responsabilidad ambiental corporativa evalúa los siguientes aspectos: la política ambiental para las subsidiarias, los requerimientos de cumplimiento, el monitoreo

28 Una aplicación similar de esta metodología aparece en Lilia Domínguez-Villalobos, *México: empresa e innovación ambiental*, Universidad Nacional Autónoma de México, Miguel Ángel Porrúa, México, 2006; Alfonso Mercado (coord.), *Instrumentos económicos…*, *op. cit.*, 1999, y Alfonso Mercado, "Introducción. Los instrumentos económicos con propósitos ambientales en México: los temas centrales de investigación", en Alfonso Mercado (coord.), *Instrumentos económicos…*, *op. cit.*

del desempeño ambiental de la planta y el impacto de la exigencia corporativa en la motivación de la planta. Finalmente, el índice de la exigencia gubernamental se enfoca en las aplicaciones de auditorías ambientales por requerimiento del gobierno y el impacto de dicha exigencia en la motivación de la planta.

Evaluación del comportamiento ambiental en México

Las evaluaciones basadas en la encuesta se resumen en el cuadro IV.3 y en las gráficas IV.1 y IV.2. Se encuentra que el comportamiento ambiental de las plantas estudiadas es pobre, al resultar con una calificación baja (con un índice promedio de 58.2 puntos), y este resultado se debe al promedio muy bajo de las maquiladoras en Yucatán (19.7 puntos). Los estratos de las plantas acereras, las de Guadalajara y las maquiladoras en el norte de México alcanzaron promedios de calificación medianos (entre 63.8 y 67.0). De esta forma, el estrato de maquilas en Yucatán es calificado como el de peor comportamiento ambiental, mientras que los otros tres estratos como de comportamiento mediano. Este resultado es inquietante. Distinguiendo el comportamiento ambiental por sus tres componentes, las mejores calificaciones se concentraron en la disposición a cumplir (en promedio, 71.7 puntos), dejando atrás las correspondientes a la gestión con acciones y a la trayectoria del desempeño ambiental; sobre todo a éste (cuadro IV.3 y gráfica IV.1). Ello sugiere que hay mucha predisposición a proteger el ambiente, pero se falla al administrar los esfuerzos y más aún al llegar a los resultados de los mismos.

Al considerar la tipología de comportamientos ambientales explicada en la sección 2 y sintetizada en el cuadro IV.2, los índices de calificación de la encuesta muestran que a nivel de estrato, no hay comportamientos *positivos* ni *proactivos*. Estos resultados de la encuesta se resumen en el cuadro IV.4. Los cuatro estratos estudiados se ubican en tipos de comportamiento *pasivo* o, en el mejor de los casos, *reactivo*. Por un lado, se encuentra que la maquila de Yucatán siguió un comportamiento *pasivo e indiferente*, al contar con bajos índices de la disposición a cumplir, la gestión con acciones y la trayectoria ambiental. El promedio general de la encuesta, afectado por el de Yucatán, se sitúa también en este tipo de comportamiento. Por otro lado, los tres estratos restantes, que incluyen la maquila de la frontera norte, la industria del acero y la de Guadalajara, fueron clasificadas con un comportamiento *reactivo*, ya que su índice de disposición a cumplir fue alto (a excepción de la industria del acero, cuyo índice fue mediano), su índice de gestión con acciones fue mediano y el de trayectoria del desempeño ambiental fue bajo (cuadro IV.4). Este resultado sin estratos de comportamiento *proactivo* o al menos *positivo* plantea grandes retos ambientales.

Cuadro IV.3
Índices de calificación de varios aspectos ambientales

Índice	*Acero*	*Guadalajara*	*Maquila en el norte*	*Maquila en Yucatán*	*Total*
C: Comportamiento ambiental	65.6	67.0	63.8	19.7	58.2
D: Disposición a cumplir	71.7	81.1	78.8	36.7	71.7
G: Gestión ambiental con acciones (evaluación estática)	67.4	66.0	63.1	15.8	57.5
T: Trayectoria del desempeño ambiental (evaluación dinámica)	57.7	53.9	49.5	6.5	45.5
R: Responsabilidad ambiental corporativa	34.1	56.8	53.7	23.2	48.4
E: Exigencia gubernamental	52.1	40.6	75.1	11.1	57.2

Fuente: Elaboración propia a partir de la encuesta levantada en 62 plantas manufactureras presentada en la sección anterior. Véase la nota metodológica del anexo general al final del libro.

Al llevar el análisis a mayor detalle, considerando el comportamiento ambiental en sus tres componentes y con mayor desglose de los estratos por características de los establecimientos, se detecta que los de tamaño muy grande, mayor actualización tecnológica y maduros (con experiencia acumulada) son los que resultaron con altos índices de calificación (cuadro IV.5). Así, esta clase de plantas puede ubicarse en el tipo de comportamiento ambiental *positivo* y *proactivo*, sobre todo destacan las muy grandes, sugiriendo ventajas de escala.

Cuadro IV.4
Comportamientos ambientales en la encuesta: pasivo o reactivo

Tipo	*Índice de la disposición*	*Índice de la gestión con acciones*	*Índice de la trayectoria*
Negativo: Ninguno de los estratos	Bajo o muy bajo	Muy bajo	Muy bajo
Pasivo-indiferente: *a)* Promedio total *b)* Maquila en Yucatán	Mediano: el promedio total. Bajo: maquila en Yucatán	Bajo: el promedio total y la maquila en Yucatán	Bajo: el promedio total. Muy bajo: maquila en Yucatán
Reactivo: *a)* Guadalajara *b)* Maquila de la frontera norte *c)* Acero	Alto: Guadalajara y maquila del norte. Mediana: acero	Mediano: Guadalajara, la maquila de la frontera norte y el acero	Bajo: Guadalajara, la maquila de la frontera norte y el acero

Nota:
Muy bajo, 30 puntos o menos.
Bajo, de 31 a 60 puntos.
Mediano, de 61 a 75 puntos.
Alto, de 76 a 90 puntos.
Muy alto, más de 90 puntos.
Fuente: Cuadro IV.2, siguiendo la tipología original de Azqueta, *op. cit.*

El cuadro IV.5 con la desagregación por características de los establecimientos identifica, entonces, tres tipos de comportamiento ambiental en la encuesta: *a) positivo* y *activo* o *proactivo*: son establecimientos muy grandes, de mediano margen de exportación, con plantas maduras y muy maduras, y con tecnología muy nueva (5 años o menos); *b) pasivo* y *reactivo*: son plantas grandes y medianas, con alto margen de exportación (maquila) o no exportan y con tecnología no muy nueva, sino nueva (de 6 a 10 años atrás); *c) pasivo* y *más bien negativo*: son empresas pequeñas y medianas, con bajo margen de exportación, con plantas manufactureras nuevas o muy nuevas y con tecnología vieja. Además, en dicho cuadro se observan dos tendencias interesantes. En primer lugar, la disposición a cumplir tiende a aumentar a mayor tamaño, mayor margen de exportación, mayor antigüedad y mayor actualización tecnológica. En segundo lugar, el índice de gestión con acciones tiene una tendencia similar a la de la disposición (también la trayectoria ambiental, a excepción de la relación con el margen de exportación).

Cuadro IV.5
Índices de calificación de los componentes del comportamiento ambiental

Características de las plantas	*Disposición a cumplir*	*Gestión con acciones*	*Trayectoria del desempeño ambiental*
Tamaño			
Muy grande (más de 1 000 personas)	83.5	79.1	63.2
Grande (251 a 1000 personas)	69.6	57.5	42.9
Mediano (101 a 250 personas)	62.4	40.1	32.0
Pequeño	47.1	30.6	25.7
Micro	20.0	6.3	0.0
Margen de exportaciones			
Alto (más de 50%)	71.7	55.6	42.4
Mediano (de 5.1 a 50%)	72.2	67.6	60.5
Bajo (hasta 5%)	50.0	40.4	50.2
Nulo (0%)	87.5	59.2	29.0
Antigüedad			
Muy nueva (hasta 5 años)	58.0	36.6	21.2
Nueva (6 a 10 años)	58.0	50.9	38.2
Madura (11 a 30 años)	82.6	68.6	58.3
Muy madura (más de 30 años)	72.5	71.9	63.9
Nivel tecnológico			
I (la mejor existente hoy)	83.8	74.1	56.3
II (la mejor de hace 2 a 5 años)	64.3	52.5	40.2
III (la mejor de hace 6 a10 años)	60.0	42.9	37.8
IV (la mejor de hace 10 a 20 años)	43.3	27.3	23.1
V (la mejor de hace más de 20 años)	44.4	7.9	7.6
Total	71.7	57.5	45.5

Fuente: Elaboración propia a partir de la encuesta levantada en 62 plantas manufactureras presentada en la sección anterior. Véase la nota metodológica del anexo general al final del libro.

Gráfica IV.1
Índice del comportamiento ambiental y sus tres componentes

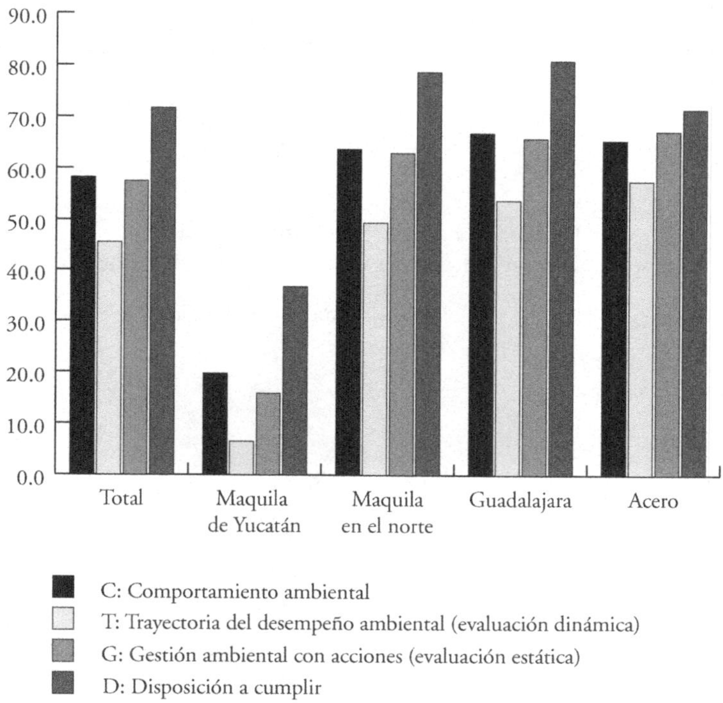

Fuente: Elaboración propia a partir de la encuesta levantada en 62 plantas manufactureras.

Estos resultados sugieren que las economías de escala, la penetración en los mercados de exportación, la tecnología nueva, y el contexto sectorial-regional en el que se desenvuelven las plantas que elaboran bienes modernos y las que producen acero, son factores que tienden a animar una trayectoria de comportamiento cada vez más favorable al ambiente. La antigüedad es importante en los estratos de las maquiladoras en el norte y el sur, así como en el caso de la industria en Guadalajara. Todo esto indica que cobran importancia los factores relacionados con la eficiencia (economías de escala y actualización tecnológica, así como retos de eficiencia derivados de la competencia en mercados de exportación y bienes modernos), lo cual corrobora que la búsqueda de la eficiencia tiende a ir acompañada de un mejor comportamiento ambiental; es decir, que parece darse una "ecoeficiencia".

El índice de calificación del comportamiento ambiental, que en promedio es bajo en la encuesta, se asocia a índices de calificación promedio de la responsabilidad ambiental corporativa y de la exigencia gubernamental también bajos (48.4 y 57.2 puntos, respectivamente). Aquélla fue especialmente calificada muy baja en la maquila yucateca y baja en los otros tres estratos estudiados, mientras que la exigencia gubernamental fue evaluada alta en el estrato de la maquila de la frontera norte, pero muy baja en Yucatán y baja en las plantas acereras y las de Guadalajara (véase el cuadro IV.3 y la gráfica IV.2).

Gráfica IV.2
Índices de comportamiento ambiental,
responsabilidad corporativa y exigencia gubernamental

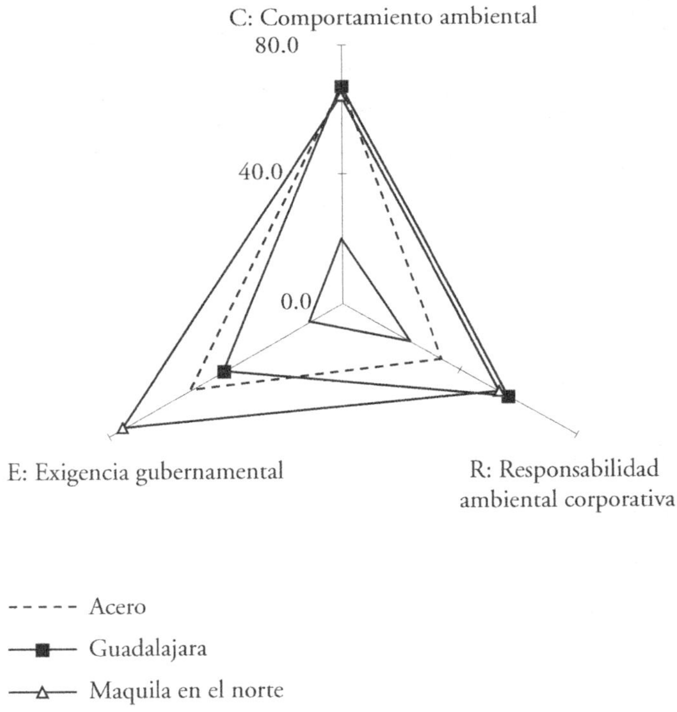

Fuente: Elaboración propia a partir de la encuesta levantada en 62 plantas manufactureras.

En la gráfica IV.2 se aprecian en forma muy clara las grandes diferencias entre la maquila de la frontera norte y la maquila del sur, en Yucatán. La primera observó un comportamiento ambiental mejor que el de la segunda. La importancia relativa de la exigencia gubernamental, en comparación con la responsabilidad corporativa, fue superior en la maquila norteña que en la yucateca. También sobresale que, a excepción de la maquila del norte, las calificaciones de la responsabilidad corporativa y la exigencia gubernamental fueron relativamente bajas.

En la encuesta se investigó la percepción de los gerentes sobre los factores explicativos de sus esfuerzos y su desempeño ambiental. Por un lado, los factores favorables mencionados con mayor frecuencia como los que habían estado induciendo una conducta proambiental son la regulación gubernamental y la exigencia del exterior (el acuerdo paralelo al TLCAN, los códigos de conducta corporativa y los mercados externos). Por otro lado, los obstáculos para el cumplimiento que se mencionaron en forma más frecuente fueron más diversos: *a)* los problemas financieros de las empresas; *b)* la atención de los altos directivos a otros asuntos de mayor prioridad y urgencia para la marcha del negocio; *c)* el alto costo de la inversión anticontaminante; y *d)* la falta de incentivos.

Conclusiones

En la introducción del presente capítulo se expresó el interés central de explorar los factores que obstaculizan y los que facilitan una trayectoria hacia una mayor "ecoeficiencia" de la actividad productiva para avanzar en el conocimiento sobre el comportamiento estratégico privado. El comportamiento ambiental empresarial puede entenderse como una respuesta estratégica que da forma a la voluntad, es decir, los esfuerzos de gestión con acciones técnicas de la empresa para cuidar el ambiente, trazando con ello su propio desempeño ambiental.

El análisis empírico se centra en la evaluación del comportamiento ambiental de las empresas mediante índices de calificación de 62 plantas manufactureras encuestadas. Los resultados no pueden generalizarse, sino que deben tomarse como un acercamiento a la realidad y con la cautela debida por posibles sesgos del método adoptado.

La evidencia evaluada sugiere que el comportamiento ambiental del conjunto de plantas estudiadas es pobre en un promedio general y por estratos. Esto representa un gran desafío de política ambiental. En un acercamiento más desagregado, distinguiendo los establecimientos por sus características estructurales, se identifican tres tipos de comportamiento ambiental en la encuesta: *a) positivo* y *activo* o *proactivo* entre los establecimientos muy grandes, de mediano margen de exportación, con plantas maduras y muy maduras, y con tecnología muy nueva; *b) pasivo* y *reactivo*, en los establecimientos grandes y medianos, con alto margen de exportación (maquila) o que no exportan y con tecnología no muy nueva, sino nueva; *c) pasivo* y *más bien negativo*, en las empresas pequeñas y medianas, con bajo margen de exportación, con plantas manufactureras nuevas o muy nuevas y con tecnología vieja.

Los gerentes responsables de la protección ambiental que fueron encuestados manifestaron percepciones de mediana exigencia gubernamental. Aunque ésta no se percibe alta, desempeña un papel central para inducir una conducta proambiental. Sin embargo, la evidencia de la encuesta sugiere que son más importantes los factores dinámicos y estructurales (por tamaño y margen de exportación) que inciden en el comportamiento ambiental empresarial. Entre los factores dinámicos se detecta la actualización tecnológica y la experiencia acumulada. Los problemas financieros y otras prioridades de urgencia para el funcionamiento de los negocios se combinan con la percepción de que cuesta caro invertir con cuidado ambiental. Ante ello, se necesitan instrumentos económicos ambientales.

Parece conveniente que se aliente un mejor comportamiento ambiental mediante el estímulo del desarrollo, la competitividad y la renovación tecnológica, así como mediante una mayor vigilancia, asistencia técnica y acceso a instrumentos económicos especialmente en las regiones de desarrollo industrial incipiente y en los estratos de plantas micro y pequeñas.

V. EL MERCADO AMBIENTAL EN LA ERA GLOBAL

GRACIELA CARRILLO GONZÁLEZ

INTRODUCCIÓN

El contexto internacional de los negocios se ha transformando vertiginosamente en las últimas décadas. Las tendencias económicas determinadas por la apertura comercial y económica, el desarrollo tecnológico y el cambio organizacional imponen fuertes retos para las empresas de todo tamaño.

El predominio de mercados muy dinámicos y fragmentados se explica no sólo por el entorno global que favorece a la gran empresa y que está llevando la competencia a niveles desmedidos, sino también por el surgimiento de diversas demandas vinculadas al cuidado ambiental que facilitan la creación de nuevos mercados con expectativas de crecimiento muy importantes en el mediano y en el corto plazos, mismas que abren posibilidades de inserción a las empresas que aprovechan y explotan sus fortalezas.

Los gobiernos nacionales y supranacionales han llegado a preocuparse de las discusiones recurrentes sobre la crisis ambiental, y han empezado a actuar en favor de la construcción de una política ambiental que acompañe al dinámico mercado en esta materia, en el cual la innovación y el desarrollo tecnológico y organizacional en las empresas tiene un papel fundamental.

En este capítulo se identifican algunas características de la economía internacional y de la dinámica que impone al mercado el actual modelo productivo, y se cuestiona la posibilidad de avanzar en una ruta que favorezca al ambiente; posteriormente se analizan los elementos que dan lugar a la construcción del mercado ambiental y cómo ha ganado terreno en algunos países líderes y en México; al final se presentan algunas medidas de política ambiental que pretenden incentivar tanto el cumplimiento normativo como la capacidad de respuesta de las empresas en el país.

TENDENCIAS DE LA ECONOMÍA Y EL MERCADO AMBIENTAL

El contexto internacional que se vive hoy muestra diversos cambios que influyen en las decisiones de los agentes económicos, que han modificado la conducta y las demandas de la sociedad. Es a partir de la crisis de energéticos en los años setenta que se percibe cierta inquietud por el letargo al que ha llegado el modelo económico y productivo vigente, que se expresa en un freno al ritmo de crecimiento de la economía mundial.

La tasa media de crecimiento del PIB de los países industrializados durante el periodo de 1979 a 1988 se ubicó por abajo de 3% en la mayoría de ellos, con excepción de Japón, que mostró un crecimiento cercano a 4%; en tanto, los países en desarrollo experimentaron también un menor crecimiento de sus economías. El caso de los países del sudeste asiático fue excepcional en el periodo con tasas de crecimiento de 8% (véase el cuadro V.1).[1]

La crisis energética significó también una alerta sobre los recursos naturales. Los aumentos en el precio del petróleo y otras materias primas obligaron a muchos países a emprender una decidida política de investigación y desarrollo en la búsqueda de energías alternativas. Para los años ochenta, las economías más avanzadas recuperaron sus ritmos de crecimiento, dando paso al fortalecimiento de nuevas ramas industriales que fueron el eje de la expansión económica en el decenio; sin embargo, el desempleo se hizo presente mostrándose como una fuerte debilidad durante el periodo de transición.[2] Para las economías atrasadas, en esta década, el peso de la deuda externa perpetuó el estancamiento y les impidió avanzar al ritmo de la revolución tecnológica.

Es en los años noventa cuando la globalización de los mercados y la mayor competencia entre las empresas se convierten en los pilares del nuevo escenario económico y cuando quedan claramente definidas las grandes tendencias de la economía mundial, de las cuales dos serán determinantes en la definición de las estrategias de la empresa: la reestructuración productiva que acabó con el modelo fordista, y el surgimiento de nuevas "necesidades" que se manifiestan en el mercado y que exigen productos y servicios diferentes generados a partir de procesos compatibles con el medio ambiente.

¿HACIA UN MODELO PRODUCTIVO MENOS CONTAMINANTE?

La reestructuración productiva se hizo inminente frente a la apertura de las economías; ello implicó una revolución tecnológica y organizativa que llevó hacia un nuevo modelo de producción. Esto se tradujo para la empresa en la agregación de técnicas innovadoras que incidieron directamente en la fuerza de trabajo y en la vinculación de la empresa con sus proveedores, flexibilizando su operación.

[1] FMI, *Perspectivas de la economía mundial, 2000*, FMI, Washington, 2002.

[2] Durante la segunda mitad de los ochenta y la década de los noventa se registraron las mayores tasas de desempleo en las economías desarrolladas. De acuerdo con datos del FMI, se alcanzaron niveles por arriba de 10% en países desarrollados como Alemania, Francia e Italia y de más de 20% en España.

Cuadro V.1
Crecimiento del producto interno bruto por regiones, 1979-2002
(Variación porcentual anual)

Países	*Promedio 1979-1988*	*1989*	*1991*	*1993*	*1995*	*1997*	*1999*	*2002*
Principales países desarrollados	2.9	3.7	1.2	1.2	2.7	3.5	3.4	1.9
Estados Unidos	2.7	3.4	-1.0	2.3	2.7	4.4	4.2	1.5
Japón	3.8	4.8	4.0	0.1	1.6	1.9	0.8	0.6
Alemania	1.8	3.6	5.0	-1.1	1.7	1.4	1.6	1.9
Francia	2.2	4.3	0.8	-1.3	1.9	1.9	3.2	2.6
Italia	2.7	2.9	1.1	-1.2	2.9	2.0	1.6	2.0
Reino Unido	2.5	2.2	-2.0	2.1	2.8	3.5	2.3	2.6
Canadá	3.2	2.4	-1.8	2.2	2.8	4.4	4.5	2.3
España	2.3	4.7	2.3	-1.2	2.8	3.9	4.0	2.9
Países Bajos	1.6	4.7	2.3	0.8	2.3	3.8	3.9	2.9

Países asiáticos de industrialización reciente	8.0	6.6	8.0	6.3	7.5	5.7	7.9	3.8
Corea	7.8	6.4	9.1	5.8	8.9	5.0	10.9	3.5
Taiwán	8.1	8.2	7.6	6.3	6.4	6.7	5.4	4.1
Singapur	7.3	9.6	7.3	10.4	8.0	8.4	5.9	5.0
Países en desarrollo por región	4.3	4.2	4.9	6.5	6.1	5.8	3.8	5.0
África	2.4	3.4	1.8	0.9	2.9	2.9	2.3	4.2
América Latina	2.7	1.8	3.6	3.7	1.7	5.3	0.2	3.7
Asia	6.7	6.1	6.7	9.3	9.0	6.6	6.1	5.9
Oriente Medio y Europa del Este	2.2	2.8	3.1	4.3	4.3	5.4	0.8	2.9

Fuente: FMI, *Perspectivas de la economía mundial, 1997*, FMI, Washington, 1997; FMI, *Perspectivas de la economía mundial, 2000*, FMI, Washington, 2002.

La flexibilización del proceso productivo permitió que empezaran a cuestionarse las actividades contaminantes y el uso irracional de los recursos naturales. Este sistema organizativo, apoyado en la filosofía japonesa, persigue una percepción integral de la sociedad y de la economía, y busca la participación de trabajadores, consumidores, socios, proveedores y competidores, para garantizar que se cubran las necesidades del mercado, cuyas demandas actuales se ubican en nichos específicos que exigen productos diferenciados y cuestionan los procesos productivos que dañan al ambiente.

Dicha flexibilidad propició la expansión de muchas empresas hacia los países en desarrollo bajo el modelo de las maquiladoras; modelo que con el tiempo se ha convertido en la base del desarrollo industrial para algunas regiones del mundo por su importante aportación de divisas, la generación de empleos y la alta productividad.

En México, las empresas maquiladoras constituyen la segunda fuente de divisas del país después del petróleo,[3] aunque en los últimos años ha disminuido el número de maquiladoras debido a la fuerte atracción que ejerce China sobre el capital transnacional. Sin embargo, el problema radica en que al mismo tiempo que generan recursos al país, muchas de ellas representan un grave riesgo para el ambiente por el tipo de residuos que generan y arrojan a las aguas o depositan en los tiraderos municipales.[4]

Actualmente las maquiladoras forman una parte fundamental del sistema económico como filiales; de ahí que las grandes empresas vinculadas a ellas ejercen una fuerte presión para que se adapten los criterios de calidad total, justo a tiempo, flexibilización en la contratación de los trabajadores, adopción de tecnologías y, excepcionalmente, en procesos limpios.[5]

No obstante la política ambiental interna que promueven las matrices en sus filiales —las maquiladoras—, la alta movilidad de empresas y productos que se percibe en el comercio mundial pone en duda la posibilidad de que la revolución tecnológica y productiva logre reducir sustancialmente el uso de recursos naturales y los niveles de contaminación, ya que el ahorro relativo de materiales o

[3] Carrillo y Kopinak señalan que las maquiladoras en México generaron 10 280 millones de dólares y ocuparon a 25% de los empleados en escala nacional en 1998; es decir, poco más de un millón de personas. Véase J. Carrillo y K. Kopinak, "Condiciones de trabajo y relaciones laborales en la maquila", en E. de la Garza y A. Bouzas (comps.), *Cambios en las relaciones laborales. Enfoque sectorial y regional*, vol. 1, UAM-Iztapalapa, México, 1999.

[4] El Instituto Nacional de Ecología estimó que las maquiladoras habían arrojado más de 8 000 toneladas de residuos tóxicos a lo largo de la franja fronteriza en la década de los noventa. Véase INE, Semarnat, Cenica, PNUD, *Elementos para un proceso inductivo de gestión ambiental de la industria*, Instituto Nacional de Ecología, México, 2000.

[5] Se sabe que empresas como Dupont y algunas otras transnacionales han asumido normas ambientales rígidas en sus procedimientos, mismas que exigen también a las subsidiarias, de modo que ciertas empresas instaladas en los países en desarrollo superan las normas nacionales; aunque debe aclararse que estas situaciones son más bien excepcionales que generalizadas.

de emisiones por unidad producida se traduce en mayores volúmenes absolutos debido al dinamismo de los mercados.[6] ¿Se puede decir entonces que el modelo actual es menos contaminante?

Elementos para la construcción del mercado ambiental

La acción conjunta de los gobiernos y los agentes económicos, tomando como referencia la crisis ambiental y las posibilidades de expansión, para estos últimos, ha dado lugar a la relocalización de la industria, la innovación tecnológica y organizativa, el diseño de nuevos productos, el surgimiento de empresas que ofrecen servicios como la certificación y asesoría ambiental, etcétera; todos elementos que conforman la creación de mercados ambientales.

La política ambiental

La conferencia Medio Ambiente y Desarrollo Humano que se llevó a cabo en 1972, congregó a países y grupos sociales para alertar y discutir sobre la crisis ambiental; posteriormente, en la década de los ochenta, se generaliza la preocupación por el problema dando lugar al concepto de *desarrollo sustentable*, que se incorpora en reuniones, normas, regulaciones y documentos para acordar el rumbo que debería seguirse. En ese momento, los gobiernos nacionales optaron por un sistema de "normas y castigos" para regular las acciones de los agentes económicos.

En los años ochenta, varias empresas empiezan a sumar criterios ambientales a sus esfuerzos de reconversión y transformación tecnológica, y para los años noventa el tema de la crisis ambiental adquiere nuevas dimensiones al llevar la discusión a las repercusiones planetarias que genera la contaminación.

En 1992 se celebró la Primera Cumbre de la Tierra con la participación de altos funcionarios de 79 países, miembros de la Organización de las Naciones Unidas, representantes de organizaciones no gubernamentales y empresarios. Los resultados de esta importante reunión fueron la Declaración de Río sobre Medio Ambiente y Desarrollo Sostenible; la Declaración de Principios sobre Bosques, el Programa 21, y la firma de dos convenios: uno sobre el cambio climático y otro sobre la biodiversidad. Los acuerdos y compromisos se centraron en establecer medidas para controlar y reducir las emisiones de dióxido de carbono, clorofluorocarbonos y metano en el año 2000 respecto de los niveles de 1990.

[6] Se pueden citar muchos ejemplos, como es el caso de los automóviles que actualmente cuentan con catalizador y utilizan gasolina sin plomo; sin embargo, el número de autos en circulación es cada vez mayor.

Cuadro V.2
Principales reuniones internacionales sobre medio ambiente

Año	*Sede*	*Reunión*
1972	Estocolmo	Conferencia sobre Medio Ambiente y Desarrollo Humano
1992	Río de Janeiro	La Primera Cumbre de la Tierra
1997	Nueva York	La Cumbre para la Tierra más 5
1997	Kyoto	La Tercera Cumbre del Clima en el Mundo
1998	Buenos Aires	La Conferencia de Buenos Aires
1999	Bonn	La Reunión de Bonn
2000	La Haya	La Conferencia de las Partes sobre el Cambio Climático
2002	Johannesburgo	Conferencia de Río más 10

Fuente: Elaboración propia con base en documentación hemerográfica.

Posteriores reuniones como la de Kyoto en 1997, La Haya en 2000 y Johannesburgo en 2002 se han centrado en revisar los resultados de los acuerdos de 1992, percatándose de avances relativos en aspectos específicos.

Los países líderes de cada región incorporaron el componente ambiental en su estrategia. En Japón, el Ministerio de Comercio Internacional e Industria (MITI) conformó desde los años setenta grupos de trabajo para que investigaran las posibilidades de reorientar su proceso productivo hacia actividades menos dependientes del consumo de materias primas y basadas más en la información y el conocimiento.[7] En los ochenta, se dio a conocer el Programa Tecnológico Ambiental Global y se formó el Consejo de Ministros para la Conservación del Medio Ambiente Global, que inició un amplio programa denominado "La Nueva Tierra 21", centrado en la reducción de gases con efecto de invernadero a través de acciones institucionales y con las empresas privadas.[8]

[7] Los proyectos que derivaron fueron: el proyecto Sunshine, orientado a la utilización de nuevas tecnologías, y el proyecto Moonlight, dedicado a incrementar la eficiencia energética.

[8] Este punto se detalla en S. Erkman, "Industrial Ecology: A Historical View", ponencia presentada en la 1ª Conferencia Europea de Ecología Industrial, Barcelona, 1997, y en A. Kimura, *Japan's Experience in Environmental Protection*, Environment Agency, Tokio, 1992.

En Europa también se adoptaron medidas de política ambiental desde los años setenta. En 1975, el Consejo de la Comunidad Europea adoptó formalmente el principio "el que contamina paga" mediante la recomendación 75/436 Euratom, y estableció medidas para evaluar el costo de la contaminación industrial y regular la contaminación atmosférica, del agua, problemas de ruido y manejo de residuos. De 1973 a 1992 se instrumentaron cuatro programas de acción para el medio ambiente, que evolucionaron de la corrección de problemas a la integración de una política ambiental preventiva que se incorporaba en las estrategias de crecimiento.

El V Programa de Acción del Medio Ambiente (1992-1999) hizo el compromiso de integrar el aspecto ambiental con otras políticas, y en el 2001 se presentó el Sexto Programa de Acción de la Comunidad Europea en materia de Medio Ambiente: "Medio ambiente 2010: el futuro está en nuestras manos", en el cual se manifiesta la exigencia de los ciudadanos europeos por un nivel elevado de protección al ambiente.

En Estados Unidos el papel fundamental en materia ambiental lo ha desempeñado la Environmental Protection Agency (EPA), la cual no sólo ha fungido como organismo rector dentro del país, sino que interviene de manera importante en la resolución de problemas ambientales en las escalas mundial, regional y nacional.

Estos países, líderes en la nueva geopolítica mundial, asumen que el crecimiento futuro y el mayor bienestar ejercerán una fuerte presión en la capacidad del planeta para sostener la demanda de recursos y absorber la contaminación; por tanto, consideran fundamental disponer de normas ambientales rigurosas que supongan un motor para la innovación y mayores oportunidades para las empresas, las que tendrían que aumentar su rendimiento ecológico; es decir, producir un volumen igual o superior de productos utilizando menos recursos y generando menos residuos, con modelos de consumo más sostenibles.

El papel de las empresas

El proceso de globalización trajo consigo modificaciones en los ámbitos político, económico, social y cultural, de los cuales se derivan factores que transforman la cultura empresarial. En el entorno político-legal se ha avanzado en la elaboración y en la aplicación de leyes y reglamentos que limitan el deterioro ambiental y en el establecimiento de normas sobre emisiones, residuos, contaminación de agua, tipo de envases, etcétera, que buscan la homologación de productos y procesos; en el plano económico-productivo, la conciencia y las exigencias del cliente constituyen otro factor que ha determinado el cambio en las empresas, ya que algunas de éstas —que a su vez son clientes— empiezan a exigir a su proveedor el uso de tecnologías y procesos limpios. También en la producción directa se está viendo la ventaja de adoptar procesos que ahorran materias primas y energía, con la consecuente reducción en costos.

El entorno social hace evidente la conciencia y sensibilidad ambiental de los grupos de la sociedad en que opera la empresa, la cual empieza a resentir la presión por nuevas exigencias que la llevan a buscar una buena imagen en el mercado. En otras ocasiones, la ética empresarial conduce a las compañías a modificar sus modelos de producción porque creen que el reto ambiental plantea un problema social grave. La suma de estos elementos da lugar a una nueva visión que reconoce que los factores naturales son imprescindibles en el proceso productivo, y por tanto se deben analizar los flujos de materia y energía que vinculan a la empresa con la naturaleza. Esta transformación hacia la eficiencia ecológica está llevando a la minimización de la contaminación, el uso de recursos naturales y el incremento de la productividad.

Las empresas que han asumido un compromiso ambiental se colocan actualmente en tres niveles: las empresas de primera generación son las que operan "al final del tubo", dedicándose a mitigar y controlar problemas de contaminación ya generados; las de segunda generación operan en el proceso de producción utilizando tecnologías limpias para reducir el perjuicio, y las de tercera, se dedican a crear, diseñar y desarrollar nuevos productos y servicios que incorporen la preocupación ambiental; es decir, empresas que implantan sistemas de gestión ambiental.[9]

Los elementos que han contribuido a la transformación de la empresa han sido la innovación tecnológica y la reestructuración organizativa y de procesos, ya que por la presión pública y social la tecnología y la organización se han orientado a reducir las repercusiones negativas sobre el ambiente.

A partir de los años ochenta grandes empresas transnacionales como la química y la petrolera empezaron a considerar el tema ambiental. En el decenio de los noventa diversos consorcios o agrupaciones aglutinaban ya empresas al amparo de una "filosofía verde", como el Consejo de Empresas para el Desarrollo Sustentable (Business Council Sustainable Development); el programa Responsible Care adoptado por la Asociación Internacional de la Industria Química; la reconversión de compañías como Ciba Geigy o Atochem, que crearon sus departamentos de medio ambiente e investigación. Tampoco hay que perder de vista a las grandes empresas que se han vestido de verde sólo para mejorar su imagen pero mantienen una política antiecológica en sus filiales, fuera de su país de origen, como las empresas NTT, Gas de Tokio o Tokio Fuerza Eléctrica (que recicla papel en Japón y fomenta la deforestación de los bosques

[9] M. Ludevid, *La gestión ambiental de la empresa*, Ariel, Barcelona, 2000.

en el sureste asiático)[10] y muchas otras que buscan instalarse en países menos desarrollados para evadir las regulaciones ambientales de su país de origen.

Sumada a la actitud de las empresas con iniciativas ambientales, surge la figura del nuevo consumidor —consumidor verde— con la visión de no necesariamente consumir menos pero sí utilizar su poder adquisitivo de forma discriminatoria para contribuir a la mejora del medio ambiente. La postura de este "nuevo" agente depende de su ingreso, la eficiencia de los productos verde en comparación con los convencionales e incluso la comodidad; no obstante, esto ha influido en las decisiones de algunas empresas para el lanzamiento de nuevos productos.

En los ochenta, la empresa alemana Henkel elaboró un sustituto de los fosfatos para los detergentes; en esos años Procter & Gamble de Francia inventó el dosificador de plástico flexible para los detergentes, lo que dio lugar al uso de detergentes líquidos y envases reciclables. Desde entonces se ha evolucionado en el diseño de productos identificados con las llamadas "ecoetiquetas" en las que se ha avanzado mucho, pese a sus limitaciones para asignarse. En 1978 Alemania emitió la etiqueta "ángel azul"; en 1989 Japón la "*eco-mark*" y al siguiente año Canadá la "*environmental choice*". A principios de los noventa eran ya 22 los países que contaban con ecoetiqueta o estaban en proceso de obtenerla.

Los acuerdos y las iniciativas internacionales han dictado pautas para políticas ambientales nacionales que en general se asocian a dos ideas: reducir los efectos ambientales negativos de la actividad empresarial para dar respuesta a las demandas de la sociedad y garantizar en el mediano y en el largo plazos ahorros y mayor competitividad a las empresas. Las normas y las regulaciones ambientales han sido uno de los incentivos fundamentales en el desarrollo del mercado ambiental e incluso se llega a considerar que una legislación más severa puede mejorar la competitividad nacional e internacional.[11]

Naciones como los Países Bajos en Europa y Estados Unidos han implantado programas para reducir la contaminación del agua o las emisiones a la atmósfera con resultados muy exitosos, como el programa 33/50 que emprendió la EPA en 1991.[12] En muchos otros países se ha impulsado la adopción de instrumentos económicos para incentivar un comportamiento ambientalmente favorable en la sociedad.

10 Véase, por ejemplo, S. Vilanova, *Empresarios verdes para un planeta azul*, Blume, Madrid, 1994. Organizaciones pro ambientalistas como Greenpeace han identificado empresas que pretenden dar una imagen de empresas verdes y en realidad son altamente contaminadoras.

11 M. Porter y C. van der Linde señalan que Estados Unidos podría estar en desventaja frente a Alemania y Japón si no impone una regulación ambiental fuerte. Véase M. Porter y C. van der Linde, "Green and Competitive: Ending the Stalemate", *Harvard Bussines Review*, septiembre y ocubre, Boston, Mass., 1995, p. 124.

12 Se mencionan diversos ejemplos en S. Vilanova, *Empresarios verdes...*, *op cit.*

Perspectivas del mercado ambiental

La dinámica del mercado ambiental en el mundo empieza a llamar la atención. Algunas estadísticas muestran que en 1994 circularon 408 000 millones de dólares en este sector; para el año 2004 se habla de más de 600 000 millones y se calcula que con las tasas de crecimiento anual observadas, en 2010 se puede llegar a 826 600 millones. Hay que destacar que pese a su dinamismo, se trata aún de un mercado muy concentrado, ya que del monto total, 88% correspondió a la suma de los mercados de Estados Unidos, Europa Occidental y Japón, y 12% al resto del mundo.

Predomina la idea de que altas tasas de crecimiento anual del mercado ambiental se asocian a mayor regulación y control ambiental; sin embargo, destacan por su dinamismo los mercados emergentes asiáticos, con tasas de hasta 25% anual, y los países latinoamericanos grandes con tasas superiores a 12%. A partir de dichas tasas de crecimiento se proyectó el valor de mercado para los años 2005 y 2010, cuyos mayores montos se concentran en Estados Unidos, Europa Occidental y Japón.[13] (Véase el cuadro V.3.)

Los elementos clave en el desarrollo de los mercados ambientales han sido las regulaciones institucionales, las exigencias de los procesos de certificación o acreditación ambiental, las normas de control ambiental de las empresas multinacionales que se transfieren a las filiales, y la misma competencia en mercados donde se demanda una imagen "verde" a las empresas.

Las áreas a las que más se canalizan los recursos son el equipamiento para manejo y el tratamiento de agua, que concentra 39% de las erogaciones totales, en atención a problemas de salud pública derivados de la contaminación del líquido; el manejo de residuos municipales con 28%; control de contaminación del aire y tecnología para la prevención y monitoreo de la contaminación con 8.5%; y manejo de residuos peligrosos con cuatro por ciento.[14]

13 Environmental Business International Inc., *The Global Market and United States Environmental Industry Competitiveness*, California, 1995, en <www.ine.gob.mx>.

14 Datos reportados en el sitio electrónico del Instituto Nacional de Ecología: <www.ine.gob.mx>.

Cuadro V.3
Proyecciones del mercado ambiental mundial
(Volúmenes en miles de millones de dólares, a precios de 1994)

Región	*Volumen*	*Tasa media de crecimiento anual (%)*	*Proyecciones de los volúmenes*		
	1994	*1990-1994*	*2000*	*2005*	*2010*
Europa Occidental	127.4	4.2	156.3	191.7	235.1
Europa del Este	16.4	6.0	8.6	11.5	15.3
Japón	65.2	1.5	70.2	75.7	81.5
Asia	14.3	13.5	26.9	50.6	95.3
Australia/ Nueva Zelanda	6.2	5.5	8.1	10.6	13.8
Estados Unidos	165.5	4.5	206.2	257.0	320.3
Canadá	10.8	3.5	12.8	15.2	18.1
Latinoamérica	6.6	11.5	11.3	19.5	33.6
Medio Oriente	3.6	4.5	4.5	5.6	7.0
África	1.8	9.0	2.8	4.3	6.6
Total	407.8	8.0	507.7	641.7	826.6

Fuente: Environmental Business International Inc., *The Global Market and United States Environmental Industry Competitiveness*, California, 1995, consultado en <www.ine.gob.mx>.

El mercado ambiental de México

El mercado ambiental mexicano ascendió a principios los años noventa a 1 998 millones de dólares, que representaron 0.6% del PIB. Sin embargo, a pesar de tratarse de un monto pequeño, ubicó al país como el segundo mercado ambiental en América Latina, precedido por Brasil (véase el cuadro V.4).

Algunas estimaciones recientes señalan que a principios de esta primera década del siglo XXI, el monto se acercó a los 36 000 millones de dólares, al responder a tasas de crecimiento anual de aproximadamente 14%, y se supone que la tasa de crecimiento anual aumentará en los próximos años,[15] por lo que se prevé una expansión muy importante de los negocios ambientales en la economía mexicana.

Cuadro V.4
México: erogaciones ambientales totales en 1994

Concepto	*Millones de dólares estadounidenses*	*Porcentaje del PIB*
Aguas residuales	1 193	0.360
Residuos sólidos	339	0.100
Municipales	238	0.070
Hospitalarios	5	0.002
Industriales	96	0.030
Contaminación atmosférica	438	0.130
Remediación de suelos	26	0.008
Ahorro y generación alterna de energía	2	0.001
Total	1 998	0.600

Fuente: U.S. Agency for International Development, *México's Environmental Markets, 1995*, Washington, USAID, 1995. Para proyectar el PIB se consideró una tasa anual de crecimiento de 3% sostenida, en dólares de 1994.

En México, 99% de las empresas son medianas, pequeñas o micro; sólo 1% son empresas grandes; esta proporción entraña una dificultad importante para dar atención a los aspectos ambientales, ya que sólo estas últimas han instrumen-

[15] G. Carrillo, "Mercados ecológicos. Posibilidades para la pequeña empresa", en R. M. Magaña y G. Vargas (comps.), *Evaluación de las políticas públicas: redefinición o continuidad*, UAM-Iztapalapa, México, 2004.

tado programas de gestión ambiental, han avanzado en las certificaciones ISO 14000 y de Industria Limpia; la mayoría de ellas como parte de corporaciones internacionales ha adoptado normas mínimas de carácter ambiental como política de la empresa con el fin de mejorar su imagen en el mercado.

Otras empresas de menor dimensión se han incorporado de manera más lenta y en número limitado a este proceso, y lo han hecho en respuesta a la política de regulación ambiental, la cual data de los años ochenta. El marco institucional es coordinado por la Secretaría del Medio Ambiente y Recursos Naturales (Semarnat), que incluye a la Comisión Nacional del Agua, el Instituto Nacional de Ecología y la Procuraduría Federal de Protección al Ambiente, como la base administrativa; a ello se suma el marco jurídico que tiene como base la Ley General de Equilibrio Ecológico y Protección del Ambiente, aprobada en 1988 y reformada en 1996 con cinco reglamentos en materia de impacto ambiental, residuos peligrosos, control de la contaminación atmosférica y cerca de 60 normas oficiales vigentes para la regulación de la industria.

Parte importante del control de las empresas es la regulación directa basada en el cumplimiento de las normas y requerimientos de licencias o permisos, así como la vigilancia y la supervisión. La licencia ambiental única (LAU) es un trámite por el que los establecimientos industriales presentan su manifestación de impacto ambiental, estudios de riesgo y permisos para descarga de aguas residuales, antes de la fase constructiva, y los permisos de residuos peligrosos, atmósfera y agua, en fases posteriores. Hasta agosto de 2000, el INE reportaba la expedición de 224 licencias en todo el país, de las cuales 70% fueron para empresas nuevas o irregulares y 27% las tramitaron voluntariamente empresas que en sentido estricto no requerían hacerlo. En el Distrito Federal y el área metropolitana de la Ciudad de México se tramitaron cerca de 100 licencias.[16]

Un segundo modelo es la regulación voluntaria o autorregulación. En esta línea operan ya algunas iniciativas coordinadas por empresas u organizaciones internacionales como Global Environmental Management Initiative; Responsible Care, que en México se coordina por medio de la Asociación Nacional de la Industria Química con el programa Responsabilidad Integral; ISO 14000; Enviro-Pro, etcétera. En cuanto a la parte institucional, se promueve el Programa Voluntario de Gestión Ambiental, las auditorías ambientales y las normas voluntarias planteadas para procesos específicos.

Respecto a la ISO 14000, en México se ha trabajado básicamente en la promoción de dicha norma referente a sistemas de administración ambiental; a la fecha hay en México 63 plantas industriales certificadas.[17]

16 INE, Semarnat, Cenica, PNUD, *Elementos para un proceso inductivo...*, *op. cit.*

17 D. Barkin, "El desempeño ambiental de las empresas en México", *Comercio exterior*, vol. 54, núm. 12, Banco Nacional de Comercio Exterior, México, diciembre de 2004.

En cuanto a regulación voluntaria institucional, se ofrece a las empresas el certificado de industria limpia. En abril de 1997 se habían otorgado los primeros 80 certificados a igual número de instalaciones industriales que concluyeron satisfactoriamente los planes de acción: en 2000 las instalaciones certificadas ya sumaban 542, tanto del sector público como del privado.[18]

Esquema V.1
Tendencias de la política ambiental

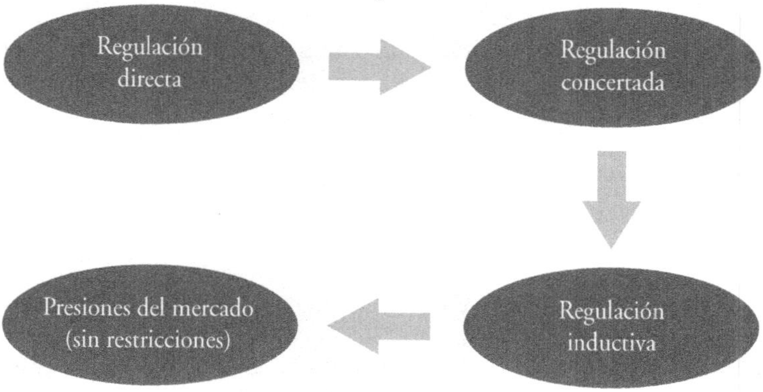

Fuente: Adaptado de INE, Semarnap, Cenica, PNUD, *Elementos para un proceso inductivo de gestión ambiental de la industria*, Instituto Nacional de Ecología, México, 2000.

Finalmente, un tercer camino es el uso de instrumentos económicos que inducen a la empresa a un comportamiento ambiental favorable. En México se ha avanzado poco; en este sentido, operaron durante algún tiempo el arancel cero y la depreciación acelerada en maquinaria y equipo ambiental, pero a la fecha esto ha dejado de funcionar. Aunque las mayores inversiones en el país se han canalizado al tratamiento del agua, también se ha avanzado en otras áreas. En materia de reciclaje se cuenta con capacidad instalada para acumuladores, disolventes, escorias, otros residuos metálicos, tambores y envases, líquidos fotográficos y lubricantes. En México operan alrededor de 100 empresas recicladoras de residuos industriales peligrosos, con una capacidad instalada total de aproximadamente 1.38 millones de toneladas al año. Funcionan también 320 empresas para la recolección y el transporte de residuos peligrosos y 331 dedicadas al almacenamiento y manejo de los mismos. Asimismo, hay tratadoras de residuos biológico-infecciosos, con 53 equipos nuevos y una capacidad de tratamiento de más de 27 toneladas.[19]

18 INE, Semarnap, Cenica, PNUD, *Elementos para un proceso inductivo..., op. cit.*
19 *Idem.*

La política ambiental del país ha seguido las tendencias del escenario internacional, en el cual se está buscando transitar de una regulación estricta, que se dio en los primeros años, hacia un modelo donde el mercado y la competencia dirigen las decisiones de la empresa en relación con el ambiente, lo cual se representa en el esquema V.1.

La tendencia señalada ha sido muy acertada en los países de alto ingreso donde la mayoría de las empresas invierten en este rubro y los consumidores están dispuestos a pagar un precio mayor por productos compatibles con el ambiente. Sin embargo, en el caso de México las inversiones en la materia son realizadas casi exclusivamente por las empresas vinculadas al mercado internacional, donde se reconoce este concepto; el resto de las empresas invierten muy poco y sólo en función de las exigencias de la legislación ambiental. De modo que la regulación directa y concertada se ha instrumentado con cierto nivel de respuesta en México, no así en el caso de la regulación inducida, ya que el uso de instrumentos económicos para la protección ambiental es aún incipiente.

Conclusiones

Al inicio del capítulo se sostuvo que el fenómeno de la globalización trae consigo cambios de tipo financiero, productivo, tecnológico, sociopolítico y cultural que afectan en primera instancia a las grandes empresas de los países industrializados, las que se ven obligadas a modificar sus normas de producción en un sentido más coherente con la conservación de los recursos naturales. La transición hacia un nuevo modelo productivo no deja claro si las formas de organización y de procesos garantizan la adopción de elementos que fortalezcan el cuidado de la naturaleza como política de la empresa. Pareciera que la imagen y la ética empresarial imponen una conducta verde en las grandes transnacionales; sin embargo, en la industria maquiladora de los países en desarrollo se observa lo contrario.

La participación de los gobiernos, las organizaciones civiles y los organismos supranacionales en foros internacionales, donde se discuten los grandes problemas del ambiente, ha influido de manera decisiva en la construcción de las políticas ambientales nacionales y el comportamiento de las grandes empresas; al menos en sus países de origen, donde en general la regulación ambiental es más rigurosa. Las potencias hegemónicas de las grandes regiones como Estados Unidos, Europa y Japón, trabajan en la organización y búsqueda de soluciones desde los años setenta, aunque es evidente que se ha avanzado mucho más en los últimos 15 años.

La regulación ambiental gubernamental, las exigencias de los procesos de certificación o acreditación ambiental, las normas de control ambiental de las empresas multinacionales que se transfieren a las filiales y la misma competencia en mercados donde se demanda una imagen "verde" a las empresas, han impulsado el desarrollo de mercados ambientales, es decir, transacciones de equipos y servicios ambientales, tales como el equipo para el tratamiento del agua residual y el manejo de los residuos municipales. De acuerdo con las cifras de Environmental Business International, estos mercados pasaron de 408 000 millones de dólares en ventas en 1994 a más de 600 000 millones de dólares en 2004, y podrían llegar a 826 600 millones de dólares en 2010, con las tasas de crecimiento anual observadas. Los mercados ambientales se concentran en Estados Unidos, Europa Occidental y Japón, al dar cuenta de 88% del total mundial. Destacan, no por su escala, sino por su dinamismo, los mercados emergentes asiáticos, con tasas de crecimiento anual de hasta 25%, y los países latinoamericanos grandes con tasas superiores a 12% al año.

El mercado ambiental mexicano ascendió a principios los años noventa a 1 998 millones de dólares en ventas, lo cual representó 0.6% del PIB. A pesar de tratarse de un monto pequeño, el mercado mexicano se ubica como el segundo de América Latina, después de Brasil. Algunas estimaciones recientes señalan que a principios de esta primera década del siglo XXI, el monto de ventas se acercó a 36 000 millones de dólares, con tasas de crecimiento anual de aproximadamente 14%, y se supone que la tasa de crecimiento anual aumentará en el lapso 2005-2010, por lo que se prevé una expansión muy importante de los negocios ambientales en la economía mexicana.

En México los obstáculos al desarrollo de las empresas orientadas al mercado nacional han impedido que por iniciativa propia la mayoría adopte sistemas de gestión ambiental; no obstante, el trabajo institucional en este sentido ha mostrado importantes avances, que han llevado de la política ambiental de la imposición y verificación frecuente a la inducción y creación de incentivos para que las empresas estén en posibilidades de incorporarse a estos programas.

El camino es largo y en el fomento de la internalización de una política ambiental en las empresas el papel del Estado es muy importante, tanto como la cooperación decidida de los sectores empresariales y sus organizaciones. Se requiere además intensificar campañas de educación ambiental que incorporen a la sociedad en esta cruzada.

Tercera parte

ESTUDIOS SECTORIALES DE LA INDUSTRIA MANUFACTURERA

VI. APERTURA Y RESPUESTA AMBIENTAL: LA INDUSTRIA TEXTIL MEXICANA

FLOR BROWN

INTRODUCCIÓN

La literatura en temas ambientales[1] señala el impacto creciente de la globalización en los niveles de contaminación. En esta investigación pretendemos examinar hasta qué punto la integración industrial a la economía global ha contribuido o mitigado el daño ambiental. El caso de la industria textil mexicana ilustra algunos aspectos relacionados con estos temas.

Los resultados de esta investigación, realizada en el año de 1998, confirman las dificultades que enfrentaban las empresas para resolver los efectos adversos al proceso productivo en el medio ambiente; muestran mayor heterogeneidad en el comportamiento ambiental de las empresas, comparado con el de otras industrias mexicanas; por ejemplo, la industria química. El análisis de 19 empresas señala las diferencias estadísticas significativas en el comportamiento ambiental entre las firmas con altos y bajos niveles de exportación, diferentes tecnologías y distintos tamaños.

Existe un número relativamente pequeño de empresas con un comportamiento ambiental proactivo. En el año de estudio, el proceso hacia estrategias más complejas era incipiente y concentrado en un grupo reducido de firmas. Encontramos una asociación positiva entre el comportamiento proactivo y la orientación exportadora; la tecnología y el tamaño de las compañías; por consiguiente, la relación entre las exportaciones y las tecnologías limpias, las mayores escalas de producción y la reducción de ineficiencias es una hipótesis válida sólo en un limitado grupo de empresas de la industria textil mexicana.

El documento se divide en tres partes. En la primera sección se describen aspectos vinculados con las características de esta industria, entre ellos: el comportamiento económico reciente, el sector externo, el proceso productivo y el

[1] Véase P. Low (ed.), *International Trade and the Environment,* World Bank Discussion Papers, núm. 159, Banco Mundial, Washington, 1992; OCDE, *Report on Trade and Environment to the OECD Council at Ministerial Level,* Environment Directorate, Trade Directorate, COM/ENV/TD (95) 48/Final, 1995, y P. Sorsa, *Competitiveness and Environmental Standard: Some Exploratory Results,* Policy Research Working Paper, núm. 1249, World Bank, Washington, 1994.

impacto en el medio ambiente. En el segundo apartado se analizan las respuestas que proporcionaron 19 empresarios de esta industria en una encuesta que se realizó en la zona metropolitana de la Ciudad de México y en el estado de Puebla. En la última sección se verifican algunas hipótesis relacionadas con la apertura y el comportamiento ambiental y se presentan las conclusiones que se derivan de la investigación.

Características de la industria textil

La producción de telas en la industria textil mexicana comprende tres segmentos: hilados y tejidos de fibras blandas; hilados y tejidos de fibras duras; y otras industrias textiles. En conjunto, la producción de telas representa 8% del producto interno bruto (PIB) y 4.5% del empleo manufacturero, y constituye 46% del PIB y 31% del empleo del sector textil en el año 2000.[2]

Gráfica VI.1
Dinámica de la producción de las ramas textiles
(Millones de pesos a precios de 1993)

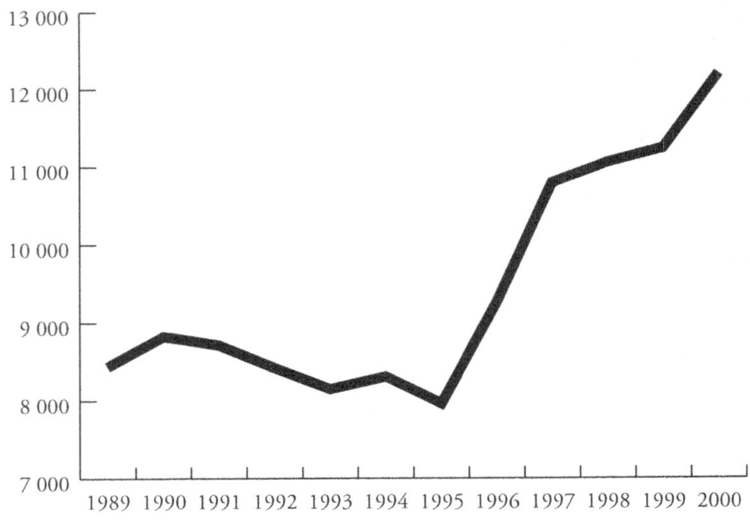

Fuente: INEGI, *Sistema de cuentas nacionales de México*, Aguascalientes, México, varios años.

2 Sin incluir la industria del calzado.

El comportamiento de las variables macroeconómicas de este segmento de la industria textil muestra una tendencia decreciente después de la apertura. Esto se debe a un conjunto de factores; entre ellos destaca la disminución en la inversión y el incremento de las importaciones: entre 1989 y 1993 la producción bajó a una tasa promedio anual de -0.5%; después de un largo periodo de estancamiento, la producción empezó a crecer a tasas aceleradas; entre 1994 y 2000 creció a 7% promedio anual (véase la gráfica VI.1).

El declive de la industria no sólo se aprecia en el descenso de la producción. El empleo disminuyó a una tasa de 8% entre 1989 y 1994. Como consecuencia de la recuperación de la producción, después de la crisis de 1995, el empleo aumentó a un ritmo de 4% promedio anual entre 1996 y el año 2000 (véase la gráfica VI.2).

Gráfica VI.2
Empleo en las ramas textiles

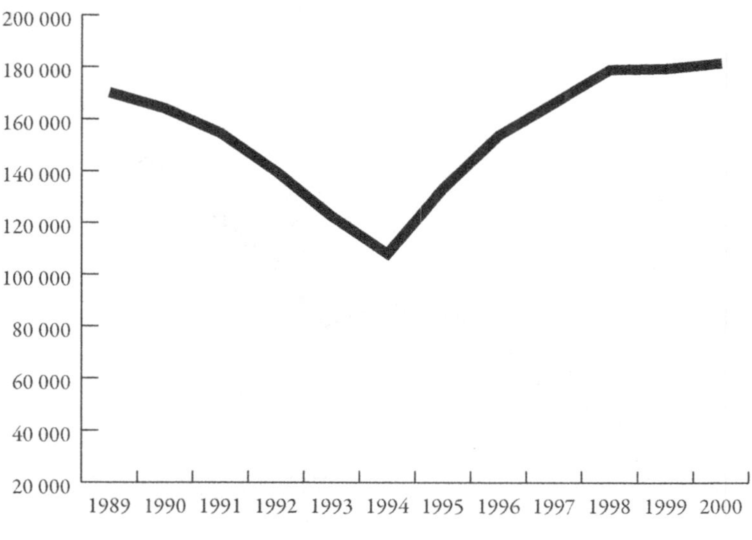

Fuente: INEGI, *Sistema de cuentas nacionales de México*, Aguascalientes, México, varios años.

Hasta el año de 1994, la inversión en maquinaria tenía una tendencia decreciente. Este comportamiento permaneció por 15 años (1980 a 1994), con descensos de -12.7% entre 1980 y 1985 y de -9.0% entre 1986 y 1994.[3] Lo anterior

[3] Banco de México, *Acervos y formación de capital*, Banco de México, México, 1997.

muestra que en un grupo relativamente importante de las empresas del sector existía rezago tecnológico, en términos de la maquinaria que se utilizaba en los distintos procesos productivos. Padilla señala que el rezago tecnológico más importante se encontraba en el teñido y acabado de telas: la utilización de maquinaria obsoleta se traducía en altos costos e ineficiencia técnica en el uso de insumos químicos y energéticos. Estos rezagos tecnológicos eran un factor importante en el impacto negativo de la industria en lo referente al medio ambiente.

En parte, el rezago en la inversión en maquinaria se explicaba por las dificultades que enfrentaban las empresas para conseguir financiamiento. Para tener acceso al crédito era necesario contar con un tamaño adecuado que garantizara los recursos para pagar el crédito; además, la empresa debía mostrar capacidad para exportar o para concertar alianzas estratégicas con firmas extranjeras.[4]

Gráfica VI.3
Importaciones en las ramas textiles (millones de dólares)

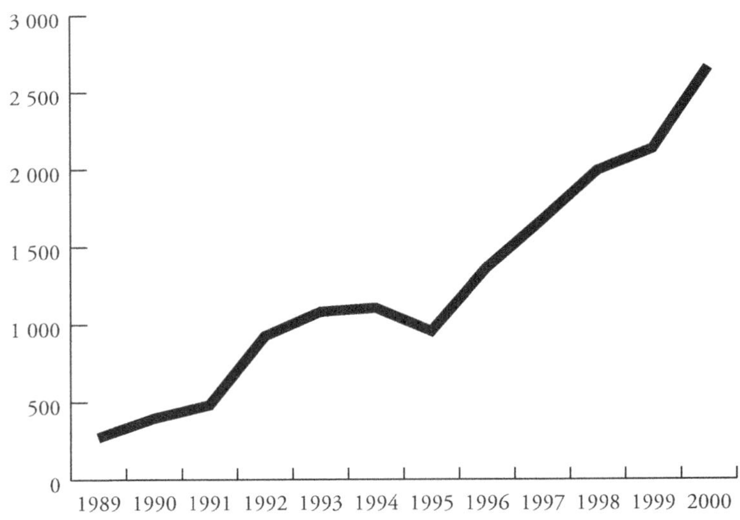

Fuente: INEGI, *La industria textil y del vestido en México*, Aguascalientes, México, 1993, 1995 y 2000.

[4] Véase C. Padilla, "La competitividad de la industria textil", en F. Clavijo y J. Casar, *La industria mexicana en la política mundial*, Lecturas del Trimestre Económico, núm. 80, Fondo de Cultura Económica, México, 1994.

Gráfica VI.4
Exportaciones de las ramas textiles (millones de dólares)

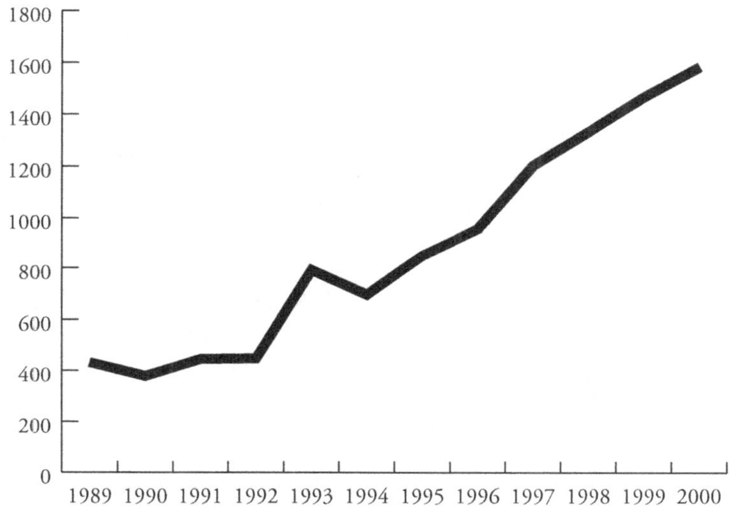

Fuente: INEGI, *Sistema de cuentas nacionales de México*, Aguascalientes, México, varios años.

Con la apertura comercial aumentaron las importaciones de productos textiles; lo anterior como resultado de la falta de capacidad de las empresas nacionales para hacer frente a las demandas internas de los consumidores. Como se observa en la gráfica VI.3, las importaciones se incrementaron a una tasa de 23% promedio anual entre 1989 y el año 2000.

Aunque algunas empresas han logrado incrementar sus exportaciones en el periodo posterior a la apertura económica (véase la gráfica VI.4), la tasa de crecimiento promedio anual de las exportaciones de productos textiles entre 1989 y 2000 (12%) fue menor a la de las importaciones. A pesar de los esfuerzos de los empresarios para adecuar su capacidad productiva a las demandas del exterior, las condiciones de competencia en el mercado internacional impidieron que las exportaciones aumentaran a un ritmo mayor.

En suma, a partir de la apertura, las estadísticas de este segmento de la industria textil muestran descensos en sus niveles de producción; también se observa una importante recuperación después de la crisis de 1995. Las importaciones de los productos textiles han aumentado a un ritmo mayor al de las exportaciones. Las empresas de esta industria, hasta el año que se realizó la encuesta para esta investigación, no contaban con inversiones importantes en tecnología para ampliar el mercado. Las dificultades para mejorar las instalaciones impedían evitar los impactos adversos en el medio ambiente, provenientes de los procesos productivos.

Impacto ambiental y proceso productivo

En sus procesos productivos la industria textil consume grandes cantidades de agua; debido a los químicos que se usan en el proceso, sus aguas residuales son difíciles de tratar. La industria contribuye con 3% de las descargas industriales de agua en México. Por esta razón, tiene el séptimo lugar en contaminación de agua.[5] El proceso de producción de telas parte de la utilización de las fibras que pueden ser naturales (lana o algodón) o sintéticas y sus principales etapas se presentan en el diagrama VI.1. Las entrevistas se realizaron con empresas que utilizan tanto fibras de algodón como sintéticas.

El proceso se inicia con la preparación de las fibras; éstas se mezclan de acuerdo con los requerimientos de la tela. Estas operaciones se realizan en las máquinas abridoras y batanes. Las máquinas abridoras esponjan y separan las fibras en copos pequeños, de tal manera que se puedan desprender las impurezas más pesadas que se hayan incorporado a la fibra; simultáneamente se trata de mezclar las distintas fibras. Posteriormente las fibras pasan al cardado, peinado y estirado. El último paso de este proceso es la torsión. Hasta esta etapa, el problema de la contaminación es la generación de pelusa y polvo; por eso, las empresas han instalado filtros de aire para la reducción de contaminantes al aire.

Antes de que las madejas puedan utilizarse en el tejido de las telas, para fortalecer la fibra se les añaden sustancias como el almidón. El proceso abarca tres etapas: engomado, secado y enrollado (véase el diagrama VI.1). Estas fases generan 30% de la contaminación de las aguas residuales; se utilizan ácidos y enzimas, así como también sosa cáustica, cloros, detergentes, etcétera.

Cuando las telas salen de los telares pasan por una serie de operaciones: eliminación de los pelos y defectos de los tejidos; modificación del aspecto de los tejidos; tratamientos para mejorar la presentación de los tejidos (deslustrado, prensado o calandro, frisado, etc.); *apresto químico*, mediante impregnación con líquidos hechos de féculas, almidón, dextrina y otras sustancias que dan cuerpo a las telas; acabados especiales para que los tejidos sean inarrugables, indeformables, impermeables, no encojan, etcétera.

[5] Comisión Nacional del Agua, *Diagnóstico de las acciones de saneamiento a nivel nacional: informe final*, CNA, Subdirección General de Infraestructura Hidráulica Urbana e Industrial, Gerencia de Potabilización y Tratamiento de Aguas, México, 1994.

Diagrama VI.1
Etapas del proceso textil de la producción de telas

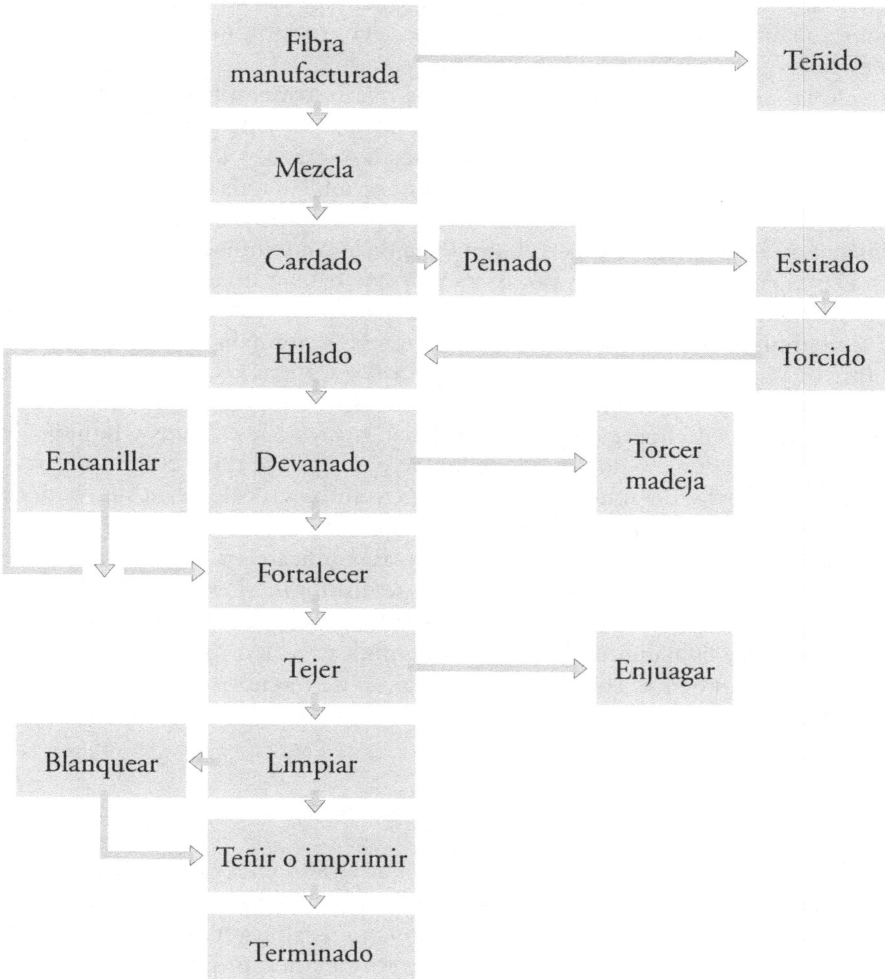

La última fase consiste en el teñido y acabado de las telas. Una vez teñidos los productos, se lavan con agua y se dejan secar al aire libre o en secadores caldeados; en ciertos casos los colores se avivan o se obtienen determinados matices. Los productos teñidos se someten a la acción de una atmósfera oxidante, de chorros de vapor, de baños jabonosos muy calientes, etcétera. Por último, a la tela se le da la textura deseada en cuando a suavidad, brillo y apariencia. También se utilizan gran variedad de químicos como almidones, dextrinas, cloros y agentes suavizadores. La contribución de esta fase a la contaminación en las descargas de agua varía entre 20 y 40% del total. Las fases del proceso productivo se ilustran en el diagrama VI.1.[6]

De las entrevistas realizadas deducimos que la contaminación del proceso productivo proviene de emisiones al aire de los telares y de grandes volúmenes de aguas residuales generados en los procesos del secado y acabado de las telas. Las empresas han centrado su atención en estos problemas: la contaminación del aire se ha reducido mediante la utilización de filtros; las mayores inversiones y esfuerzos se han concentrado en el problema de la contaminación del agua.

De las empresas visitadas, pocas eran las que habían invertido en máquinas eficientes para modificar sus procesos productivos para disminuir sus problemas de contaminación. La mayor parte de las empresas se limitaba a reducir el uso de químicos y la sustitución de colorantes. Pocas empresas contaban con planta de tratamiento de agua; también era reducido el número de empresas que reciclaban el agua; sólo nueve empresas reciclaban sus residuos sólidos y líquidos, y 11 tenían plantas de tratamiento de agua. Las descargas de cinco empresas se realizaban en ríos y las del resto en el drenaje; siete empresas colocaban sus residuos peligrosos en centros especiales de confinamiento.

El esfuerzo más importante de las empresas se ubicaba en la modificación de los insumos. Esto se hacía con la intención se disminuir el excesivo uso de químicos en el secado y acabado de las fibras. Por razones ambientales, los cambios en los equipos y la maquinaria era menos común, y en su caso de menor importancia. Dos empresas estaban instalando plantas de tratamiento de agua y otras dos iniciaban procesos de reciclaje de agua.

Comportamiento ambiental

En esta sección se examina el comportamiento ambiental de una muestra de 19 empresas de la industria textil mexicana, entrevistadas en el año de 1998. Las empresas contestaron un extenso cuestionario. Las preguntas se referían a las características de las compañías: tamaño, exportaciones, propiedad del capital, políticas, programas, actividades e impacto ambiental. Los resultados del análisis que se presenta en los siguientes incisos evidencian la gran heterogeneidad que existía entre las empresas de las muestra, en términos de su desempeño ambiental.

6 Véase F. Gurnham, *Industrial Wastewater Control*, Academic Press, Nueva York, 1965.

Características de la muestra

La muestra se configuró con empresas de distintos tamaños; la intención era analizar diferentes tipos de comportamiento ambiental. Sólo una empresa tenía sus instalaciones en el estado de Aguascalientes; el resto estaba en la zona textilera del área metropolitana de la ciudad de México y el estado de Puebla: en esta región se concentraba 25% de los establecimientos y 50% de la producción textil. Las empresas se seleccionaron de los directorios empresariales de las cámaras textiles de la ciudad de México y de Puebla; de estos directorios se eligió una muestra integrada por 60 empresas, de las cuales 19 accedieron a contestar el cuestionario. A pesar de que las empresas se seleccionaron de manera aleatoria, posiblemente la muestra final estaba sesgada hacia empresas que tenían interés por resolver los problemas ambientales provenientes de sus respectivos procesos de producción. No existe información de las empresas que no nos permitieron visitar sus plantas; por tanto, es difícil opinar sobre su comportamiento ambiental. Probablemente, dada su falta de interés en los aspectos relacionados con el medio ambiente, no accedieron a participar en la encuesta: eran quizás empresas que se limitaban a cumplir con la normatividad vigente.

La gráfica VI.5 muestra la distribución por tamaños de las empresas que visitamos. Fue posible incorporar empresas con distintos tamaños y características. Cabe señalar que en el momento de la investigación, ninguna de ellas tenía una producción menor al millón de pesos. Dos empresas no proporcionaron información de sus ventas.

La participación de la inversión extranjera en la industria textil no es muy importante; de acuerdo con el Censo Industrial de 1994, la participación en el valor bruto de la producción del sector textil de las empresas con capital extranjero es de 20%; por esta razón sólo fue posible integrar a la muestra dos empresas con capital extranjero.

Aunque, como ya se mencionó, habían aumentado las exportaciones de la industria textil, fueron pocas las empresas de la muestra con altos niveles de exportaciones. Del total, cinco no exportaban. El porcentaje de exportación respecto de la producción era de más de 50% en tres empresas y en el resto se situaba entre 5 y 25 por ciento.

Gráfica VI.5
Distribución de las empresas por sus ventas
(Millones de pesos)

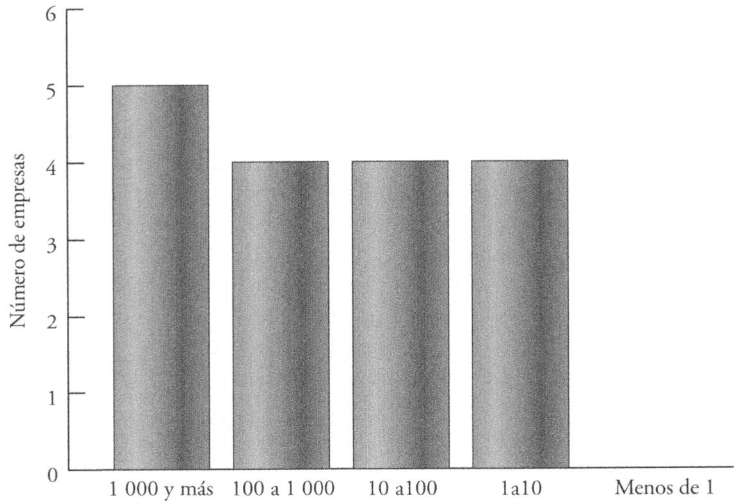

Política ambiental de las empresas

A diferencia de la industria química o la del acero, son pocas las empresas de la industria textil que cuentan con una política ambiental; en nuestra muestra sólo nueve de ellas tenían una política ambiental por escrito; de éstas, tres pertenecían a importantes grupos industriales, dos formaban parte de empresas dedicadas al acabado de telas y cuatro eran empresas independientes. Los aspectos relevantes de la política ambiental de estas empresas eran la disminución de residuos e insumos a través del reciclaje y reutilización, y su estricto apego a las leyes y a las regulaciones ambientales.

Los documentos sobre procedimientos escritos de las empresas estaban en su mayor parte relacionados con los efectos de una emergencia ambiental en la planta. Diez firmas contaban con estos documentos. Siete poseían procedimientos para la disposición de los residuos industriales. Eran pocas las empresas que habían elaborado otro tipo de textos para una emergencia en la comunidad local o el impacto de nuevos proyectos. Las empresas con una sola planta hasta cierto punto habían logrado resolver sus problemas ambientales, sin una política ambiental escrita.

Al analizar la política ambiental en su conjunto fue posible distinguir dos grupos de empresas: el primero, conformado por cinco firmas que tenían una política ambiental explícita; de éstas, tres eran parte de un importante grupo empresarial y dos pertenecían a un conjunto de empresas dedicadas al acabado de telas. El segundo grupo, conformado por el resto de las firmas, no contaba con una política ambiental definida.

Programas y actividades

El problema más importante que enfrentaba la industria textil era la contaminación del agua; por consiguiente, en los programas ambientales de las empresas de la muestra destacaban la reducción de las descargas de líquidos, las mejoras de la eficiencia del uso de energía y la reducción de residuos sólidos. En 12 empresas, los programas anteriores involucraban metas cuantitativas; en diez de ellas se esperaba alcanzar estas metas en un corto y mediano plazos, y en seis los objetivos se habían alcanzado casi por completo.

Otros programas importantes eran la capacitación, auditorías ambientales e inversión. Los programas de capacitación en cuestiones ambientales principalmente se dirigían al equipo de trabajadores administrativos a cargo del ambiente y a obreros; por tanto, es probable que la participación de los trabajadores en la cultura y organización ambiental de la empresa fuera limitada. El tipo de capacitación que se proporcionaba se refería principalmente a la minimización de los residuos, al tratamiento del agua antes de descargarla y al control de la contaminación del aire. En 12 empresas (63%) se habían llevado a cabo auditorías ambientales voluntarias; diez empresas tenían estudios de impacto ambiental y ocho realizaban actividades con la comunidad local.

Para conocer las características de las actividades y programas ambientales realizamos un ejercicio cuantitativo: se asignó una puntuación a los programas ambientales y actividades; la máxima calificación fue de 7 puntos. De esta forma se conformaron tres grupos. Uno integrado por tres empresas que obtuvieron una calificación mayor a 5 puntos pertenecientes al corporativo arriba mencionado; otro intermedio compuesto por siete empresas con una calificación que osciló entre 3.1 y 5, y el último conformado por nueve empresas que aplican muy pocos programas y por tanto su calificación se encuentra entre 0 y 3 puntos.

Como ya se mencionó, la inversión en la industria textil en equipos y maquinaria ha sido bastante limitada, sobre todo en los años posteriores a la apertura. Este comportamiento se observaba en la tecnología de las plantas: ocho de ellas consideraban que tenían una tecnología similar a la mejor de hace dos a cinco años; cinco decía poseer la mejor de hace más de 20 años. La vida promedio de la maquinaria utilizada en la planta calculada por las empresas era de 15 años. Lo anterior denota el rezago en términos de inversión en maquinaria moderna que tenían las empresas de la muestra. Dado este reducido nivel de inversión, no es sorprendente la limitada capacidad de las empresas para mejorar su comportamiento ambiental.

Gestión ambiental

En términos de la gestión ambiental llama la atención que 13 empresas contaban con un sistema formal de gestión ambiental y nueve con un manual; además, un alto porcentaje de ellas (73%) recolectaba la información ambiental sistemáticamente y el resto la recababa de una manera ad hoc sólo cuando se requería.

Sólo tres empresas proporcionaban incentivos para mejorar el desempeño ambiental de sus empleados. Para la mayor parte de ellas cumplir con el desempeño ambiental era una obligación de los trabajadores; por tanto, no existía la necesidad de dar incentivos en este sentido. La publicación de la información sobre la gestión ambiental era un aspecto de poco interés para las empresas: sólo cinco la publicaban. Las empresas habían establecido procedimientos para asegurar que todos los empleados estuvieran conscientes de los efectos ambientales. En este sentido, nueve empresas habían elaborado este tipo de procedimientos.

No todas las plantas tenían contabilizado el uso de combustible, electricidad y agua por unidad de producción: sólo nueve contaban con indicadores por unidad de producción para el uso de electricidad y agua; 12 para el combustible, y 11 realizaban mediciones de su agua residual. En relación con el monitoreo de la atmósfera y el agua, 14 plantas llevaban a cabo muestreos a intervalos regulares y estadísticas continuas de DBO, DQO[7] y sólidos suspendidos. El resto de las plantas no elaboraba las estadísticas anteriores y los muestreos eran eventuales.

Las empresas fueron evaluadas en términos de sus sistemas de gestión ambiental. Las mismas tres empresas del grupo corporativo ya mencionado obtuvieron la máxima puntuación de 20; tres firmas con un adecuado sistema de gestión ambiental registraron entre 10 y 15 puntos; las nueve empresas con un incipiente desarrollo tuvieron entre 5 y 10; por último, las cuatro que no habían desarrollado un sistema de gestión ambiental obtuvieron una puntuación de 5 o menos.

Desempeño ambiental

Hasta el momento la atención se ha centrado en el análisis de las políticas, programas y gestión ambiental de las empresas de la muestra; ahora es importante

[7] DBO: demanda bioquímica de oxígeno; DQO: demanda química de oxígeno.

evaluar el impacto ambiental, tanto en términos de su capacidad para cumplir con las normas y estándares, como de la reducción de los impactos negativos al medio ambiente.

De acuerdo con la evaluación que realizaron las mismas empresas, siete mencionaron tener un desempeño ambiental que excedía los requerimientos legales; por tanto, es pertinente resaltar sus características. Tres de éstas pertenecían a un importante grupo integrado por firmas químicas y textiles. Este corporativo inició su preocupación sobre la cuestión del medio ambiente en el año de 1978; desde entonces, la modernización de las compañías que pertenecen al grupo ha estado vinculada con su compromiso por disminuir la contaminación. Otras dos firmas formaban parte de un grupo importante que se dedicaba al acabado de telas. La calidad de los procesos de acabado de estas empresas es reconocida ampliamente en el mercado de Estados Unidos. Las instalaciones tenían tecnología de punta y una moderna planta para reciclado y tratamiento de agua. Al igual que en el caso anterior, la preocupación por introducir nuevas tecnologías estaba ligada a la cuestión ambiental en la estrategia exportadora. Por último, 12 empresas del resto de la muestra cumplían con las normas ambientales nacionales; de ellas cinco habían fallado en ocasiones.

Las sanciones más comunes eran las de incumplimientos en las descargas de agua. La Ley Federal de Derechos en Materia de Agua (1997) especificaba las características de las descargas. Las multas se aplicaban por dos razones: por no pagar el monto establecido o porque las descargas no cumplían con los parámetros de la misma ley, en términos de contaminantes. En las multas se establecía el pago de una cantidad; en casos extremos, se sancionaba con el cierre temporal de la planta. Las multas y sanciones aplicadas a un conjunto de las empresas de la muestra indican que no todas las firmas textiles cumplían cabalmente con las normas ambientales vigentes.

Para mejorar el desempeño ambiental, las firmas pueden reducir las emisiones de contaminantes y hacer un uso más eficiente de los insumos. Diez plantas realizaron esfuerzos para disminuir la utilización de combustible y ocho de electricidad; sin embargo, este comportamiento parece más bien obedecer a factores económicos que a consideraciones ambientales. A pesar de que la industria utiliza grandes cantidades de agua, son pocas las plantas (seis) que reportaron disminución en su uso.

Gráfica VI.6
Motivos de mejoramiento ambiental

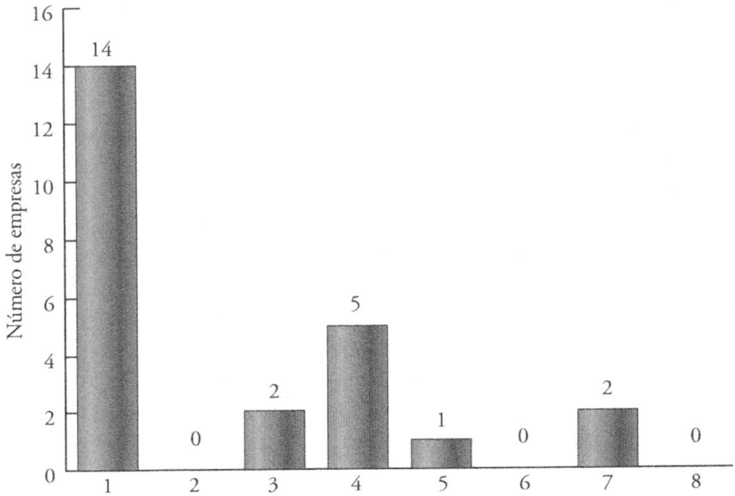

1. Regulaciones gubernamentales
2. Requerimientos de los clientes nacionales
3. Clientes del exterior
4. Presiones de la comunidad local
5. Presiones de asociaciones o cámaras de comercio o industria
6. Política de la matriz (en caso de una afiliación extranjera)
7. Imagen pública
8. Otro (por favor especifique)

En términos de emisiones y descargas, dada la naturaleza del proceso de producción textil, la contaminación del agua es el indicador más importante. A pesar de ello, sólo una minoría de empresas (siete) reportó haber reducido sus residuos de agua en años recientes. Seis empresas habían mejorado la calidad de estas descargas en términos de DBO, DQO y sólidos suspendidos; siete disminuyeron sus emisiones al aire y cinco la cantidad de residuos sólidos.

Gráfica VI.7
Obstáculos externos para el desempeño ambiental

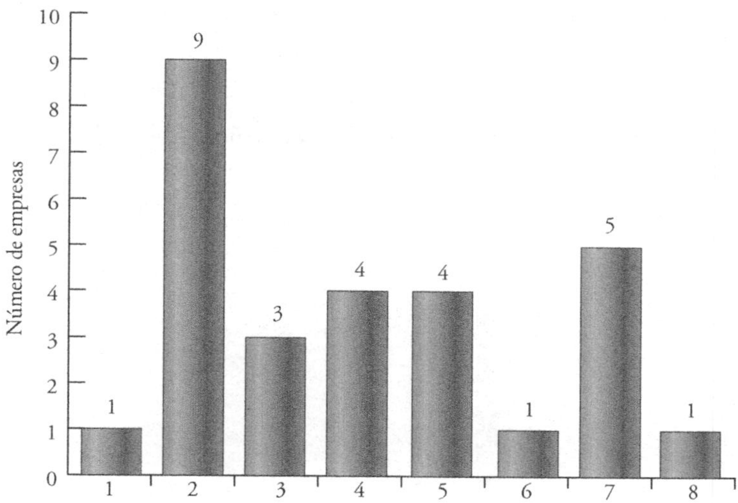

1. Falta de tecnología
2. Alto costo del equipo que se requeriría
3. Altas tasas de interés
4. Falta de incentivosen pro del ambiente
5. Competencia en el mercado
6. Falta de una infraestructura local del producto
7. Políticas gubernamentales
8. Otro

Incentivos y obstáculos ambientales

A partir de la apertura comercial se registró un descenso en la producción de la industria textil. El desencanto cundió entre los empresarios; decayó el interés por mejorar el desempeño ambiental. De ahí que el incentivo principal proviniera de las regulaciones gubernamentales y en segundo lugar de las presiones de la comunidad local (gráfica VI.6).

Las empresas enfrentaron un conjunto de obstáculos que impidieron el adecuado comportamiento ambiental. Entre los factores externos destacaron el alto costo del equipo; otros hechos considerados importantes fueron las políticas gubernamentales, la falta de incentivos y las presiones competitivas; también se mencionó la inadecuada infraestructura local para el tratamiento de agua de manera conjunta. Lo anterior significaba altos costos e ineficiencias para las empresas individuales (gráfica VI.7). Además, las empresas aludieron a factores internos que obstaculizaron su comportamiento ambiental; la mayoría señaló la existencia de otras prioridades y la falta de financiamiento adecuado (gráfica VI.8).

Gráfica VI.8
Obstáculos externos para el desempeño ambiental

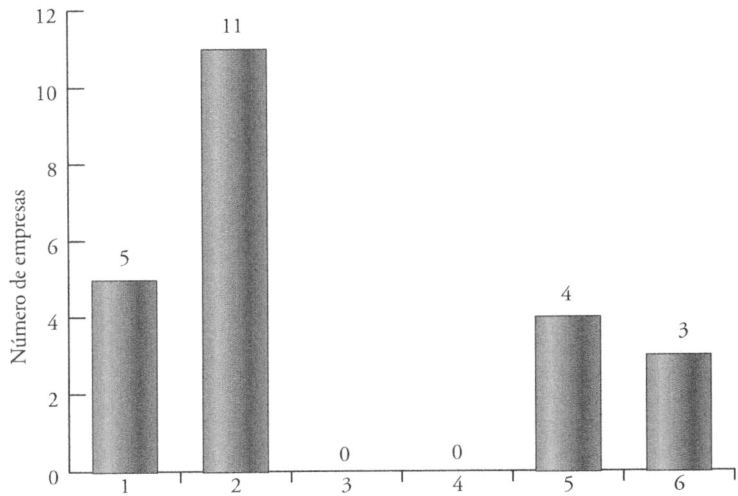

1. Financiamiento inadecuado
2. Otras prioridades con mayor urgencia de atención
3. Falta de interés en la alta dirección de la empresa
4. Falta de trabajadores bien capacitados
5. Falta de información sobre tecnologías adecuadas
6. Conocimiento inadecuado sobre el impacto y el diseño ambiental

En suma, las empresas de la muestra habían adoptado medidas ambientales principalmente para hacer frente a presiones externas; en particular, respondían a las regulaciones gubernamentales y en algunos casos a las demandas de las comunidades locales. En términos generales no eran proactivas para realizar mejoras ambientales. Estas últimas eran más bien vistas como costosas. El interés de las empresas estaba en otros ámbitos para hacer frente a la escasez de recursos.

Gráfica VI.9
Evaluación del desempeño ambiental

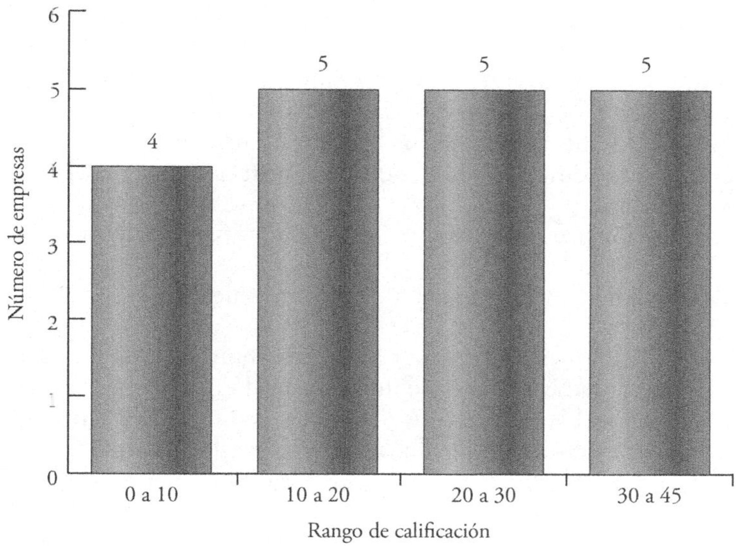

Evaluación del desempeño ambiental

La puntuación de cada una de las empresas se agregó para obtener una evaluación del desempeño ambiental. La máxima calificación posible fue de 46 puntos al sumar los puntos de la política ambiental, programas, actividades, sistemas de gestión e impactos ambientales. Se conformaron cuatro grupos (gráfica VI.9). Dentro del grupo de mayor puntuación se encontraban cinco empresas líderes por su comportamiento ambiental; éstas destacaban por contar con:

1) Una política ambiental por escrito que trata principalmente del compromiso por cumplir más allá con las leyes y regulaciones ambientales y para reducir desechos.

2) Procedimientos escritos relacionados con los efectos de una emergencia ambiental en la planta, pero no con los efectos de una emergencia en la comunidad local.

3) Programas ambientales para reducir descargas de líquidos y residuos sólidos y para mejorar la eficiencia del uso de energía.

4) Capacitación en cuestiones ambientales al equipo administrativo a cargo del ambiente y a obreros.

5) Auditorías ambientales voluntarias y estudios de impacto ambiental y recolección de información ambiental sistemática.

6) Incentivos para mejorar el desempeño ambiental de sus empleados.

7) Publicaciones de información sobre su gestión ambiental.

8) Indicadores del uso de combustible, electricidad y agua por unidad de producción.

9) Muestreos a intervalos regulares y estadísticas continuas de DBO, DQO y sólidos suspendidos.

10) Tecnología similar a la mejor de hace dos a cinco años.

11) Reciclaje de residuos sólidos y líquidos e instalaciones para el tratamiento de su agua residual.

12) Modificaciones en los insumos, maquinaria, procesos y productos por razones ecológicas.

13) Disminuciones en la utilización de combustible, electricidad y agua.

El resto de las empresas de la muestra estaba muy alejado del comportamiento ambiental proactivo del grupo anterior. Dado que apenas empezaban a incorporar factores ambientales en sus decisiones empresariales, su puntuación es inferior a la del estrato anterior. Existía por tanto heterogeneidad entre las empresas de la industria textil; los comportamientos ambientales entre las firmas no eran semejantes.

El distinto comportamiento ambiental de las empresas hasta aquí descrito muestra que éstas respondían de manera diferente tanto a las políticas macroeconómicas como a la legislación ambiental; por consiguiente, es pertinente analizar algunas hipótesis relacionadas con el comportamiento ambiental y la apertura. Estas cuestiones se analizan en la siguiente sección.

Apertura comercial y tipología ambiental de las empresas

Distintas investigaciones señalan que las mayores transacciones internacionales y los crecientes flujos de inversión extranjera han modificado los niveles de contaminación industrial en los países. Esta afirmación se fundamenta en varias hipótesis. La intención de los siguientes apartados es utilizar la información de la muestra de las empresas textiles mexicanas para poner a prueba estas hipótesis en distintos segmentos de empresas.

Contaminación y exportaciones

Los requerimientos de los mercados internacionales, basados en muchos casos en la exigencia de las normas que establece el ISO 14000,[8] obligan a las empresas exportadoras a adoptar tecnologías más limpias; en otras palabras, es de esperarse que las empresas orientadas a la exportación sean más propensas a cumplir mejor con las normas impuestas por el gobierno, así como también a incorporar tecnologías menos contaminantes que las orientadas al mercado interno. Ello debido al distinto acceso a opciones tecnológicas y diferentes incentivos del mercado. En el caso de la industria textil, investigamos hasta qué punto las empresas exportadoras tienen un comportamiento ambiental distinto, comparado con en el de las no exportadoras.

En el cuadro VI.1 se sintetiza la evaluación ambiental de las empresas agrupadas de acuerdo con sus niveles de exportación. Se evaluaron distintos aspectos del desempeño ambiental. En primer término se ven los relacionados con el nivel corporativo; entre ellos, la política ambiental, programas y actividades, y la gestión ambiental. Los puntos obtenidos en estos temas se agregaron para obtener una calificación para este nivel. De manera similar, se evaluaron aspectos en las plantas como son gestión ambiental, programas e impacto ambiental. Con la suma de estos últimos se obtuvo la calificación de las plantas. Por último se agregaron las puntuaciones del corporativo y la planta con lo cual se calculó la evaluación de la empresa en su conjunto. Para cada grupo de empresas se estimó el porcentaje respecto al total de puntos posibles en cada aspecto de la encuesta. Se observa que las empresas exportadoras obtuvieron la mejor evaluación ambiental y que las diferencias son más elevadas en los corporativos.

Para analizar hasta qué punto las diferencias anteriores son estadísticamente significativas se llevó a cabo la prueba T o prueba de diferencia entre medias. La intención de esta prueba es comparar las disparidades de las medias obtenidas para las empresas exportadoras con las de los tres grupos restantes para cada aspecto de la encuesta; en otras palabras, la hipótesis nula es la siguiente: no existen diferencias estadísticamente significativas entre la evaluación ambiental de las empresas exportadoras y el resto. Si la probabilidad es menor de 0.05 se rechaza esta hipótesis y por tanto se concluye que existen diferencias significativas entre ambos grupos de empresas.

[8] N. Bridsall y D. Wheeler, "Trade Policy and Industrial Pollution in Latin America: Where are the Pollution Havens?", en P. Low (ed.), *International trade...*, *op. cit.*

Cuadro VI.1
Exportación y comportamiento ambiental
(Porcentaje de las exportaciones respecto a las ventas totales)

Concepto	*Más de 25% (8 empresas)*	*5 a 25% (4 empresas)*	*1 a 5% (2 empresas)*	*0% (5 empresas)*
Corporativo				
Política	80%	30%	22%	24%
Programas	70%	33%	17%	24%
Gestión ambiental	60%	21%	11%	19%
Puntos corporativo	61%	27%	15%	22%
Planta				
Gestión	78%	83%	56%	38%
Programas	62%	42%	50%	37%
Desempeño	30%	72%	44%	11%
Puntos planta	54%	69%	50%	28%
Total de puntos	58%	48%	33%	25%

Fuente: Información de la encuesta.

Los resultados de estas pruebas muestran que las empresas exportadoras tienen el mejor comportamiento ambiental, principalmente en los corporativos. En términos de las plantas no existen diferencias importantes; todas las empresas cumplían con las normas ambientales y habían iniciado esfuerzos en este nivel. Sin embargo, como se muestra en el cuadro VI.2, eran las empresas exportadoras las que habían avanzado en aspectos más complejos en términos de comportamiento ambiental, como son el establecimiento de políticas y la gestión ambiental corporativa. En cuanto al establecimiento de programas, no existen diferencias significativas entre las empresas exportadoras y las que tienen niveles de exportación entre 0 y 5%; este último grupo había realizado esfuerzos en términos de la instrumentación de programas de carácter corporativo.

Los resultados estadísticos de la prueba T, que se presentan en el cuadro VI.2, confirman la hipótesis de un comportamiento ambiental distinto entre las empresas exportadoras y el resto. Mientras que las empresas exportadoras tienen un comportamiento ambiental proactivo,[9] el del resto de las empresas se limita al cumplimiento de las normas. Se deduce de aquí que las empresas con bajos niveles de exportación eran más vulnerables al alto costo de los equipos, la falta de financiamiento y las presiones competitivas; el impacto indirecto de la apertura se convirtió en un obstáculo para mejorar su desempeño ambiental: todo ello las obligó a limitarse sólo al cumplimiento de las normas.

Cuadro VI.2
Diferencias estadísticamente significativas
entre las empresas con distintos niveles de exportación
(Resultados de la prueba T)

Concepto	*5 a 5%*	*0 a 5%*	*0%*
Corporativo			
Política	0.05	0.00	0.03
Programas	0.03	0.12	0.01
Gestión ambiental	0.02	0.00	0.02
Calificación corporativo	0.03	0.00	0.02
Planta			
Gestión	0.69	0.49	0.03
Programas	0.20	0.59	0.16
Desempeño	0.14	0.81	0.26
Calificación planta	0.33	0.94	0.08
Total de puntos	0.52	0.37	0.02

Fuente: Información de la encuesta.

[9] R. O. Jenkins, "The Environmental Impact of Trade and Investment Flows to and from the NICS", Proposal to ESRC, The University of East Anglia, Norwich, Reino Unido (mimeo.), 1997.

Contaminación y tecnología

La evidencia empírica de algunos países muestra que la apertura de sus economías ha permitido a las empresas acceder a tecnologías nuevas;[10] por ello, están en mejores condiciones para disminuir los niveles de contaminación. Para analizar esta hipótesis en el caso de la industria textil se agruparon los resultados de las empresas de acuerdo con la antigüedad de su tecnología. Como se observa en el cuadro VI.3, las empresas con tecnologías relativamente modernas —es decir, con antigüedad de sus equipos entre dos y diez años— obtuvieron los mayores puntos en la evaluación ambiental. Las diferencias son mayores en el caso de la calificación a los corporativos.

Cuadro VI.3
Tecnología y comportamiento ambiental
(Años de antigüedad de la tecnología)

Concepto	*2 a 5 años (8 empresas)*	*5 a 10 años (4 empresas)*	*10 a 20 años (2 empresas)*	*Más de 20 años (5 empresas)*
Corporativo				
Política	70%	72%	15%	15%
Programas	53%	67%	44%	24%
Gestión ambiental	47%	64%	11%	15%
Calificación corporativo	54%	67%	22%	18%
Planta				
Gestión	74%	80%	56%	61%
Programas	60%	62%	42%	33%
Desempeño	52%	13%	44%	28%
Calificación planta	63%	50%	48%	42%
Total	58%	58%	35%	30%

Fuente: Información de la encuesta.

[10] D. Wheeler y P. Martin, "Prices, Policies and the International Diffusion of Clean Technology: The Case of Wood Pulp Production", en P. Low (ed.), *International Trade..., op. cit.*

Para analizar hasta qué punto estas diferencias son estadísticamente significativas se realizó la prueba T arriba comentada. Comparamos el grupo con tecnología más reciente (entre dos y cinco años) con los demás grupos de empresas. Los resultados de estas pruebas muestran que existen diferencias significativas entre los corporativos y en términos de la evaluación total, entre el grupo con tecnología moderna y las empresas que tienen tecnología de más de 20 años, pero no existen diferencias significativas en estos aspectos con las empresas con tecnología entre cinco y diez años (cuadro VI.4).

Cuadro VI.4
Diferencias estadísticamente significativas
entre las empresas con distintos niveles tecnológicos.
(Resultados de la prueba T)

Concepto	*5 a 10 años*	*10 a 20 años*	*Más de 20 años*
Política	0.89	0.00	0.02
Programas	0.59	0.31	0.01
Gestión ambiental	0.54	0.01	0.01
Calificación corporativo	0.62	0.00	0.01
Gestión	0.74	0.54	0.41
Programas	0.93	0.19	0.01
Desempeño	0.03	0.88	0.41
Calificación planta	0.44	0.68	0.23
Total de puntos	0.99	0.33	0.04

Fuente: Información de la encuesta.

En las plantas no se observan diferencias significativas entre los distintos grupos de las empresas. De acuerdo con los datos del cuadro VI.4, es posible afirmar que las empresas con tecnología entre dos y diez años tienen un comportamiento ambiental proactivo; las que tienen tecnología de más de 20 años sólo cumplen con las normas, y aquellas con una antigüedad tecnológica entre 10 y 20 años han iniciado transformaciones hacia actividades más complejas de carácter corporativo en términos de políticas y gestión ambiental. Cabe hacer notar que las diferencias no son estadísticamente distintas en las plantas. Esto sugiere que las empresas que pertenecían a grandes grupos tenían mayores posibilidades de mejorar su tecnología, y por tanto, también su comportamiento ambiental.

Empresas multinacionales y comportamiento ambiental

Una consecuencia esperada de la apertura de las economías es la mayor participación de las empresas multinacionales en la producción local de los distintos países. Generalmente estas empresas tienen estándares ambientales más elevados comparados con los de las empresas nacionales;[11] por tanto, es de esperarse que las subsidiarias de las empresas multinacionales tengan en los países receptores un comportamiento ambiental distinto al de las empresas nacionales. En el caso de la industria textil no fue posible verificar esta hipótesis, ya que en la muestra, de las empresas entrevistadas sólo dos eran subsidiarias de empresas transnacionales.

Tamaño de las empresas y comportamiento ambiental

Los cambios en el régimen de comercio exterior probablemente han modificado las estrategias de las empresas en varios sentidos: tanto la expansión de la demanda a través de las exportaciones como la recuperación del mercado interno obligó a las empresas a ampliar sus escalas de producción reduciendo sus costos unitarios de producción, incorporando nuevas tecnologías y reduciendo la ineficiencia X; por tanto, es posible esperar un comportamiento ambiental distinto entre las empresas de mayor tamaño y el resto.

Para verificar la hipótesis anterior comparamos la evaluación ambiental de las empresas más grandes (en términos de ventas) con las restantes. Los datos del cuadro VI.5 muestran que las empresas de mayor tamaño obtuvieron altos niveles en su evaluación ambiental; las diferencias son mayores en los corporativos.

De la misma manera que en los casos anteriores, la prueba T muestra que las diferencias entre el segmento de las empresas con mayores ventas y el resto son estadísticamente significativas en los corporativos pero no en las plantas (cuadro VI.6). Estos resultados confirman la hipótesis relacionada con las empresas grandes: éstas han logrado reducir sus costos de producción incorporando nuevas tecnologías, reduciendo ineficiencias y consecuentemente mejorando su comportamiento ambiental.

[11] T. Gladwin, "Environment, Development and Multinational Enterprise", en C. Pearson (ed.), *Multinational Corporations, Environment and the Third World: Business Matters*, Duke University Press, Durham, 1987.

Cuadro VI.5
Tamaño y comportamiento ambiental
(Estratos por tamaños con base en las ventas)

Concepto	*Más de 1 000 millones de pesos (5 empresas)*	*De 100 millones a 1 000 millones de pesos (4 empresas)*	*De 10 millones a 100 millones de pesos (4 empresas)*	*De un millón a 10 millones de pesos (4 empresas)*
Corporativo				
Política	94%	50%	34%	5%
Programas	79%	56%	27%	9%
Gestión ambiental	82%	28%	25%	7%
Calificación corporativo	83%	41%	27%	7%
Planta				
Gestión	84%	74%	56%	17%
Programas	80%	50%	28%	17%
Desempeño	40%	56%	6%	0%
Calificación planta	67%	61%	30%	10%
Total	75%	51%	29%	9%

Fuente: Información de la encuesta.

Cuadro VI.6
Diferencias estadísticamente significativas entre empresas con distintos tamaños, según las ventas
(Resultados de la prueba T)

Concepto	*De 100 millones a 1 000 millones de pesos*	*De 10 millones a 100 millones de pesos*	*De un millón a 10 millones de pesos*
Corporativo			
Política	0.10	0.06	0.00
Programas	0.11	0.04	0.01
Gestión ambiental	0.01	0.00	0.00
Calificación corporativo	0.02	0.01	0.00
Planta			
Gestión	0.67	0.15	0.06
Programas	0.09	0.05	0.10
Desempeño	0.62	0.12	0.08
Calificación planta	0.76	0.05	0.05
Total puntos	0.39	0.05	0.03

Fuente: Información de la encuesta.

Conclusiones

Los factores más importantes que han incidido en el comportamiento ambiental han sido las regulaciones gubernamentales y las presiones de las comunidades. Las empresas enfrentan dificultades para invertir en mejoras en los procesos productivos y disminuir el impacto adverso en el medio ambiente.

La información de la encuesta levantada entre un grupo de empresas muestra que son relativamente pocas las que tienen un comportamiento ambiental proactivo. La mayor parte de ellas ha realizado importantes esfuerzos en sus plantas; el proceso hacia estrategias más complejas de carácter corporativo es incipiente, localizado en un reducido número de empresas.

Existen diferencias estadísticamente significativas entre el comportamiento ambiental de algunas empresas y otras que tienen altos niveles de exportación; han incorporado tecnologías recientes, y las de mayor tamaño. Estos resultados parecen confirmar un conjunto de hipótesis en torno de los impactos de la apertura comercial en el comportamiento ambiental de las empresas. En el caso de la industria textil mexicana, los requerimientos de los mercados internacionales han forzado a las empresas exportadoras a mejorar sus escalas de producción y eficiencia; sin embargo, cabe señalar que estos efectos forman parte de un proceso incipiente en esta industria y localizado en un conjunto limitado de compañías.

VII. CONTROL DE LA CONTAMINACIÓN EN LA INDUSTRIA DE FIBRAS QUÍMICAS EN UN CONTEXTO DE APERTURA ECONÓMICA

LILIA DOMÍNGUEZ-VILLALOBOS

INTRODUCCIÓN

El presente trabajo examina a profundidad la forma como las empresas mexicanas de fibras químicas han respondido ante la necesidad de controlar la contaminación y preservar el medio ambiente. Existe una hipótesis sobre el desempeño ambiental insatisfactorio de las empresas exportadoras. Interesa por tanto explorar la posible asociación entre la propiedad del capital, la actividad exportadora y el tamaño de la empresa frente a las variables de comportamiento ambiental; en particular, se persiguen los grados de avance en la definición de política, sistemas de gestión ambiental, actividades y programas ambientales, y desempeño.

Adicionalmente, es importante tomar en cuenta otros factores influyentes en las decisiones ambientales de las empresas de fibras químicas; entre ellos, la fuerte presencia de las autoridades a cargo de las cuestiones ambientales en el sector químico, las características regionales de las ubicaciones industriales de estas empresas y la organización industrial de la industria en particular y su desempeño económico. Nuestros resultados confirman los trabajos anteriores sobre el comportamiento ambiental en las empresas manufactureras en México.[1] Mostraremos que en general la industria de fibras químicas ha dado los pasos necesarios para el cumplimiento de las regulaciones ambientales mexicanas: la mayor parte de las empresas tiene programas para el control de la contaminación, sistemas de gestión ambiental y lleva a cabo acciones en este sentido (definición avanzada de política); sólo una minoría de empresas puede ser clasificada como ajena al cumplimiento. La semblanza de las empresas que están por encima del promedio

[1] Véase S. Dasgupta, H. Hettige y D. Wheeler, "What Improves Environmental Performance? Evidence from Mexican Industry", Development Research Group, Banco Mundial, Washington, 1997 (mimeo.); L. Domínguez, "Comportamiento empresarial favorable al medio ambiente: el caso de la industria manufacturera de la ZMCM", en A. Mercado (coord.), *Instrumentos económicos para un comportamiento empresarial favorable al ambiente en México*, El Colegio de México, Fondo de Cultura Económica, México, 1999, y The Lexington Group, "Encuesta sobre cuestión ambiental en la industria mexicana", Instituto Tecnológico de Estudios Superiores de Monterrey, Comisión de Cooperación Ambiental y The Lexington Group, Monterrey, 1996 (mimeo.).

en rangos de desempeño ambiental (líderes ambientales en términos del estudio del Grupo Lexington) corresponde a las firmas en nuestra industria: se trata de empresas que son parte de grandes grupos industriales de capital nacional o corporaciones multinacionales, con una cultura industrial y también un desempeño económico en lo referente al crecimiento de ventas y utilización de la capacidad por encima del promedio.

El examen comparativo de las empresas en la industria plantea algunos puntos de interés. Se ha observado que el grado de complejidad del enfoque hacia el ambiente se incrementa con el tamaño fabril. Las empresas multiplanta tienen políticas explícitas y sistemas de gestión ambiental más completos, pero la diferencia es menor en relación con los programas y los indicadores de desempeño. Encontramos una asociación positiva entre tamaño y propiedad del capital y los aspectos diferentes del comportamiento ambiental; sin embargo, en tanto todas las empresas tienen una relación de exportaciones a ventas por encima del promedio, no encontramos una relación clara entre éste y el comportamiento ambiental de las empresas.

En la siguiente sección se presentan los antecedentes de la industria de fibras químicas; en la tercera sección se ve un panorama de sus problemas ambientales; la cuarta sección analiza los factores principales de la respuesta ambiental de la industria de fibras químicas; la quinta sección presenta detalladamente los resultados que conciernen a las respuestas de los entrevistados respecto de la necesidad de controlar la contaminación y el cuidado del ambiente; la relación entre comercio y desempeño ambiental se analiza en la sexta sección; al final, se presentan las conclusiones del estudio.

Antecedentes económicos

El desarrollo de la industria de fibras químicas se resume en tres etapas: el periodo del "desarrollo estabilizador" en los sesenta, cuando gracias a la protección del mercado esta industria creció a tasas anuales de 24%. La segunda etapa ocurre en los años setenta, muy impulsada por el auge petrolero en México, y termina en 1981. Durante esta época, la oferta y demanda de fibras químicas aumentó a tasas anuales promedio de 10.2% y 10.9%. La última etapa comienza con la crisis de la deuda (1981 y 1982) y se caracteriza por la depresión del mercado interno, junto con la eliminación de permisos previos y las reducciones arancelarias a mediados de los ochenta, lo cual frenaría su expansión hasta comienzos de los noventa.

Las materias primas básicas necesarias para la elaboración de las fibras químicas provienen de la industria química y de la actividad forestal. La principal fuente de abastecimiento de las fibras sintéticas ha sido la empresa paraestatal

Petróleos Mexicanos (Pemex), encargada de la exploración, producción y refinación de crudo, además de la petroquímica básica y algunos productos intermedios. Lo anterior representa tanto beneficios como limitaciones para el desarrollo de la industria de fibras químicas. Uno de los beneficios es la *ventaja comparativa* que significa la favorable disponibilidad de materias primas provenientes del petróleo, ya que el país cuenta con grandes reservas probadas de crudo. La industria química en su conjunto gozó durante mucho tiempo de importantes subsidios de Pemex, a través de la disponibilidad de insumos baratos, los cuales en su estructura de costos se estima que representaban más de 40% del precio de venta.[2] Pero este hecho también generó ciertas limitaciones para su desarrollo: el abastecimiento de insumos por de Pemex, regido hasta antes de 1986 por la ley para el desarrollo de la industria petroquímica, desestimuló la modernización de equipos y plantas, ya que la industria contaba con abastecimiento garantizado de materias primas en condiciones muy favorables. Pero después de 1986, al modificar Pemex sus políticas y adaptar sus precios de venta a los internacionales y permitirse la importación de productos primarios, la industria química perdió su ventaja comparativa para competir con el exterior; desde entonces ha atravesado un proceso de reestructuración.

La oferta de fibras químicas se compone fundamentalmente de poliéster fibra corta, fibra acrílica y poliéster filamento textil, que de manera conjunta aportan más de 70% de la producción total. En cuanto a la demanda, las principales fibras son el rayón fibra corta, el polipropileno y las fibras de poliéster que de manera conjunta representan más de 86% del mercado nacional de fibras químicas.

Organización industrial

La industria de fibras químicas se ha concentrado desde etapas tempranas. En 1979 se constituía por ocho empresas, que en 14 localizaciones operaban 30 plantas. En esa misma fecha dos empresas participaban con 64% de la producción, evidenciándose desde entonces como un sector altamente concentrado. Para 1995 la industria de fibras químicas estaba formada por nueve empresas (12 plantas) especializadas en la producción de fibras sintéticas para el hilado por el proceso textil (tres de estas empresas, que en total contaban con cinco plantas, tenían participación extranjera). Las nueve empresas cubrían las necesidades de las plantas de hilados y tejidos que consumían al año cerca de 500 mil toneladas

[2] R. L. Quintana, "La industria mexicana de fibras químicas textiles", *Comercio exterior*, vol. 47, núm. 4, Banco Nacional de Comercio Exterior, México, abril, 1997.

de fibras naturales, artificiales y sintéticas.[3] La participación de los cuatro establecimientos en el mercado se incrementó en forma continua de 61% en 1970 a 85.6 % en 1988. La concentración en mercados individuales es también alta. Según los analistas de la industria, las empresas más grandes se especializan en distintos productos: Celanese es el único productor de acetato; Celulosa y Derivados, de rayón; Nylon de México, de nylon fibra corta, y Polifil, de polipropileno. De manera que estas empresas sólo compiten entre sí en lo que confiere a su mercado.[4] Finalmente, algunas empresas son parte de grupos altamente diversificados o tienen relaciones con ellos o están integradas verticalmente.

Desempeño económico de la industria

La industria ha tenido sus altas y bajas en años recientes: después de la crisis de la deuda en 1982 enfrentó una caída en la demanda interna; pero la tendencia del consumo interno de fibras químicas tomó impulso de nueva cuenta de 1988 hasta 1992, cuando de nuevo cayó. Así, entre 1988 y 1993 las fibras químicas se mantuvieron en el mismo nivel. A pesar del descenso de la producción manufacturera en -4.8% en 1995 como consecuencia de la crisis económica que se inicia a finales de 1994, la producción de fibras químicas crece 10% y continuó haciéndolo durante los años siguientes hasta el 2000 (véase cuadro VII.1). El hecho es que las empresas de fibras sintéticas pudieron compensar la caída del consumo aparente de 1993 a 1995, a través del crecimiento de las exportaciones; esto es perceptible por el mayor uso de la capacidad instalada debido al impacto de la devaluación de la moneda. En los últimos tres años de la década de los noventa hay un incremento importante del consumo aparente (véase cuadro VII.2).

Después de 1994, las exportaciones crecientes de la industria fueron posibles por el comportamiento dinámico de la inversión bruta (tanto nacional como extranjera). La inversión bruta creció a un promedio anual de 23.7%, incrementando la capacidad instalada durante el periodo en 20 por ciento.

[3] Las empresas principales son: Celanese Mexicana, Akra (Nylon de México y Fibras Químicas), Celulosa y Derivados (Cydsa), Fibras Sintéticas, Industrias Polifil, Finacril, Kimex e Impetmex.

[4] R. L. Quintana, "La industria mexicana...", *op. cit.*

Cuadro VII.1
Producto interno bruto de la industria de fibras químicas, 1988-2000
(Miles de pesos de 1993)

Concepto	*1988*	*1989*	*1990*	*1991*	*1992*	*1993*	*1994*	*1995*	*1996*	*1997*	*1998*	*1999*	*2000*
PIB nacional	1 042 066	1 085 815	1 140 848	1 140 848	1 189 017	1 256 196	1 311 661	1 230 771	1 294 197	1 381 839	1 451 351	1 503 930	1 603 751
Gran división 3													
Industria manufacturera	178 416	192 501	205 525	212 578	221 427	219 934	228 892	217 582	241 152	265 113	284 643	296 631	317 000
Industria química	30 418	33 279	34 725	35 060	35 684	35 075	36 270	35 935	38 297	40 911	43 389	44 416	45 831
Grupo 3711													
Fibras químicas	1 553	1 535	1 572	1 639	1 688	1 596	1 783	2 025	2 260	2 427	2 488	2 533	2 550

Fuente: INEGI, *Sistema de cuentas nacionales de México*, 2001.

Cuadro VII.2
Utilización de la capacidad instalada
de la industria de fibras químicas: 1987-2000
(Miles de toneladas)

Año	*Capacidad instalada*	*Producción*	*Utilización de la capacidad instalada (%)*	*Consumo aparente*	*Importaciones*	*Exportaciones*
1987	462 000	362 333	78	280 124	7 882	90 081
1988	462 700	365 733	79	301 295	13 136	78 574
1989	462 700	367 244	79	314 797	19 856	72 313
1990	469 733	371 873	79	334 598	30 128	67 405
1991	464 021	397 516	86	348 362	28 616	77 770
1992	470 225	431 965	92	374 613	42 987	100 339
1993	479 700	393 518	82	315 228	36 235	114 525
1994	532 020	474 369	89	328 327	42 076	188 116
1995	556 929	516 565	92	319 395	37 006	235 176
1996	580 646	569 886	98	410 738	44 439	283 345
1997	656 710	626 684	95	478 521	86 426	225 608
1998	679 320	593 409	87	490 123	106 226	201 277
1999	758 192	607 669	80	500 328	123 431	222 967
2000	674 530	629 215	93	539 650	150 691	231 742

Fuente: Asociación Nacional de la Industria Química, *Anuario estadístico*, ANIQ, México, 2001.

Aunque es sabido que no hay investigación y desarrollo en estas empresas, sí tiene lugar un enfoque de desarrollo de ingeniería y aprendizaje tecnológico; también existe una cultura industrial. Estos aspectos son importantes en la toma de decisiones sobre el medio ambiente. Los datos de productividad indican que el valor agregado por trabajador se ha incrementado. A pesar del crecimiento negativo durante algunos años (1984-1989), la productividad mostró un crecimiento favorable durante la década, sobre el promedio en la manufactura.

Comercio exterior

En tanto que la industria química en su conjunto ha presentado una balanza deficitaria durante todo el periodo de estudio —particularmente a partir de la apertura— la industria de fibras químicas ha tenido una balanza comercial superavitaria. En 1991, el superávit fue de 173 millones de dólares aproximadamente, y fue en aumento hasta llegar a 975 millones de dólares en 1995. Esto se dio porque las importaciones se mantuvieron en un nivel relativamente bajo, lo cual en parte ha sido reflejo de la contracción del mercado mexicano a causa del incremento acelerado de las exportaciones entre 1994 y 1997. Posteriormente, las importaciones comenzaron a acelerarse, en tanto que las exportaciones hicieron lo contrario; sin embargo, la balanza comercial se ha mantenido positiva.

Cuadro VII.3
Comercio internacional de fibras químicas
(Dólares estadounidenses)

Año	*Importaciones*	*Exportaciones*	*Balanza comercial*
1989	73 709 685	1 628 327	-72 081 358
1990	82 329 644	1 705 491	-80 624 153
1991	87 334 651	260 668 202	173 333 551
1992	85 404 002	275 254 124	189 850 122
1993	80 259 249	261 184 706	180 925 457
1994	118 168 987	655 189 316	537 020 329
1995	98 656 000	1 074 460 545	975 804 545
1996	168 679 461	507 384 301	338 704 840
1997	186 806 000	478 547 000	291 741 000
1998	203 253 000	399 720 000	196 468 000
1999	311 649 000	433 776 000	122 128 000
2000	288 398 382	451 480 964	163 082 582

Fuente: Asociación Nacional de la Industria Química, *Anuario estadístico*, México, ANIQ, varios años.

El mayor intercambio comercial se realiza con Norteamérica; de ahí proviene 74% de las importaciones y a ese lugar se dirige 59.4% de las exportaciones. Europa constituye el segundo bloque más importante de intercambio, de donde se importa 5.28% y se exporta 4.65%. En tercer lugar se encuentra Asia, de donde proviene 2.88% de importaciones y a donde se dirige 1.07% de las exportaciones. De América Latina se importa 0.9% y se exporta 16.95 por ciento.

Problemática ambiental de la industria de fibras químicas

La industria de fibras químicas forma parte de una cadena productiva que se integra hacia atrás con la industria petroquímica (básica e intermedia) y hacia adelante con la industria textil. Las fibras artificiales o celulósicas se derivan de alfa celulosa, materia prima de origen vegetal, y tienen como productos finales el rayón y el acetato, principalmente. Las fibras sintéticas o no celulósicas se obtienen a partir de productos petroquímicos, siendo las principales el nylon, el poliéster, el acrílico, el polipropileno y las elastoméricas. Hay dos grandes grupos de fuentes emisoras ligadas a esta industria:

1) Nos referimos a las emisiones generadas por los diversos procesos de combustión requeridos por los procesos petroquímicos (calderas, motores de combustión interna turbinas, etc.): óxido de azufre, monóxido de carbono, hidrocarburos y óxido de nitrógeno. Los factores de emisión de algunos procesos son: en poliéster, politereftalato de etilenglicol (secado) 3.5 kg por tonelada de vapores de aceite; en nylon, policaprolactama (secado) 3.5 kg por tonelada de vapores de aceite.

2) Asimismo las emisiones propias de los procesos químicos. Algunas de estas emisiones tienen carácter tóxico o de alto riesgo para la salud; presentan características de inflamabilidad y explosividad: gas LP o similar, líquidos combustibles, colorantes, etcétera.

Las emisiones son lanzadas a la atmósfera a través de chimeneas; sin embargo, en los procesos petroquímicos también se presentan múltiples emisiones fugitivas provenientes de tanques de almacenamiento, de fugas en uniones y estoperos. En gran parte dependen de las características de operación y mantenimiento de las instalaciones involucradas.

La ubicación geográfica es muy importante en cuanto al impacto ambiental, de tal forma que en las instalaciones de las zonas costeras del país, las condiciones meteorológicas existentes son favorables a un movimiento de masas de aire que generalmente permite la difusión de los contaminantes emitidos, que no llegan a alcanzar niveles de concentración excesivos; en cambio, las plantas instaladas en la zona centro del país presentan condiciones meteorológicas más inadecuadas para la difusión de contaminantes.

En relación con el agua, la industria petroquímica generalmente consume grandes cantidades; de hecho, la industria química está considerada como una de las nueve industrias consumidoras más importantes de agua. En el sector de fibras químicas el consumo oscila entre 0.3 y 30 metros cúbicos por tonelada. En ambos procesos (obtención de caprolactama y de etilenglicoles) el consumo de agua se da a través de dos procesos: primero, dentro de los procesos donde se integra a los productos por elaborar o se desecha contaminada por subproductos indeseables; segundo, la utilizada para enfriamiento, donde se evapora en parte y es desechada con un alto contenido de diversas sales como purga de las torres de enfriamiento (caso típico del proceso de obtención de etilenglicoles). Las descargas residuales representan un problema grave de contaminación acuática; en México, algunas empresas descargan sus desechos en ríos, lagunas y el mar.

Los principales contaminantes son sustancias orgánicas que incrementan la demanda de oxígeno de los afluentes. Entre estos productos destacan aquellos que como las grasas y los aceites no son miscibles en el agua y sobrenadan en ella. Los contaminantes más peligrosos, y a los que se les debe prestar mayor atención, son los cianuros, los metales pesados provenientes de catalizadores y los diversos organoclorados.

La industria petroquímica representa uno de los sectores de gran riesgo ambiental. Esto se debe tanto a las características de los productos que maneja como a la complejidad de los procesos. El manejo de productos inflamables, tóxicos, explosivos o corrosivos es común en la industria; lo mismo que la utilización de altas temperaturas y presiones a que someten los equipos en forma constante. Las válvulas de seguridad, los discos de rompimiento, los sistemas alternos de abastecimiento de energía eléctrica, de refrigeración, etcétera, son algunas de las medidas de seguridad normalmente incluidas en estas plantas; sin embargo, los aspectos de prevención de riesgos y atención de emergencias requieren de mayor peso en el análisis del impacto ambiental de este tipo de instalaciones.

Los entrevistados reconocieron varios tipos de contaminación: agua, aire, residuos sólidos y tóxicos. Las descargas de las plantas van al sistema de drenaje (cuatro plantas), al río (una planta), a un lago (una planta) y una presa (una planta). En un caso se utiliza como agua tratada para riego en los jardines del complejo. El tratamiento de agua se realiza en planta o a través del sistema municipal. Los residuos tóxicos son 40% del total generado.

Factores que explican el comportamiento ambiental de la industria de fibras químicas

Es importante señalar que las decisiones en materia de la preservación del medio ambiente en esta industria no pueden entenderse si sólo se ven las diferencias entre las empresas. Existen factores generales que contribuyen a explicar el comportamiento de nuestras empresas. En forma importante se deben estudiar las restricciones provenientes de la normatividad ambiental y la presencia de las autoridades ambientales en las distintas industrias del sector químico, la situación geográfica de las empresas en zonas de alto grado de deterioro, y por último las características de la industria misma y su desempeño económico.

A continuación se presenta brevemente la forma como los factores citados inciden en las decisiones de nuestras empresas; en seguida revisaremos las características de las empresas analizadas y finalmente se reseñarán los resultados del cuestionario aplicado a cada una de las plantas de las seis empresas estudiadas (con nueve plantas), en relación con los motivos y obstáculos mencionados por los directivos entrevistados como influyentes en sus decisiones en materia ambiental, las acciones en las plantas y las acciones corporativas. En la última sección se examina la tipología del comportamiento ambiental de las empresas con base en variables ligadas al comercio exterior.

Involucramiento de las autoridades ambientales en el sector químico

En todo el mundo la industria química ha sido considerada como una industria de alto riesgo en términos ambientales. La intensa acción de las autoridades ambientales se deriva en parte de las características ambientales de la industria de fibras químicas y los problemas potenciales que pueden presentarse de no controlarse los desechos tóxicos.

Durante los últimos años se ha dado un avance importante en materia de normas para controlar emisiones, descargas y manejo de residuos peligrosos; igualmente, se ha iniciado una tendencia a la elevación del costo del agua por consumo y descargas. Los esfuerzos de las autoridades ambientales para hacer cumplir estas normas se han intensificado con relación a las industrias de alto riesgo. Estas fábricas reciben mayor cantidad de visitas y se ha motivado a las empresas a participar en auditorías voluntarias.

A decir de las empresas, esta atención es particularmente intensa desde 1992 tras el accidente de Guadalajara, Jalisco, en el que una explosión destruyó una zona de dos kilómetros en la ciudad. El ramo químico es de competencia federal y por tanto está sujeto a la vigilancia de la Procuraduría Federal de Protección al Ambiente (Profepa). Las empresas de fibras químicas con manejo de residuos peligrosos y material explosivo deben realizar una manifestación de riesgo; deben también informar sobre el traslado y confinamiento de residuos peligrosos y contar con un inventario de sus emisiones. Además, están obligadas a realizar manifestaciones de impacto ambiental al abrir una nueva línea de producción y deben cumplir con las normas de agua, emisiones y residuos peligrosos. La Procuraduría Federal de Protección al Ambiente tiene como función verificar que las fuentes de contaminación de jurisdicción federal cumplan la normatividad ambiental respecto de la ley, reglamentos, normas, autorizaciones del Instituto Nacional de Ecología o de las delegaciones de la Secretaría de Medio Ambiente, Recursos Naturales y Pesca (Semarnap). Esta institución realiza visitas de inspección, y después de analizar pruebas emite una resolución. Se define un programa que incluye las medidas de urgente aplicación y las otras a plazos más largos. Le corresponde a la Profepa verificar el cumplimiento de las medidas.

La Profepa reportó 47 096 visitas en todo el país entre 1992 y 1996. Los resultados de estas visitas fueron los siguientes: 70% de los casos mostraron irregularidades leves; 4% merecieron clausuras parciales; 0.008% consiguieron clausuras totales. En 25% de los casos no hubo irregularidades. Las industrias más visitadas por la Profepa fueron: química-petroquímica, metalmecánica, y celulosa y papel.

Las respuestas de las empresas confirman la importancia de las regulaciones ambientales. Cinco de las seis empresas entrevistadas mencionaron el cumplimiento de las leyes como el factor más importante en sus decisiones ambientales; una lo ubicó en segundo lugar (poniendo las presiones de la comunidad en primer lugar); nueve de diez plantas analizadas reportaron haber participado en las auditorías voluntarias del programa de Industria Limpia. A partir de entonces se determinaron los programas que debían seguirse y las fechas de cumplimiento. Las empresas deben comprar una fianza que les será devuelta una vez que hayan realizado los programas señalados y reciban la certificación de Industria Limpia. Puede afirmarse que la acción gubernamental ha sido un factor importante para el conjunto de las empresas.

Los datos de la Profepa confirman que una de nuestras plantas ha concluido sus programas y está certificada; dos plantas han cumplido con sus planes de acción y están pendientes de certificar. En tres casos el programa de acción está en proceso; en dos casos están en proceso de concertación, y en una planta la auditoría estaba en proceso.[5]

El factor regional

La influencia de la situación geográfica de la empresa puede ser determinante en sus decisiones respecto al medio ambiente, en ciudades en donde privan uno o varios de los siguientes problemas: escasez de agua, urbanización acelerada y ecosistemas frágiles.

5 Es interesante mencionar que la empresa que no aceptó ser entrevistada ya concluyó su programa de acción con la institución y está certificada.

Escasez de agua. Si bien el problema de la escasez de agua es importante a lo largo del territorio nacional, con la excepción del sureste, es particularmente grave en la ciudad de Monterrey. Tres de las plantas examinadas están en Monterrey, una ciudad con lluvias relativamente escasas e irregulares, concentradas a finales del verano. Su clima es seco estepario, cálido y extremoso. El progreso de la entidad y factores inherentes a la propia evolución de la región ha traído como consecuencia que sus manantiales hayan desaparecido y que los ríos que pasan por la región mantengan su cauce seco casi todo el año. Buena parte de la región se abastece de pozos. Al no existir corrientes permanentes de agua en la región, la competencia por el agua es fuerte. Un problema similar se presenta en San Juan del Río, Querétaro, en donde se ubica otra de nuestras plantas.

La presión sobre el agua motiva a las empresas a buscar su utilización más racional. Como se podrá ver, la mayor parte de las empresas ha logrado disminuir su consumo; adicionalmente, la escasez de agua ha llegado a resultar en el tratamiento de aguas negras para reciclarlas industrialmente. Por ejemplo, una de las empresas analizadas, ya en 1956 contaba con una planta de tratamiento de agua en el complejo de Monterrey, donde está una de las plantas de fibras químicas. El agua que se utiliza en la empresa proviene de las aguas negras de la ciudad. Se toma directamente del drenaje y se le da un tratamiento primario, químico y biológico, para generar vapor y energía eléctrica. Esta agua se regresa al drenaje después de un tratamiento primario. Semejante experiencia en la ingeniería y en el manejo de las plantas de tratamiento de agua ha permitido a la empresa aplicarla en otras de sus sucursales. Ahora esto es una fuente de ingresos en sus empresas de servicios ambientales, como se verá más adelante. Son comunes en esta ciudad plantas de tratamiento de aguas negras para uso industrial.

Urbanización acelerada. En segundo lugar la cercanía de la planta a colonias residenciales, producto de la falta de planeación del crecimiento urbano, se ha convertido en un aspecto de gran influencia en las decisiones en materia ambiental de las empresas. El Distrito Federal y Monterrey son cuna del proceso de industrialización y ejemplo de ciudades industriales de muy rápido crecimiento a partir de los años cuarenta. El auge industrial, la disponibilidad de empleos y el aumento en el nivel de vida atrajeron gran cantidad de inmigrantes. La expansión de la mancha urbana fue tal en estas ciudades, que industrias situadas en lugares relativamente apartados de los núcleos de población hace 20 años se encontraron de pronto rodeadas de ellos. Este hecho propicia accidentes; además, se genera cierta sensibilidad creciente entre las comunidades a las actividades de la empresa. Con el tiempo, esta situación ha alcanzado a las ciudades de tamaño medio en el Estado de México y Querétaro. Afecta en forma similar a las plantas de fibras químicas visitadas. Tal es el caso de las empresas estudiadas. Es significativo que la presión de la comunidad fue mencionada como factor determinante (el número uno) en las decisiones ambientales de la empresa; así sucede en tres de las diez plantas analizadas. El factor de la imagen pública fue mencionado en segundo lugar por dos plantas, y en tercer lugar, por otras dos. En dos casos, la comunidad amenazó con cerrar las plantas en alguna ocasión. Seis plantas reportaron programas de prevención de accidentes, de minimización de las emisiones, olores y ruido, de movilización en caso de emergencias, y en general de convivencia con la comunidad. Una de estas empresas tiene una línea de 24 horas para atender cualquier queja proveniente de la comunidad.

Ecosistemas frágiles. Las ciudades en donde existen plantas de fibras químicas —en particular Monterrey, el Distrito Federal y San Juan del Río, Querétaro— muestra un grave deterioro ecológico. El agua descargada en la zona metropolitana de la ciudad de México contiene 513 180 toneladas de demanda bioquímica de oxígeno (DBO),[6] de la cual se estima que 63% es industrial.[7]

La cuenca del río San Juan, en Nuevo León, está considerada como la segunda más contaminada del país. En el área metropolitana de la ciudad de Monterrey se generan aproximadamente 7 131 litros por segundo. Aunque sólo 19% de la descarga es industrial, la aportación de la industria a la DBO es proporcionalmente mayor. Por último, si bien San Juan del Río, Querétaro, es una ciudad pequeña de industrialización tardía, presenta ahora problemas importantes de contaminación. Según reportes de la Secretaría de Desarrollo Urbano y Ecología, afecta directamente la calidad del agua del río San Juan y de la presa Centenario. Otros ríos cercanos están muy contaminados: los ríos Querétaro y Pueblito.

Motivaciones y obstáculos detrás de las acciones medioambientales de las empresas

No es siempre posible ordenar estrictamente los factores que motivan a la empresa a tomar medidas para mejorar su desempeño ambiental. Los factores más mencionados como motivación número uno fueron las regulaciones gubernamentales (tres empresas), la presión de la comunidad (dos empresas), la política de la matriz (una empresa) y la necesidad de bajar el índice de transformación

[6] La zona metropolitana de la Ciudad de México contribuye con 30% de las descargas de agua residual nacionales, con un total de 40 000 litros por segundo.

[7] L. González Palomares, "Análisis de la contaminación del agua en el caso de México", en J. Quiroz (coord.), *Análisis de la contaminación de aguas en América Latina*, Cende, Santiago de Chile, 1, 1995.

(una empresa). En segundo lugar de importancia se mencionaron los requerimientos de los clientes internacionales y la imagen pública. En ningún caso se reportó la presión por clientes nacionales, asociaciones o cámaras de comercio para mejorar el desempeño ambiental.

Cuadro VII.4
Factores que motivan a las empresas a tomar medidas que mejoren su desempeño ambiental

Factores	*Primer lugar*	*Segundo lugar*
Regulaciones ambientales	3 (cinco plantas)	1 (dos plantas)
Requerimientos de clientes internacionales		2 (cuatro plantas)
Presiones de la comunidad local	2 (tres plantas)	0
Política de la matriz	1 (dos plantas)	0
Imagen pública	0	2 (tres plantas)
Requerimientos de clientes nacionales	0	0
Presiones de asociaciones o cámaras de comercio	0	0
Otro	1 (una planta)	0

Nota: Puede haber empates.
Fuente: Información de la encuesta.

Entre los obstáculos externos identificados por las empresas como inhibidores de su desempeño ambiental se mencionaron: las políticas gubernamentales (tres empresas), seguidas por el alto costo del equipo (una empresa), la falta de tecnología (una empresa) y altas tasas de interés. Es paradójico que al mismo tiempo que las regulaciones gubernamentales fueron un incentivo fundamental en las medidas para mejorar el desempeño ambiental se mencionen políticas gubernamentales como obstáculos. Una empresa mencionó la falta de cooperación de las autoridades para regular el crecimiento de las comunidades alrededor de las empresas; otra se refirió a que el atraso gubernamental en materia de regulación era inicialmente similar al de las empresas. En mi opinión, estas respuestas muestran más bien cierta inconformidad con algunos organismos del gobierno, pero difícilmente pueden interpretarse como un freno a las acciones de control de la contaminación de la empresa.

En cuanto a los obstáculos internos inhibidores del desempeño ambiental, fueron mencionados como los más importantes: la existencia de otras prioridades (cuatro empresas), un conocimiento inadecuado para la solución de problemas ambientales (dos empresas) y un financiamiento inadecuado (una empresa). En relación con la presencia de otras prioridades, se señalaron las restricciones de liquidez existentes, sobre todo los altibajos en términos económicos.

Cuadro VII.5
Obstáculos para el desempeño ambiental

	Primer lugar	*Segundo lugar*
Obstáculos externos		
Falta de tecnología	1 (una planta)	1 (tres plantas)
Alto costo del equipo	1 (dos plantas)	1 (dos plantas)
Altas tasas de interés	1 (dos plantas)	0
Falta de incentivos ambientales	0	0
Competencia en el mercado	0	0
Falta de una infraestructura local	0	0
Políticas gubernamentales	3 (cuatro plantas)	1 (tres plantas)
Otros		1 (una planta)
Obstáculos internos		
Financiamiento inadecuado	1(dos plantas)	1 (tres plantas)
Otras prioridades	4 (seis plantas)	1 (dos plantas)
Falta de interés de la dirección	0	0
Falta de trabajadores bien capacitados	0	0
Falta de información tecnológica	0	0
Conocimiento inadecuado	2 (cuatro plantas)	1 (tres plantas)
Otros	0	0

Fuente: Información de la encuesta.

Características tecnológicas de las plantas

Las plantas visitadas tienen una amplia gama de producción: rayón, poliéster, hilos de poliéster y lycra, fibra corta de acrilán, gránulo de nylon y poliéster. El número de obreros fluctúa entre los 600 y 1 900 obreros. Se trata de plantas con importante actividad exportadora: cinco exportan más de 50% del producto; cuatro entre 25 y 50% y una entre 5 y 25 por ciento.

En las diez plantas entrevistadas la vida promedio de la maquinaria utilizada es de 15 años y hay tanto equipo nuevo como antiguo. Algunas líneas están totalmente automatizadas dado que se realizaron adaptaciones en el equipo más antiguo. En tres casos se catalogó la tecnología utilizada como comparable con la mejor existente en el día de hoy; en dos casos como la mejor de entre dos a cinco años atrás, y en cuatro casos fue considerada mejor hace 10 a 20 años.[8]

La mayor parte de las empresas reportan haber incrementado capacidad en forma sustancial. Esto es congruente con las cifras de inversión en la industria en su conjunto; exceptuando un caso, todas las plantas reportaron cambios en el equipo con el fin de incrementar la eficiencia: máquinas automatizadas de mayor velocidad de embobinado, renovación del equipo de texturización, de tensadoras, cambio a equipo de aireación por burbujeo, y en general la modernización de equipos específicos. En los procesos productivos también se reportaron cambios por todas las empresas: sistemas de recirculación de algunos insumos, y modificaciones en el sistema de texturizado y extrusión o tensado, con el fin de hacer crecer la eficacia de la materia prima o de facilitar el cambio de aditivos.

En el terreno de la tecnología blanda, las tres mayores empresas proporcionaron información acerca de la importancia que tienen ahora los sistemas de documentación y de control de procesos. También dieron a conocer el entrenamiento del personal y sistemas de autoevaluación o autoadministración, y por último mostraron los sistemas de mejora continua. Esto ha favorecido la obtención de un premio nacional de calidad en una de las plantas: el reconocimiento de excelencia como proveedores, otorgado por clientes importantes

Respuestas a la necesidad de controlar la contaminación y cuidar el medio ambiente

Elementos básicos de las políticas de las empresas

De las seis empresas visitadas, tres reportaron tener una política ambiental explícita por escrito, y tres no la tienen. El primer grupo de empresas se caracteriza

[8] Una no contestó la pregunta.

por tener varias plantas y de hecho son las que tienen la mayor participación de su clase económica. Esta política incluye explícitamente los compromisos de cumplir con las leyes mexicanas, e incluso van más allá con la intención de mejora continua en el desempeño ambiental e involucramiento con la comunidad. En dos de ellas hay también un compromiso con el desarrollo sustentable. Las tres empresas han firmado el pronunciamiento sectorial con la Asociación Nacional de la Industria Química (ANIQ) de Responsabilidad Integral. Este pronunciamiento es de gran importancia; es un programa con pretensiones de que quienes lo adoptan transformen su cultura y desarrollen un proceso de mejora continua que les permita, en primera instancia, cumplir con las leyes y reglamentos vigentes en nuestro país; asimismo, mantendrán una relación armónica con autoridades y sus comunidades vecinas. Posteriormente deben alcanzar niveles de desempeño que les permitan reforzar su competitividad en los mercados nacional e internacional.[9] Contiene varios elementos, entre los cuales tal vez el principal se refiera al seguimiento de los códigos y prácticas administrativas que pretenden abarcar el ciclo completo de vida de un producto; ello implica la responsabilidad de su cuidado, desde la concepción hasta su disposición final. Los siete códigos administrativos de prácticas encapsulan aspectos esenciales: *1)* Protección a la comunidad; *2)* Prevención y control de la contaminación ambiental; *3)* Seguridad de los procesos; *4)* Seguridad y salud en el trabajo; *5)* Transporte y distribución; *6)* Investigación y desarrollo; y *7)* Seguridad de producto. Los códigos de prácticas administrativas establecen las metas y los objetivos de tipo cualitativo. Se supone que estas normas deben cumplirse en cada parte del ciclo de vida de un producto; por ello, cada compañía debe analizar cuidadosamente su contenido, adaptarlo a sus propias necesidades y, posteriormente, elaborar su estrategia individual de instrumentación.

Dos de estas empresas reportaron haber participado ampliamente en la creación de este programa dentro de la ANIQ.

En las tres empresas citadas los conceptos de *medio ambiente*, *seguridad industrial* y *salud ocupacional* se consideran dentro del mismo bloque. La razón aducida es que están íntimamente relacionados, particularmente en la industria química en donde cualquier falla en los procesos afecta directamente a los trabajadores y en los casos más graves puede dañar a toda una comunidad, como ha sucedió en Bhopal o en San Juan Ixuatepec en México. En las tres empresas hay un abierto pronunciamiento que sitúa estos conceptos dentro de su estrategia competitiva o en su compromiso de excelencia en los negocios.

En las mismas empresas la actitud de la alta dirección de la compañía hacia el medio ambiente fue catalogada como una que reconoce estos aspectos entre las *más altas* prioridades corporativas y así se le comunica a los empleados. Las

[9] Asociación Nacional de la Industria Química, <http://aniq.org.mx>.

compañías tenían documentados los efectos de una emergencia ambiental en la planta, los efectos de una emergencia ambiental en la comunidad local, la evaluación del impacto ambiental de nuevos proyectos y la disposición segura de los residuos industriales de la planta.

Existe un factor de aprendizaje relacionado con el cuidado del medio ambiente paralelo al aprendizaje tecnológico en la importación de tecnología. Las tres empresas con una política ambiental explícita manifestaron que su experiencia en la cuestión ambiental había sido enriquecida en un caso por socios extranjeros, principalmente holandeses, y en el otro, por sus empresas matrices alemana y estadounidense. Las dos empresas extranjeras (cinco plantas visitadas) respondieron que los objetivos de la política ambiental de la matriz hacia sus subsidiarias implicaban normas ambientales más estrictas que las mexicanas. Estas empresas participan en Estados Unidos en el programa Responsible Care, originado en 1985 por la Canadian Chemical Producer's Association, al que se han afiliado varios países. Se trata de un programa internacional que comprende códigos de desempeño en relación con la preparación de emergencias y respuesta de la comunidad, la salud y bienestar de los empleados, la distribución y transporte seguro de materias primas y productos, la seguridad en los procesos y de los productos, y el control de la contaminación. La matriz monitorea a la empresa con reuniones bimestrales en un caso y con protocolos similares a los de ISO 14000 cada dos años. Las matrices proporcionan servicios de investigación y desarrollo con el fin de buscar opciones para solucionar problemas ambientales de su subsidiaria. Por el lado de la ingeniería existe un grupo corporativo regional que se encarga de proyectos, construcción y mantenimiento; esto ocurre independientemente de que las plantas tengan su equipo de ingeniería.

Cuadro VII.6
Política ambiental de las empresas

Concepto	*Sí*	*No*
Tienen una política explícita	3	2
Han firmado algún pronunciamiento o documento sectorial de principios ambientales	3	2
Reconoce los asuntos ambientales entre las más altas prioridades de la alta dirección	4	1
Los reconoce como asuntos muy importantes	1	4

Fuente: Información de la encuesta.

Las empresas ajenas a la política explícita, aunque no son empresas pequeñas tienen participación relativamente baja en el sector; dirigen una sola planta. Esto explica un enfoque menos sistemático hacia los problemas ambientales. Existen diferencias entre estas empresas: una de ellas, ubicada en el Distrito Federal, con fuertes exigencias de la comunidad cercana a la empresa y con presiones de las autoridades ambientales, participa con ANIQ, y la alta dirección da prioridad a los problemas ambientales; tiene mayor avance en el grado de procedimientos. Entre las empresas restantes, aunque una manifestó que la dirección considera la preservación del medio ambiente muy importante, sus contestaciones contradicen un tanto esta afirmación. La segunda reportó que los procedimientos son considerados asuntos mayores; sin embargo, el grado de documentación de procedimientos es parcial; en un caso abarca los efectos de una emergencia ambiental en la planta y en la comunidad, y en el otro, la evaluación del impacto ambiental de nuevos proyectos.

Gestión ambiental

Al igual que en el caso de la política, observamos que las empresas mayores tienden a tener un sistema formal de gestión corporativo, y cuentan con un manual; las empresas con una sola planta no reportaron tenerlos. Existe un encargado de las cuestiones relacionadas con el medio ambiente; este fenómeno es exclusivo del grupo de las primeras empresas. Estas fábricas cuentan con medios para publicar los avances internos en el desempeño ambiental; involucran a la comunidad interna de la empresa, y en dos casos las empresas han introducido la cuestión ambiental en su sistema de incentivos. En otros dos casos observamos que se otorgan reconocimientos a través de la revista interna de la empresa al mejor proyecto ambiental o al grupo de trabajadores con menor tasa de accidentes incapacitantes.

Aunque no todas las empresas tienen un enfoque formal, la mayor parte de las instalaciones cuentan con aspectos básicos en la gestión ambiental. Esto puede ser la documentación de los efectos de una emergencia ambiental, la disposición de residuos en forma segura, o el manejo de indicadores de desempeño ambiental con seguimiento de corto o mediano plazos. En cuanto a las plantas, la mayor parte tiene indicadores para medir consumo de agua y energéticos por unidad de producto, emisiones y descargas. Estos indicadores se rastrean periódicamente con la mira de disminuir desperdicio; en algunas empresas los indicadores son de reciente aplicación.

Cuadro VII.7
Medidas de gestión en de la empresa

Concepto	*Empresas*
Tienen puesto para atender cuestiones ambientales	6
Tienen un manual de gestión ambiental	3
Tienen indicadores de desempeño	5
Recolectan periódicamente información sobre desempeño	5
Publican sus avances en una revista	3
Tienen incentivos relacionados con el desempeño ambiental de la empresa	2

Fuente: Información de la encuesta.

Programas para mejorar el desempeño ambiental

La gráfica VII.1 muestra las respuestas de las empresas en relación con programas específicos para mejorar el desempeño ambiental. Todas las plantas visitadas cuentan con programas para reducir la contaminación de diferentes fuentes; esto ocurre en contraste a lo ocurrido en la política formal y a los sistemas de gestión, que no todas las plantas tienen.

A excepción de una planta, todas manejan programas para hacer más eficiente el consumo de energía. Las empresas siempre se han quejado del alto costo de la electricidad, y se quejan de que las interrupciones de la corriente eléctrica implican costos adicionales.[10] En este aspecto, es interesante mencionar que en el momento de la encuesta, una de las empresas con dos plantas tenía un ambicioso proyecto de cogeneración de electricidad en Altamira, Tamaulipas, que estaría en marcha en dos años: operaría una planta de 120 megavatios. El proyecto costaba cerca de 75 millones de dólares, y la planta tendría una capacidad térmica de un millón de libras de vapor por hora; además suplementaría energía a otras plantas en el complejo en donde se fabricaban materias primas para fibras. A través de un contrato de transmisión con la Comisión Federal de Electricidad proveería

[10] J. Mattar, "La competitividad de la industria química", en F. Clavijo y J. Casar (coords.), *La industria mexicana en el mercado mundial; elementos para una política industrial*, Lecturas núm. 80, vol. II, Fondo de Cultura Económica, México, 1994.

energía eléctrica a empresas en Monterrey, entre las cuales están las empresas entrevistadas. Se estimaba que los ahorros conjuntos en energía de esta planta serían iguales a un millón de barriles de petróleo por año.[11]

Gráfica VII.1
Programas y actividades ambientales

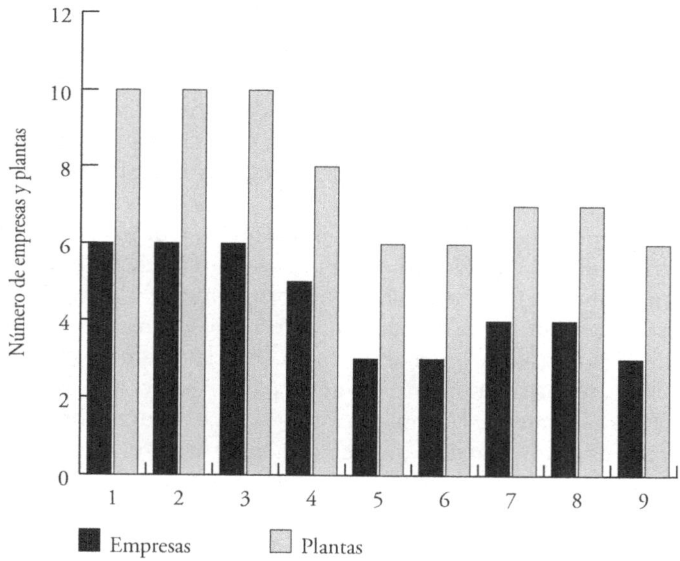

1. Para reducir las emisiones a la atmósfera
2. Para reducir descargas de líquidos residuales (cantidad y calidad)
3. Para reducir los residuos sólidos
4. Para incrementar la eficiencia del uso de energía
5. Otros programas tales como remediación de suelos
6. Tiene metas cuantitativas
7. Tiene programa de capacitación
8. Ha participado en auditorías voluntarias
9. Tiene programas que involucran a la comunidad

Bajo "otros" aspectos, las tres empresas mayores incluyeron entre sus programas aquellos relacionados con la seguridad de transporte de materias primas y residuos peligrosos, o programas para la remediación de suelos. Uno de estos negocios tenía un proyecto de coinversión de 25 millones de dólares para un centro

[11] Grupo Industrial Alfa, *Report to Shareholders*, 1997.

de reciclado de residuos peligrosos en Coatzacoalcos, Veracruz, que daría servicio a la empresa y a otras en el área. Además, permitiría obtener gas de síntesis, que es una materia prima. El tecnólogo montaría el reactor y la empresa aportaría terreno e infraestructura; el proyecto era de un año.

Cinco de las compañías visitadas prevén programas de entrenamiento relacionados con la materia ambiental; incluyen cursos para el equipo de trabajadores involucrados en el problema ambiental, y a los trabajadores de producción se les ofrece esta capacitación desde que se inician en la empresa. En casi todas las plantas los programas consideran el tema de la minimización de desperdicio, tratamiento de agua, la legislación ambiental y el control de emisiones al aire. Las empresas mayores cubren otros temas tales como análisis de riesgo, gestión y control ambiental, auditorías ambientales, análisis de impacto ambiental e ISO 14000. No fue posible obtener datos comparativos del número de horas por trabajador del entrenamiento.

Como ya se mencionó, cinco de las seis empresas han pasado por o están en proceso de una auditoría ambiental. En algunos casos lo hacen por requerimiento gubernamental y participan también del programa de auditorías voluntarias de la Profepa. Reportaron haber realizado un estudio de impacto ambiental para nuevas líneas de producción, además de un análisis detallado de riesgo industrial. Cuatro empresas reportaron tener programas para involucrar a la comunidad en los problemas ambientales de la empresa; estos planes involucran brigadas de emergencia compuestas por voluntarios de la comunidad para la planeación de medidas de prevención de accidentes y emergencias, así como para realizar ejercicios de prueba o simulacros que permitan verificar su efectividad.

En breve: el control de la contaminación y los programas de entrenamiento están presentes en la mayor parte de las empresas de la industria; sin embargo, las empresas grandes tienden a tener un enfoque más sistemático. Ello sugiere que el cuidado ambiental no es sólo cuestión de resolver problemas de corto plazo, sino que se necesita una estrategia que incluya metas cuantitativas. Encontramos que los plazos para cumplir las metas van de tres a cinco años en tres casos, y entre uno y dos años en otro.

Acerca del tipo de cambios introducidos por razones ecológicas, resultó que aquellos relacionados con el equipo fueron los más importantes, seguidos por los de proceso e insumos. Sólo una planta reportó un cambio relacionado con nuevos productos.

Los cambios en equipo para mejorar en materia de ecología tienen varios objetivos: recolección de efluentes de distintos tipos (dos casos); instalación de planta de tratamiento biológico o químico de agua (cuatro casos); sistema de reúso de agua residual (dos casos); equipos para lavado de gases (un caso); monitoreo continuo de gases de combustión (un caso); sistema de limpieza de microondas (un caso).

Los cambios en el proceso productivo con fines ecológicos van dirigidos a lo siguiente: modificación en el proceso para evitar descargas (dos casos); disminución de desperdicio de materia prima (tres casos), y eficientación del proceso de combustión (un caso). Por último, en innovaciones en los insumos con fines ambientales el más frecuente fue el cambio de combustibles hacia el gas natural (cuatro casos); otros casos implicaron la sustitución de cromato por borato (un caso); cambios de aditivos (un caso); y sustitución de agua destilada en área de hilatura por agua desmineralizada (un caso).

En nuestras entrevistas observamos el interés de las empresas por el hecho de que algunas medidas ecológicas ayudan a la planta a utilizar sus recursos más eficientemente, al estimular ahorros en combustible o materias primas. Por ejemplo, una de las mayores empresas mencionó la implantación (en una de sus plantas) de un proyecto de minimización de desperdicios en los procesos de polimerización e hilatura. Este proyecto muestra cómo un proceso de mejora continua implica conjuntar las áreas de calidad, seguridad y mejoramiento ambiental; así se logra una mejor calidad de vida del trabajador y de la comunidad en general; al mismo tiempo, se incrementa la productividad del negocio al generar 625.8 toneladas menos de desperdicio con ahorros de tres millones de pesos.

Otros cambios van dirigidos a programas de reciclamiento de residuos. En dos casos, los residuos derivados del petróleo se envían a una empresa cementera como combustible alterno; otros se reciclan o adecuan en casa. Una empresa le dio calidad industrial al yeso que resultaba de los procesos: a través de un desarrollo conjunto con empresas de la construcción, la disposición de yeso no es más un costo.

Por razones ambientales el caso de un cambio en el producto implicó cerrar una línea de fabricación. Esto se debió a que se requería una planta de generación de energía muy intensiva en combustible altamente contaminante. Al cerrar la línea de producto y depender exclusivamente del servicio generado por la Compañía de Luz y Fuerza, el consumo de combustible cayó dramáticamente. La decisión tuvo consecuencias profundas, dado que implicó cerrar la planta de producción de *chips* de fibra y quedarse sólo con los procesos de extrusión y tejido; ahora la empresa compra los *chips* a otras empresas. En este caso, fue la comunidad quien originalmente presionó en 1992 ante las autoridades. La empresa prefirió cerrar la línea antes que moverse a otro sitio.

Desempeño ambiental

Antes de revisar los aspectos relacionados con el desempeño ambiental, las opiniones de las empresas en relación con las fuentes de mejora ambiental son útiles para entender la filosofía de acción en la materia: la gestión ambiental sistemática podría interpretarse como un intento por controlar la contaminación en forma más integral; las modificaciones a los procesos intentan corregir problemas en la fuente, y el tratamiento puede ser una solución efectiva a un problema urgente y de corto plazo, aunque algunas veces es complementario a otras acciones. Tres empresas consideraron que la primera fuente de mejora ambiental está en los sistemas de gestión ambiental; dos empresas mencionaron las modificaciones de proceso, y una se refirió al tratamiento de emisiones y descargas. El reciclaje fue citado por tres empresas como la segunda contribución más importante, y tres, mencionaron el tratamiento. Las modificaciones en los productos no fueron consideradas una fuente significativa de mejora ambiental, pero sí la cancelación de una línea de producto fue importante en un caso.

La opinión de las compañías sobre su desempeño varía, pero siempre dentro de un criterio en el cual la planta cumple con las normas nacionales. Hay cuatro empresas que consideran su desempeño como equiparable al de una planta similar en el ámbito internacional o comparable a lo mejor que hay nacionalmente en esta industria. Excediendo mínimamente los requerimientos legales, dos aceptan un desempeño que cumple con las normas ambientales, pero algunas veces faltando en puntos específicos.

Según las metas de las empresas a las medidas impuestas por el programa de acciones de la auditoría ambiental, el grado de avance reportado es de más de 70% en dos de las compañías y de entre 30 y 70% en la otra. Por ejemplo, una de estas empresas reporta en su informe al Consejo de Administración una reducción de las emisiones totales de la empresa de 64% respecto de 1991. Esta reducción ocurrió en su mayor parte durante los dos primeros años; en los años subsecuentes el avance ha sido muy lento, pero la tendencia decreciente continúa. En cuanto a accidentes en el transporte de materias primas o residuos, se redujeron en 84% desde 1992. Por su parte, otra empresa reporta que sus descargas se han reducido dentro del proyecto de minimización de desperdicios en 40% a partir de 1994, y los residuos peligrosos en un porcentaje de entre 10 y 15 por ciento.

A la pregunta: ¿Alguna vez ha descubierto que la empresa no cumple con la normatividad?, la respuesta fue positiva en las cinco empresas que contestaron la pregunta, aunque señalaron que esto no era un suceso frecuente. Los problemas más frecuentes fueron el de contaminación de aguas residuales o emisiones a la atmósfera. En estos casos las acciones tomadas hacia las empresas fueron multas, el mandato de solucionar estos problemas, emprender el programa de auditorías voluntarias de la Profepa para identificar los problemas y contar con tiempo para resolverlos.

Cuadro VII.8
Avances en el desempeño ambiental (reducciones en %)

Empresa	*Reciclado*	*Combustible*	*Electricidad*	*Agua*	*Agua residual*	*Emisiones*	*DBO*	*DQO*	*SO*
1	0	-90	+	-50	-50	-95	*	-80	-30
2	20	-1	-15	-1		*	*	*	
3	50	-5	5	-12	-98	-15	-79	-47	-76
4	20	-7	-4	-2	-5	-90	-10		-49
5	35	-20	-25	-40	-40		-20	-25	
6	85	+	-8.5	-15.3	-55	-50	-30		
7	40	-6.5		-9.6	-9	-30	-84	-63	*
8	10		-20	-1.5	20	-25	-30	-25	*
9	0	**	**	**	**	**	**	**	**
10	40	+		-25	*	*			
=	8	6	6	9	8	7	8	5	5

* La tendencia es hacia abajo, pero no se contaba con estadísticas al comienzo.
** No contestó esta sección.
Fuente: Información obtenida de la encuesta.

En relación con el desempeño de la planta se examinaron las disminuciones en el indicador por unidad de producto, así como de emisiones y descargas. La frecuencia y magnitud de estos logros puede verse en el cuadro VII.8. Destacan los avances en la baja de agua residual con reducciones que van de 9% a casi descargas cero, las disminuciones en valores de DBO y DQO (demanda química de oxígeno), el reciclaje y las emisiones. Se aprecian también avances importantes en el uso más eficiente de energéticos, al reducirse su utilización por unidad de producto. Puede afirmarse que la mayor parte de las plantas han logrado avances importantes.

Evaluación final de las empresas

Según la metodología expuesta en el apéndice, conviene ahora evaluar el comportamiento de las empresas en relación con cada uno de los aspectos señalados y resumirlo en una calificación final que refleje el grado de complejidad con el que las empresas contemplan la batalla por el control de la contaminación.

Con estos fines se distinguieron tres grandes rangos: de 75 a 100%, de 50 a 74% y menos de 50%. En el cuadro VII.9 se presentan las distintas evaluaciones.

Cuadro VII.9
Grado de avance en las acciones para preservar el medio ambiente de las empresas visitadas (número de plantas)

Concepto	*Alto*	*Medio*	*Bajo*
Política	7	1	2
Gestión corporativa	5	2	3
Gestión planta	7	2	1
Programas corporativos	5	4	1
Programas planta	5	5	0
Desempeño	6	1	3
Calificación corporativa	7	1	2
Calificación planta	6	3	1
Calificación total	6	2	2

Fuente: Estimado a partir de las respuestas del cuestionario.

Bajo la advertencia de que toda clasificación rígida del comportamiento ambiental de las empresas debe tomarse con cautela, podría concluirse que seis plantas cuentan con una política claramente definida, un sistema formal de gestión, así como con programas ambientales en distintos frentes y un desempeño que debe considerarse en un nivel de excelencia (seis plantas). Dos plantas presentan características que las ubican en un comportamiento proactivo debido a sus programas ambientales y el avance en el desempeño que incluye la conclusión de su programa de acción en la auditoría voluntaria con la Profepa. Una planta puede caracterizarse como en cumplimiento por su puntación. Por último, una de nuestras plantas tuvo un nivel insatisfactorio. Por tanto, podemos concluir que la mayoría de las plantas de la industria están en rango de cumplimiento o más; tanto más si se toma en cuenta que entre las empresas no examinadas en las entrevistas está una certificada como industria limpia.

Al comienzo se señaló que existen factores específicos de la industria analizada que en parte explican su comportamiento hacia el medio ambiente: las regulaciones ambientales y la actividad intensa de las distintas agencias en el ramo químico, las restricciones impuestas por la ubicación regional de las empresas en términos de la escasez de agua, la urbanización acelerada y la fragilidad de los ecosistemas; además, las características económicas y de desempeño económico de la industria misma; en particular, su alto grado de concentración técnica y económica y su relativamente importante grado de apertura comercial superior (todas las empresas participan en exportaciones). Ahora, para finalizar, examinaremos las diferencias de comportamiento de estas empresas según el origen de capital, su tamaño, nivel tecnológico y actividad exportadora.

Comportamiento ambiental y apertura de mercado

Dada la transición de la sustitución de importaciones a la promoción de exportaciones en que las transnacionales desempeñan un papel crucial en el comercio exterior a través del comercio intrafirma, es importante examinar comparativamente el puntaje promedio de las empresas nacionales frente a las que tienen intereses transnacionales (se tomó como extranjera aquella empresa con una participación de capital extranjero mayor a 40%). La comparación de los distintos aspectos analizados entre empresas nacionales y de capital extranjero permite observar que estos promedios son superiores entre las segundas empresas; las primeras promedian en un nivel alto (superior a 85%), en tanto las segundas se encuentran en el nivel medio. Como ya se mencionó, las empresas extranjeras expresaron el interés de la empresa matriz de que sus subsidiarias cumplan no sólo con los estándares nacionales, sino con los internacionales de la propia corporación.

Cuadro VII.10
Origen de capital y comportamiento ambiental
(% respecto al puntaje máximo)

Concepto	*Con capital extranjero dos empresas (5 plantas)*	*Nacional tres empresas (4 plantas)*
Política	100.0	67.0
Gestión empresa	100.0	59.1
Gestión planta	96.3	91.1
Programas corporativos	73.7	76.7
Programas planta	80.0	66.7
Desempeño	86.7	66.7
Calificación planta	90.0	77.5
Calificación total	86.5	71.7

Fuente: Promedios obtenidos a partir de la encuesta de nueve plantas. Se eliminó una planta porque no dio evidencia suficiente respecto de todos los conceptos.

En el cuadro VII.10 debe considerarse que entre las empresas nacionales algunas tenían un comportamiento proactivo, que se pierde en los promedios; tal vez una variable importante para explicar las diferencias en cuanto a la formalidad de la política y gestión ambiental es el tamaño de las empresas analizadas. En la muestra todas las empresas calificaron en el rango superior en nuestra clasificación por ventas; así que se optó por diferenciar entre aquellas pertenecientes a las 100 primeras empresas de la muestra anual de la revista mexicana de negocios.[12] Estas empresas pertenecen a grandes corporaciones diversificadas o integradas verticalmente. En el cuadro VII.11 puede observarse que comparando las tres empresas dentro de este último rango frente al resto, se observan promedios muy superiores a los de las empresas menores (83.7% frente a 65.2%).

12 *Revista Expansión*, agosto de 1997.

Cuadro VII.11
Tamaño y comportamiento ambiental
(% respecto al puntaje máximo)

Concepto	*Tres empresas gigantes*	*El resto*
Política	100.0	45.0
Gestión empresa	90.9	18.2
Gestión planta	84.4	100.0
Programas corporativos	81.7	75.0
Programas planta	78.0	67.0
Desempeño	86.7	66.7
Calificación planta	83.3	77.1
Calificación total	83.7	65.2

La apertura de mercado involucra un proceso de adecuación tecnológica importante; éste no siempre se manifiesta por cambio de equipos, sino también por introducción de sistemas de mejora continua y de tecnología blanda. Es un hecho que hoy en día las empresas buscan ser más eficientes para tener precios competitivos y mejor calidad. Esto implica que existan áreas en que el mejor uso de materiales y combustibles sea un objetivo de eficiencia, tanto como de la preservación de medio ambiente. Si bien no se observa una relación lineal entre novedad de tecnología y el puntaje promedio de las empresas, sí se aprecia cierta relación positiva entre el comportamiento de las empresas en relación con el medio ambiente y el grado de adecuación tecnológica de la planta; es decir, la mejor tecnología de hasta 10 años cae en el nivel alto (superior a 85%), en tanto que la mejor de hace 10 a 20 años cae en un nivel medio (73.3%). (Cuadro VII.12.)

Por último, la hipótesis acerca de la relación entre comportamiento exportador y ambiental se examinó con base en el porcentaje de exportaciones a ventas de cada planta. Como se desprende del cuadro VII.13, a primera vista aparece una relación inversa, distinta a la postulada anteriormente; esto fue sorprendente. Es necesario interpretar este resultado con cuidado; en primer lugar, por dos de las grandes corporaciones que están entre las mayores, sin considerar el monto absoluto de exportaciones, se demuestra que el caso de las plantas de la columna dos puede ser muy superior, o que arrojaría otra clasificación de las empresas. Por ejemplo, las grandes corporaciones han estado entre las 250 exportadoras más importantes; sin embargo, algunas de sus plantas están en la columna dos, en tanto que dos firmas con un valor más bajo de exportaciones están en la columna 1, dando a los promedios un sesgo a la baja. En segundo lugar, la relación exportaciones a ventas puede cambiar año con año: la información de un año puede ser insuficiente para analizar la relación entre comercio y desempeño ambiental.

Cuadro VII.12
Tecnología y comportamiento ambiental
(% respecto al puntaje máximo)

Concepto	*La mejor existente en el presente hasta hace 5 años (dos plantas)*	*La mejor de hace 5 a 10 años (dos plantas)*	*La mejor de hace 10 a 20 años (cinco plantas)*
Política	100	100	86
Gestión empresa	86.4	100	90.9
Gestión planta	94.4	100	50
Programa empresa	75.8	75	75
Programa planta	90.8	83.3	70.8
Desempeño	77.8	100	63.9
Calificación planta	85.4	95.8	74.2
Calificación total	85.2	93.9	73.3

En cualquier caso, debe recordarse que los requerimientos ambientales, de los clientes internacionales, aunque mencionados en algunos casos, no fueron considerados como la motivación más importante en las decisiones ambientales, comparadas con otros factores tales como las regulaciones y presiones de las comunidades, que a veces pueden ser más fuertes para una firma que exporta en una menor escala.

Cuadro VII.13
Exportaciones y comportamiento ambiental
(% respecto al puntaje máximo)

Concepto	*Exporta más de 50% (cuatro plantas)*	*Entre 25% y 50% (cuatro plantas)*	*Más de 2% y menos de 25% (una planta)*
Política	86.0	88.0	100.0
Gestión empresa	69.1	77.3	100.0
Gestión planta	83.3	93.3	88.9
Programa empresa	79.2	73.3	100.0
Programa planta	88.3	78.3	81.7
Desempeño	61.1	85.6	88.9
Calificación planta	72.1	88.5	91.7
Calificación empresa	73.9	83.9	91.1

Conclusiones

Resumiendo los principales hallazgos encontramos que en primer lugar esta industria en general ha dado los pasos necesarios para cumplir con las regulaciones ambientales del país. De las seis empresas encuestadas, tres clasifican como de excelencia, una da respuesta proactiva, otra clasifica en cumplimiento y otra más es francamente cuestionable. En siete plantas que pertenecían a tres de las empresas, la política ambiental era explícita y tenía alta prioridad. Estas empresas establecen sistemas formales de gestión ambiental con documentación y programas sistemáticos. La falta de formalidad en la política no implicó que los asuntos ambientales no fueran importantes. Encontramos que aunque las empresas tuviesen política explícita, la mayor parte de las empresas contaba con sistemas formales en adición a programas en distintas áreas del control de la contaminación. Incluían modificaciones en insumos y procesos de producción y no sólo soluciones al final del tubo.

En segundo lugar se encontró que entre los factores que afectan las decisiones de las empresas de fibras químicas están las restricciones surgidas de las normas ambientales; se acompañan del involucramiento de las autoridades ambientales, vigilantes del cumplimiento en distintas ramas del sector químico, dentro del contexto de un alto grado de degradación ambiental, así como de la rápida y anárquica urbanización de las regiones en donde están localizadas. En este proceso de aprendizaje un resultado interesante se relaciona con el papel potencial de la Profepa. Varias empresas reportaron que los programas de acción voluntaria han sido un vehículo para sistematizar las soluciones a los problemas ambientales en la empresa. Nuestros resultados muestran que las empresas localizadas en áreas de rápido crecimiento reciben gran presión de la comunidad; a veces este hecho es más importante que la regulación gubernamental. En resumen, la regulación importa tanto como el escrutinio público.

En tercer lugar se observa que la industria de fibras químicas muestra un crecimiento de producto y exportaciones superiores al promedio de los últimos años, así que la inestabilidad económica la ha afectado menos que a otras industrias. Además, debe recordarse que la industria está altamente concentrada y se constituye por grandes empresas, lo que explica la relativa homogeneidad de desempeño en comparación con otras industrias en donde coexisten grandes y pequeñas empresas. Aunque las restricciones de liquidez fueron reportadas como un factor que debe considerarse en las decisiones ambientales, las empresas también reconocieron sus limitaciones ambientales en el conocimiento y la necesidad de avanzar en su proceso de aprendizaje tecnológico.

Una cuarta observación es que la rápida transición a una economía abierta ha implicado inversión multinacional, un proceso de modernización tecnológica en curso y exportaciones en aumento dentro de la industria analizada. Nuestros resultados muestran que las relaciones con socios extranjeros han sido un factor conducente a definir políticas explícitas e introducir la gestión ambiental en aquellas empresas con desempeño ambiental sobresaliente. También pudimos observar que las plantas que pertenecían a corporaciones diversificadas señalan un mejor desempeño ambiental; estas fábricas tuvieron altos promedios. Esto sugiere la presencia de economías de alcance en mecanismos de gestión ambiental. No encontramos ninguna evidencia de asociación entre la edad de la tecnología de la planta y un desempeño ambiental superior; la relación inversa entre la relación exportaciones a ventas y el comportamiento ambiental no era la esperada. En estudios previos, es claro que para el conjunto de la manufactura las firmas exportadoras cumplen mejor que las no exportadoras. No hay evidencia de una asociación estadísticamente significativa (positiva o negativa) entre la intensidad de las exportaciones y el desempeño ambiental: este resultado debe interpretarse con cuidado, como se indicó antes.

En quinto lugar debe insistirse en que las características específicas de la industria bajo estudio implican que nuestras empresas en ninguna forma son representativas de la firma promedio en la industria química ni de la industria manufacturera; se requiere más investigación en el caso de empresas pequeñas y medianas. Sin embargo, como ya se mencionó, nuestros resultados confirman aquellos de previos trabajos basados en muestras mayores en varios aspectos:[13] hemos encontrado que la presión regulatoria es un factor importante detrás del comportamiento empresarial en materia de medio ambiente, y las comunidades pueden empujar en esa dirección; además, el papel de los sistemas formales de gestión referidos como procedimientos tipo ISO 14000 por Dasgupta, Hettige y Wheeler estuvo asociado con el desempeño ambiental, confirmando la opinión de los autores de que seguir la secuencia ISO 14000 garantizaría por sí mismo un mejor desempeño ambiental. Sin embargo, es más probable que las empresas que completan estos pasos estén mejor informadas, organizadas y motivadas para resolver los problemas ambientales. Finalmente, tampoco encontramos ninguna asociación entre las cosechas ambientales y el desempeño ambiental; en contraste, hubo resultados positivos con la propiedad multinacional.

APÉNDICE

La muestra de empresas estudiadas

De las nueve empresas (12 plantas) presentes en la industria, se encuestó a seis que tienen diez plantas en la industria de fibras químicas. De las dos empresas ausentes, una no aceptó la encuesta y la otra se desechó por tener una participación pequeña; en los dos casos se trata de empresas de capital mexicano. Es interesante mencionar que la primera de estas empresas participa en el programa Industria Limpia.

Las empresas estudiadas son de tamaños por encima del promedio de la industria química y tienen un considerable grado de apertura externa; contribuyeron con más de 90% de las ventas totales de la industria. Sus ventas individuales superaron los mil millones de pesos anuales (rango proporcionado en el cuestionario) durante el año en curso, en todos los casos; sin embargo, es importante señalar que hay grandes diferencias: entre las empresas mayores de la muestra, dos forman parte de un conglomerado industrial y otra es una gran corporación con varias plantas en la industria química; estas tres empresas contribuyen con cerca de 85% de las ventas nacionales, y en dos de ellas existe participación extranjera en la propiedad del capital. Las tres empresas restantes constan de una sola planta.

La mitad de las empresas encuestadas fueron fundadas en la etapa inicial de la sustitución de importaciones; es decir, entre 1950 y 1965. Las otras tres iniciaron actividades en los años setenta y ochenta, respectivamente. A partir de la apertura

13 Véase L. Domínguez, "Comportamiento empresarial...", *op. cit.*, y S. Dasgupta, H. Hettige y D. Wheeler, "What Improves...", *op. cit.*

comercial, la actividad exportadora resulta primordial para todas las empresas. Se ha intensificado desde 1994, en parte por la caída del mercado interno. Los rangos de exportación son de más de 50% de la producción en tres empresas (cuatro plantas visitadas), entre 25 y 50% de su producción en las otras dos empresas, que incluyen tres plantas y una planta entre 5 y 25% de su producción.

Metodología para medir el desempeño ambiental de las empresas

La evaluación del desempeño ambiental de las empresas estuvo basada en cuestionarios complementados por las empresas encuestadas. El cuestionario se dividió en cuatro secciones principales, relacionadas con la política ambiental, la gestión ambiental, los programas y actividades ambientales, y los impactos ambientales. Distinguimos entre la gestión y los programas de la planta y el corporativo.

Se diseñó un sistema de puntaje que reflejara el grado en que las respuestas a las preguntas fueran positivas en términos de desempeño ambiental; así, en caso de la política ambiental, una empresa podía obtener el máximo de cinco puntos si tuviera una política ambiental explícita; un compromiso de estándares ambientales por encima de los requeridos por las regulaciones locales; hubiera firmado una declaración nacional o internacional de principios ambientales, o sobre los temas ambientales de prioridad, y tuvieran procedimientos escritos para enfrentar emergencias ambientales.

Para la gestión ambiental, la evaluación dependía de la existencia de un sistema formal de gestión ambiental, la existencia de un puesto exclusivo para cuestiones del medio ambiente; un manual de gestión ambiental; indicadores de desempeño ambiental; frecuencia de monitoreo; incentivos ambientales para el personal; publicación de la información sobre el desempeño ambiental de las empresas, y procedimientos para la difusión de información de cuestiones ambientales dentro de la empresa.

Sobre los programas dentro de las empresas, los indicadores utilizados relacionaron su alcance; la existencia de metas cuantitativas específicas; el entrenamiento; las auditorías voluntarias; y los programas con la comunidad local. Adicionalmente, se consideró el puntaje derivado de la planta relacionado con la gestión ambiental, el grado en el que la firma usaba indicadores de uso de agua y energía, así como de emisiones de agua y aire. Hicimos una evaluación del impacto ambiental cambiante a través de las reducciones en emisiones y utilización de recursos en el tiempo. Sumando todos los puntos obtenidos, bajo los incisos señalados, obtuvimos la evaluación final de desempeño ambiental, tanto corporativa como de la planta. Para estandarizar los puntos basados en el subtotal de cada aspecto, en el análisis se expresaron como porcentajes.

VIII. LA GESTIÓN AMBIENTAL VOLUNTARIA EN EL SECTOR QUÍMICO EN MÉXICO[1]

VERÓNICA MEDINA ROSS

INTRODUCCIÓN

Este capítulo presenta los resultados de un proyecto de investigación sobre las iniciativas voluntarias de gestión ambiental llevadas a cabo por compañías químicas que funcionan en México. En primer lugar interesa encontrar qué ha motivado a las compañías químicas a adoptar iniciativas voluntarias de gestión ambiental; en segundo lugar se intenta examinar los factores que han estado obstaculizando este proceso

Varios actores involucrados, incluidas las dependencias gubernamentales, asociaciones industriales e instituciones no gubernamentales, han participado en promover y ejecutar tales iniciativas en el sector químico mexicano. Un tercer objetivo de este estudio, por lo tanto, es intentar entender el papel de los actores relevantes involucrados.

En cuarto lugar, la investigación se enfocó a entender las implicaciones de las iniciativas voluntarias para la gestión ambiental futura en México, particularmente considerando la relación actual de desarrollo entre estas iniciativas y la regulación ambiental industrial formal en México; por lo tanto, se examinan las ventajas y las debilidades de las iniciativas voluntarias de gestión con relación a la regulación ambiental formal.

La investigación adoptó un enfoque cualitativo al usar entrevistas, análisis documental y la observación participante como sus principales métodos de investigación. El trabajo se centra en las actividades de 17 empresas químicas (ocho mexicanas y nueve multinacionales extranjeras) que funcionan en la ciudad de México y el Estado de México; además, se hizo un número significativo de entrevistas con los representantes de las dependencias ambientales del gobierno, las asociaciones industriales e instituciones no gubernamentales.

Se discuten asimismo las respuestas voluntarias sobre gestión ambiental de compañías químicas selectas, y los beneficios y las motivaciones acerca del esta-

[1] El capítulo se basa en una investigación realizada para la tesis doctoral de la autora (2002), quien agradece la importante supervisión de Tim O'Riordan y de Jonathan Barton. La traducción al español de su original en inglés fue hecha por Alfonso Mercado, con la supervisión de la autora.

blecimiento de los programas voluntarios de gestión ambiental; también se trata la serie de obstáculos que han impedido la ejecución de tales programas voluntarios. Haciendo todo esto será posible estudiar las ventajas y las debilidades de las iniciativas voluntarias según la información empírica recopilada en esta investigación.

El capítulo abre con una descripción general de los factores que influyen en el comportamiento ambiental de las empresas y luego explica las características y la tipología de las iniciativas voluntarias de gestión ambiental que han sido recientemente una respuesta importante de las compañías. Se señalan sus fuerzas así como sus debilidades.

En la siguiente sección se estudian las características generales del sector químico en México: se explica la organización del sector, su importancia económica y algunos de sus efectos ambientales.

De acuerdo con los resultados empíricos de esta investigación, en la cuarta sección se analizan las respuestas voluntarias sobre gestión ambiental de las compañías químicas seleccionadas. Se explicará que la iniciativa voluntaria de gestión ambiental más común que se ha puesto en práctica es el programa de Cuidado Responsable (CR) en el sector químico. Aquí se subrayan las diferencias en el grado de adopción del programa entre las compañías mexicanas y las multinacionales. También se explicará si el tamaño, la propiedad y la orientación a exportar influyen en el tipo de programa voluntario adquirido y en su grado de ejecución, y de ahí que las compañías multinacionales reportaron tener un grado de ejecución más alto que las empresas mexicanas. Las compañías multinacionales con el grado de ejecución de CR más alto tienden a ser de tamaño medio a grande y exportadoras; por el contrario, las compañías con el grado de ejecución de CR más bajo tienden a ser compañías mexicanas más pequeñas que no se orientan a la exportación.

Otra parte central de la discusión en esta sección es el análisis de los factores que han motivado a las compañías para poner en marcha iniciativas voluntarias de gestión ambiental y los obstáculos que han dificultado este proceso.

El capítulo concluye que en México los actores involucrados más relevantes están apoyando cada vez más la adopción de iniciativas voluntarias de gestión ambiental, y ha habido actividades de colaboración para fomentar su adopción. La investigación encontró que las iniciativas voluntarias dan resultados positivos a las compañías y pueden desempeñar un papel importante para ampliar la protección ambiental, pero también afrentan limitaciones. Por lo tanto, las iniciativas voluntarias de gestión ambiental no deben considerarse alternativas de la regulación; por el contrario, deben desarrollarse y ejecutarse como complementos de ésta. Hay oportunidades para el uso integrado de la regulación gubernamental y las iniciativas voluntarias de gestión ambiental. La aplicación eficaz de ambos enfoques en un marco de "instrumento mezclado" tiene el potencial de traer mejoras ambientales significativas a las plantas manufactureras.

Iniciativas voluntarias de gestión ambiental (IVGA): características, debilidades y fortalezas

En años recientes cada vez más asociaciones industriales y compañías individuales han estado promoviendo las llamadas "iniciativas voluntarias", definidas por la Organización para la Cooperación y el Desarrollo Económicos (OCDE) como "esquemas en los que las empresas establecen compromisos para mejorar su desempeño ambiental más allá de los requisitos legales".[2] De la misma manera, Gibson indica que por definición las iniciativas voluntarias no son guiadas por requisitos reguladores; son voluntarias en el sentido de que los gobiernos no tienen que ordenar emprenderlas.[3]

Estas iniciativas alientan a los negocios a involucrarse en la autorregulación corporativa o la cooperación con el gobierno para negociar y poner en ejecución normas acordadas mutuamente para cumplir con las regulaciones ambientales legales e ir más allá de ellas.[4]

Las iniciativas voluntarias de gestión ambiental (IVGA) se ven cada vez más como nuevos instrumentos de la política gerencial para ayudar a tratar problemas ambientales y de seguridad e higiene. Son promovidas no solamente por la industria sino también por los gobiernos, a menudo mediante una mezcla de autorregulación voluntaria y gubernamental como medio para alcanzar resultados en forma más eficiente y rentable, en comparación con las prácticas de "mando y control".[5]

Para entender los tipos de iniciativas ambientales es útil considerar la clasificación proporcionada por el Programa de Naciones Unidas para el Medio Ambiente (PNUMA):[6]

1) Acuerdos voluntarios entre la industria y el gobierno. Se trata de acuerdos contractuales realizados en algunos países.

2) Iniciativas del gobierno. Pueden establecerse en forma de retos al negocio, promoción de las mejoras tecnológicas, programas de ecoetiquetado o alivio de la regulación.

[2] OCDE, *Voluntary Approaches for Environmental Policy*, OCDE, París, 1999, p. 1.

[3] R. B. Gibson, "Questions about a Gift Horse: Voluntary Corporate Initiatives for Environmental Improvement are Attractive, Worrisome, and Significant", en R. B. Gibson (ed.), *Voluntary Initiatives: The New Politics of Corporate Greening*, Broadview Press, Peterborough, Canadá, 1999, pp. 3-12.

[4] P. Utting, *Business Responsibility for Sustainable Development*, United Nations Research Institute for Social Development, Ginebra, 2000.

[5] Organización Internacional del Trabajo (OIT), *Voluntary Initiatives Affecting Training and Education on Safety, Health and the Environment in the Chemical Industries*, International Labour Office, Ginebra, 1999.

[6] Véase PNUMA, *Voluntary Codes of Conduct for the Environment*, PNUMA, Oficina de Industria y Medio Ambiente, París, 1988.

3) Programas voluntarios de la industria. Son programas ambientales de gestión y de divulgación realizados por una empresa individual o por un grupo de empresas con enfoque sectorial. Pueden incluir códigos voluntarios de conducta (por ejemplo el CR), lineamientos, declaraciones y políticas (por ejemplo, el Sistema de Gestión Ambiental, o el Sistema de Ecogestión y Auditoría de la Unión Europea).[7]

4) Iniciativas de terceros. Se trata de normas y programas que se verifican y se revisan; por ejemplo, normas voluntarias tales como las de la International Organisation for Standardisation (ISO).[8]

En el caso de México, el desarrollo y la promoción de IVGA ha aumentado en años recientes gracias a varias asociaciones industriales e instituciones no gubernamentales tales como el Centro Mexicano para la Producción más Limpia (Programa de Producción más Limpia), la Asociación Nacional de la Industria Química (Programa Cuidado Responsable), la Iniciativa de Gestión Ambiental Global (Gestión Ambiental de Calidad Total) y otras.[9]

En lo referente a la fuerza de las iniciativas voluntarias, hay varios temas que cabe considerar. Por ejemplo, Nash y Ehrenfeld precisan que las iniciativas voluntarias como códigos de práctica tienen un potencial de reto cultural porque incorporan elementos que pueden establecer una conexión más cercana en las mentes de la gente entre sus actividades y el mundo natural.[10] Por su parte, la Organización Internacional del Trabajo (OIT) indica que dichas iniciativas pueden conducir a cambios culturales de largo plazo en la gestión ambiental, para cambiar de una posición reaccionaria a una más pro activa.[11]

Según Gibson, el concepto más significativo para quienes toman decisiones en corporativos y gobierno es "más mejoras a menor costo".[12] A este respecto, los directivos corporativos sostienen que las IVGA son a veces preferibles a las obligaciones reguladoras en la medida en que sean adaptables al mercado, porque dan

7 Sistema de Gestión Ambiental, EMS: Environmental Management Systems; Sistema de Ecogestión y Auditoría de la Unión Europea, EMAS: European Union's Eco-Management and Audit Scheme.

8 Organización Internacional para la Estandarización. Las "siglas" no provienen del nombre sino del griego *iso:* igual.

9 Otros ejemplos de programas voluntarios de gestión ambiental aplicados en México pueden encontrarse en Centro de Estudios del Sector Privado para el Desarrollo Sustentable-Cámara Nacional de la Industria de Transformación, *Competitividad y protección ambiental: iniciativa estratégica del sector industrial mexicano*, Cespedes-Canacintra, México, 1999, pp. 19-23.

10 Véase J. Nash y J. Ehrenfeld, "Codes of Environmental Management Practice: Assessing their Potential as a Tool for Change", en R. H. Socolow (ed.), *Annual Review of Energy and Environment,* núm. 22, Palo Alto, Cal., 1997, pp. 487-535.

11 OIT, *Voluntary Initiatives..., op. cit.*

12 R. B. Gibson, "Questions about...", *op. cit.*

mayor flexibilidad a las empresas para encontrar soluciones y satisfacer sus metas ambientales. Es decir, se permite a las empresas seleccionar la forma de alcanzar los objetivos ambientales, y pueden encontrar la manera de que se ajusten a sus procesos y prioridades particulares y contribuyan a otras metas corporativas, lo que implicará menos gastos y menos retrasos.[13] Además, las IVGA proporcionan ventajas valiosas a los participantes, incluido el acceso a información de bajo costo, costos de operación reducidos y el reconocimiento público de sus logros en materia de salud, seguridad y ambiente.

Muchas compañías que han tomado iniciativas voluntarias han encontrado que las mejoras ambientales pueden ser redituables en ganancias; o en otras palabras, que la "prevención de la contaminación es rentable". Estas iniciativas se oponen a las medidas "al final del tubo" para la disminución de la contaminación, que pueden ser costosas y raramente dan oportunidades de ahorro.[14]

Además, las compañías que se anticipan a los requisitos reguladores han sido inducidas a buscar cambios en el proceso total para llegar a ser más eficientes; a menudo y para su sorpresa han sido exitosas. Estos éxitos han llevado a que otras empresas comiencen a buscar eficiencias redituables en áreas que tradicionalmente habían descuidado porque suponían que las mejoras ambientales serían inevitablemente más costosas.[15] Por lo tanto, las IVGA son una opción válida mediante la cual las empresas pueden ser persuadidas de que las mejoras ambientales pueden servir a sus intereses económicos.

Otra ventaja de las IVGA que es importante considerar es que tienden a crear alianzas entre adversarios potenciales (como por ejemplo, el gobierno y la industria privada, las empresas competidoras en una industria, así como la gerencia y el sindicato); al asumirlas hay mejor diálogo y cooperación entre las partes, lo que beneficia a todos.[16]

Hartman señala que los gobiernos no solamente carecen del poder para dar forma a las sendas contemporáneas del desarrollo económico, sino además sus poderes se están realmente debilitando;[17] por lo tanto, el sector privado y la sociedad civil necesitan trabajar juntos y con el gobierno en las llamadas "alianzas público-privadas", que ayudan a ocuparse de los temas interdependientes y complejos, tales como los problemas ambientales. En años recientes las compañías están siguiendo estrategias ambientales proactivas más que reactivas, dando por resultado alianzas entre la industria y otros grupos sociales.

[13] Véase OIT, *Voluntary Initiatives...*, *op. cit.*, y R. B. Gibson, "Questions about...", *op. cit.*

[14] R. B. Gibson, "Questions about...", *op. cit.*

[15] M. Porter y M. Van der Linde, "Green and Competitive: Ending the Stalemate", *Harvard Business Review*, septiembre-octubre, 1995, pp. 120-134.

[16] OIT, *Voluntary Initiatives...*, *op. cit.*

[17] C. L. Hartman *et al.*, "Partnerships: A Path to Sustainability", *Business Strategy and the Environment*, núm. 8, 1999, pp. 255-266.

Después de discutir sobre las ventajas de las IVGA conviene también indicar sus debilidades. Jenkins sostiene que hay muchas limitaciones a las iniciativas voluntarias, siendo una de las más importantes la negativa de las compañías a incluir el monitoreo y la verificación independiente como parte integral de sus códigos de la conducta.[18]

Esto lleva a plantear la pregunta de si dichas iniciativas se usan solamente como un ejercicio público más que como un esfuerzo genuino para mejorar el desempeño y las condiciones.

De la misma manera, Prakash hace la observación de que un punto clave acerca del escepticismo que hay sobre los códigos voluntarios como Cuidado Responsable es el débil monitoreo y los también débiles mecanismos de sanción de las compañías que adoptan este programa.[19]

Tanto la OIT como Jenkins indican otras desventajas significativas de las iniciativas voluntarias:

1) Pueden ser exitosos solamente cuando los participantes son persuadidos de cambiar sus acciones voluntariamente; por lo tanto, antes de elegir un enfoque voluntario es apropiado analizar cuidadosamente las oportunidades y motivaciones del participante.

2) Mientras que la perspectiva de sanciones por incumplimiento tiende a estar ausente o a ser débil, los programas voluntarios pueden no obligar lo suficiente a cambiar realmente el comportamiento de las empresas.

3) A menudo, la falta de transparencia puede hacer que no se protejan los derechos de terceros. El monitoreo, la evaluación y la divulgación son componentes que deben ser creíbles; son necesarios para establecer legitimidad con los actores involucrados relevantes.

4) Las iniciativas voluntarias asociadas —por ejemplo a códigos de conducta, certificación ambiental y ecoetiquetado— pueden tener ciertas implicaciones negativas de desarrollo en términos de actuar como una barrera comercial no arancelaria y restringir tanto el acceso del sur a los mercados del norte como la capacidad competitiva de las compañías más pequeñas. En la práctica, es frecuente que las compañías de mayor tamaño y administrativamente más complejas instaladas en los países en desarrollo sean las que pueden satisfacer las normas.[20]

18 R. O. Jenkins, "Corporate Codes of Conduct: Self-Regulation in a Global Economy", en *Technology, Business and Society Programme Paper*, núm. 2, United Nations Research Institute for Social Development, Ginebra, 2001, pp. 1-35.

19 A. Prakash, "Responsible Care: An Assessment", *Business and Society*, núm. 39, 2000, pp. 183-209.

20 Véase OIT, *Voluntary Initiatives...*, *op. cit.*, y R. O. Jenkins, "Corporate Codes...", *op. cit.*

Pero quizás la preocupación principal sobre las IVGA es que las han presentado como alternativas eficaces a la regulación estatal y como justificación para desmontar la capacidad reguladora del Estado.[21]

Es aquí donde encontramos el debate entre la aplicación de instrumentos de "mando y control" contra las iniciativas voluntarias. En las últimas tres décadas, los instrumentos de mando y control han sido exitosos en conseguir que la industria mejore su desempeño ambiental, principalmente con la adopción de las medidas al final del tubo, con mejoras particularmente referentes al control de emisiones al aire, descargas al agua y desechos; sin embargo, se ha discutido que estas prácticas presentan limitaciones significativas. Nash y Ehrenfeld, por ejemplo, precisan las siguientes limitaciones del enfoque regulador de mando y control:

1) Induce actitudes resistentes y menos pro activas.

2) No es costo-efectivo porque requiere el uso de las actividades costosas de supervisión e inspección.

3) No brinda incentivos ni guías para las compañías que desean superar las normas ambientales ya establecidas.

4) Es estático y más difícil de adaptarse si el conocimiento científico mejora.[22]

Schmidheiny explica además que puede ser muy problemático confiar solamente en el enfoque de regulación —especialmente en países en desarrollo— debido a la carencia de recursos y a las serias limitaciones de las instituciones administrativas para asegurar el cumplimiento y la exigencia.[23]

Así, el punto es no si se sustituyen las regulaciones por las iniciativas voluntarias, sino cómo asegurarse de que el sistema regulador vigente pueda desarrollarse para trabajar mejor, y con qué mecanismos las IVGA podrían complementar el marco regulador. Muldoon y Nadarajah plantean las siguientes preguntas sobre las IVGA: ¿En qué circunstancias deben ser utilizadas? ¿Cuál debe ser el papel del gobierno y cuál el del público en la negociación, la administración y la evaluación de tales iniciativas? ¿Qué criterios deben utilizarse para determinar la efectividad de las IVGA? Los autores sostienen que todavía pocas de estas preguntas —si es que ninguna— se han contestado satisfactoriamente.[24]

Un punto crucial que a menudo falta en el debate sobre "mando y control" contra las "iniciativas voluntarias" se refiere a que estos dos modos de influir

21 Véase OIT, *Voluntary Initiatives...*, *op. cit.*; R. B. Gibson, "Questions about...", *op. cit.*, y A. Prakash, "Responsible Care...", *op. cit.*

22 J. Nash y J. Ehrenfeld, "Codes of Environmental...", *op. cit.*

23 S. Schmidheiny, *Changing Course A Global Business Perspective on Development and Environment*, BCSD, MIT Press, Cambridge, Mass., 1992.

24 P. Muldoon y R. Nadarajah, "A Sober Second Look: The Regulatory Approach Looks Better when the Context and Consequences of Voluntary Initiatives are Taken into Account", en R. B. Gibson (ed.), *Voluntary Initiatives...*, *op. cit.*

en el comportamiento de las empresas están estrechamente ligados; no es una situación en que uno esté al margen del otro. Los gobiernos pueden desempeñar un papel importante como iniciadores, signatarios o promotores de iniciativas voluntarias; un ejemplo de este caso es el programa de Auditoría Ambiental, un programa ambiental voluntario promovido por el gobierno mexicano. Utting explica que las iniciativas voluntarias son frecuentemente una respuesta a cierta forma de regulación basada en la directiva privada o a la amenaza de tal regulación, de modo que ellas no son independientes de ésta; de hecho, su éxito en muchos países industrializados ha implicado un componente regulador importante.[25]

Siguiendo estas ideas, Hillary y Thorsen concluyen que existe gran cantidad de oportunidades para el uso holísticamente integrado de las iniciativas voluntarias (es decir, la autorregulación) y la regulación, y que la "coordinación eficaz de estos dos paradigmas traerá mejoras ambientales más ambiciosas en las empresas y contribuirá más poderosamente al desarrollo sustentable".[26]

Por lo tanto, otros instrumentos de la política ambiental se han puesto en práctica conjuntamente con las medidas comunes de regulación. Dichos instrumentos incluyen no sólo los incentivos del mercado, tales como los subsidios ambientales y los permisos comerciables, sino también los mecanismos basados en información —por ejemplo, las ecoetiquetas y la divulgación ambiental— y las IVGA.

El sector químico mexicano: un panorama general

Importancia y organización del sector químico mexicano

La industria química representa una parte importante de la economía mundial. Su valor era estimado en billón y medio de dólares estadounidenses en 1998,[27] más de dos veces el tamaño del mercado mundial de equipo y servicios de telecomunicaciones (750 000 millones de dólares estadounidenses). Además cuenta con cerca de 7% del ingreso global y 9% del comercio internacional.[28]

Casi cada industria y actividad en México depende de una forma u otra de la industria química, la cual ofrece una enorme gama de productos que van

25 P. Utting, *Business Responsibility...*, *op. cit.*

26 R. Hillary y N. Thorsen, "Regulatory and Self-Regulation Mechanisms as Routes to Promote Cleaner Production", *Journal of Cleaner Production*, núm. 7, 1999, p. 1.

27 Chemical Manufacturers Association, *U.S. Chemical Industry Statistical Handbook 1998*, CMA, Arlington, Virginia, septiembre de 1998. Para información más reciente, considérese que la CMA se transformó en el American Chemistry Council, por lo que es preciso consultar sus estadísticas (*Industry Statistics*) en su sitio de internet <http://www.americanchemistry.com/>.

28 OCDE, *OECD Environmental Outlook and Strategy: Past Trends and Future Outlooks for the Chemicals Industry*, ENV/JM/(2000)21, OCDE, París, 2000.

desde los plásticos para empaquetar y para bienes durables hasta los materiales químicos de proceso para la electrónica y la química intermedia, los ingredientes activos y los materiales de pruebas para su aplicación en la ciencia, los alimentos, la construcción, el espacio aéreo, los automóviles y otros bienes de consumo. El sector químico hace más de 70 000 productos de una amplia gama de metales y minerales, carbón, petróleo, gas natural, grasas animales, aceites vegetales y de otras materias primas, y emplea alrededor de 10.5 millones de personas en el mundo.[29]

Sin embargo, ha aumentado la preocupación acerca del la seguridad e impacto global del sector químico debido a los efectos de los desechos peligrosos en la salud humana y el ambiente. Además de esta preocupación cabe considerar, aunque en grado inferior, la contribución de la industria química al cambio climático a través de la emisión de gases invernadero, y que la industria química depende mucho de recursos no renovables —tales como el petróleo, el carbón y el gas— como fuentes de energía e insumos básicos.

El sector químico en México desempeña un papel significativo en la economía del país; por ejemplo en 1999 la industria química contribuyó con 2.6% al producto interno bruto (PIB), y el valor de la producción en ese año fue de 12 687.2 millones de dólares estadounidenses.[30]

La industria química se clasifica sobre una base sectorial porque es muy diversa en términos de productos y de procesos. La Organización para la Cooperación y el Desarrollo Económicos (OCDE) indica que está compuesta de cuatro divisiones principales: productos químicos básicos, productos químicos de la especialidad, ciencias de la vida y productos de consumo.[31] Cada una tiene sus propias características, dinámica de crecimiento, mercados y desarrollos.

Las principales ramas que se consideran aquí para el caso de México son: petroquímica, fibras químicas, química inorgánica, especialidades, agroquímicos, farmacéutica y otras especialidades. La gráfica VIII.1 indica el porcentaje de cada sector.

La industria química en México incluye más de 350 compañías que operan más de 400 plantas de producción situadas principalmente en el Estado de México, el Distrito Federal (ciudad de México) y los estados de Nuevo León, Tamaulipas y Veracruz.[32]

El Estado de México y el Distrito Federal, que se localizan en el centro del país, contribuyen con gran porcentaje de plantas químicas (26.92% y 17.92%,

29 *Idem.*

30 Asociación Nacional de la Industria Química (ANIQ) <http:www.aniq.org/aniq/aniq.htm>.

31 OCDE, *OCDE Environmental Outlook…*, *op. cit.*

32 ANIQ, *Anuario Estadístico de la Industria Química Mexicana 2000*, México, ANIQ, 2000, <http://www.aniq.org.mx/industri/aspect.htm>.

respectivamente); ambos con tipos muy variados de plantas químicas: el Estado de México tiene ocho tipos de procesos químicos y el Distrito Federal cinco. Las plantas químicas seleccionadas para esta investigación están situadas en estas entidades debido a su alta concentración de actividades químicas.

Gráfica VIII.1
Estructura productiva de la industria química en México por ramas en 2000
(distribución % de la producción)

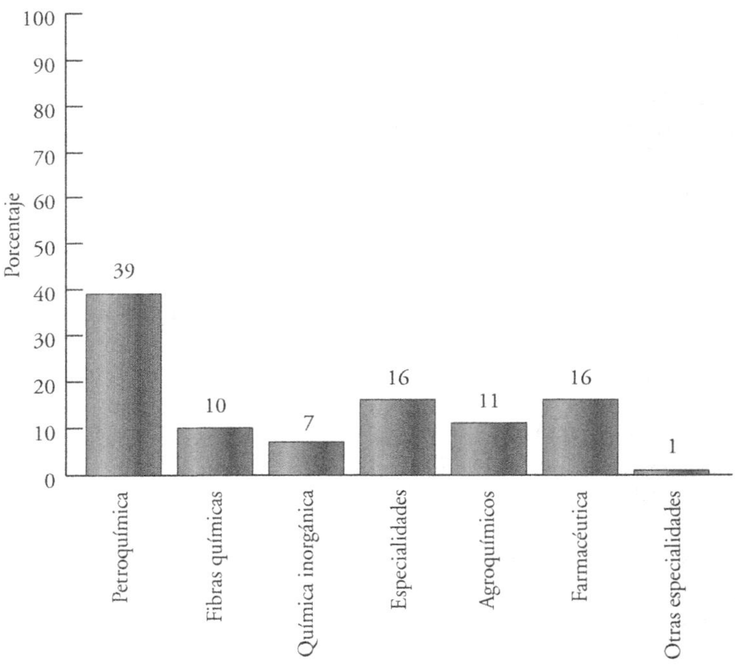

Fuente: ANIQ, <http:www.aniq.org.mx/industria/aspect.htm>, datos del 2000.

Desempeño económico del sector químico mexicano y algunos de sus efectos ambientales

En México el crecimiento industrial ha desempeñado un papel importante en el desarrollo del país; ha promovido el proceso de urbanización y ha ayudado a consolidar ciudades grandes. El periodo con el dinamismo industrial más alto, y para la economía mexicana en general, fue el de los años sesenta. El crecimiento industrial fue de 8.7% promedio por año. En ese entonces, la mayor expansión ocurrió en los sectores industriales de productos metálicos y eléctricos, automóviles y sus accesorios, productos químicos, metales y productos no metálicos.[33]

Según un estudio de la Secretaría del Medio Ambiente, Recursos Naturales y Pesca (Semarnap), el Instituto Nacional de Ecología (INE) y la Procuraduría Federal de Protección al Ambiente (Profepa), la industria manufacturera mexicana también experimentó un alto dinamismo recientemente, en 1996-1999. Es de hecho este sector el que contribuye con la mayor parte de ganancias por exportación. El sector manufacturero ha aumentado su impacto en el crecimiento del PIB total: en 1999 contribuyó con más de una cuarta parte al crecimiento del PIB; de hecho, de 1995 a 1999, el sector manufacturero alcanzó un incremento total de 29.4%.[34] Esta expansión económica fue el resultado de la recuperación del mercado interno más las crecientes actividades de exportación.

Los sectores productivos más importantes según su contribución al PIB son: los productos químicos, los petroquímicos y el plástico que contribuyen con 12%. Es también significativo que 62% del PIB industrial es generado por plantas productivas grandes, y 38% por las medianas, pequeñas y micro.[35]

El cuadro VIII.1 muestra la contribución del sector químico al PIB de 1994 a 2000; también indica el valor de la producción, las exportaciones y las importaciones de productos químicos en millones de dólares estadounidenses.

El cuadro VIII.1 muestra que a partir de 1998 el valor de la producción química ha caído por debajo del valor medio observado durante 1994-1997. Puede también observarse que el valor de las importaciones y de las exportaciones de la industria se recuperó lentamente en 1999-2000, después de una disminución aguda de su pico alto en 1998. Estos cambios en el desempeño de la industria química son influidos por la situación económica general en México, dando por resultado una tendencia decreciente de la participación de la industria en el PIB total de 3.9% en 1994 a 2.6% en 1999.

Esta influencia de la situación económica general en México en el desempeño industrial se puede también observar en 1994 cuando, días después de que el presidente Ernesto Zedillo iniciara su gobierno, la paridad monetaria cayó espectacularmente y hubo una gran devaluación del peso mexicano. Esto hizo que la economía se contrajera 6.2% en 1995;[36] sin embargo, con la devaluación

33 Secretaría del Medio Ambiente, Recursos Naturales y Pesca, Instituto Nacional de Ecología, Procuraduría Federal de Protección al Ambiente, *Gestión ambiental hacia la Industria: logros y retos para el desarrollo sustentable 1995-2000*, México, Semarnap, INE, 2000.

34 *Idem.*

35 Véase Cespedes-Canacintra, *Competitividad y protección ambiental: iniciativa estratégica del sector industrial mexicano*, 1999, con información del INEGI.

36 *The Economist*, "A Survey of Mexico: After the Revolution", Londres, 28 de octubre de 2000.

de la moneda, los productos de exportación se hicieron más atractivos para otros países, especialmente Estados Unidos, el principal socio comercial de México, hecho que se reflejó en el aumento de las exportaciones químicas a partir de 1994 a 1996.

A pesar de la participación más alta de la industria química en el PIB total durante el periodo entero (5.3% en 1995), la disminución del valor de la producción de la industria en 1995 coincide con la severa crisis económica de México, experimentada después del fin del gobierno del presidente Salinas en 1994. La sobrevaluación del peso mexicano, la alta deuda gubernamental y las altas tasas de interés generaron la crisis de 1995. Aunque la economía mexicana mostró recuperación al año siguiente, sus aflicciones se derivaron del desempeño de la industria, y la declinación continuó con una leve recuperación hacia el año 2000. La disminución del PIB mexicano de 1997 a 1999, de 6.5% a 3.7%, es indicativo de esta tendencia.[37] Por lo tanto, el desempeño macroeconómico de la economía mexicana ha sido un factor importante en la disminución de la producción de la industria química.

Es importante también repasar las consecuencias más amplias del sector químico productivo, especialmente su alto desempeño exportador. Las mayores actividades de importación y exportación del sector químico mexicano se llevaron a cabo con los dos países vecinos de América del Norte. En 1999, por ejemplo, 69.8% de las importaciones totales y 53.1% de las exportaciones se realizaron con Estados Unidos y Canadá.[38] Esto se corresponde con los datos de *The Economist* que revelan que casi 90% de las exportaciones mexicanas totales van a Estados Unidos.[39] En cuestiones ambientales el hecho es muy relevante, ya que las consideraciones ambientales tienen que considerarse cuando aumentan las exportaciones y las importaciones. El Tratado de Libre Comercio de América del Norte (TLCAN) exige obligaciones ambientales a México, Canadá y Estados Unidos, que se encuentran en los acuerdos ambientales complementarios; por ello, el nuevo mercado ha estado forzando a los productores mexicanos a adoptar normas y prácticas de negocio extranjeras. Hay también compromisos ambientales importantes adquiridos por México cuando se incorporó a la OCDE en 1994.

Así, está claro que el sector químico mexicano desempeña un papel importante en la economía del país no solamente por su contribución al PIB sino también debido a su producción significativa de materias primas para otros sectores industriales y productos acabados. Genera ganancias importantes en divisas, pero tiene también efectos de cuidado en el ambiente.

37 *Idem.*

38 ANIQ, *Anuario estadístico de la industria química mexicana 2000, op. cit.*

39 *The Economist,* "A Survey…", *op. cit.*

Cuadro VIII.1
Características del sector químico mexicano
(Millones de dólares estadounidenses)

Concepto	*1994*	*1995*	*1996*	*1997*	*1998*	*1999*	*2000*
Valor de la producción[a]	15 029.7	14 801.1	15 313.0	14 873.2	12 328.7	12 687.6	13 220
Valor de las importaciones	4 786.0	4 715.5	5 764.8	6 960.1	12 328.7	7 724.5	8 946
Valor de las exportaciones	2 479.2	3 706.6	3 401.5	3 353.6	7 158.5	2 954.6	3 574
Participación del sector químico en el PIB (%)[b]	3.9	5.3	4.5	3.7	3.0	2.6	n.d.

[a] El valor de la producción se basa en el precio de venta, incluida la cifra petroquímica de Pemex estimada por la ANIQ.
[b] Se refiere al valor de la producción a precios corrientes.
n.d.: No disponible.
Fuente: ANIQ (2002), <http://www.aniq.org/aniq.htm>.

En México la disposición de desechos de las compañías químicas es un problema serio, pues incide en la contaminación del agua, ya que algunas empresas descargan sus residuos en los ríos, los lagos y el mar. Además, Domínguez-Villalobos observa que la industria petroquímica consume grandes cantidades de agua; de hecho, la industria química se considera una de las nueve más significativas en términos de consumo de agua.[40]

Hay muchos productos químicos peligrosos que pueden causar problemas si se desechan en el ambiente; por ejemplo, los policlorados bifenilos (PCB), que fueron utilizados durante mucho tiempo como plastificantes en pinturas, resinas y plásticos, y como líquidos de conducción térmica y aisladores, persisten en la naturaleza y se acumulan en los organismos, especialmente en las capas grasas de hombres y animales.

En México el total de los desechos peligrosos generados está cerca de los ocho millones de toneladas anualmente. De este total, 41% (es decir, 3.2 millones de toneladas al año) es generado por la industria petroquímica junto con las industrias químicas básica y secundaria; en particular, en el área metropolitana de la ciudad de México se generan aproximadamente 2.5 millones de toneladas al año de desechos peligrosos, de lo cual 70% se produce en el Distrito Federal y 30% en los municipios del Estado de México.[41]

La contaminación atmosférica asociada a estas plantas químicas es sobre todo de partículas, dióxido de sulfuro (SO_2) y varios hidrocarburos. Algunas de estas emisiones son tóxicas o presentan riesgos para la salud. Pueden también ser inflamables y explosivas (por ejemplo el gas licuado o compuestos similares, los líquidos combustibles y los agentes colorantes) y pueden causar problemas dentro de la planta o en el exterior.

Hay otros tipos de agentes contaminantes que las compañías químicas pueden emitir, como los productos químicos carcinógenos. La OCDE ha informado que aunque la industria química de Estados Unidos había estado reduciendo sus emisiones, en 1994 seguía siendo el mayor generador de agentes carcinógenos (en kilogramos totales emitidos y en cantidades transferidas al año), comparado con el resto de las industrias que dieron información de sus emisiones.

Otro elemento de contaminación generado por las compañías químicas —particularmente por las químicas orgánicas— es el de la disposición de residuos. Muchas de las sustancias de polímeros (por ejemplo, los plásticos usados para el empaque, el hule sintético usado en neumáticos, etc.) constituyen un importante problema de residuos sólidos porque no son biodegradables. Los

[40] L. Domínguez-Villalobos, "Environmental Performance in the Mexican Chemical Fibres Industry in the Context of an Open Market", en R. Jenkins (ed.), *Industry and Environment in Latin America*, Routledge, Londres, 2000, pp. 190- 217.

[41] INEGI, Semarnap, *Estadísticas del medio ambiente*, INEGI-Semarnap, México, 1997.

desechos de sustancias como el cloruro de polivinilo, cuando son incinerados, pueden formar rápidamente ácido clorhídrico que es muy tóxico. Se han hecho esfuerzos para crear plásticos nuevos que sean biodegradables cuando se dispongan como residuos, pero son también polémicos.[42]

La industria química es también intensiva en energía. Depende de insumos energéticos, no solamente de combustible y energía para sus operaciones, sino también para la fabricación de muchos de sus productos. Por ejemplo, en 1995 la industria de productos químicos dio cuenta de 10% del uso total de la energía en el mundo, con niveles similares en los países de la OCDE y en los países no miembros.[43] En México, las actividades industriales con el mayor consumo de energía son: la rama del acero, la petroquímica, la química, la del azúcar, la del cemento, la industria minera, la manufactura de celulosa y papel, y la de vidrio. Todas estas actividades juntas contribuyeron con 69% del consumo de energía industrial mexicana. Según las estadísticas de la Secretaría de Energía, la industria mexicana emplea de manera predominante combustibles fósiles, sobre todo el gas natural y los productos petrolíferos, y en especial el combustóleo. Los sectores petroquímicos y químicos consumen 30.4% y 19.5% de los combustibles fósiles, respectivamente.[44]

Por lo anterior se puede entender que el sector químico ejerza fuerte presión en el ambiente. Es un sector intensivo en energía; produce gran cantidad de residuos peligrosos derivados de sus procesos; genera varias emisiones a la atmósfera, y descarga componentes químicos de alta DBO (demanda biológica de oxígeno) al agua. Además, hay el riesgo de que algunos productos químicos sean tóxicos, persistentes y bioacumulables en seres vivos.

Se han desarrollado varias iniciativas voluntarias nacionales e internacionales para reducir los efectos de los químicos en el ambiente y la salud, y para hacer al mismo tiempo más seguro su manejo. Dichas iniciativas serán discutidas en las siguientes secciones, con base en los resultados empíricos de esta investigación.

RESPUESTAS VOLUNTARIAS DE GESTIÓN AMBIENTAL DEL SECTOR QUÍMICO MEXICANO: RESULTADOS DE INVESTIGACIÓN EN EMPRESAS

El objetivo de esta sección es discutir los resultados de la investigación basada en las experiencias de empresas selectas. En primer lugar se explican los tipos de IVGA adoptados y puestos en práctica por 17 compañías químicas que operan —casi todas— en la ciudad de México y el Estado de México; además, se analizan los facto-

[42] C. Murray, "Chemical Waste Disposal a Costly Problem", *Chemical and Engineering News*, 12 de marzo, 1979, p. 12.

[43] OCDE, *OCDE Environmental Outlook...*, *op. cit.*

[44] INEGI, Semarnap, *Estadísticas del medio ambiente*, *op. cit.*

res que impulsan y los que obstaculizan las iniciativas; se discuten también algunas de las ventajas que se han alcanzado con ellas. Las respuestas ambientales pueden variar de empresa a empresa, desde la respuesta "inactiva" hasta respuestas más "proactivas"; por ello, se estableció una clasificación de empresas según el caso.

Es importante recordar que los datos fueron proporcionados por las propias compañías a través de entrevistas o documentos, y la información fue triangulada en lo posible con datos de otras fuentes, como otras entrevistas y publicaciones. El objetivo de este capítulo no es presentar a las compañías químicas entrevistadas como casos de estudio extensos; en lugar de ello, la meta es explicar los hallazgos en cada empresa para al final compararlos considerando las características principales; es decir, tamaño, propiedad, y si exportan o no.

Descripción de las compañías químicas seleccionadas

El cuadro VIII.2 hace un resumen de las encuestas a las 17 compañías químicas visitadas, e incluye al gerente responsable de las cuestiones ambientales que fue entrevistado. La gama de compañías es absolutamente variada en términos de tamaño, actividades de exportación y tipo de producción. La muestra se divide en nueve empresas químicas multinacionales y ocho mexicanas.

Casi todas las compañías se localizan en el área de la ciudad de México y de los municipios del Estado de México. Solamente una compañía (Christiansson) está situada en el estado de Morelos, y otra (Dow Agrosciences) en el estado de Tlaxcala, al noreste de la ciudad de México, y fueron seleccionadas porque estaban dispuestas a participar, ya que al momento de su inclusión la respuesta de otras empresas químicas había sido incierta y se decidió incorporar a estas dos empresas pequeñas sin importar su localización. Las 17 compañías químicas seleccionadas cuentan con 31 plantas en total, y de éstas, 25 están situadas en la ciudad de México y los municipios cercanos del Estado de México y los estados de Morelos y Tlaxcala. Esto significa que el conjunto de estudios de caso de plantas representa 11.6% del número total de las plantas químicas que funcionan en la ciudad de México, el Estado de México y los estados de Morelos y Tlaxcala.

Sobre el origen del capital propietario de las empresas químicas multinacionales, cinco pertenecen a corporaciones de Estados Unidos; una es de capital mixto (50% estadounidense y 50% mexicano: Kosa Arteva Specialties), y una más es una asociación de capitales del extranjero, mitad de Estados Unidos y mitad del Reino Unido (Bostik). Hay también una compañía alemana (Kluber Lubricación Mexicana) y otra suiza (Clariant Productos Químicos). Es interesante observar que una de las compañías estadounidenses estaba en proceso de ser adquirida por una corporación francesa (Nalcomex). De las compañías químicas mexicanas, una está en proceso de ser adquirida por una corporación suiza (Christiansson);

otra perteneció a una corporación extranjera y ahora es parte de una corporación mexicana (QB Químicos de México); dos más pertenecen a un grupo corporativo muy poderoso en México llamado GIRSA: Quimir y Productos de Consumo Resistol, y el resto a dueños más pequeños (El Oso, Resinas y Materiales, y Comercial Roshfrans); otra más es propiedad de una familia (Diquimex).

El tamaño de las compañías es también variado (véase el cuadro VIII.2). Para la clasificación de las empresas según su tamaño se tuvo en cuenta la hecha por la Secretaría de Comercio y Fomento Industrial de México. En el grupo de compañías multinacionales hay una compañía grande, dos medianas, cinco pequeñas y una microempresa. La empresa Dow Agrosciences puede ser considerada una planta pequeña debido al número de empleados, pero pertenece a una corporación grande y poderosa de Estados Unidos.

El volumen de producción también es muy variado por empresa (véase el cuadro VIII.2). En el caso de las compañías multinacionales va desde 35 000 toneladas anuales (Kosa Arteva Specialties) hasta 700 toneladas anuales (Kluber Lubricacion Mexicana); en el grupo de empresas mexicanas va de 104 310 toneladas anuales (Quimir) hasta 10 000 toneladas anuales (QB Químicos de México).

Los productos fabricados son también muy diversos. No se eligió una rama específica de la industria química al seleccionar a las compañías porque el acceso a las plantas era muy difícil, y se tuvo que aceptar a cualquier empresa que estuviese dispuesta a participar.

Hay compañías que producen compuestos orgánicos, tales como resinas plásticas, fibras artificiales y petroquímicos (como por ejemplo, polímeros, pegamentos y acetato de polivinilo); hay también fabricantes de aceites y lubricantes industriales, colorantes, herbicidas, especialidades químicas y compuestos inorgánicos (como compuestos del fosfato). Otra compañía (Diquimex) reempaca y distribuye productos químicos, tales como derivados del petróleo y solventes clorinados. Sin embargo, las variaciones de producto no interesan a los propósitos de esta investigación.

Todas las multinacionales exportan productos a diversos países de Centroamérica y Sudamérica, Estados Unidos, Canadá, Australia y Japón. Solamente dos de las compañías químicas mexicanas reportan exportaciones relevantes (Quimir y Christiansson) e incluyen países en Sudamérica, Estados Unidos y algunos otros en Europa. Hay además tres compañías mexicanas que estaban por comenzar a exportar, o tenían actividades de exportación limitadas (El Oso, Productos de Consumo Resistol y Resinas y Materiales). Los lugares destinatarios de estas exportaciones incluyen a Estados Unidos, Cuba, Centroamérica, Francia y Noruega. El porcentaje de la exportación para estas compañías varía de 0.1 a 3% de su producción; pero para los propósitos de esta investigación solamente las empresas con participaciones de 50% o más de sus exportaciones en la producción se consideran orientadas a la exportación o altamente exportadoras.

Cuadro VIII.2
Características generales de las compañías químicas seleccionadas en México

Nombre	*Mexicana o multinacional*	*Nombre y posición de la persona entrevistada*	*Año inicial*	*Número de empleados*	*Número de plantas y localización en México*	*Volumen de la producción anual*	*Tipo de productos químicos*	*Exporta / Destino*
Kosa Arteva Specialties	Multinacional	Francisco Javier Azuara, gerente corporativo de Control Ambiental	Desde 1998 asociación estadounidense (Koch Industries) y mexicana (IMASA)	781	Cuatro plantas: Toluca (planta visitada), Querétaro, Zacapo y Ocotlán	35 000 toneladas	Resinas para empaquetar, polímeros, fibras químicas (poliéster, nylon y fibras para llantas)	Sí, América Latina
Clariant Productos Químicos	Multinacional	Florencio Flores Ayón, jefe de Relaciones Gubernamentales y Ricardo Bernal, gerente de Medio Ambiente, Seguridad e Higiene	1962, corporación suiza	450	Una planta multiservicios en el Estado de México	56 000 toneladas	Pigmentos, colorantes, químicos funcionales, componentes tenso-activos	Sí, Centroamérica y Sudamérica
Reichhold de México	Multinacional	Javier Pérez Gómez, gerente de Cuidado Responsable	1948, corporación de Estados Unidos	250	Tres plantas: Ciudad de México (Vallejo, planta visitada), Toluca, una más en construcción en el Estado de México	33 000 toneladas	Principalmente resinas sintéticas	Sí, América Latina

Shenectady México	Multinacional	Jesús Velázquez, jefe de Seguridad y Control Ambiental	1948, corporación de Estados Unidos	95	Una planta: Estado de México	780 toneladas	Resinas sintéticas (sólidas y líquidas) y barnices	Sí, Estados Unidos, Canadá, Centroamérica y Japón
Nalco de México	Multinacional	Ricardo García, jefe de Seguridad y Ecología	1960, corporación de Estados Unidos (esta compañía estaba por ser adquirida por una compañía francesa)	88	Una planta en Toluca (Estado de México)	8 400 toneladas	Polímeros secos	Sí, Estados Unidos, América Latina, Australia
Kluber Lubricación Mexicana	Multinacional	David Mora, jefe de Ingeniería de Planta	1978 (100% alemana desde 1998)	78	Una planta: Ciudad de México	700 toneladas	Lubricantes especiales para industrias	Sí, Estados Unidos, Centroamérica y Sudamérica
Dow Agrosciences de México	Multinacional	Marco Aurelio Sánchez, Medio Ambiente, Seguridad e Higiene	1950 en México, corporación de Estados Unidos	50	Dos plantas, una en Tlaxcala (planta visitada) y otra en el Estado de México	4 000 toneladas	Herbicidas e insecticidas	Sí, Centroamérica y Estados Unidos
Química Hércules	Multinacional	Abraham Escutia, gerente de Seguridad y Medio Ambiente	1986, corporación de Estados Unidos	40	Dos plantas: Ciudad de México (planta visitada) y Uruapan (estado de Michoacán)	7 000 toneladas	Emulsiones acuosas	Sí, Sudamérica
Bostik Mexicana	Multinacional	Marcelino Robles, jefe de Mantenimiento y Seguridad	1963, corporación de Estados Unidos e inglesa	24	Una planta en el Estado de México	706 toneladas	Adhesivos y selladores	Sí, sólo selladores a Brasil y Canadá

El Oso	Mexicana	Guillermo Berea, coordinador general de Ecología	1952, 100% mexicana	350	Dos plantas en la Ciudad de México (planta visitada en Popocatépetl)	12 000 123 piezas	Productos para la limpieza de calzado (p. ej. grasas, cremas, ceras líquidas)	Iniciaba: pocas actividades de exportación (3%)
Quimir	Mexicana	Ángelo Pozos, gerente general de Control Ambiental, Seguridad e Higiene	1975, es 100% mexicana y pertenece a la corporación GIRSA	250	Cuatro plantas: tres en el Estado de México (una en Tultitlán —planta visitada— y dos en Lechería) y una en Veracruz	104 310 toneladas	Componentes de fosfato (por ejemplo, ácido fosfórico)	Sí, 70% de la producción se exporta a Sudamérica, Estados Unidos y Europa
Comercial Roshfrans	Mexicana	Benjamín Cruz, gerente de Mantenimiento, Control Ambiental, Seguridad e Higiene	1963, 100% mexicana	200	Tres plantas: una en Hidalgo, una en el Estado de México (Vallejo, planta visitada), y otra en la Ciudad de México.	20 383 toneladas	Aceites lubricantes (para motores, industrias y autos), grasas para autos e industrias, líquidos para los frenos, líquidos anticongelantes.	Sin actividades de exportación
Productos de Consumo Resistol	Mexicana	Miguel Ángel Tostado, director general de Control Ambiental, Seguridad e Higiene	1954, es 100% mexicana y pertenece a la corporación GIRSA	170	Tres plantas: una en Guanajuato, una en el Estado de México (Vallejo, planta visitada), y otra en la Ciudad de México.	9 000 toneladas	Pegamentos, ácidos-base modificados, envases de acetato polivinilo	Sin actividades de exportación

QB Químicos de México	Mexicana	Tiburcio Liñán, coordinador de Ecología y Seguridad	1957, se estableció como Industria Química Farmex; en 1992 cambió de nombre y fue absorbida por una corporación mexicana	115	Una planta en el Estado de México (Xalostoc, planta visitada), y otra en Monterrey	10 000 toneladas	Resinas	Sin actividades de exportación
Christiansson	Mexicana	Ignacio Tejada, jefe de Seguridad y Gestión Ambientalt	1973, 100% mexicana, en proceso de ser adquirida por una empresa suiza	80	Una planta en Morelos	19 200 toneladas	Especialidades químicas, amina, nitrils, fenol de nonil	Sí, Estados Unidos, Chile, Colombia y España
Resinas y Materiales	Mexicana	Claudia Martínez, supervisora de Calidad	1986, 100% mexicana	70	Una planta en el Estado de México (Tultitlán)	12 000 toneladas	Resinas (p. ej., pantopox, tereftalato de dioptil)	Sí, sólo un producto (Rymsapol R-180) a Estados Unidos
Distribuidora Química Mexicana (Diquimex)	Mexicana	Juan Manuel Trejo, jefe de Planta y Mantenimiento	1976, 100% mexicana	50	Una planta en el Estado de México (Cuautitlán Izcalli)	15 756 toneladas	Reempaque y distribución de químicos como solventes y derivados del petróleo	Sin actividades de exportación

Nota: Clasificación del tamaño de empresa de la Secretaría de Comercio y Fomento Industrial (Secofi) según el número de empleados: 0-30 = micro-empresa, 31-100 = pequeña; 101-500 = mediana; 501 y más = grande.

Cuadro VIII.3
IVGA puestas en marcha

Nombre	*Propiedad*	*Número de empleados*	*¿Exporta?*	*Tipo de* EMS	*Certificación* ISO	*Auditoría ambiental Profepa*
Kosa Arteva Specialties (planta en Toluca)	Multinacional	781	Sí	Cuidado Responsable (CR) integrado en EMS de la corporación	ISO 9000 (interesada en adoptar ISO 14001)	Sí, con certificado de Industria Limpia
Clariant Productos Químicos de México (planta Ecatepec)	Multinacional	450	Sí	Cuidado Responsable integrado en el programa de Protección Ambiental Clariant	No, sin embargo incorpora aspectos de ISO 14001	Sí, con certificado de Industria Limpia (ya recertificada)
Reichold Química de México (planta Vallejo)	Multinacional	250	Sí	Cuidado Responsable	ISO 9000	No
Schenectady México (planta Xalostoc)	Multinacional	95	Sí	Cuidado Responsable integrando también lineamientos de la corporación	En proceso de obtener ISO 9000	No
Nalcomex (planta Lerma)	Multinacional	88	Sí	Cuidado Responsable integrado en EMS de la corporación	ISO 9000 (interesada en ISO 14001)	En proceso de auditoría ambiental
Kluber Lubricación Mexicana (planta Ciudad de México)	Multinacional	78	Sí	Cuidado Responsable	ISO 9000 (en proceso de obtener ISO 14001)	No

Química Hércules (planta Ciudad de México)	Multinacional	70	Sí	Cuidado Responsable	No	No, pero está interesada en participar. En proceso de negociaciones con el gobierno
Dow Agrosciences de México (planta Tlaxcala)	Multinacional	50	Sí	Cuidado Responsable integrado en el programa de Medio Ambiente, Seguridad e Higiene de Dow	ISO 9000	Sí, con certificado de Industria Limpia (ya recertificada)
Bostik Mexicana (planta Naucalpan)	Multinacional	24	Sí	Iniciaba Cuidado Responsable (muy poco avance)	Trabaja para obtener ISO 9000	No
El Oso (planta Ciudad de México)	Mexicana	350	No	Ninguno	ISO 9000	No
Comercial Roshfrans (planta Ciudad de México)	Mexicana	280	No	Se vuelve a iniciar Cuidado Responsable de 1997. En desarrollo su propio EMS	ISO 9000 (interesada en obtener ISO 14001 en el futuro)	No
Quimir (planta Tultitlán)	Mexicana	250	Sí	EMS de la corporación. Sistema integrado de gestión para el control ambiental, Seguridad e Higiene (integra aspectos de CR). Programa de Producción más Limpia	ISO 9000 (interesada en obtener ISO 14001 en el futuro)	Sí, con certificado de Industria Limpia

Productos de Consumo Resistol (planta Vallejo)	Mexicana	170	No	EMS de la corporación. Sistema integrado de gestión para el control ambiental, Seguridad e Higiene (integra aspectos de CR)	ISO 9000	Sí, con certificado de Industria Limpia (ya recertificada)
QB Químicos de México (planta Xalostoc)	Mexicana	115	No	Sin EMS (la empresa está tratando de desarrollar su EMS). Por lo pronto, sólo cumple con las regulaciones	En proceso de obtener ISO 9000	No
Christiansson (planta Civac)	Mexicana	80	Sí	Cuidado Responsable	No	En proceso de obtener el certificado de Industria Limpia
Resinas y Materiales (planta Tultitlán)	Mexicana	70	Sí	Cuidado Responsable. Programa de Producción más Limpia	ISO 9000 (interesada en obtener ISO 14001 en el futuro)	No
Distribuidora Química Mexicana (planta Cuautitlán Izcalli)	Mexicana	50	No	Cuidado Responsable (con poco avance)	No	No

Según su propiedad, tamaño y grado de exportación pueden variar los enfoques y los obstáculos para el establecimiento de los programas de gestión ambiental en las empresas; por esta razón, al seleccionar a las compañías químicas la idea era tener una muestra amplia de tamaños, grados de exportación y propiedad. En las secciones siguientes se estudiará la relación entre estas características y las respuestas de gestión ambiental de las empresas.

Tipos de IVGA que se han puesto en marcha

El cuadro VIII.3 presenta los principales tipos de IVGA que han adoptado y puesto en práctica las compañías químicas multinacionales y mexicanas visitadas durante el estudio. Los tipos más importantes son: el programa Cuidado Responsable (CR); las certificaciones ISO; los sistemas de gestión ambiental (EMS)[45] específicos, creados por la empresa o la organización corporativa, y el programa de Auditoría Ambiental de la Procuraduría Federal de Protección Ambiental.

El programa Cuidado Responsable

La mayoría de las compañías, ya sean mexicanas o multinacionales, reportaron que habían adoptado el programa Cuidado Responsable (15 de las 17 compañías químicas entrevistadas); solamente dos compañías mexicanas no contaban con dicho programa (El Oso y QB Químicos de México), pues explicaron que principalmente atienden los requisitos de la regulación ambiental. Las compañías que establecen el programa CR son socias de la Asociación Nacional de la Industria Química (ANIQ), ya que uno de los requisitos de membresía es la firma de un documento que las compromete a adoptar y aplicar este programa.

Sin embargo, el grado de avance del programa CR entre los asociados a la ANIQ varía mucho. Según la información dada por la propia ANIQ,[46] la cual considera informes de autoevaluación de las compañías, en el caso de las multinacionales los porcentajes van de por encima de 90% de progreso en la aplicación del programa CR al mínimo de 40%; en las mexicanas también varía, de 85 a 50%. Los porcentajes reportados corresponden al progreso total logrado en los seis códigos de práctica que constituyen el programa CR; en el caso de las empresas multinacionales, el porcentaje promedio de progreso del programa CR fue de 65%; solamente tres de ellas reportaron un progreso superior a 70%. Por lo tanto, el grado

[45] EMS: Environmental Management Systems.

[46] Lorena Espinosa, gerente de Cuidado Responsable, ANIQ (comunicación personal, 30 de septiembre de 2000).

de progreso varió mucho de una empresa a otra, y se observa que el porcentaje fue más alto en las compañías multinacionales que en las mexicanas.

Acerca de la relación entre el tipo de compañía y la adopción del programa CR, parece que un determinante significativo para el grado de progreso ha sido el apoyo y el pleno compromiso de la organización corporativa; éste fue el caso de dos multinacionales con el progreso más alto. Ambas cuentan con poderosas matrices corporativas extranjeras que están completamente comprometidas con el programa CR. Por lo tanto, fue posible observar una relación cercana entre la propiedad de la compañía y el progreso en el desarrollo del programa CR.

El progreso del programa CR también se relaciona de manera muy estrecha con los recursos económicos de la compañía. Por ejemplo, las dos multinacionales con el grado más alto de aplicación del programa contaban con suficientes recursos para ponerlo en práctica, hecho que contrasta con otras compañías multinacionales más pequeñas que han estado haciendo frente a dificultades económicas (esto fue informado por Schenectady) o no cuentan con un presupuesto específico para apoyar los programas ambientales (informado por Bostik), y por lo tanto presentan un menor grado de progreso.

Este factor de los recursos también se aplica en el caso de las compañías mexicanas y el grado de progreso del programa CR tiene similarmente fuerte relación con el tipo de organización corporativa que apoya a la compañía. Esto por ejemplo fue observado en la compañía mexicana con uno de los mayores grados de progreso del programa CR: Productos de Consumo Resistol, que pertenece a una corporación mexicana poderosa, muy grande, y muy comprometida con su programa de gestión ambiental, al que proporciona capacitación y apoyo económico. Por lo tanto, un elemento crucial que condiciona el grado de progreso de un sistema de gestión ambiental es el compromiso ejecutivo que respalda la asignación de los recursos necesarios; es decir, la alta dirección corporativa que establece la prioridad de las IVGA en la estrategia global de la compañía, asigna personal especial para dirigir y monitorear estos programas y los recursos requeridos para que puedan alcanzar sus metas.

En contraste con esta situación ideal, las compañías mexicanas con más bajo progreso han tenido que hacer frente a más dificultades porque no pertenecen a corporaciones poderosas, los recursos económicos son limitados y no hay suficiente personal calificado para supervisar el programa CR.

También se observó que la estructura administrativa de la compañía condiciona el desarrollo de un programa voluntario. Esta estructura incluye el estilo de la administración; es decir, su capacidad de mejora y su nivel de eficiencia, y —lo más importante— si incorpora el componente ambiental de diversas maneras, tal como establecer un departamento específico para ocuparse de las cuestiones ambientales asignándole presupuesto. Otros elementos esenciales relacionados con esta estructura son la situación económica de la empresa y la educación ambiental formal de sus empleados.

Es también importante subrayar que las compañías con dichas estructuras administrativas y con elementos tales como política ambiental, metas ambientales, informes ambientales internos, y evaluación y monitoreo ambientales, son las que presentan generalmente mayores grados de desarrollo.

Las certificaciones ISO

De las 15 compañías que ponían en práctica el programa CR, 12 eran empresas exportadoras, pero ninguna tenía la certificación ISO 14001. Por otra parte, un alto porcentaje (73%, es decir 11 compañías) tenía ya el certificado ISO 9000 de calidad. Esta información se corresponde con lo que había informado la ANIQ en una encuesta que realizó entre sus miembros: de las 62 compañías que respondieron, 26% tenían la certificación ISO 14001, y 84% la ISO 9000.[47]

Solamente una compañía mencionó que estaba en proceso de obtener la certificación ISO 14001 (Kluber Lubricación Mexicana). Esta compañía observó que si el sector químico se globaliza, se tendrían que incorporar normas internacionales tales como la ISO 14001. Por otra parte, cuatro compañías estaban interesadas en la obtención de este certificado en el futuro y tenían ya el certificado ISO 9000. Una de ellas observó que el interés en adquirir la certificación ISO 14001 era debido a las "actuales exigencias del mercado" (Nalco de México).

El hecho de que la mayoría de las exportadoras encuestadas no poseyera el certificado ISO 14001 puede significar que no recibían tanta presión de sus clientes para acreditarse; por el contrario, el programa CR es reconocido en el sector químico de todo el mundo, que lo conoce y apoya. Así que si las transacciones de comercio exterior se desarrollan entre empresas químicas, el programa tiene pleno reconocimiento de proveedores y clientes.

Otro aspecto que cabe considerar es que la obtención del ISO 14001 podría implicar más requisitos reguladores e inversión económica que el programa CR. También, debido a que hasta ahora no hay verificación externa estricta para comprobar el progreso del programa —a diferencia del ISO 14001—, esto hace más fácil su adopción.

Por lo tanto, según los resultados de esta investigación, puede argumentarse que para las compañías químicas que funcionan en México no hay gran interés ni presión externa para obtener la certificación ISO 14001. La razón principal es que el programa CR es bien reconocido en el sector químico mundial y se acepta

47 *Ibid.*, comunicación personal, junio de 2001.

que las compañías entreguen mercancías y den servicios en el mismo sector; es decir, hay un alto nivel de mercadeo y comercio intrasectoriales.

Los sistemas de gestión ambiental (EMS) desarrollados por la empresa o su organización corporativa

Como puede apreciarse en el cuadro VIII.3, cinco compañías ponen en práctica el EMS desarrollado en la organización de la corporación: Kosa Arteva Specialties, Clariant Productos Químicos, Dow Agrosciences, Quimir y Productos de Consumo Resistol. Una ligera mayoría de ellas es multinacional (tres multinacionales y dos mexicanas). Se observa que hay estrecha relación entre la capacidad económica de la empresa y su habilidad para diseñar sistemas avanzados de gestión ambiental; es decir, las empresas con los recursos apropiados —de todo tipo, especialmente los financieros— pueden diseñar y llevar a cabo EMS avanzados y eficientes. Las características comunes de las compañías antedichas son que todas pertenecen a corporaciones extranjeras grandes y poderosas (aunque su tamaño varía, pues hay una subsidiaria grande, una mediana y una pequeña) y han estado incluyendo en sus operaciones aspectos ambientales y de seguridad e higiene durante mucho tiempo; además, las empresas indicaron que su respectiva matriz, extranjera, requiere que ellas operen con las propias normas corporativas más específicas y estrictas, y generalmente más exigentes que las regulaciones mexicanas ambientales y de seguridad e higiene. Por lo tanto, al poner en práctica las EMS aseguran el cumplimiento de las regulaciones mexicanas.

Es importante mencionar que hay elementos comunes en los EMS desarrollados y aplicados por las compañías mencionadas en esta sección. Todos integran aspectos del programa Cuidado Responsable en el sistema general de gestión ambiental de la compañía, el cual se ocupa de aspectos de ambiente, seguridad e higiene de una manera integrada. Estos sistemas integrados también se vinculan con aspectos relativos a la calidad; son innovadores y se diseñan para la mejora continua. Generalmente en estos programas voluntarios se concibe la protección del ambiente como un elemento que proporciona ventaja competitiva; es también una herramienta esencial para mantener y mejorar la imagen de la compañía.

Ninguna de las otras compañías mexicanas tiene el grado de progreso para desarrollar su propio EMS, pero también es claro que ninguna cuenta con la capacidad económica o el apoyo de una organización corporativa poderosa como GIRSA.

Además, la mayoría de las compañías mexicanas encuestadas estaba en la fase de cumplimiento ambiental o en la de temprano desarrollo del EMS. Tres de ellas son básicamente *reactivas* a las regulaciones ambientales y han hecho frente a las dificultades de aplicar iniciativas voluntarias (Diquimex, EL Oso, QB Químicos de México); dos comenzaban a moverse más allá del cumplimiento ambiental y estaban en una fase temprana de desarrollo del programa (Resinas y Materiales, y Comercial Roshfrans).

El programa de Auditoría Ambiental de la Profepa

El programa de Auditoría Ambiental de la Profepa es voluntario y se ha promovido en México desde 1992. Implica una revisión sistemática y comprensiva de procedimientos y de prácticas industriales para comprobar si la compañía satisface las condiciones ambientales reguladas y las no reguladas. Después de esta evaluación, pueden descubrirse las condiciones de riesgo y producirse recomendaciones preventivas y correctivas (es decir, acciones por tomar). Todo eso se indica en un plan convenido entre la compañía y la autoridad Profepa. Cuando la compañía pone en práctica completamente el plan de acción, recibe el certificado de Industria Limpia otorgado por la Profepa. Esto no es exigido por la ley sino requerido por vía de un acuerdo voluntario; sin embargo, podría ser requerido unilateralmente por la Profepa cuando juzgue que una compañía puede representar un riesgo para sus propias instalaciones y sus alrededores. En este caso específico, dicho programa podría considerarse como un instrumento de la regulación ambiental directa.

Como puede observarse en el cuadro VIII.3, cinco compañías reportaron que habían estado en este proceso de Auditoría Ambiental y habían obtenido el certificado de Industria Limpia; tres son multinacionales (Kosa Arteva Specialties, Clariant Productos Químicos y Dow Agrosciences) y dos mexicanas (Quimir y Productos de Consumo Resistol). Otra empresa mexicana estaba por poner en marcha los planes de acción derivados del programa de Auditoría Ambiental y también en el proceso de obtener el certificado de Industria Limpia (Christiansson). En el caso de las compañías multinacionales, una estaba en el proceso de realizar la Auditoría Ambiental (Nalco de México), mientras que otra indicó que estaba muy interesada en este programa, y discutía con las autoridades los términos y las condiciones para su participación (Química Hércules).

Todas las subsidiarias multinacionales y las empresas mexicanas que ya han obtenido el certificado de Industria Limpia son compañías poderosas con enormes recursos económicos; son establecimientos grandes y medianos; solamente uno es pequeño pero forma parte de un gran corporativo grande. Este vínculo entre la capacidad económica y el logro del certificado de Industria Limpia se corresponde con la observación hecha en un estudio gubernamental de evaluación sobre los instrumentos y los programas reguladores. Ahí se indicaba que una de las desventajas de este programa de Auditoría Ambiental es el alto costo de la auditoría misma; y aún más importante, los costos de las medidas correctivas propuestas en los planes de acción eran elevados. De aquí que este programa se limite a las industrias con los suficientes recursos económicos y con capacidad para su aplicación. Esto deja afuera a la mayoría de las compañías pequeñas y medianas que funcionan en México.[48]

Por otra parte, funcionarios de Profepa han reconocido que el programa ambiental tiene que ser adaptado a las necesidades de las compañías micro, pequeñas y medianas, y en este sentido el gobierno ha estado desarrollando términos de la referencia para incorporar a estas empresas en el programa.[49]

La mayoría de las compañías que han participado en el programa tienen el certificado de Industria Limpia porque lo consideran como un elemento importante para mejorar su imagen ante la sociedad y el gobierno; además porque el programa ayuda a identificar áreas de mejora ambiental, seguridad e higiene. Para estas compañías es muy importante obtener el reconocimiento del gobierno, puesto que eso mejora su relación con las autoridades ambientales. Debido a los altos costos que conlleva el programa de Auditoría Ambiental de la Profepa, un bajo porcentaje de las compañías encuestadas ha participado en él: solamente 35 por ciento.

Beneficios, factores motivantes y obstáculos de la implementación de IVGA

Beneficios

Relativo a los beneficios obtenidos por la adopción de iniciativas voluntarias, casi todas las empresas multinacionales (con excepción de una) expresaron que al establecer estos programas habían mejorado su imagen interna y externamente; es decir, con autoridades y clientes. En el caso de las compañías mexicanas parece que mejorar la imagen fue un beneficio clave solamente en el caso de las que formaban parte de grandes corporaciones poderosas; por ejemplo, Productos de Consumo Resistol y Quimir.

En principio, la meta más importante al aplicar iniciativas ambientales voluntarias debe ser la mejora del desempeño ambiental. Algunos estudios de investigación han demostrado que las iniciativas voluntarias tales como los EMS pueden ser herramientas muy útiles para mejorar el desempeño ambiental de las empresas; por ejemplo, un estudio realizado por el Banco Mundial —el cual evaluó industrias medias y pequeñas en Guadalajara— indica que más de 80% de los establecimientos industriales encuestados que habían adoptado EMS redujo

48 INE, Semarnap, PNUD, *Elementos para un proceso inductivo de gestión ambiental de la industria*, INE, Semarnap, PNUD, México, 2000.

49 Carlos González Guzmán, director de Clasificación de Zonas de Riesgo Ambiental, Departamento de Auditoría Ambiental, Profepa (comunicación personal, 8 de junio de 2000).

sus descargas al ambiente; casi 70% mejoró su ambiente de trabajo, y más de 50% mejoró su desempeño económico y su desempeño ambiental.[50]

Una forma de juzgar la utilidad de estas iniciativas podría ser analizando si están contribuyendo realmente a la reducción de emisiones (al aire, agua y suelos), y si están ahorrando materias primas. Es importante observar que la mayoría de las compañías multinacionales encuestadas (ocho empresas) indicó que uno de los beneficios relevantes obtenidos era la reducción de emisiones y desechos (peligrosos y no peligrosos); por lo tanto, para estas compañías el valor de adoptar iniciativas ambientales voluntarias es muy significativo porque contribuyen al mejor desempeño ambiental de sus plantas. Sin embargo, es importante considerar que este beneficio fue solamente mencionado y no probado; no se mostró ninguna documentación al respecto, salvo por tres compañías. Si se cree en la veracidad de los comentarios de los encuestados, entonces tiene valor esencial la adopción de las iniciativas voluntarias para las compañías multinacionales. En el caso de las empresas mexicanas, la reducción de emisiones como un beneficio fue mencionado solamente por tres de ellas.

Otro valioso beneficio de los programas de gestión ambiental se logra a través de la optimización de los procesos industriales y "haciendo más con menos". En el caso de las multinacionales, 55% de las compañías (cinco empresas) reportó que sus programas les ayudaron a ahorrar recursos, especialmente agua y energía, lo cual es de gran significación ambiental; de las compañías mexicanas, solamente dos manifestaron este beneficio; una de ellas —Resinas y Materiales— era la única empresa mexicana que había participado en el programa del Centro Mexicano de Producción más Limpia. En este caso se explicó que al participar en dicho programa fue posible evaluar las oportunidades de procesos más limpios y más eficientes. Lo que es sorprendente es que aunque hay historias exitosas de medidas para hacer más eficientes los procesos industriales con ahorro de recursos naturales y por lo tanto con beneficios económicos de corto plazo, no ha habido mucha participación de las empresas mexicanas en estas iniciativas. Esto se puede observar en la muestra de compañías encuestadas. De las 17 compañías visitadas, solamente dos —Resinas y Materiales, y Quimir— indicaron que habían participado en el programa del Centro Mexicano de Producción más Limpia. Esto fue corroborado por el director de dicho centro: "El verdadero gancho para conseguir que las industrias participen en programas preventivos de la contaminación —como el programa de Producción más Limpia— es el aspecto monetario; sin embargo, ha sido muy difícil motivarlas y conseguir que participen en este tipo de programas."[51]

50 Banco Mundial, "Mexico the Guadalajara Environmental Management Pilot", *Report no. 18071-ME*, Document of the World Bank, Washington, 1998.

51 Doctor Guillermo Román, director del Centro Mexicano de Producción más Limpia (comunicación personal, 20 de abril de 1999).

De las 15 compañías que contaban con iniciativas de gestión ambiental —con varios grados de avance— ocho, multinacionales y mexicanas —es decir 53%—, reportaron haber obtenido beneficios económicos, derivados sobre todo de prácticas ecoeficientes ahorradoras de costos; por ejemplo, gracias a la reducción de desechos peligrosos y por lo tanto a menores costos por su manejo. Otra fuente de reducción de costos mencionada fue el evitar multas por incumplimiento ambiental.

Otro beneficio significativo fue que los programas de gestión ambiental se perciben generalmente como una buena práctica de negocio. Esto es porque ayudan a mantener las operaciones en la planta, al mejorar el orden y la limpieza de las instalaciones industriales; es decir, ayudan a mejorar el "cuidado interno" de las plantas. Al mismo tiempo, ayudan a crear una mejor organización de las acciones ambientales, presentan una estructura clara de la organización, objetivos más claros y responsabilidades bien definidas. Esto lo indicaron seis compañías multinacionales (66.6% de las compañías multinacionales que declararon contar con programas de gestión ambiental) y cuatro compañías mexicanas (66.6% de las compañías mexicanas que reportaron tener esquemas de gestión ambiental en práctica).

Otro beneficio reportado por las compañías es la aplicación de los programas de gestión ambiental que les ayuda al pleno cumplimiento ambiental. Cuatro compañías multinacionales y cinco mexicanas manifestaron que estas iniciativas voluntarias les han ayudado a cumplir con las regulaciones ambientales y en consecuencia se han mejorado sus relaciones con las autoridades ambientales. Pero lo más interesante es que los gerentes entrevistados sostienen que las iniciativas les han ayudado a ir más allá del cumplimiento de la regulación ambiental nacional.

Por ejemplo, cinco compañías multinacionales proclamaron tener un estatus de protección ambiental más allá del cumplimiento, lo que significa que están cumpliendo con las regulaciones nacionales, pero también con las normas requeridas por su organización corporativa que son generalmente más estrictas que las regulaciones mexicanas. De las compañías mexicanas, había cuatro que reportaron que tenían un estatus "más allá del cumplimiento"; por lo tanto, un total de nueve compañías (53% del total estudiado) manifestaron cumplir más allá de las regulaciones ambientales mexicanas y también reconocieron que iniciativas como el programa CR o su propio EMS les ayudaron a alcanzar ese estatus. Es interesante observar que la mayoría de estas compañías son multinacionales, y tienen que seguir normas más estrictas requeridas por sus corporaciones. Por lo tanto, la idea de los "paraísos de la contaminación", donde las compañías multinacionales operan fácilmente y contaminan en países con regulaciones ambientales más débiles, no se aplica en el caso de las multinacionales estudiadas en esta investigación.

Otro beneficio de la adopción de iniciativas voluntarias es una mejor cultura del ambiente y la salud laborales. Esto fue indicado por cuatro compañías multinacionales y dos empresas mexicanas, y es muy importante porque refleja que la capacitación desarrollada dentro de los programas voluntarios está llegando a todo el personal.

Solamente una compañía multinacional (Dow Agrosciences) consideró el beneficio social de mejorar el ambiente y la seguridad. Esto refleja otra vez la poca importancia que se da a los efectos de las actividades empresariales en las comunidades y en la sociedad en general.

A este respecto, cabe recordar que uno de los elementos clave del programa CR (puesto en práctica por la mayoría de las compañías estudiadas) es el código de prácticas sobre conciencia comunitaria y respuesta a emergencias, el cual requiere que las compañías establezcan un programa del "derecho a saber" en cualquier sitio donde se manejen productos químicos. Las compañías deben saber y responder en forma sensible a las preocupaciones de la comunidad; contar con un plan de respuesta a emergencias, y aconsejar a la comunidad sobre los peligros potenciales asociados a sus operaciones.

Sin embargo, varias compañías reportaron que este aspecto del programa CR es de los menos desarrollados; la mayoría de las empresas no ha desarrollado ni aplicado un programa comunitario específico. Algunas explicaron que como sus instalaciones se localizan en parques industriales, perciben que su "comunidad" es el conjunto de plantas industriales vecinas, y no realizan actividades "comunitarias" con esas plantas. Es frecuente que participen en un programa llamado PAMI (Programa de Ayuda Mutua Industrial), donde se informa sobre los riesgos, se desarrollan planes de emergencia y se exponen los procesos industriales en marcha. Otras compañías llevan a cabo actividades aisladas hacia las comunidades, tales como recorridos guiados en sus plantas, y apoyos a los trabajadores y sus familias (por ejemplo mediante programas de salud y donativos de materiales para mejorar las instalaciones urbanas de comunidades próximas). En algunos casos no hay intención de interactuar con las comunidades o de desarrollar programas comunitarios formales; la explicación es porque son comunidades asentadas en forma irregular y por ello las compañías no sienten "obligación" alguna hacia ellas.

Solamente dos compañías multinacionales (Dow Agrosciences y Kosa Arteva Specialties) revelaron tener programas formales dirigidos a las comunidades con buen progreso. En ambos casos los programas incluyen actividades tales como visitas a la planta por miembros de la comunidad, sesiones informativas sobre los procesos industriales en uso y las medidas de emergencia, así como el otorgamiento de ayuda para solucionar problemas específicos de la comunidad. En el caso de Dow Agrosciences, hay un "panel consultivo de la comunidad" en el cual se tratan sus asuntos y se les da la prioridad más alta.

Hubo compañías que reconocieron la importancia de aumentar la interacción con las comunidades vecinas y de desarrollar mecanismos efectivos para proporcionar información ambiental y de riesgos. Los ejecutivos de la ANIQ consideraron necesario exigir conciencia comunitaria y desarrollar mecanismos eficientes para que haya más interacción entre las comunidades y las compañías químicas.[52]

En vista de la "transición a la sustentabilidad" de las compañías es conveniente tomar en cuenta los puntos de vista de J. Elkington. Él indica que la agenda de la sustentabilidad no debe ser solamente un intento de armonizar la línea básica financiera tradicional con la ambiental; es también esencial incluir el aspecto social como tercera línea básica que corra paralela a la prosperidad económica y la calidad ambiental; es decir, la "triple línea básica" de la sustentabilidad implica que las industrias deben considerar los asuntos sociales, económicos y ambientales para estar en la trayectoria correcta.[53]

Factores que estimulan la adopción de iniciativas voluntarias

Según las respuestas de los entrevistados, conviene dividir en externos e internos los factores que impulsan a las compañías a adoptar iniciativas voluntarias. Estos factores se precisan en el cuadro VIII.4.

Los factores externos e internos tuvieron diferente influencia en cada compañía. El cuadro VIII.5 presenta los factores precisados por las compañías multinacionales y el cuadro VIII.6 los factores mencionados por las mexicanas. Cabe examinar algunos puntos. En primer lugar, el factor conductor más relevante que parece motivar a las empresas multinacionales a adoptar iniciativas voluntarias es la imagen; seis de siete compañías lo indicaron. Se trata de la imagen "verde" que las compañías desean proyectar a los consumidores, a los clientes, a las autoridades y a las comunidades. En el caso de las compañías que han puesto en práctica el programa de Auditoría Ambiental promovido por la Profepa, una razón importante de su participación era la mejora de su imagen. En todos los casos, el certificado de Industria Limpia ayudó a mejorar la imagen de las empresas ante las autoridades, y en algunos ante las comunidades. Sin embargo, no es evidente que este certificado se empleara como herramienta de mercado para asegurar o aumentar las actividades comerciales.

En contraste, para las compañías mexicanas el factor "imagen" no fue tan significativo; solamente tres compañías expresaron que habían estimulado la

52 Verónica Garibay, gerente de la Comisión Ambiental, ANIQ (comunicación personal, 3 de marzo de 2000).

53 J. Elkington, "The Triple Bottom Line for 21st Business", en R. Welford y R. Starkey (eds.), *Business and Sustainable Development*, Earthscan, Londres, 2001, pp. 20-43.

adopción de iniciativas de gestión ambiental, y dos de ellas pertenecen a una organización corporativa mexicana grande, poderosa y bien conocida. Por lo tanto, parece que las empresas que pertenecen a grandes organizaciones extranjeras o domésticas se preocupan más de su imagen pública, en parte porque pueden financiarse pero también por la obvia razón de que son blancos más visibles y más fáciles para los gobiernos, las comunidades, los ecologistas y los abogados.

Cuadro VIII.4
Factores internos y externos que impulsan
el desarrollo de iniciativas de gestión ambiental

Factores externos	*Factores internos*
Imagen (ante las autoridades, los consumidores, los clientes, las comunidades)	Presión y lineamientos de la corporación (incluidos los valores y misión corporativos)
Regulaciones y autoridades ambientales	Ganancias económicas
Más exigencias de los clientes	Ambiente limpio y seguro para los trabajadores
Factores competitivos y tener una posición de liderazgo	Mejor organización en la compañía
Mejora del desempeño ambiental	Interés por innovar
Compromiso de la corporación con la ANIQ	
Mejores oportunidades para exportar y comercializar productos	
Cuidar a la comunidad (sociedad) y el ambiente alrededor de la planta	

Según esta información, el factor conductor más importante para adoptar iniciativas voluntarias en el conjunto de compañías mexicanas es cumplir consistentemente con las regulaciones ambientales; de esta manera también buscan mejorar su relación con las autoridades. Seis compañías mexicanas indicaron esto (de ocho empresas), pero en el caso de las compañías multinacionales fueron solamente cuatro (de nueve empresas). Una razón para este comportamiento podría ser que la mayoría de las compañías multinacionales han pasado la etapa del mero cumplimiento y buscan otras metas para mejorar sus programas de gestión ambiental y en última instancia su desempeño ambiental.

Cuadro VIII.5
Factores que han estimulado las IVGA en subsidiarias de compañías multinacionales

Factores impulsores	*Compañías*	*Citas relevantes*
Imagen	Dow Agrosciences de México, Kosa Arteva Specialties, Schenectady, Kluber Lubricación Mexicana, Química Hércules, Clariant Productos Químicos	"La imagen de Schenectady en el mundo es muy buena así que en México nuestra meta es mantener esta imagen." (Schenectady) "La imagen para nosotros es también muy importante; estamos comprometidos con las certificaciones ISO: ISO 9000 para los clientes e ISO 14001 para la comunidad." (Kluber Lubricación Mexicana)
Presión y lineamientos de la organización corporativa (valores y misión de la matriz corporativa)	Kosa Arteva Specialties, Nalco de México, Kluber Lubricación Mexicana	"La compañía está poniendo el CR en práctica no sólo porque es miembro de la ANIQ sino también porque es pauta de la corporación, e interés general de los líderes mundiales de proteger el ambiente, reducir las emisiones, ahorrar energía, etc." (Nalco de México)
Competencia con otras compañías en el mundo	Kosa Arteva Specialties	"Otro factor favorable importante para nosotros es el hecho de que hay muchas compañías químicas buenas alrededor del mundo que nos presionan, internamente hay competencia entre nuestros miembros. En las plantas en México tenemos que invertir el mismo monto de dinero en la gestión ambiental como las compañías en Estados Unidos o Europa."

Garantiza cumplimiento ambiental y se anticipa al cambio legislativo rápido. Mejora las relaciones con las autoridades ambientales.	Clariant Productos Químicos, Reichhold Química, Kluber Lubricación Mexicana, Bostik	"Queremos asegurar la continuación de las operaciones de planta. Reconocemos que la legislación en México está cambiando muy rápido y en algunos casos está llegando a ser similar a la de Estados Unidos y a la Europa, por esta razón la compañía se está anticipando y no siente demasiada presión con la nueva legislación ambiental. Por otra parte, deseamos tener normas adecuadas." (Clariant Productos Químicos)
Razones económicas	Reichhold Química, Kluber Lubricación Mexicana, Química Hércules, Dow Agrosciences, Schenectady	"Un factor significativo para adoptar el CR es económico, para mejorar la eficiencia de los procesos y obtener la producción cortando costos, por ejemplo, ahorrando las materias primas." (Reichhold Química). "Creo que esta compañía se mueve por la economía; en esta empresa pensamos que rinde réditos hacer inversiones ambientales." (Dow Agrosciences)
Mejora del desempeño ambiental	Clariant Productos Químicos, Dow Agrosciences	"Ser una compañía que mejora su desempeño ambiental da preferencias en Europa y en Estados Unidos; hay compañías que antes de comprar consideran si uno está cuidando el ambiente y si no, no compran. Es una influencia muy importante." (Clariant Productos Químicos)
Compromiso de la corporación con la ANIQ	Química Hércules	"El factor más importante para adoptar el CR es que nuestra corporación firmó un compromiso para poner este programa en práctica en todas sus plantas."
Ambiente limpio y seguro para los trabajadores y mejor organización de la compañía	Dow Agrosciences, Bostik, Schenectady, Clariant Productos Químicos	"Una de las motivaciones principales para aplicar medidas ambientales específicas y para poner el programa CR en ejecución es proporcionar condiciones seguras a la fuerza de trabajo." (Bostik)

Cuadro VIII.6
Factores que han estimulado las IVGA en compañías mexicanas

Factores impulsores	*Compañías*	*Citas relevantes*
Cumple con la regulación ambiental (también se anticipa a las nuevas regulaciones) y mejora las relaciones con las autoridades	El Oso, Comercial Roshfrans, Productos de Consumo Resistol, QB Químicos, Christiansson	"Esta compañía está intentando hacer frente a los problemas de una manera proactiva, especialmente con el surgimiento de más regulaciones ambientales." (Christiansson) "El programa ha sido de gran ayuda para cumplir con las regulaciones, y podemos estar seguros de que continuaremos con nuestros procesos; para nosotros es muy importante porque en la medida que cumplamos con más regulaciones tendremos más confianza en nosotros mismos." (Comercial Roshfrans)
Imagen	Comercial Roshfrans, Quimir, Productos de Consumo Resistol	"Para esta empresa, la imagen es esencial. Habíamos hecho una gran inversión para eliminar un problema de emisiones de vapor de agua que pueden ser vistas en la calle y crearnos una mala imagen con la comunidad." (Quimir) "Para nosotros la imagen es importante. Ahora tenemos una imagen, la gente nos conoce, y hemos sido siempre una compañía abierta. Tenemos distribuidores, clientes, asociaciones, estudiantes. Tenemos visitas de mucha gente. Lógicamente la imagen que se llevan de nosotros es mucho mejor que la que tenían antes." (Comercial Roshfrans)

Más exigencias de los clientes, las cuales incluyen aspectos ambientales	Comercial Roshfrans, Christiansson, Resinas y Materiales	"De muchas maneras, las acciones ambientales de esta empresa tienen que ver con los requisitos de los clientes." (Christiansson) "Hay un compromiso de los directivos debido a la presión de los clientes; para buscar la mejora continua y mantener a la empresa en la vanguardia." (Resinas y Materiales)
Tiene mejores oportunidades de exportar y comercializar sus productos	Comercial Roshfrans, Christiansson, Quimir	"El programa CR y la obtención del certificado de Industria Limpia dado por la Profepa pueden ayudar a la compañía a exportar y a comercializar productos dentro de México." (Christiansson)
Mantiene una posición preferencial en el mercado (mantiene a la compañía en el mercado)	Quimir, Resinas y Materiales	"Un factor importante es mantener a la compañía en el mercado porque hay demasiada competencia en el área de industrias de plástico; hay muchas compañías fuertes, y tenemos que mantener a la compañía como un negocio." (Resinas y Materiales) "El desarrollo de un EMS avanzado que se incorpore en nuestros sistemas de calidad total maduros nos da una posición preferencial en los mercados." (Quimir)
Compromiso de Cuidado Responsable debido a su membresía de la ANIQ	Distribuidora Química Mexicana, Resinas y Materiales	"Un factor favorable muy relevante ha sido el compromiso de los directivos de esta compañía; estamos en la ANIQ y es obligatorio tener el CR." (Resinas y Materiales)
Razones económicas	Productos de Consumo Resistol, Christiansson, Quimir, Resinas y Materiales	"Con la puesta en práctica del CR y del programa de Auditoría Ambiental, la compañía está intentando evitar los costos asociados al daño ambiental." (Christiansson)

La compañía mejora la seguridad e higiene del trabajo así como su organización	Productos de Consumo Resistol, Quimir	"Uno de los factores importantes para comenzar el programa SAI-CASH fue conservar la seguridad y la salud de los trabajadores." (Productos de Consumo Resistol)
Factores competitivos y tener una posición de liderazgo	Quimir	"En especial, entendemos a nuestro EMS, el programa SAI-CASH, como un factor competitivo, y ahora de valor agregado. Antes estaba básicamente en una etapa de cumplimiento y ahora es de valor agregado para nuestros clientes, así que también lo entendemos como factor de comercialización."
Interés por innovar	Quimir	"De una manera tradicional, GIRSA y Quimir tienen la meta de innovar y para nosotros esto es una manera innata y natural de proceder."

Hay pocas compañías mexicanas que todavía están en la fase de cumplimiento de los requisitos ambientales legales mínimos; por lo tanto, la motivación principal para adoptar iniciativas voluntarias es tener herramientas que puedan ayudarles a cumplir. Las empresas mexicanas más pro activas que adoptaron programas ambientales más avanzados comentaron que reconocían la perspectiva de nuevas regulaciones ambientales en México, así que estaban intentando hacer frente a problemas de manera pro activa, cumpliendo con tales posibles requisitos ambientales del futuro.

Otro factor externo mencionado por las empresas fue "cuidar a la comunidad (sociedad) y el ambiente alrededor de la planta"; sin embargo, desconcierta que apenas dos compañías multinacionales reconocieran esto como factor importante. Dow Agrosciences expresó la alta prioridad de dicho factor en asuntos relativos a las comunidades, al decir que un requisito para poder operar es el "permiso de la comunidad", porque para la compañía no cabe la posibilidad de dañarla. Por su parte, Bostik Mexicana explicó que el cuidado de la comunidad está entre los factores motivantes para adoptar un programa voluntario de gestión ambiental; sin embargo, esta subsidiaria no ha desarrollado ninguna actividad o programa específico hacia la comunidad. En cuanto al resto de las compañías mexicanas, ninguna expresó que el cuidado de la comunidad fuese un factor que motivara las iniciativas voluntarias. Esto refleja la pobre actitud de las compañías encuestadas hacia las comunidades vecinas.

La tendencia de más exigencias de los clientes es otro factor impulsor externo. Tres compañías mexicanas y una empresa multinacional indicaron esto, según lo observado en los cuadros VIII.5 y VIII.6. Al respecto, las empresas reconocieron que los requisitos de los clientes —incluidos los aspectos ambientales— han ejercido presión para incorporar temas ambientales en sus sistemas administrativos generales; por lo tanto, para estas empresas, la protección del ambiente se considera esencial porque es un requerimiento de sus clientes potenciales. Es también importante mencionar que al momento de la encuesta, tres de estas empresas estaban exportando, y una compañía mexicana (Comercial Roshfrans) estaba por empezar a exportar. Estas empresas reconocen que las consideraciones ambientales están llegando a ser más importantes para realizar actividades comerciales en otros países.

Otro factor conductor es la búsqueda de mejores oportunidades para exportar y comercializar productos; fue mencionado por cuatro compañías mexicanas, según se presenta en el cuadro VIII.6 (tres de ellas muy activas en exportación y una a punto de comenzar a exportar productos). Una compañía multinacional mencionó que ser una "industria limpia" es esencial para poder vender sus productos en el mercado, según lo precisado en el cuadro VIII.5, y todas reconocieron que para mantener su posición en el mercado externo (o mejorarla) es importante incorporar la variable ambiental en sus operaciones y productos terminados.

Algunas compañías observaron que la aplicación de las iniciativas de gestión ambiental puede tener influencia positiva en su competitividad. Es el caso de Quimir, la cual especificó que el programa de gestión ambiental desarrollado por su organización corporativa le ha ayudado a aumentar su competitividad y a mantener el liderazgo en su mercado específico.

Los otros dos factores externos que han influido en la adopción de iniciativas voluntarias son el compromiso de la corporación con la ANIQ, y la mejora del desempeño ambiental. El primero es en particular relevante para las compañías que adoptan el programa CR; el otro factor fue mencionado solamente por dos empresas multinacionales, según lo demostrado en el cuadro VIII.5; sin embargo, cabe recordar que un alto porcentaje de las compañías multinacionales estudiadas (78%) y un porcentaje bajo de las empresas mexicanas (38%) explicaron que con la aplicación de iniciativas voluntarias pudieron reducir las emisiones y los desperdicios; por lo tanto, mejoraron su desempeño ambiental. Para poder examinar el verdadero impacto de dichas iniciativas voluntarias en el desempeño ambiental serían necesarios más datos sobre las emisiones de las empresas, y solamente tres de las compañías que precisaron que habían reducido las emisiones al agua y al aire y disminuido los desperdicios mostraron datos con esta información. Además, toda esa información tendría que ponerse a disposición de las autoridades reguladoras para poder comparar cómo se desempeñan las empresas. Por lo tanto, con los datos obtenidos en esta investigación es muy difícil concluir si la adopción de las iniciativas de gestión ambiental ha mejorado realmente el desempeño ambiental de las compañías químicas encuestadas.

En lo referente a los factores internos que influyen en las iniciativas voluntarias, el primero que debe explicarse es el de la presión y lineamientos de la corporación (incluidos valores y misión corporativos). Al respecto, las empresas expresaron que la organización corporativa les había requerido seguir normas estrictas para poner tales programas en práctica e incluso para alcanzar objetivos ambientales específicos en cierto plazo. En consecuencia, estas compañías se comprometieron a poner en marcha programas voluntarios, y lo hicieron —como el caso del programa CR— porque probablemente su organización corporativa tiene mayor presión de los clientes industriales, de otros clientes, de ecologistas o de inversionistas internacionales; o porque sus corporativos simplemente están más familiarizados con estos programas voluntarios en sus operaciones internas.

Otro factor interno que motivó la aplicación de iniciativas voluntarias es el de las ganancias económicas obtenidas de las prácticas ecoeficientes de las empresas. Este factor fue mencionado por cinco compañías multinacionales y cuatro mexicanas. Las compañías explicaron que las ganancias económicas logradas por vía de prácticas ecoeficientes eran una motivación muy importante para poner en práctica iniciativas voluntarias. Un ejemplo de ello es la modificación de los procesos manufactureros que han llegado a ser más eficientes y ahorran energía y agua; han reducido los residuos peligrosos y por lo tanto los costos por su manejo y disposición; al tiempo que las compañías obtienen mayor producción y bajan sus costos al ahorrar materias primas. También se mencionó que otra manera de conseguir beneficios económicos es evitando sanciones y multas de las autoridades ambientales y eliminando los costos por daño ambiental.

Hubo compañías que no señalaron que la aplicación de iniciativas voluntarias les pueda traer beneficios económicos. Esto se observa especialmente en compañías mexicanas pequeñas que no creen o no entienden que las inversiones ambientales podrían representar beneficios económicos incluso en el corto plazo.

Hubo dos factores internos, interrelacionados, que motivaron la aplicación de programas ambientales voluntarios; éstos son: brindar un ambiente limpio y seguro para los trabajadores, y lograr una mejor organización en la compañía. Ambos factores fueron mencionados por cuatro compañías multinacionales y dos empresas mexicanas, como se puede observar en los cuadros VIII.5 y VIII.6. En todos los casos las empresas precisaron que los programas ambientales voluntarios, como el CR, fueron herramienta clave para mejorar la seguridad y el ambiente de trabajo. Por lo tanto, es absolutamente claro que las motivaciones para poner estas iniciativas en práctica están muy relacionadas con los beneficios de las compañías. Varias empresas multinacionales y mexicanas sostuvieron que con la aplicación de iniciativas voluntarias adquirieron mejor organización en la administración general de la empresa, incluidas las acciones ambientales. En consecuencia, la carga del trabajo disminuyó cuando lograron una estructura clara con responsabilidades bien definidas.

El último factor interno mencionado fue el interés por innovar. Este factor conductor fue precisado solamente por una compañía mexicana grande, Quimir, empresa que explicó que al llevar a cabo su programa de gestión ambiental había creado una manera de innovar y de mejora continua. Esta compañía ha participado en el programa Producción más Limpia y tiene un centro de desarrollo tecnológico donde trabaja para crear tecnologías alternativas que incorporen principios de ecoeficiencia a la planta.

Obstáculos a las iniciativas voluntarias

Los obstáculos a las iniciativas voluntarias fueron mencionados por los directivos ambientales entrevistados en las compañías químicas mexicanas y multinacionales. El resumen de los principales obstáculos se muestra en el cuadro VIII.7. Como puede observarse ahí, el primer obstáculo común a las compañías multinacionales y mexicanas es la carencia de recursos económicos. Esta barrera fue indicada por tres compañías multinacionales pequeñas y dos empresas mexicanas (QB Químicos y Diquimex), una mediana y otra pequeña. En estos casos, la característica común de empresa es su tamaño, porque incluso la compañía mexicana mediana (QB Químicos) es propiedad de una organización corporativa pequeña y de tipo familiar, de forma que el apoyo económico que proporciona es absolutamente pobre. Ambas empresas explicaron que la falta de un presupuesto específico para los asuntos ambientales —y por lo tanto la carencia de recursos económicos— ha sido impedimento clave para avanzar en la aplicación de programas voluntarios tales como el EMS o la certificación ISO.

Cuadro VIII.7
Obstáculos que dificultan la aplicación de las iniciativas voluntarias
(Mencionados por compañías mexicanas y subsidiarias de multinacionales)

Obstáculos
Falta de suficientes recursos económicos (es decir, situación económica difícil o carencia de presupuesto específico para los asuntos ambientales)
Resistencia de los trabajadores a los cambios (dificultades para educar a obreros)
Cambio de corporación (y por lo tanto de la administración)
Autoridades ambientales, burocracia y falta de coordinación de los organismos gubernamentales
Carencia de personal y alta rotación laboral
Problemas en procesos específicos y para encontrar las tecnologías adecuadas (es decir, empresas con tecnología obsoleta)
Códigos de responsabilidad y cuidado de prácticas no bien adaptadas a México

Las compañías multinacionales explicaron que una situación económica difícil obstaculiza sustancialmente la aplicación de iniciativas voluntarias. Nalco de México indicó que debido a la recesión económica severa en México durante los años de 1994 a 1996, la compañía enfrentó una dura situación económica que hizo muy difícil su avance en la adopción del CR; Bostik indicó que no tiene un presupuesto específico para los temas ambientales. Esto ha significado que el programa de CR avance lentamente.

Una barrera relacionada a la falta de recursos económicos es el deficiente apoyo ejecutivo o de la organización corporativa para los programas ambientales de la empresa. Si la organización corporativa no apoya a sus empresas dando los recursos requeridos (es decir económicos, humanos, de entrenamiento, etcétera) es muy difícil que una de ellas logre avanzar en el desarrollo y la aplicación de sistemas de gestión ambiental y de certificaciones ISO.

Sobre este punto conviene mencionar un estudio sobre las industrias de Guadalajara, México, realizado por el Centro de Investigaciones y Estudios Superiores en Antropología Social (CIESAS) de Occidente,[54] que observó que el grado de progreso en la aplicación de programas EMS dependió fuertemente del compromiso de los altos ejecutivos de las empresas. Incluso si ellos no se ocupan directamente de poner en marcha tales programas, crean las condiciones necesarias que permiten su avance. El estudio precisa que el tamaño por sí mismo no determina la capacidad de las empresas para desarrollar y consolidar un EMS apropiado, tomando su escala de producción en cuenta. Según esta evidencia, compañías de todos los tamaños (incluido el micro) pueden introducir y aplicar EMS de manera efectiva. Lo mismo se observa en nuestro proyecto de investigación.

Otro obstáculo común señalado por las empresas multinacionales y mexicanas es la resistencia de los trabajadores para aceptar el cambio. Esta barrera fue mencionada por los directivos de cuatro empresas multinacionales y cuatro mexicanas. Ellos explicaron que una barrera clave era que los trabajadores no aceptan cambios en sus prácticas, viéndolos como carga adicional a su trabajo. Por esta razón, se observó que un elemento esencial que determina el éxito en la adopción de un programa ambiental voluntario es el desarrollo y la aplicación de esquemas de capacitación en gestión ambiental para todo el personal de la empresa.

Esto se relaciona con otros dos obstáculos mencionados: la carencia de personal y la alta rotación laboral. En los casos de las compañías mexicanas, se explicó que en muchas ocasiones el personal que ya había sido capacitado en temas ambientales salió de la organización, y era difícil reclutar a nuevos empleados y capacitarlos nuevamente. Esto hizo que el progreso en la aplicación del EMS fuera muy lento. Una compañía mexicana (QB Químicos) y otra multinacional (Nalco) indicaron que habían afrontado muchos problemas porque la persona a cargo de atender los problemas ambientales era reemplazada continuamente.

Otra dificultad ha sido el cambio de organización corporativa. Por ejemplo, una compañía mexicana (QB Químicos) pertenecía a una corporación internacional y luego fue adquirida por una corporación mexicana de tipo "familiar" con una organización corporativa "no madura". A partir de entonces los intereses y las prácticas cambiaron; hecho que causó retroceso en los temas ambientales. Por esta razón es muy importante tener organizaciones corporativas institucionalizadas y maduras que puedan promover programas EMS en sus empresas; así, los programas ambientales pueden integrarse supervisados por la autoridad más alta de la organización corporativa.

Un obstáculo adicional mencionado por una compañía multinacional y otra mexicana fue la burocracia de las autoridades ambientales y la falta de coordina-

[54] CIESAS, *Cultura ambiental y la industria en Guadalajara*, CIESAS, Guadalajara, México, 1998.

ción de los organismos gubernamentales. Regularmente las compañías mexicanas están sobrecargadas por los papeleos que tienen que realizar para satisfacer las regulaciones de organismos como la Secretaría del Medio Ambiente (en los niveles federal y local), las secretarías de Salud, del Trabajo y de Hacienda, etcétera. El problema es que estos requisitos tienden a traslaparse o repetirse. Esta situación afecta especialmente a las microempresas y a las pequeñas empresas mexicanas, debido a la ignorancia o a que no tienen la capacidad administrativa para seguir el papeleo y cumplir con todos los requisitos gubernamentales. Esto a su vez las anima a "volar debajo del radar"; también crea oportunidades para la corrupción.

Había dos problemas relacionados con la ejecución del programa de CR. El primero, que algunos códigos de práctica de ese programa no están adaptados a las necesidades de México. Esto fue reconocido por Alejandro Lorea, quien explicó que hay ciertos códigos de práctica del programa de CR que deben ser adaptados, y citó el código referente a la comunidad, el cual tiene que actualizarse según un diagnóstico nacional para identificar su alcance y propósitos verdaderos.[55]

El segundo obstáculo, mencionado solamente por las empresas mexicanas, es la carencia de ayuda de la ANIQ para avanzar en dicho proceso. Ha sido una barrera significativa para poner en práctica el programa de CR en el caso de la empresa Diquimex, que consideró que la ANIQ no había dado suficiente seguimiento a las fases de desarrollo del programa en compañías pequeñas. Es evidente que las empresas mexicanas más pequeñas requieren más ayuda y dirección de la ANIQ en este proceso.

Por último, los problemas relativos a procesos industriales específicos y las consecuentes dificultades para encontrar la adecuada tecnología de solución fueron obstáculos mencionados por una empresa mexicana (Quimir). Una forma de resolver esto era trabajar con el Centro Mexicano de Producción más Limpia, para buscar las mejores alternativas tecnológicas. Por eso, instituciones como dicho centro pueden desempeñar un papel clave en conducir un diagnóstico técnico y ambiental de procesos industriales, diseminando información tecnológica y proporcionando ayuda para aplicar alternativas tecnológicas. Sin embargo, en México las actividades de este tipo de instituciones requieren mucho más difusión. De las 17 compañías encuestadas, solamente dos, Quimir y Resinas y Materiales, han participado en su programa.

55 Alejandro Lorea, director de Medio Ambiente, Seguridad e Higiene, ANIQ (comunicación personal, 31 de mayo de 2000).

Conclusiones

Los resultados de esta investigación indican que los programas voluntarios de gestión ambiental puestos en práctica por las 17 empresas encuestadas fueron variados e incluyeron uno o una combinación de los siguientes programas diseñados por las empresas o por las organizaciones corporativas de las cuales formaban parte: Cuidado Responsable, programa de Auditoría Ambiental de la Profepa y Sistema de Gestión Ambiental.

El programa voluntario adoptado en forma más común por las empresas químicas en México es CR. Parece que el programa CR es casi obligatorio para las compañías químicas, siendo muy fuertemente requerido (pero no exigido) como estrategia de gestión ambiental dentro del sector. Es un programa reconocido fuera de México, lo que lo hace necesario para las compañías que desean exportar.

Según la evidencia de las entrevistas, las subsidiarias de multinacionales tienen mayor grado de aplicación de programa que las empresas mexicanas. Las subsidiarias son de tamaños que varían de mediano a grande. En el caso de las subsidiarias más pequeñas con un grado de ejecución del programa más alto, su característica común es que pertenecen a organizaciones corporativas extranjeras, grandes, poderosas, con fuerte compromiso ambiental. Todas son exportadoras.

Las compañías mexicanas con prácticas de gestión ambiental avanzadas son también de tamaños que varían de mediano a grande y forman parte de organizaciones corporativas mexicanas, grandes y poderosas. Una de estas compañías realiza actividades de exportación extensas. En el otro extremo del espectro, las compañías con grados de desarrollo más bajos del programa CR son empresas nacionales más pequeñas, que no exportan.

En lo referente a los factores que han motivado a las compañías químicas para desarrollar y llevar acabo iniciativas voluntarias de gestión ambiental, el más importante para las subsidiarias multinacionales es la imagen; en el segundo lugar están las razones económicas, y en tercer lugar el cumplimiento ambiental y la necesidad de anticiparse al cambio rápido de regulaciones ambientales.

Los factores que motivan a las compañías mexicanas de la industria química para adoptar iniciativas voluntarias son en primer lugar cumplir con las regulaciones ambientales y mejorar sus relaciones con las autoridades; en segundo lugar están las razones económicas, y en tercero mejorar la imagen y mayores exigencias de los clientes, incluidos los aspectos ambientales.

Un factor interno importante que condiciona la capacidad de las empresas para avanzar en la aplicación de iniciativas voluntarias es la estructura administrativa de la organización. Esto abarca su capacidad para la mejora, y la incorporación del componente ambiental en la administración general de la empresa; específicamente estableciendo un departamento para ocuparse de los asuntos ambientales y asignándole un presupuesto específico para ello. Otro factor interno es el compromiso tanto de los ejecutivos de la organización corporativa como de los gerentes de la planta para atender los temas ambientales.

Sobre los obstáculos que han dificultado la adopción de iniciativas voluntarias, las empresas químicas mexicanas y multinacionales indicaron que el más importante era la resistencia de los trabajadores al cambio. Las empresas reportaron tener dificultades para educar a los trabajadores e inculcarles una "cultura ambiental"; sin embargo, esto representa la percepción de los directivos y sería importante obtener el punto de vista de los trabajadores. Esto podía representar un estudio relevante de seguimiento.

El segundo obstáculo más importante mencionado fue que debido a la falta de recursos económicos encontraban imposible tener un presupuesto específico para atender los asuntos ambientales. Todas las empresas que precisaron este obstáculo son de tamaño pequeño. Muchas empresas pequeñas y medianas a menudo encuentran difícil justificar ciertas mejoras a los programas de gestión ambiental (si acaso tuviesen alguno). Con frecuencia, si introducen innovaciones, lo hacen en forma muy simple para continuar operando y para permanecer en el mercado, más que para ganar cualquier ventaja adicional; de hecho, los factores financieros restringen los esfuerzos ambientales, y las empresas más pequeñas suponen que los esfuerzos ambientales imponen a la empresa costos netos por lo menos de corto plazo. Es claro que tales apremios son más pronunciados durante periodos de recesión económica.

Las empresas estudiadas informaron que habían obtenido beneficios con la aplicación de iniciativas voluntarias. Las compañías mexicanas y multinacionales indicaron lo siguiente: la mejora de la imagen; una mejor organización de acciones ambientales; el ahorro de recursos (como el agua y la energía) y los consiguientes beneficios económicos; la mejora de la cultura del personal respecto del ambiente, la seguridad y la higiene; el mantenimiento de las operaciones y la limpieza en la planta; y el total cumplimiento ambiental. Algunos también subrayaron el haber logrado una reducción en las emisiones (aire, suelo y agua).

Pero para comparar el desempeño ambiental de las compañías sería necesario analizar los registros de las empresas sobre sus emisiones y evaluar la relación entre las prácticas de gestión ambiental y la mejora del desempeño ambiental. Conseguir el acceso a los registros de emisiones puede ser un reto; sin embargo, podría ser un tema importante porque la mejora continua del desempeño ambiental debe ser uno de los beneficios clave que se alcanzarían al adoptar iniciativas voluntarias.

A pesar de los beneficios potenciales que pueden obtenerse al poner en práctica las iniciativas voluntarias, esta investigación reconoce algunas debilidades. La primera, observada especialmente en el caso del CR, es la carencia de verificación y monitoreo externos del cumplimiento. Sin una supervisión independiente, no hay manera de asegurarse de que los códigos de práctica no son sólo declaraciones generales de los principios del negocio, sino regulaciones reales que se aplican en la operación de la compañía y en las de sus proveedores.

El otro problema significativo de los esquemas voluntarios, tales como el programa CR, es que no hay sanciones explícitas por las faltas y el incumplimiento; esto anima el comportamiento oportunista de compañías con pobre desempeño. Por lo tanto, el desafío es desarrollar y aplicar mecanismos de responsabilidad, que incluyan la verificación independiente de terceras partes y el monitoreo, la revisión pública obligatoria y los requisitos de información transparente.

Otra desventaja significativa es que las iniciativas voluntarias no se han desarrollado para tomar en cuenta las necesidades especiales de las compañías pequeñas y medianas, para quienes significa hacer grandes inversiones.

Como resultado, hay una notable diferencia en el grado de aplicación de los programas voluntarios (incluido el CR). Esta divergencia de adopción evidente entre las compañías químicas causa una acción colectiva imperfecta que podría amenazar la viabilidad de las iniciativas voluntarias dentro del sector e inhibir los intentos de mejorar el desempeño ambiental del mismo en su totalidad.

Por lo tanto, una pregunta central es cómo fomentar la adopción más homogénea de las iniciativas voluntarias de gestión ambiental y promover que idealmente más compañías lleguen a ser más "pro activas" e incluso vayan más allá de alcanzar solamente el cumplimiento ambiental mínimo. Debido a que todavía hay compañías que no satisfacen los requisitos ambientales mínimos es clara la necesidad de consolidar el sistema regulador en México.

Por esa razón es esencial obtener simultáneamente un mejor desempeño empresarial y un mejor desempeño del sector público. El gobierno debe mejorar los mecanismos para verificar, monitorear y regular el desempeño ambiental de las compañías, pero al mismo tiempo debe buscar más coordinación y colaboración con el sector privado y la sociedad civil para promover y fomentar las iniciativas que buscan la mejoría del ambiente.

La sociedad civil con su creciente conocimiento ambiental tiene el potencial para ejercer presión a fin de mejorar el comportamiento ambiental de las empresas, actuando como "regulador informal". En este contexto, el sector privado y la sociedad civil, junto con el gobierno, podrían colaborar en iniciativas ambientales tripartitas —es decir, esquemas de tipo gubernamental-privado-sociedad civil— que ayudaran a atender asuntos interdependientes y complejos, tales como los recurrentes problemas ambientales asociados a las plantas industriales.

Finalmente hay dos comentarios importantes por hacer: en primer lugar, la investigación subraya las iniciativas voluntarias que brindan oportunidades para mejorar la gestión ambiental dentro de las compañías químicas que se desempeñan en México; estas iniciativas voluntarias pueden actuar como complementos de la regulación gubernamental. El segundo comentario es que la aplicación de iniciativas voluntarias en las industrias es un proceso dinámico. En México, la viabilidad de continuar atendiendo la regulación gubernamental y otros mecanismos "informales" está todavía por ser evaluada. La información generada en esta investigación podría apoyar el uso integrado de ambos enfoques en el marco de un "instrumento mixto", que tenga el potencial de inducir significativas mejoras ambientales en las plantas industriales.

IX. LA INDUSTRIA MEXICANA DEL ACERO: UNA EVALUACIÓN DE SU COMPORTAMIENTO AMBIENTAL[1]

ALFONSO MERCADO GARCÍA

INTRODUCCIÓN

El fomento del desarrollo industrial con responsabilidad ambiental por las empresas ha llegado a ser un asunto de creciente importancia. En México se ha estudiado una variedad de instrumentos de política, tales como las normas, incentivos fiscales y financieros y programas voluntarios para un comportamiento empresarial favorable al ambiente; también se ha discutido el pobre compromiso ambiental de las empresas pequeñas y micro que por falta de asesoría y de vigilancia se traduce en acciones productivas alejadas del cumplimiento de las normas y de la protección ambiental. En este debate hay consenso en la necesidad de estudiar los vínculos entre el desarrollo de la economía mexicana que busca ser competitiva y los problemas de la contaminación industrial. Hay entonces una serie de estudios y preocupaciones que convergen en la necesidad de estudiar sistemáticamente los diversos problemas ambientales de las plantas industriales establecidas en México, aprender lecciones de casos de excelencia en la atención al ambiente sin detrimento de la eficiencia productiva, y buscar mecanismos que faciliten las mejores respuestas a los retos ambientales concretos en el presente y el futuro.[2]

Entre las ramas de manufacturas y servicios que en México han merecido atención especial por su impacto ambiental se encuentran la química, la siderúrgica y los servicios hospitalarios.[3] En México, la siderúrgica —es decir la in-

[1] El capítulo presenta una versión actualizada y más elaborada de una publicación anterior en inglés (Alfonso Mercado, "Environmental Assessment of the Mexican Steel Industry", en Rhys O. Jenkins (ed.), *Industry and Environment in Latin America*, Routledge, Londres, 2000, pp. 218-244). El autor agradece las críticas de dos dictaminadores anónimos, así como las sugerencias de Rhys O. Jenkins y Jonathan R. Barton.

[2] Una muestra de dichos debates y estudios es este libro, así como las diversas publicaciones sobre la experiencia mexicana que aparecen en la bibliografía al final del mismo.

[3] Véase, por ejemplo, Secretaría de Medio Ambiente y Recursos Naturales, *Compendio de estadísticas ambientales 2002*, Semarnat, México, 2003. También, Alfonso Mercado (coord.), *Instrumentos económicos para un comportamiento empresarial favorable al ambiente en México*, El Colegio de México, Fondo de Cultura Económica, México, 1999.

dustria básica del hierro y del acero[4] — es una de las industrias manufactureras más importantes de la economía, con notables transformaciones en los últimos lustros. A sus procesos de privatización, modernización, apertura al exterior, competitividad y problemática financiera, se agrega su adecuación a las normas laborales y ambientales con responsabilidad social; además, es la segunda industria de mayor volumen productivo de acero en América Latina, siendo Brasil la primera.[5] Según estimaciones de la Secretaría de Energía, esta rama industrial es la primera en importancia del sector manufacturero en el consumo de energía (con una participación de 25% en el año 2000 y 19% en 2003) y al mismo tiempo es una de las más activas en la reducción de la intensidad media de energía.[6] También hay evidencia de progresos en el control de la emisión de contaminantes en México.[7] Aquí se investiga este aspecto ambiental. Se ofrece una revisión de la evolución productiva, el consumo de energía y el impacto ambiental de esta industria, de acuerdo con la información estadística disponible; después, se evalúa la gestión y el desempeño ambiental de las principales plantas acereras que operan en México, con base en información recabada directamente de las plantas y aplicando una metodología de índices de calificación. La metodología referida se apoya en datos de plantas siderúrgicas selectas y la misma se explica en el anexo general al final del libro.

Esta evaluación ambiental tiene dos objetivos. El primero es estudiar los impactos ambientales de las principales transformaciones de la industria mexicana del acero e identificar algunos factores explicativos. Entre estos factores se espera encontrar un papel importante desempeñado por la apertura comercial —con el Tratado de Libre Comercio de América del Norte— y la mayor exigencia ambiental —con las políticas públicas basadas en una serie de normas y otros instrumentos de política ambiental—. El segundo objetivo es determinar el tipo de planta acerera (por tamaño, origen de su capital, orientación al mercado externo) que en México ha sido más exitoso en el control de la contaminación; es decir, el tipo de planta que tiende a lograr una mejor gestión ambiental —con acciones concretas apoyadas en programas para frenar la contaminación— y un mejor desempeño ambiental. Se resaltan los principales factores favorables y los obstáculos.

Este capítulo se divide en ocho secciones. Después de esta sección introductoria, en la segunda se discute el marco de análisis del estudio; la tercera sección

4 Aquí se utilizan indistintamente los términos *siderúrgica acerera* y *del hierro y del acero* con el mismo significado.

5 International Iron and Steel Institute, *Steel Statistical Yearbook 2001*, Bruselas, IISI, 2002.

6 Sener, *Balance nacional de energía*, Secretaría de Energía, México, 2005.

7 Consúltese, por ejemplo, Jonathan Barton y Alfonso Mercado, "¿Apertura limpia en América Latina? El caso del acero", *Comercio exterior*, vol. 55, núm. 8, Banco Nacional de Comercio Exterior, SNC, México, agosto de 2005, p. 656-661.

está dedicada al estudio de las tendencias económicas de la industria mexicana del acero; la cuarta analiza evidencia agregada sobre posibles efectos de la transformación de dicha industria en el ambiente; la quinta se centra en la evolución del ahorro energético en esta industria. Las secciones sexta y séptima contienen el análisis empírico central del trabajo, consistente en una evaluación del comportamiento ambiental de las plantas acereras que operan en México, tanto desde un enfoque estático como desde otro dinámico, evolutivo. En la octava y última sección se presentan las conclusiones del estudio; ahí se insiste en los factores contextuales que inciden en las evaluaciones ambientales.

La industria siderúrgica y el ambiente

La industria acerera es una de las actividades manufactureras que genera gran cantidad de contaminantes por producto procesado. De acuerdo con las estimaciones del Banco Mundial,[8] de las 50 ramas en que se divide el sector manufacturero —según la experiencia de la manufactura estadounidense—, la del acero es la décima rama más intensivamente contaminante (por unidad de producción), únicamente por debajo de las ramas de abonos y fertilizantes, petroquímica básica, química básica, resinas sintéticas y fibras artificiales, otros productos químicos, artículos de plástico, papel y cartón, la editorial y la industria básica de metales no ferrosos. El reto ambiental entonces es relevante, pues es imperativo abatir los índices normales de contaminación.

Condicionantes tecnológicos de la contaminación

El procesamiento de productos siderúrgicos es diverso; hay gran variedad de materias primas, productos intermedios y productos finales que procesan las plantas acereras, y similarmente se pueden encontrar diferentes tecnologías de proceso. En términos generales, y según la experiencia mexicana, los procesos siderúrgicos han seguido dos secuencias a partir de la recepción de mineral de hierro, del material más procesado, o de la chatarra de acero. Una se basa en el uso del alto horno; la otra en la reducción directa y el horno eléctrico de arco. El diagrama IX.1 ilustra estas diferentes secuencias.

[8] Véase, por ejemplo, David Wheeler, "Industry Pollution Projections", *Technical Paper*, Banco Mundial, Washington, 1991; Adrian Ten Kate, *Industrial Development and the Environment in Mexico*, The World Bank, Working Paper, WPS 1125, 1993; y Alfonso Mercado, Lilia Domínguez y Óscar A. Fernández, "Contaminación industrial en la Zona Metropolitana de la Ciudad de México", *Comercio exterior*, vol. 45, núm. 10, Banco Nacional de Comercio Exterior, México, octubre de 1995, pp. 766-774.

Diagrama IX.1
Etapas de la manufactura del acero y sus impactos potenciales en el ambiente

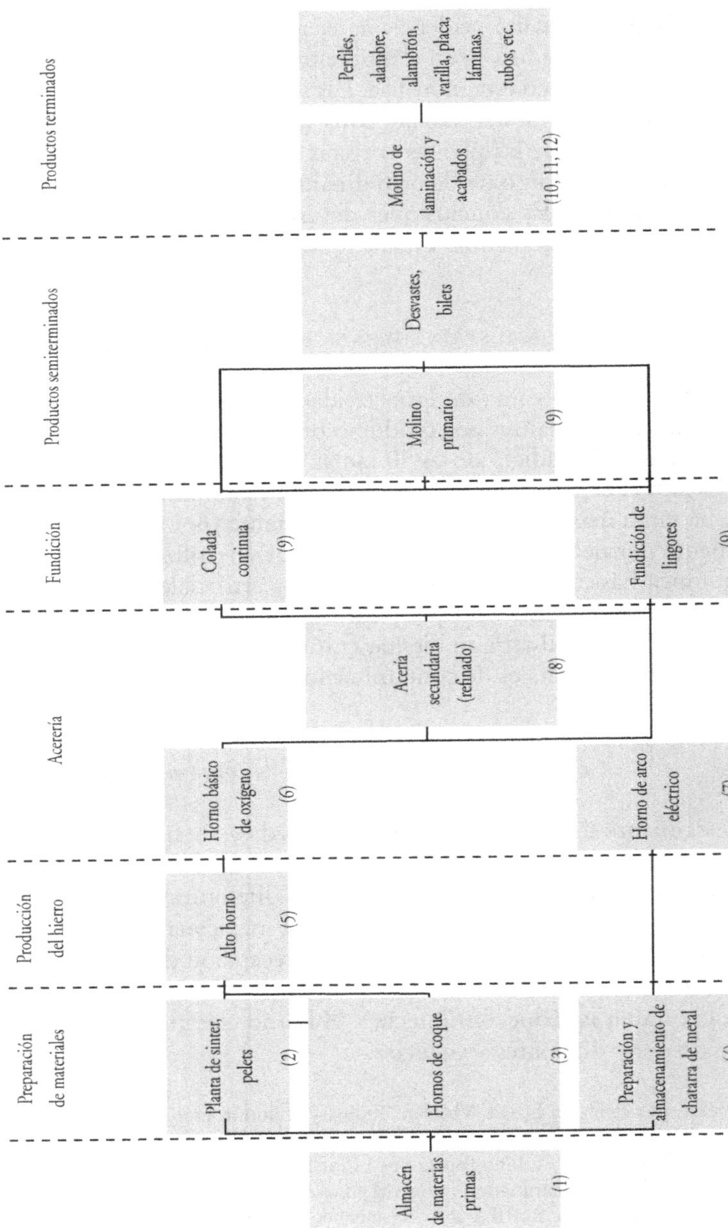

Etapas	*Impactos potenciales en el ambiente*
1. Manejo de materias primas	Deposición localizada
2. Sinter, pelets	Contaminación de aire y suelos, ozono al ras del piso, lluvia ácida, calentamiento global, ruido
3. Hornos de coque	Contaminación de aire, suelos y agua, ozono al ras del piso, lluvia ácida, calentamiento global, mal olor
4. Procesamiento de chatarra	Contaminación de agua y suelos, ruido
5. Alto horno	Contaminación de aire, suelos y agua, ozono al ras del piso, lluvia ácida, calentamiento global, mal olor
6. Horno básico de oxígeno	Contaminación de aire, suelos y agua, ozono al ras del piso
7. Horno de arco eléctrico	Contaminación de aire y suelos, ruido
8. Refinado secundario	Contaminación de aire y suelos, ruido
9. Colada continua	Contaminación de aire y suelos, ruido
10. Laminado en caliente	Contaminación de aire, suelos y agua, ozono al ras del piso, lluvia ácida
11. Laminado en frío	Contaminación de aire, suelos y agua, ozono al ras del piso
12. Revestimientos	Contaminación de aire, suelos y agua, ozono al ras del piso, mal olor

Fuente: Jonathan R. Barton, *Environmental Regulations, Globalization of Production and Technological Change in the Iron and Steel Sector*, School of Development Studies, University of East Anglia, Reino Unido, Draft Working Paper, julio de 1999.

La opción tecnológica de la reducción directa se deriva de una innovación mayor, y el horno eléctrico de otra, compitiendo en eficiencia y calidad con el uso del alto horno. También han ocurrido innovaciones en el alto horno. Normalmente la aceración basada en la adopción de la reducción directa y el horno eléctrico es menos contaminante por tonelada de producto; no obstante, en ambas opciones se requieren inversiones en equipo adicional para abatir la contaminación.

En lo concerniente a los procesos basados en el alto horno, la fundición con coque genera altas proporciones de escoria. La captación de polvos de la escoria con temperaturas elevadas se hace utilizando grandes volúmenes de agua. Además, el horno básico de oxígeno,[9] el cual incorpora oxígeno, produce importantes emisiones de partículas, formando una nube roja. Las emisiones deben ser captadas. Por otro lado, el proceso de alto horno necesita también cuidar la calidad del acero para evitar un alto contenido de incursiones de SIO_2 o CAO.

Respecto de la reducción directa y el horno eléctrico, su uso genera emisiones de partículas sólidas que normalmente son captadas por aire, mediante sistemas de bolsas.

En ambos procesos se lleva a cabo una refinación para la colada continua y se distribuye el material procesado con altas temperaturas. Se forman lingotes de acero. Sigue la secuencia del proceso de laminación en caliente y luego en frío, así como un "decapado", aplicado para eliminar una capa de óxido (para ello se utiliza ácido clorhídrico). También es necesario aplicar una capa de estaño. Posteriormente se efectúa la producción de varias familias de productos, usualmente lámina, alambrón, varilla y tubo. Algunos productos, como la lámina, pueden ser galvanizados (normalmente por inmersión).

Es bien sabido entre los ingenieros que trabajan en esta industria que la producción de acero puede generar una amplia gama de contaminantes y consecuentemente tener amplio potencial de impacto ambiental con diferentes intensidades. Las diversas intensidades de contaminación dependen de la etapa del proceso productivo, la tecnología en uso, y por supuesto la clase de equipo anticontaminante (como los aditamentos "al final del tubo"). Por ejemplo, el alto horno podría generar polvos (incluidas las PM10), H_2S, CO, CO_2, SO_2, NO_X, isótopos radiactivos, cianuro y residuos sólidos. El horno básico de oxígeno y el horno eléctrico[10] también generan polvos (incluidas las PMIO) y residuos sólidos, como el alto horno, pero éste también emite los siguientes contaminantes: metales (incluido el cinc) y dioxinas (*dioxins*). Entonces, el alto horno alto tiende a emitir contaminantes al aire, al suelo y al agua, lluvia ácida, ozono al nivel de la superficie y calentamiento global. El horno básico de oxígeno y el horno eléctrico también generan emisiones al aire y contaminan los suelos, pero no

[9] Horno básico de oxígeno: *basic oxygen furnace* (BOF).
[10] Horno de arco eléctrico: *electric arc furnace* (EAF).

generan problemas de lluvia ácida ni de calentamiento global. El horno básico de oxígeno también provoca contaminación del agua y produce ozono al nivel de la superficie; mientras que el horno eléctrico produce ruido. Puesto que hay un uso general de plantas de tratamiento de aguas residuales, éstas producen problemas de contaminación del agua, del agua subterránea y de los sedimentos, a través de la generación de sólidos suspendidos, metales, pH, aceite, amoniaco y residuos sólidos.[11] Todos son problemas potenciales de la contaminación, que se han reducido en los últimos cinco lustros. Ha habido reducciones importantes de la contaminación y de la energía, y también mejoras en los terrenos ocupados por las plantas así como reducción del ruido en los países desarrollados.[12]

En este estudio uno de los temas que se investigan es el impacto de la liberalización en la contaminación; para ello se distinguen tres efectos en la emisión de contaminantes. El tema es expuesto de manera amplia por Rhys Jenkins en este libro.[13] Otro de los temas de estudio es el comportamiento ambiental de las empresas, tanto en un momento dado como en el transcurso del tiempo. También dicho tema se expone en este libro, por quien suscribe aquí.[14] Esta sección explica en forma resumida y sencilla los dos temas, y se definen los puntos por investigar en el caso de la industria siderúrgica.

Tres efectos de la liberalización en la contaminación: escala, composición y tecnología

Si la liberalización genera cambios en la producción y la tecnología, pueden ocurrir tres efectos: Puede haber un efecto de *escala*, el cual surge del impacto en el nivel de la actividad económica, particularmente el nivel del producto industrial; también puede haber un efecto de *composición*, el cual refleja cambios en la participación de las diferentes industrias en la producción industrial total, y finalmente puede haber un efecto *tecnológico* que proviene de cambios en la intensidad de la contaminación de cada industria (es decir, volumen de contaminación promedio por tonelada o litro —u otra medida física— de producción).

Lógicamente, la magnitud de estos efectos dependerá de la dirección y la importancia relativa del impacto de la liberalización. Una de las críticas más fuertes

11 Véase otra información en el diagrama IX.1.

12 Véase Jonathan R. Barton, *Environmental Regulations, Globalization of Production and Technological Change in the Iron and Steel Sector*, School of Development Studies, University of East Anglia (Draft Working Paper), Norwich, Reino Unido, julio, 1999.

13 Véase el capítulo II: "Globalización, liberalización y contaminación industrial en América Latina: los temas de estudio."

14 Véase el capítulo III: "¿Conducta limpia? Un estudio del comportamiento ambiental manufacturero en México."

a este tema es que se puede incurrir fácilmente en un sobredimensionamiento del papel de la liberalización en las tendencias de la contaminación industrial. Puede ocurrir que estos efectos sean producidos por el establecimiento de normas ambientales y por la influencia de otros factores, más que por la apertura. Por ejemplo, los determinantes del cambio tecnológico más limpio pueden tener que ver muy poco con la liberalización y mucho con la política pública de ciencia y tecnología (estímulos a las actividades de investigación, desarrollo y difusión de innovaciones).

Esta investigación no se plantea dar respuesta a los puntos mencionados, sino avanzar en el conocimiento de la experiencia de una industria tan importante como la del acero en México, tanto desde el punto de vista económico como del ambiental. Más concretamente: se pretende estudiar si en dicha industria las plantas que tienden a adoptar tecnologías más limpias y son propensas a cumplir más allá de lo exigido por el marco normativo mexicano tienen las siguientes características: *a)* son filiales de empresas transnacionales; *b)* pertenecen a empresas nacionales grandes; *c)* son plantas grandes; y *d)* son altamente exportadoras. Se piensa hipotéticamente que las plantas con estas características generalmente tienen una mejor gestión ambiental y mejor desempeño en el cuidado del ambiente, debido a sus ventajas competitivas, organizativas, financieras y tecnológicas; además, por razones estratégicas y de mercado, se piensa que ellas son más sensibles a la influencia de los factores contextuales como la apertura de la economía, los cambios en la política pública ambiental (con una exigencia severa del cumplimiento de las normas y la introducción de instrumentos económicos), y la presión social y del exterior. En consecuencia, se espera que los efectos de escala, composición y tecnológico se acentúen más en el caso de estas plantas.

Tendencias económicas de la industria mexicana del acero

Los datos más agregados de la industria siderúrgica mexicana en 2003 indican que contribuye en 3.3% al valor agregado bruto manufacturero y emplea el equivalente a 1% del personal ocupado manufacturero.[15] Grandes transformaciones ocurrieron en esta industria durante las últimas dos décadas del siglo XX y el inicio de la primera del siglo XXI. La industria pasó por un proceso de privatización y por otro de apertura al comercio y la inversión del exterior. La tasa de crecimiento de la producción siderúrgica pasó de seguir una trayectoria volátil en 1988-1992 a otra de crecimiento más sostenido en 1992-1999 y después nuevamente otra volátil en 1999-2003. Se registraron dos contracciones: una

15 INEGI, *La industria siderúrgica en México*, INEGI, Aguascalientes, México, 2005, p. XIII.

en 1990-1991, con una tasa de -4.7%, y otra aún más severa en 2000-2001, con una tasa de -9.7%. También destaca un elevado crecimiento entre 1994 y 1997, con tasas de dos dígitos. Estos cambios, sobre todo los de 1994 a la fecha, se asocian a la entrada en vigor del Tratado de Libre Comercio de América del Norte (TLCAN) y el comportamiento del mercado estadounidense de productos terminados y elaborados, especialmente las autopartes. Durante la trayectoria más sostenida, la expansión productiva ocurrió a ritmos de crecimiento anual muy superiores a los de la mayoría de las ramas manufactureras mexicanas de 1992 a 1996, pasando de tasas de crecimiento anual de un dígito a dos; pero luego este crecimiento tendió a perder su ritmo, bajando la tasa anual de crecimiento y convergiendo a la dinámica general del sector manufacturero hacia el fin de los años noventa (gráfica IX.1).

Gráfica IX.1
Tasa anual de crecimiento del PIB real
en las manufacturas y la siderurgia, 1988-2003

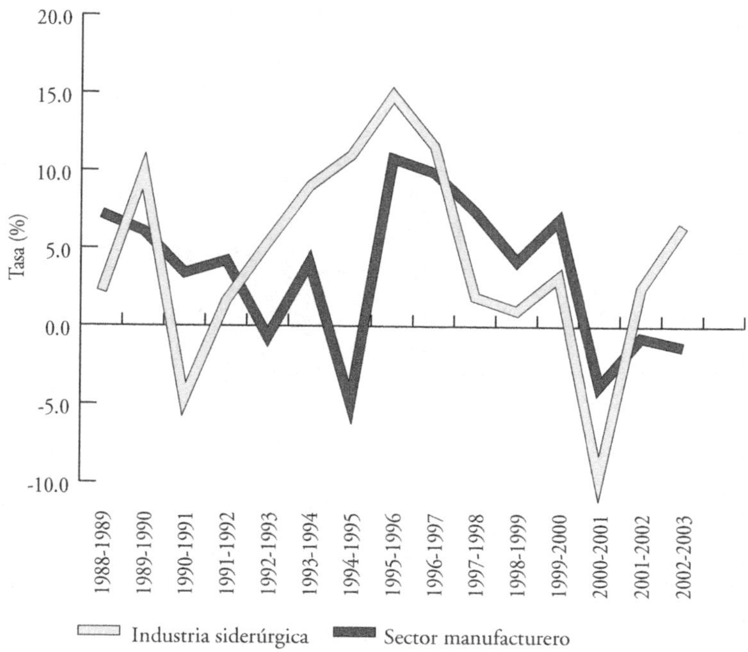

Fuente: INEGI, *Sistema de cuentas nacionales de México*, Aguscalientes, México, varios años.

Cuadro IX.1
Volumen de producción, empleo y productividad laboral, 1988-2002
(Índices con año base, 1993)

Año	*Producción de acero y sus materias primas*	*Personal ocupado*		*Productividad laboral*[a]
		Total	*Obreros*	
1988	86.6	227.5	229.9	38.4
1989	86.9	208.0	207.8	42.9
1990	97.6	177.9	177.6	55.1
1991	87.2	154.6	155.1	60.4
1992	92.4	126.0	123.4	75.3
1993	100.0	100.0	100.0	100.0
1994	110.5	94.9	94.7	114.8
1995	129.9	91.3	90.8	132.5
1996	137.9	95.0	94.5	146.3
1997	150.4	98.8	98.3	157.1
1998	158.2	100.5	99.4	157.4
1999	159.8	94.6	92.6	168.8
2000	164.8	95.6	94.2	172.4
2001	148.8	91.4	90.1	162.9
2002[p]	152.5	85.9	85.3	177.6

[a] Se calculó con base en la siguiente fórmula: $[(\text{PIBK}/\text{PO})_i/(\text{PIBK}/\text{PO})_b]*100$, donde PIBK es el PIB a precios constantes, PO es el personal ocupado, i es el año que se analiza, y b es el año base 1993.
[p] Índices calculados con cifras preliminares.
Fuente: INEGI, *La industria siderúrgica en México*, Aguascalientes, INEGI, México, ediciones de 1997, 1998, 1999, 2001 y 2004.

En general, el volumen de producción del acero ha mostrado una tendencia creciente en México de 1988 a 2002 (aumentó en 76% en el periodo), aunque hubo una contracción en 1991 y otra en 2001. El mayor impulso lo ha estado imprimiendo la rama de fundición y laminación básica. Sin embargo, contrario a las tendencias generales de la producción, el empleo de trabajo decreció en el periodo referido de 15 años en 62%, acentuándose ligeramente el descenso en el caso de los obreros más que en el de otro tipo de trabajadores, como los empleados administrativos y los ingenieros y demás profesionistas. Las tendencias de la producción y el empleo arrojan un desempeño creciente de la productividad media laboral, sobre todo de 1991 a 1995. En ese lapso ocurrió un gran aumento de la producción, acompañado de un decremento en el personal ocupado. De 1995 a 2000, la productividad continuó creciendo a tasas menores que las anteriores, para sufrir un decremento en 2001 (de -5.5%) y luego una recuperación en 2002. (Cuadro IX.1.)

No sólo ha estado creciendo la productividad laboral sino también la productividad total de los factores. Con estimaciones basadas en la encuesta industrial anual del Instituto Nacional de Estadística, Geografía e Informática (INEGI), Flor Brown y Alenka Guzmán encontraron que de 1984 a 1994 la productividad total de los factores (PTF) de la industria básica del hierro y del acero tuvo una tendencia creciente. Después de algunos altibajos en los años 1984-1988, la PTF de la rama siguió una trayectoria creciente, año tras año, en el periodo 1988-1994. La tendencia creciente de la PTF de 1984 a 1994 se concentró en el segmento de fundición y laminación primaria, con una tasa de crecimiento anual promedio de 14.2%. La expansión en la productividad fue relativamente pequeña en el segmento de la industria de laminación secundaria (una tasa de crecimiento anual promedio de 8.3%). El segmento de la fabricación de tubos y postes observó una tasa de crecimiento de la productividad comparativamente intermedia, cercana a la más baja (9.4%). El mayor crecimiento de la PTF de los dos primeros segmentos se dio en los establecimientos gigantes; en cambio, el mayor crecimiento del tercero ocurrió en los establecimientos grandes (no gigantes) y muy cercanamente a ellos, los establecimientos pequeños.[16]

Aunque toda comparación entre productividades es limitada por las diferencias en la composición de cada conjunto de productos (*product mix*), en términos aproximados puede apreciarse que en este lapso ha estado aumentando la brecha de productividad entre las plantas más grandes y las medianas y pequeñas; sobre todo en los segmentos de fundición y laminación primaria, y laminación secundaria. La excepción parece darse en el segmento de tubos y postes, en donde se detecta una convergencia en productividad entre los establecimientos pequeños y los medianos y grandes. Las presiones de la apertura al exterior han inducido

[16] Flor Brown y Alenka Guzmán, "Cambio tecnológico y productividad en la siderurgia mexicana, 1984-1994", *Comercio exterior*, vol. 48, núm. 10, Banco Nacional de Comercio Exterior, SNC, México, octubre de 1998, pp. 836-844. También consúltese Alenka Guzmán, *Las fuentes del crecimiento en la industria siderúrgica mexicana. Innovación, productividad y competitividad*, Universidad Autónoma Metropolitana Xochimilco, Miguel Ángel Porrúa, México, 2002.

estas tendencias. Por un lado, las plantas que dominan el mercado se reestructuraron y se modernizaron.[17] La exportación de productos siderúrgicos tendió a crecer, así como los principales indicadores de eficiencia, productividad y calidad. Así, el volumen de la producción en las plantas aumentó considerablemente, al mismo tiempo que el empleo de trabajadores decreció (cuadro IX.1). Los costos financieros que soportaron estos esfuerzos de inversión se reflejan en indicadores cada vez peores de apalancamiento y liquidez, como se explicará más adelante. Por otro lado, las plantas medianas y pequeñas se rezagaron en su modernización y eficiencia. Tendieron a servir nichos del mercado interno, y su exportación ha sido mínima. Algunas de estas plantas orientan su producción a mercados locales, en las regiones del centro y sur de México.

La industria del acero ha destacado en la economía mexicana por algunas de sus variables agregadas, especialmente su elevada inversión y su modernización tecnológica durante el periodo estudiado. En 1990-1998 se invirtieron 4 430 millones de dólares (o sea, un promedio anual de 492 millones de dólares) y en 1999-2001, 1 037 millones de dólares (346 millones de dólares al año, en promedio), con el objetivo de fortalecer y modernizar la estructura productiva para ampliar la capacidad competitiva, en respuesta a las exigencias de la privatización (noviembre de 1991) y de la globalización de mercados.[18] Los costos de estas inversiones debilitaron las finanzas y la rentabilidad de las empresas en el corto plazo, como se había comentado. Por ejemplo, la tasa de actividad, medida a través de la relación entre las ventas netas y el activo total, tendió a la baja de 1990 a 1995, llegando a su nivel mínimo, 0.29, en 1994. El apalancamiento también empeoró; por ejemplo, la relación entre el pasivo total y el activo total se incrementó en 70% (de 0.39 a 0.66) en los cinco años considerados, y la relación entre las ventas netas y el pasivo total cayó a menos de la mitad (de 1.2 a 0.51). La liquidez, cuantificada por la relación entre el activo circulante y el pasivo circulante, vino en picada, pasando de 1.31 en 1990 a 0.56 en 1995. El problema del desplome en la liquidez se acentuó en lo que respecta al crédito bursátil, pasando de una relación entre el activo circulante y los créditos bursátiles de corto plazo de 21.88 en 1990 a 1.88 en 1995, y registrando las mayores contracciones en 1992 y 1995. El rendimiento (utilidades netas por cada peso de las ventas netas) fue volátil en 1990-1993, y negativo en 1994 y 1995.[19]

17 Las cinco empresas más grandes concentraban 80% de la producción siderúrgica nacional en el año 2000 (datos de Canacero, *Diez años de estadística siderúrgica 1992-2001*). En orden de tamaño, éstas son: AHMSA (creada en 1950), HYLSA (1943), Imexsa (1988), Sicartsa (1976) y TAMSA (1952).

18 Cámara Nacional de la Industria del Hierro y del Acero, *Perfil de la industria mexicana del hierro y del acero*, Canacero, México, 2002.

19 Estos cálculos se realizaron con datos financieros de un grupo de empresas siderúrgicas publicados por el INEGI. Véase INEGI, *La industria siderúrgica en México*, Aguascalientes, México, 1995 y 1997.

Implicaciones ambientales de los cambios en escala, composición y tecnología

En esta sección se consideran los cambios en la escala de producción, en la composición de tipos de productos y en la tecnología de la industria estudiada, explorando sus implicaciones en la generación de contaminantes, tanto en el volumen como en la intensidad de contaminación.

Cambios en la escala

De acuerdo a los datos revisados en la sección anterior, en la evolución de la producción siderúrgica mexicana de los años noventa y el inicio de la primera década del siglo XXI, destaca su alta tasa anual de crecimiento promedio, especialmente en 1992-1996, cuando dicha tasa registró dos dígitos y fue muy superior al promedio del sector manufacturero. Como se comentó, ello se asocia a la negociación y el inicio del TLCAN. Esta expansión implica una presión en el ambiente de escala creciente; un efecto escala de la apertura con una presión adversa al ambiente.

Pero no sólo se detecta un efecto escala, sino además parece que éste es muy fuerte, probablemente más fuerte que los efectos "limpios" de composición y tecnología. En efecto, estimaciones de 1994 ubican a la rama del acero como la tercera de mayor emisión de contaminantes (de 50 ramas manufactureras en total), solamente superada por la química básica y la petroquímica básica, y la octava más intensiva en contaminación del sector manufacturero mexicano.[20] Es decir, estas mediciones sugieren que en la industria estudiada el factor escala —asociado al volumen de contaminación— es más fuerte que los factores composición y tecnológico —asociados a la intensidad de contaminación.

Cambios en la composición

La estructura de la producción de hierro y acero ha cambiado ligeramente con el TLCAN. También la estructura del consumo nacional aparente (demanda interna) ha mostrado cambios inducidos por la dinámica de la industria automotriz en la era del Tratado. La estructura reciente (en el año 2000) de la producción y el consumo nacional aparente se presenta en el diagrama IX.2 y muestra datos correspondientes a un año de importación neta (o sea, un lapso deficitario en

20 INEGI, *La industria siderúrgica en México. Edición 2001*, INEGI, Aguascalientes, México, 2002, pp. XIII y XIV (resumen).

el que el consumo nacional aparente superaba a la producción), sobre todo de materiales de arrabio y fierro esponja, así como productos laminados. En dicho año, el planchón y los tubos registraron una exportación neta. La información del diagrama también indica que el fierro esponja se usa y se produce más que el arrabio y las ferroaleaciones, lo cual implica una difusión amplia del proceso de reducción directa, menos contaminante que las opciones técnicas convencionales. También se observa que los productos terminados y elaborados (con gran participación de los laminados) superan notablemente a los semiterminados, sugiriendo una composición de productos comparativamente poco contaminante, dado que los procesos tecnológicos de aquéllos son en general menos intensivos en contaminantes y en consumo de energía que los de éstos.[21]

Si bien el principal grupo de productos sigue siendo el de los productos terminados y elaborados, su participación en la producción total de la industria acerera ha estado disminuyendo, a la vez que se ha incrementado la de los productos semiterminados. En 1992, aquéllos tenían una participación de 90% y éstos de 10%. Ocho años después (y con seis años de vigencia del TLCAN), en el 2000, los primeros tuvieron una participación de 81% y los últimos de 19% (cuadro IX.2) Este cambio en la composición hacia productos generalmente más intensivos en contaminación y energía sugiere entonces un impacto más contaminante. Dicho cambio en la composición de productos estuvo fuertemente influido tanto por la demanda externa como por la demanda interna. En efecto, la participación de los productos terminados y elaborados en la demanda interna (toneladas de productos de acero vendidas en el mercado nacional) y en la demanda externa (toneladas de productos de acero exportadas) ha sido mayor que la participación de los semiterminados, pero su tendencia ha sido declinante. En el caso de la demanda interna, la participación de los productos terminados y elaborados disminuyó de 100% a 92% de 1990 a 2000, y en el de la demanda externa cayó de 64% a 53% en ese lapso (cuadro IX.3).

En cuanto a los materiales básicos, aunque su importancia relativa en la demanda tendió a subir, su importancia en la producción cayó, lo cual implica que dichos materiales tienden a ser un componente cada vez más importante de las importaciones de esta industria. El cuadro IX.2 revela precisamente que mientras que en el consumo nacional aparente creció la relación porcentual de arrabio, fierro esponja y ferroaleaciones con respecto al acero crudo (de 72% a 77%) en 1989-2000, la relación correspondiente a la producción disminuyó (de 73% a 68%).

21 Canacero, *Diez años…*, *op. cit.*

Diagrama IX.2
Industria siderúrgica mexicana en 2000:
Producción y consumo nacional aparente por grupos de productos
(Miles de toneladas)

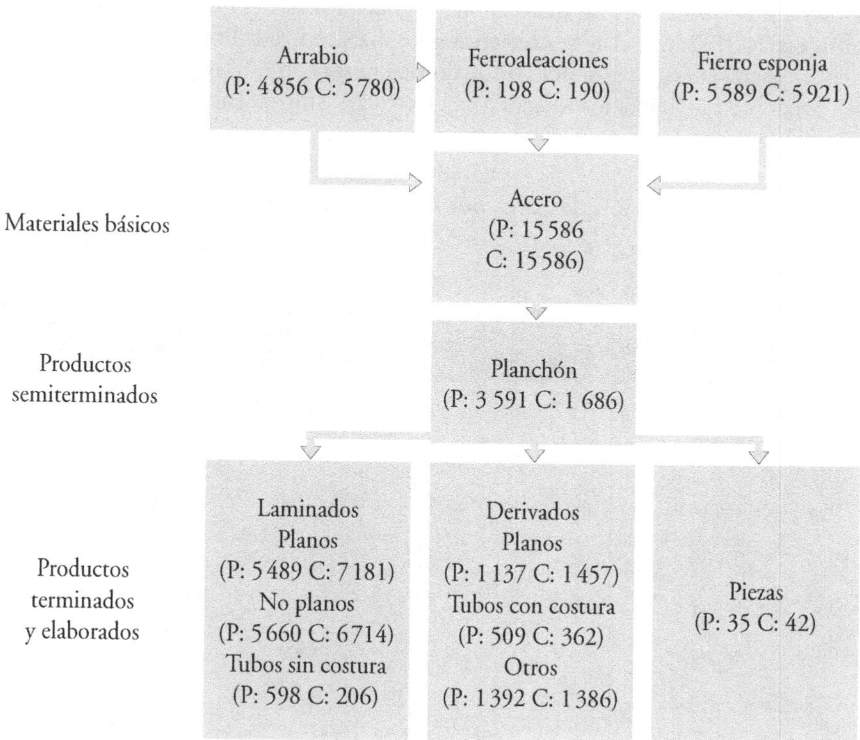

Notas:
P: producción.
C: consumo nacional aparente.

Fuente: Elaboración propia con información de la Cámara Nacional de la Industria del Hierro y del Acero, *Diez años de estadística siderúrgica, 1992-2001*, Canacero, México, 2002.

Cambios en la tecnología

Un aspecto distintivo de la industria mexicana del acero es su modernización tecnológica, en la cual destaca la adopción amplia del horno eléctrico, relegando a un segundo plano al proceso de conversión al oxígeno (cuadro IX.3), lo cual implica un cambio tecnológico menos contaminante. Casi no se usa el alto horno, a excepción de la planta de mayor capacidad productiva, Altos Hornos de México, S.A. (AHMSA). El horno eléctrico pasó de usarse en 56% de la producción en 1992 a 67% en el año 2000 y 70% en el 2003. El mayor incremento en esta difusión ocurrió entre 1992 y 1994, justo en las negociaciones y el arranque del TLCAN, así como en 2001-2003, con la creciente globalización. La difusión del horno eléctrico impactó la estructura del consumo de energía en esta industria, impulsando una creciente participación de energía eléctrica, como se mostrará más adelante.

Cuadro IX.2
Producción de acero por tipo de proceso, 1992-2001

Año	*Horno eléctrico*		*Convertidor al oxígeno*		*Total*	
	Miles de toneladas	*%*	*Miles de toneladas*	*%*	*Miles de toneladas*	*%*
1992	4715	55.7	3744	44.3	8459	100.0
1993	5450	59.2	3749	40.8	9199	100.0
1994	6426	62.6	3834	37.4	10260	100.0
1995	7606	62.6	4541	37.4	12147	100.0
1996	8441	64.1	4731	35.9	13172	100.0
1997	9254	65.1	4964	34.9	14218	100.0
1998	9258	65.1	4960	34.9	14218	100.0
1999	10029	65.7	5245	34.3	15274	100.0
2000	10395	66.5	5236	33.5	15631	100.0
2001	8530	64.1	4771	35.9	13300	100.0
2002	9894	70.6	4116	29.4	14010	100.0
2003p	10568	69.7	4591	30.3	15159	100.0

p Cifras preliminares.

Fuente: De 1992 a 1997, Cámara Nacional de la Industria del Hierro y del Acero, *Diez años de estadística siderúrgica, 1992-2001*, Canacero, México, 2002. De 1998 a 2003, INEGI, *La industria siderúrgica en México*, Aguascalientes, INEGI, México, 2004, cuadro 2.2.8.

Cuadro IX.3
Producción y consumo nacional aparente de materiales básicos y productos de acero, 1985-2000
(Toneladas)

	Materiales básicos					Productos semiterminados[a]		Productos terminados y elaborados		
Año	*Arrabio*	*Fierro esponja*	*Ferro-aleaciones*	*Los tres como % del acero*[b]	*Acero*	*Volumen*	*% del total de productos*	*Volumen*	*% del total de productos*	*Total de productos*[c] *(11)*
(1)	*(2)*	*(3)*	*(4)*	*(5)*	*(6)*	*(7)*	*(8)*	*(9)*	*(10)*	= (7+9)
					Producción					
1985	3 594 935	1 500 370	229 674	72.0	7 399 150	0	0.0	7 574 283	100.0	7 574 283
1986	3 737 540	1 420 344	238 737	74.7	7 225 118	0	0.0	7 064 706	100.0	7 064 706
1987	3 711 735	1 550 785	266 666	72.4	7 642 259	0	0.0	7 632 381	100.0	7 632 381
1988	3 678 230	1 686 041	272 285	72.5	7 778 655	0	0.0	7 914 911	100.0	7 914 911
1989	3 229 866	2 163 621	207 300	71.3	7 851 628	368 035	4.6	7 551 523	95.4	7 919 558
1990	3 664 723	2 525 196	194 878	73.1	8 734 219	585 995	6.5	8 403 089	93.5	8 989 084
1991	2 962 265	2 409 940	165 191	69.5	7 964 016	523 835	5.9	8 325 249	94.1	8 849 084
1992	3 403 596	2 320 860	131 334	69.2	8 459 429	892 297	9.9	8 125 996	90.1	9 018 293

1993	3 422 953	2 737 184	125 491	68.3	9 198 784	1 302 945	13.0	8 730 531	87.0	10 033 476
1994	3 500 780	3 216 383	130 664	66.7	10 260 109	1 705 249	14.7	9 898 484	85.3	11 603 733
1995	4 141 783	3 700 317	125 675	65.6	12 147 446	2 189 125	16.6	11 029 776	83.4	13 218 901
1996	4 228 940	3 794 429	161 651	62.1	13 171 832	2 363 872	15.6	12 807 449	84.4	15 171 321
1997	4 449 591	4 439 772	173 780	63.7	14 218 339	2 795 135	16.5	14 113 637	83.5	16 908 772
1998	4 531 531	5 584 032	191 351	72.7	14 181 685	3 004 026	17.5	14 181 303	82.5	17 185 329
1999	4 807 642	6 070 490	193 469	72.6	15 242 737	3 491 229	19.4	14 545 505	80.6	18 036 734
2000	4 855 876	5 588 852	198 423	68.3	15 586 211	3 591 131	19.2	15 074 477	80.8	18 665 608
Consumo nacional aparente[d]										
1985	3 611 632	1 503 143	174 012	71.5	7 399 150	0	0.0	7 675 443	100.0	7 675 443
1986	3 745 954	1 421 959	165 094	73.8	7 225 118	0	0.0	6 391 199	100.0	6 391 199
1987	3 718 193	1 552 747	187 139	71.4	7 642 259	0	0.0	6 755 707	100.0	6 755 707
1988	3 703 459	1 686 048	153 771	71.3	7 778 655	0	0.0	7 219 709	100.0	7 219 709
1989	3 270 995	2 289 799	121 648	72.4	7 851 628	123 489	1.7	7 280 778	98.3	7 404 267
1990	3 711 919	2 526 562	116 900	72.8	8 734 219	23 350	0.3	8 416 692	99.7	8 440 042
1991	2 985 741	2 494 449	118 320	70.3	7 964 016	95 280	1.0	9 552 782	99.0	9 648 062

1992	3 418 514	2 320 873	102 470	69.1	8 459 429	169 297	1.6	10 169 996	98.4	10 339 293
1993	3 440 875	2 737 883	91 843	68.2	9 198 784	94 945	1.0	9 560 531	99.0	9 655 476
1994	3 550 557	4 266 631	136 574	77.5	10 260 109	736 249	5.5	12 640 423	94.5	13 376 672
1995	4 219 706	5 045 776	126 784	77.3	12 147 446	285 125	3.1	8 932 118	96.9	9 217 243
1996	4 526 733	4 999 408	179 231	73.7	13 171 832	743 872	6.1	11 477 873	93.9	12 221 745
1997	4 927 731	4 845 170	163 376	69.9	14 218 339	920 135	6.3	13 647 411	93.7	14 567 546
1998	5 034 849	5 768 540	191 156	77.5	14 181 685	1 292 026	7.6	15 607 268	92.4	16 899 294
1999	5 095 451	6 416 158	182 375	76.7	15 242 737	1 267 229	7.5	15 689 514	92.5	16 956 743
2000	5 780 010	5 921 148	190 126	76.3	15 586 211	1 686 131	8.9	17 328 236	91.1	19 014 367

[a] Se refiere al planchón.
[b] Es la suma de las cifras de las columnas 2, 3 y 4, expresada como porcentaje de las cifras de la columna 6.
[c] Es el total de productos semiterminados, terminados y elaborados.
[d] Es la producción más las importaciones, menos las exportaciones (P + M - X).
Fuente: INEGI, La industria siderúrgica en México, Aguascalientes, INEGI, México, varios años.

Cuadro IX.4
Exportaciones y ventas nacionales de productos siderúrgicos mexicanos, 1990-2000 (toneladas)

Año	*Semiterminados*[a]	*Terminados y elaborados (TE)*	*Suma*	*Participación % de TE en la suma*
		Exportaciones		
1990	562 645	994 298	1 556 943	63.9
1991	428 555	740 209	1 168 764	63.3
1992	873 000	799 000	1 672 000	47.8
1993	1 302 000	799 000	2 101 000	38.0
1994	1 264 000	1 338 061	2 602 061	51.4
1995	2 064 000	4 076 658	6 140 658	66.4
1996	2 020 000	3 632 049	5 652 049	64.3
1997	2 275 000	3 558 147	5 833 147	61.0
1998	2 489 000	2 633 331	5 122 331	51.4
1999	2 651 000	2 758 344	5 409 344	51.0
2000	2 492 000	2 773 505	5 265 505	52.7
		Ventas nacionales[b]		
1990	23 350	7 408 791	7 432 141	99.7
1991	95 280	7 585 040	7 680 320	98.8
1992	19 297	7 326 996	7 346 293	99.7
1993	945	7 931 531	7 932 476	100.0
1994	441 249	8 560 423	9 001 672	95.1
1995	125 125	6 953 118	7 078 243	98.2
1996	343 872	9 175 400	9 519 272	96.4
1997	520 135	10 555 490	11 075 625	95.3
1998	515 026	11 547 972	12 062 998	95.7
1999	840 229	11 787 161	12 627 390	93.3
2000	1 099 131	12 300 972	13 400 103	91.8

[a] Se refiere al planchón.

[b] Las ventas nacionales se estimaron deduciendo las exportaciones de la producción (equivalente a restar las importaciones del consumo nacional aparente).

Fuente: INEGI, *La industria siderúrgica en México*, Aguascalientes, INEGI, México, varios años.

Intensidad de consumo energético

Como se explicó en páginas anteriores, la adopción del horno eléctrico como técnica relevante y del fierro esponja como material básico importante desplazó opciones más contaminantes y consumidoras de energía, sobre todo de gas natural y coque de carbón, sugiriendo un efecto más favorable al ambiente. También se revisó evidencia de cambios en la composición de productos, con mayor participación de los semiterminados, implicando un efecto negativo para el ambiente; es decir, más contaminante y de mayor intensidad energética. En cuanto a esta intensidad, el efecto tecnológico positivo, ahorrador de energía, parece haber sido más fuerte que el efecto negativo del cambio en la composición de los productos. La evidencia disponible así lo sugiere, ya que la intensidad energética ha venido declinando apreciablemente (gráfica IX.2, parte a). Ésta, medida en petajoules de energía promedio por el valor de la producción, disminuyó en la industria siderúrgica mexicana en la década de los noventa, especialmente de 27.5 a 24.0 petajoules por mil millones de pesos de producción acerera en el lapso 1995-1997 y luego de 24.7 a 18.4 petajoules por cada mil millones de pesos producidos de acero en 2000-2002 (cuadro IX.5). Precisamente, desde 1995, en la era del TLCAN, la intensidad de consumo de energía en el sector manufacturero ha estado declinando en México.[22] Siendo la industria del acero una de las ramas manufactureras más altamente intensivas en energía de México,[23] su tendencia a la baja es relevante.

A partir de mediados de la década de los setenta se aprecia una tendencia hacia una menor brecha de intensidad energética de la producción siderúrgica con respecto a la intensidad de consumo de energía promedio del sector manufacturero (gráfica IX.2, parte b). La brecha pasó de ser 7.5 veces la intensidad energética en el sector manufacturero a fines de los años sesenta y la década de los setenta, a 5.8 veces al inicio de la primera década del siglo XXI, registrándose la brecha más alta en 1989 (8.5 veces) y la más baja en 2003 (5.2 veces).

[22] Sener, *Balance nacional…, op. cit.*
[23] *Idem.*

Cuadro IX.5
Intensidad de consumo de energía en el sector manufacturero y la rama del hierro y del acero, 1965-2003
(Petajoules de energía por cada 1 000 millones de pesos producidos, a precios de 1993)

Año	*Sector manufacturero*	*Hierro y acero*
1965	4.54	30.28
1966	4.63	30.55
1967	4.70	31.63
1968	4.51	31.54
1969	4.62	33.57
1970	4.47	35.52
1971	4.40	35.63
1972	4.37	35.53
1973	4.31	36.28
1974	4.45	34.65
1975	4.51	34.33
1976	4.66	35.04
1977	4.49	34.80
1978	4.66	32.33
1979	4.53	31.50
1980	4.28	29.49
1981	4.35	30.19
1982	4.46	30.53
1983	5.10	31.99
1984	4.80	30.01

1985	4.89	29.85
1986	4.51	30.76
1987	4.79	31.91
1988	4.32	36.93
1989	4.30	33.73
1990	4.23	29.77
1991	4.13	28.72
1992	4.01	27.51
1993	4.21	26.38
1994	4.20	27.00
1995	4.62	27.51
1996	4.27	25.62
1997	3.99	23.99
1998	3.94	24.14
1999	3.51	23.18
2000	3.45	24.74
2001	3.32	22.03
2002	3.52	19.60
2003p	3.52	18.37

Fuente: Cálculos a partir de datos del PIB real publicados por el INEGI, *Sistema de cuentas nacionales de México*, Aguascalientes, INEGI, México, varios años, y datos de energía en petajoules de la Secretaría de Energía, *Balance nacional de energía*, Sener, México, varios años.

Gráfica IX.2
Intensidad del consumo de energía en el sector manufacturero y la industria del acero, 1965-2003
(Petajoules por cada 1 000 millones de producción)

a) Intensidad energética

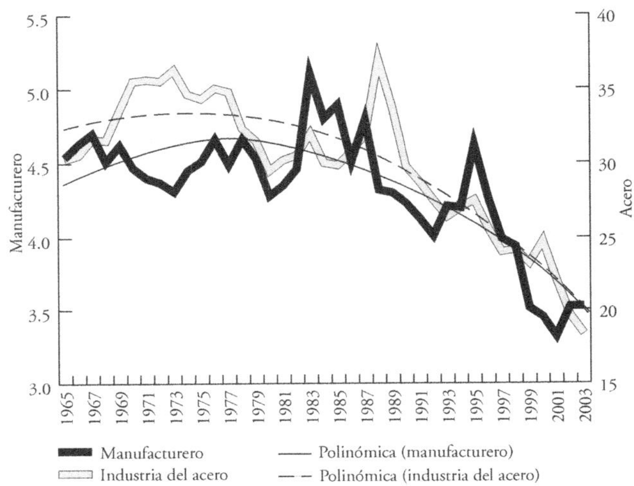

b) Brecha entre las intensidades energéticas del sector manufacturero y la industria del acero

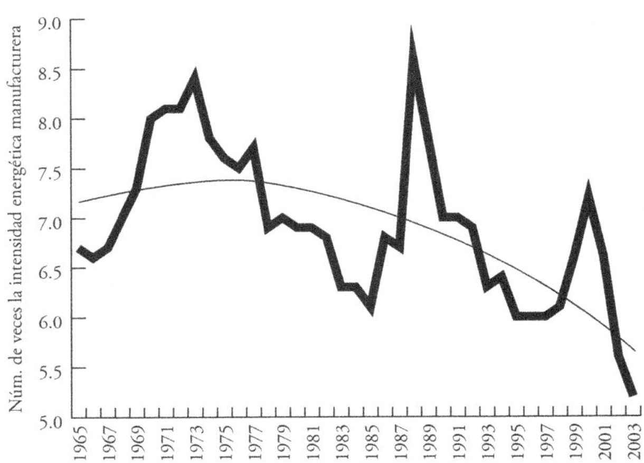

c) Participación de la siderurgia en el consumo energético del sector manufacturero (%)

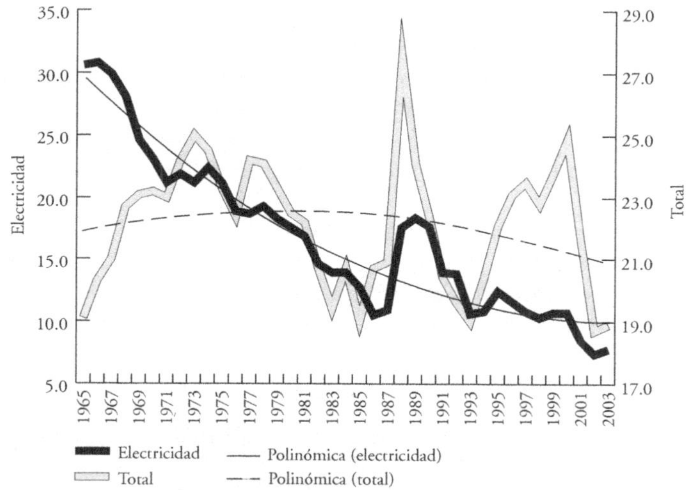

Fuente: Estimaciones con datos de la Secretaría de Energía (varos años), y el INEGI, *Sistema de cuentas nacionales de México* (varios años).

Con esta declinante intensidad de energía, la participación de la industria acerera en el consumo de energía del sector manufacturero, con subidas y bajadas, ha tendido a disminuir levemente, desde un promedio anual cercano a 23% a mediados de los años ochenta, hasta un promedio anual de 21% en 2000-2003 (véase la línea de tendencia polinómica de la gráfica IX.2, parte c). Así, el efecto de una intensidad energética declinante (cerrando la brecha con el resto del sector manufacturero) aparentemente ha superado el efecto escala asociado al crecimiento de la producción. Pero la mayor reducción en la participación de esta industria en el consumo de energía del sector manufacturero ocurrió en caso de la electricidad, al pasar de un promedio anual cercano a 30% hasta otro de 15% de mediados de los años sesenta a mediados de los ochenta y luego un promedio anual de 10% en 2000-2003 (véase la gráfica IX.2, parte c, y el cuadro IX.6). A pesar de esta tendencia a la baja, la industria acerera aumentó su consumo de electricidad más que el de combustibles sólidos y petrolíferos.[24] En efecto, del total de energéticos consumidos en petajoules por esta industria en 1985, la electricidad significó 10%, los combustibles sólidos (esencialmente coque de car-

[24] *Idem.*

bón) 39%, los petrolíferos 10% y el gas natural 41%, mientras que en el 2000, la electricidad representó más (12%), el coque de carbón mucho menos que antes (26%), así como los petrolíferos (8%) y el gas natural más (53%). El aumento del uso de electricidad y gas natural significó una sustitución de combustibles sólidos y petrolíferos en procesos afectados por la mayor difusión del horno eléctrico y el cambio de la composición de productos con mayor participación de los semiterminados. Este cambio en la estructura del consumo de energía implica una reducción de emisiones a la atmósfera al declinar el uso de coque de carbón y petrolíferos, pero aún falta disminuir el consumo de gas natural.

Cuadro IX.6
Participación de la industria acerera en el consumo de energía del sector manufacturero, por tipo de energético, 1965-2003[a]
(Participación % en el consumo de energía en petajoules)

	Coque de carbón[b]					
Año	*% de los combustibles sólidos*	*% del coque de carbón*	*Total de petrolíferos*	*Gas natural*	*Electricidad*	*Total*
1965	34.31	99.03	5.26	21.67	30.62	19.12
1970	45.31	99.06	8.00	20.90	23.15	23.17
1975	50.87	98.92	6.39	24.63	21.15	23.33
1980	49.35	98.55	8.07	22.14	17.57	22.50
1985	46.92	98.94	6.02	20.87	12.67	18.99
1990	43.32	98.24	9.61	28.98	17.65	22.37
1995	46.93	98.87	8.42	26.05	12.43	22.11
2000	46.09	98.73	7.83	43.05	10.69	24.87
2003[p]	38.58	100.00	5.92	29.90	7.75	18.91

[a] En el sector manufacturero se excluye la petroquímica primaria de Pemex.
[b] El coque de carbón es el único combustible sólido consumido por la industria del hierro y del acero.
[c] No incluye la autogeneración de electricidad.
[p] Cifras preliminares.
Fuente: Secretaría de Energía, *Balance nacional de energía, op. cit.*

Cuadro IX.7
Estructura del consumo de energía por tipo de energético
en el sector manufacturero y la industria del hierro y del acero, 1965-2003[a]
(% con base en petajoules)

Año	*Combustibles sólidos*[b]	*Total de petrolíferos*	*Gas natural*	*Electricidad*[c]	*Total*
		Sector manufacturero[d]			
1965	23.1	36.1	35.8	5.1	100.0
1970	22.9	27.0	42.2	7.8	100.0
1975	20.1	34.2	36.2	9.6	100.0
1980	17.9	28.1	41.8	12.1	100.0
1985	15.7	32.1	37.8	14.5	100.0
1990	15.0	34.0	31.8	19.2	100.0
1995	15.9	25.5	38.3	20.3	100.0
2000	14.2	26.5	30.7	28.7	100.0
2003p	14.6	23.4	32.0	30.0	100.0
		Industria del hierro y del acero			
1965	41.4	9.9	40.5	8.1	100.0
1970	44.8	9.3	38.1	7.8	100.0
1975	43.8	9.4	38.2	8.7	100.0
1980	39.3	10.1	41.2	9.5	100.0
1985	38.7	10.2	41.5	9.7	100.0
1990	29.0	14.6	41.2	15.1	100.0
1995	33.8	9.7	45.1	11.4	100.0
2000	26.2	8.3	53.1	12.3	100.0
2003p	29.8	7.3	50.6	12.3	100.0

[a] La suma horizontal de los porcentajes difiere de 100.0 en algunos años por razones de redondeo.

[b] En la industria del hierro y del acero, se usa solamente el coque de carbón como combustible sólido. En el sector manufacturero se usa además el carbón y el bagazo de caña.

[c] No incluye la autogeneración de electricidad.

[d] En el sector manufacturero se excluye la petroquímica primaria de Pemex.

p Cifras preliminares.

Fuente: Secretaría de Energía, *Balance nacional de energía*, *op. cit.*

EL COMPORTAMIENTO AMBIENTAL DE 12 PLANTAS MEXICANAS: ENFOQUE ESTÁTICO

En las secciones anteriores se estudió evidencia agregada que indica en términos netos un crecimiento de la industria mexicana del acero menos intensiva en contaminación y energía. Ahora interesa estudiar de manera desagregada el comportamiento ambiental de las plantas acereras y su evolución. Éste es el objetivo de la presente sección. Se evalúa, entonces, el comportamiento ambiental de un conjunto selecto de 12 plantas siderúrgicas en México, considerando la regulación gubernamental exigente y la influencia anticontaminante del mercado externo asociada al TLCAN. Se presenta primero una nota explicativa de la selección de las plantas estudiadas. Posteriormente, se revisan los principales resultados de la evaluación.

La muestra y el criterio de selección de las plantas

El interés por evaluar el comportamiento ambiental de plantas siderúrgicas mexicanas se centra en los procesos productivos de mayor riesgo contaminante; es decir, la acería y la laminación. En la acería se procesa el acero crudo necesario para la fundición y los productos semiterminados, en tanto que la laminación es un proceso que se usa en la etapa de manufactura de productos terminados y elaborados (véase el diagrama IX.1). Este interés hizo imperativo una mayor exigencia en la selección de la muestra de plantas acereras y de laminación (independientemente de su grado de integración) que en la de otras plantas no integradas, como las fundidoras y las productoras terminales de tubos, alambrón, varilla, perfiles estructurales y otros productos elaborados. Por otro lado, se estimó una elevada probabilidad de rechazo de las empresas para responder el cuestionario de la encuesta por varias razones, entre las que sobresalen las percepciones empresariales sobre el tema de la contaminación y el cuidado ambiental en México: *1)* el tema involucra información confidencial y hasta comprometedora para la empresa; *2)* el tema no está entre las prioridades urgentes que tienen que atender la mayoría de las empresas que enfrentan retos competitivos en los mercados globales de esta industria. En tales circunstancias, la muestra no puede ser aleatoria; por ello se decidió seleccionar dos grupos de empresas: *1)* las principales empresas acereras que tuvieran los procesos de aceración y laminación; y *2)* una variedad de empresas que tuvieran cualquiera de los procesos de aceración, laminación y acabado de productos elaborados.

Cuadro IX.8
Principales características de la muestra

Características	*Núm. de empresas*
Tamaño	
Grande (más de 1000 trabajadores)	5
Mediano (menos de 1000 trabajadores)	7
Procesos[a]	
Integrados o semintegrados	9
No integrados	3
Tecnología[b]	
Nivel I	4
Niveles II, III y IV	8
Grado de exportación	
Alta exportación (más de 50% de ventas)	4
Exportación mediana (entre 5 y 50%)	6
Baja exportación (menos de 5%)	2
Origen del capital	
Extranjero 100%	2
Mixto nacional y extranjero	1
Nacional 100%	9
Total	12

[a] Los procesos llamados "integrados" o "semintegrados" incluyen la aceración. Los "no integrados" la excluyen.

[b] Niveles de tecnología: I. Comparable con la mejor existente en el presente. II. Como la mejor de hace 2 a 5 años. III. Como la mejor de hace 5 a 10 años. IV. Como la mejor de hace 10 a 20 años. V. Como la mejor de hace más de 20 años.

El marco muestral y la composición final de la muestra quedaron organizados en los dos grupos de empresas mencionados por proceso, según se aprecia en el cuadro IX.8. Al inicio de la investigación, en 1997, se había fijado el objetivo de que el tamaño de la muestra fuera de 20 empresas, tomando en cuenta que el marco muestral incluía 46 establecimientos. Desafortunadamente, el grado de rechazo fue tan elevado que sólo se logró un total de 12 empresas; no obstante, este número de empresas representa 26% del total. Además, cabe considerar que se incluyeron las principales plantas acereras de México (y una variedad de otras empresas conforme a los criterios establecidos), de tal suerte que en términos de empleo, el grupo de establecimientos encuestados representa 54% del empleo total del marco muestral. En este sentido, la muestra permite un buen acercamiento a la realidad de la industria acerera, con cierto grado de confiabilidad; aunque en rigor no sea una buena base estadística para la generalización.

Entre la variedad de empresas encuestadas, hay mayor participación de empresas integradas, de capital nacional, con niveles tecnológicos no muy altos y relativamente grandes, en comparación con otras ramas industriales en México.

La muestra se compone de nueve empresas que en 1998 eran integradas o semintegradas, con instalaciones de aceración, y tres empresas no integradas. En términos del tamaño, de acuerdo con los estándares de esta industria, la muestra se distribuyó en cinco empresas grandes y siete medianas. Los niveles tecnológicos eran diversos, correspondiendo el nivel de alta tecnología a cuatro establecimientos y otros niveles tecnológicos a ocho. Hay cuatro empresas que exportaban más de 50% de las ventas, seis que exportaban entre 5 y 50% de las ventas y dos que destinaban menos de 5% de las ventas a la exportación. La mayoría de las empresas encuestadas eran de capital nacional. Nueve de ellas eran 100% de capital nacional, una era de capital mixto (nacional y extranjero) y dos eran extranjeras 100 por ciento.

Evaluación estática: resultados de la encuesta

Los principales problemas de contaminación de este conjunto de 12 plantas acereras eran la contaminación del aire (en 11 casos), residuos sólidos y peligrosos (nueve casos), y contaminación del agua (seis casos). Estos problemas ambientales habían sido enfrentados por los directivos de las plantas en un contexto de crecimiento en el volumen de producción.

En el grupo de empresas encuestadas destacan los cambios de escala y de tecnología en comparación con el de composición (cuadro IX.9). Las cifras agregadas son consistentes con ellos, toda vez que la mezcla de productos no se había alterado tan notablemente como el volumen de producción y la tecnología (medida a través del crecimiento de la productividad laboral). Así, es de esperarse que los efectos escala (adversos al ambiente) y tecnológicos (favorables al ambiente) hayan sido significativos. Aunque no podemos estimar cuál de estos dos cambios haya sido el dominante, tenemos dos tipos de observaciones que indican que el cambio tecnológico había sido mayor que el efecto escala en el grupo de plantas encuestadas: *1)* el crecimiento de su productividad había sido notoriamente mayor que el del volumen de producción; *2)* los gerentes de las empresas líderes declararon haber hecho cambios tecnológicos, logrando abatir la intensidad de la contaminación (contaminantes por tonelada de producción), de tal forma que aun con aumentos en la escala de producción se había reducido el volumen total de contaminantes.

Cuadro IX.9
Cambios productivos de diez empresas acereras

Cambios productivos	*Núm. de empresas*
De escala	8
De composición	0
Tecnológico	8

Respecto al cuidado ambiental, el puntaje global promedio es mediano, de 6.1 puntos sobre una base máxima teórica de 100 puntos y la máxima evaluación lograda por una empresa de 90, conforme se aprecia en el cuadro IX.10. En el mismo cuadro se presentan los puntajes promedio de las empresas y los máximos y mínimos obtenidos en las empresas. Llama la atención un par de resultados. Primero, la gran varianza entre los puntajes máximo y mínimo, habiendo empresas con la mayor calificación posible (100) y otras con calificaciones tan bajas fluctuando entre 13 y 43. Esto ilustra la gran heterogeneidad de políticas, acciones y problemas en materia ambiental en la industria acerera. Segundo, la gran diferencia entre la relativamente baja puntuación de las acciones en pro del ambiente (52 en la planta y 56 en la empresa) y la puntuación relativamente alta de la política empresarial respecto al ambiente (69). Así, parece que había mayor interés en la elaboración de políticas ambientales que en acciones efectivas.

Dada la gran heterogeneidad de comportamientos y desempeños ambientales es pertinente explorar las hipótesis del presente estudio; es decir, qué tipos de empresas tienden a cuidar más el ambiente en las condiciones actuales. Reconociendo las limitaciones de la muestra y sin tratar de ser concluyentes, los datos del cuadro IX.11 sugieren que las empresas acereras grandes tienden a cuidar más el ambiente que las medianas; las de más alta tecnología que las de tecnología de generaciones atrás; las plantas exportadoras más que las orientadas al mercado nacional, las que tienen procesos integrados o semintegrados (con acerería) que las no integradas. La agrupación de empresas por origen del capital y por grado de exportación no permite una apreciación diferenciada de la conducta ambiental, sugiriendo la poca relevancia de estas variables. Esto implica que la inversión extranjera y la apertura al comercio exterior no parecen incidir directamente en el comportamiento ambiental de las empresas en esta industria. La mejor evaluación ambiental de las empresas grandes, exportadoras, las de alta tecnología y las de procesos integrados o semintegrados revela que el tamaño —con importantes economías de escala y de alcance en el control de la contaminación, y con ventajas económicas posiblemente asociadas a la disponibilidad de recursos financieros, humanos y organizativos—, los mercados externos —que requieren normas de calidad y protección ambiental—, la tecnología —posiblemente asociada a una cultura técnica favorable y el acceso a información técnica restringida en materia de control de la contaminación— y el tipo de proceso —asociado al mayor riesgo ambiental y a la mayor intensidad de contaminación de los procesos pioneros como el de la aceración que exigen más atención al ambiente— son factores centrales que inciden directamente en la conducta empresarial respecto de la contaminación industrial.

Cuadro IX.10
Evaluación del cuidado ambiental de 12 empresas acereras, 1998

	Calificación		
Concepto	*Promedio*	*Máxima*	*Mínima*
Política ambiental de la empresa (promedio)	63		
Política	69	100	25
Acciones con programas	56	100	13
Gestión ambiental	64	100	20
Desempeño ambiental de la empresa	63	100	25
Acciones pro ambientales en la planta (promedio)	57		
Acciones con programas	52	100	25
Desempeño ambiental de la planta	61	100	43
Global (promedio)	61	90	36

Cuadro IX.11
Evaluación ambiental de un grupo de 12 empresas acereras, por estrato, 1998

		Política ambiental empresarial					Acciones en la planta			
Estrato de empresa	*Núm. de empresas*	*Política*	*Acciones con programa*	*Gestión*	*Desempeño amb.*	*Suma*[a]	*Acciones con programa*	*Desempeño amb.*	*Suma*[a]	*Global*[a]
Tamaño [b]										
Grande	5	86	75	83	6	76	6	71	66	73
Mediana	7	57	42	51	64	54	46	53	5	61
Proceso [c]										
Integrado o semintegrado	9	76	64	7	61	68	53	63	58	64
No integrado	3	48	32	45	67	48	5	52	51	49
Tecnología [d]										
Nivel I	4	7	85	77	56	72	69	79	74	73
II, III y IV	8	69	41	58	66	59	44	52	48	55
Exportación [e]										
Alta exportación	4	78	59	62	56	64	43	6	52	6

Exportación media	6	68	66	7	67	68	58	64	61	65
Baja exportación	2	56	19	52	63	48	5	5	5	48
Origen del capital										
Extranjero[f]	3	77	74	67	58	69	58	52	55	64
100% nacional privado	9	67	5	63	64	61	5	63	57	68
Total	12	69	56	64	63	63	52	61	57	61

[a] Promedio aritmético de los conceptos correspondientes en cada renglón.

[b] Empresas grandes, con más de 1 000 personas ocupadas, y medianas las que ocupan entre 100 y 1000 personas.

[c] El proceso integrado es el que el que incluye desde el proceso primario (fundición, aceración) hasta el de manufactura final. El proceso no integrado es el que no incluye un proceso primario. Puede tratarse de un proceso secundario (laminación) o uno final (manufactura de tubos, perfiles, etcétera).

[d] Niveles de tecnología:

I. Comparable con la mejor existente en el presente.
II. Como la mejor de hace 2 a 5 años.
III. Como la mejor de hace 5 a 10 años.
IV. Como la mejor de hace 10 a 20 años.
V. Como la mejor de hace más de 20 años.
VI. No se compara con ninguna tecnología utilizada en el mundo.

[e] Alta exportación se refiere a una participación de las exportaciones en la venta total de más de 50%, mediana, entre 5 y 50%, y baja, inferior a 5%.

[f] Dos plantas con capital 100% extranjero y una con capital mixto nacional y extranjero.

Al preguntársele a las empresas cuáles han sido los principales factores que las han motivado para cuidar el ambiente, la principal respuesta fue la regulación gubernamental, y en segundo lugar en importancia se mencionó la exigencia de clientes en el exterior. También se les preguntó sobre los principales obstáculos que han afrontado para atender el ambiente; las mayores coincidencias en las respuestas se concretan claramente en dos obstáculos externos a las empresas: el alto costo de los equipos anticontaminantes y los eficientes y "amables" con el ambiente, así como la falta de incentivos pro ambientales.

Cuadro IX.12
Percepción de factores contextuales que inciden en el cuidado ambiental de las empresas

Factores	*Frecuencia*
Factores impulsores	
Regulación gubernamental	9
Exigencia de clientes extranjeros	3
Política propia por convicción	3
Imagen pública o presión social	3
Obstáculos internos	
Otras prioridades urgentes	4
Falta de conocimientos ambientales	4
Falta de información técnica	3
Financiamiento insuficiente	1
Falta de personal capacitado	1
No tiene obstáculos internos	3
Obstáculos externos a la planta	
Alto costo del equipo	8
Falta de incentivos	7
Falta de tecnología	1
No tiene obstáculos externos	2

En cuanto a los obstáculos internos de la empresa, las respuestas no se concentran tanto, pero sí resulta claro que los mayores problemas internos son la atención a otras prioridades urgentes de la empresa, así como la falta de conocimientos e información técnica y ambiental (cuadro IX.12).

La muestra se separó en dos grupos: por un lado las empresas mejor evaluadas (cinco empresas), y por otro las peor evaluadas (siete). Se revisaron las respuestas del primer grupo (en comparación con el total encuestado) referentes a las principales motivaciones para el cuidado ambiental y las del segundo grupo (también comparativamente) en lo concerniente a los principales obstáculos. De este ejercicio resulta que la regulación gubernamental y la exigencia de los mercados externos cobran importancia como factores favorables para las empresas ambientalmente exitosas. Otro resultado interesante es que la regulación ambiental es un motivo importante para las plantas de pobre desempeño (seis de un total de siete) que para las que se desempeñaron mejor (dos de cuatro). Esto implica que la regulación ambiental gubernamental tiene un impacto menor en el comportamiento ambiental de las empresas que los incentivos del mercado. Por otro lado, relativo a los obstáculos, el alto costo del equipo, la falta de una oferta de tecnologías "limpias" o "anticontaminantes", la necesidad de atender otras prioridades más urgentes y la falta de incentivos y de formación técnica y ambiental son los principales obstáculos externos e internos de las empresas ambientalmente rezagadas (véanse los cuadros IX.13 y IX.14).

Cuadro IX.13
Principales motivaciones por grupo de empresas, según su evaluación ambiental

Motivación	*Las 12 plantas*	*Las 5 mejor evaluadas*	*Las 7 peor evaluadas*
Regulación ambiental	9	3	6
Influencia de los clientes del exterior	3	2	1
Imagen pública	3	2	1
Propia filosofía, convicción y sentido de responsabilidad	3	1	2

Cuadro IX.14
Principales obstáculos al abatimiento de la contaminación por grupo de empresas, según su evaluación ambiental

Obstáculos	*Las 12 plantas*	*Las 5 mejor evaluadas*	*Las 7 peor evaluadas*
Externos			
Alto costo del equipo	8	2	6
Falta de incentivos	7	2	5
Internos			
Otras prioridades que requieren atención urgente	4	0	4
Falta de información tecnológica	3	1	2
Falta de conocimientos ambientales	4	2	2

Cuadro IX.15
Mayores avances proambientales

Principal avance	*Frecuencia*
Tratamiento de descargas y emisiones	8
Sistemas de gestión ambiental	5
Reciclamiento	5
Mantenimiento de las instalaciones	3
Modificaciones al proceso	2

En resumen, los resultados de la encuesta indican que las empresas grandes, exportadoras y con alta tecnología pueden atender con más éxito el cuidado ambiental (las integradas parecen estar más bien obligadas en virtud de que el proceso primero de aceración es especialmente intensivo en contaminación) en un contexto en el que la regulación gubernamental y la exigencia de los mercados externos parecen presionar efectivamente en favor del combate a la contaminación y en el que las empresas afrontan problemas de costos, o información técnico-ambiental y presiones internas de alta urgencia que impiden atender mejor el ambiente.

Cuadro IX.16
Calificación de la evolución del cuidado ambiental

Concepto	*Calificación promedio*	*Calificaciones máximas logradas*	*Calificaciones mínimas logradas*
A. Cambios productivos con fines ambientales	46	100	25
B. Evolución del desempeño ambiental	50	100	17
C. Mejoras en la gestión ambiental	58	100	0
Promedio global (ponderado)[a]	49	91	18

[a] La ponderación es como sigue: el concepto A, 36.4%; el B, 54.5%; y el C, 9.1%. Esta distribución corresponde a la de los puntajes máximos: A, con 4 puntos; B con 6; C con 1.

El comportamiento ambiental de 12 plantas mexicanas: enfoque evolutivo

En esta sección interesa evaluar la conducta ambiental de las empresas acereras desde un punto de vista evolutivo; es decir, examinar el grado de avance en el cuidado ambiental que han mostrado las empresas. El avance más difundido fue el del tratamiento de descargas y emisiones (realizado por ocho empresas), al que le siguieron en difusión las mejoras en la gestión ambiental y en el reciclamiento (cinco empresas). Los cambios con fines ambientales menos frecuentes fueron los del proceso (dos empresas) y el mantenimiento de las instalaciones (tres empresas) (cuadro IX.15). El cuadro IX.16 resume la evaluación de estos cambios. En una primera aproximación, llaman la atención dos cuestiones: *1)* por un lado, el relativo rezago en las tendencias del comportamiento ambiental, en tres dimensiones que son los cambios realizados por las plantas productivas con fines ambientales, la evolución del desempeño ambiental de las plantas y las mejoras hechas en materia de la gestión ambiental; y *2)* la gran heterogeneidad de trayectorias ambientales, con casos de plantas cuya evolución es altamente evaluada (10 eventos) y otras con evaluaciones muy bajas (entre 0 y 2.5), con diferenciales aún mayores que los de la evaluación de la situación en el presente.

Cuadro IX.17
Evolución del cuidado ambiental

Tipo de cambios	*Frecuencia (%)*
Cambios con fines ambientales	
Cambio tecnológico en el equipo	75
Sustitución de insumos menos contaminantes	50
Cambios en el proceso productivo	50
Cambios en la mezcla del producto	8
Evolución del desempeño ambiental	
En cuanto al cuidado de la cantidad utilizada de los recursos	
Menor uso intensivo de combustible	50
Menor uso intensivo de electricidad	75
Menor uso intensivo del agua	67
Menor volumen de descarga de agua	50
En cuanto al cuidado de la calidad de los recursos	
Mejor calidad del agua descargada	42
Mejor calidad de emisiones a la atmósfera	42

Entrando en mayor detalle: de los cambios realizados por las plantas con propósitos ambientales, los menos importantes en términos relativos son los de la mezcla de productos (lo que es consistente con la tendencia general de la falta de un efecto composición, como se comentó atrás) y el proceso productivo. En cambio, parece haberse dado un mayor cambio de insumos (usando cada vez más los menos contaminantes), y sobre todo el cambio tecnológico en equipo más amigable al ambiente. Por otro lado, en lo concerniente a la evolución del desempeño ambiental, los mayores rezagos parecen presentarse en el combate de la contaminación; reflejado en la relativa falta de cuidado de la calidad de los recursos naturales (agua, atmósfera). En cambio, los mejores avances han ocurrido en el cuidado de la cantidad utilizada de dichos recursos, sobre todo el menor uso intensivo de electricidad y de agua (cuadro IX.17).

Cuadro IX.18
Evaluación de la evolución del cuidado ambiental

		Evolución del cuidado ambiental			
Estrato de empresas	*Núm. de empresas*	*Cambios técnicos y productivos con fines ambientales*	*Evolución del desempeño ambiental*	*Mejoras en la gestión ambiental*	*Global*[a]
Tamaño					
Grande[b]	5	55	66	80	64
Mediana[c]	7	39	38	43	39
Proceso					
Integrado o semintegrado[d]	9	47	82	67	53
No integrado[e]	3	42	36	33	38
Tecnología[f]					
Nivel I	4	75	75	75	75
Nivel II, III y IV	8	31	38	50	36
Exportación					
Alta exportación (50% +)	4	31	56	75	43
Exportación media (5-50%)	6	63	57	50	58

Baja exportación (0-5%)	2	25	38	50	34
Origen del capital					
Extranjero[g]	3	50	39	100	48
100% nacional privado	9	44	52	44	49
Total	12	45	59	55	*51*

[a] Promedio aritmético de los tres tipos de evaluación.
[b] Empresas con más de 1000 personas ocupadas.
[c] Empresas que ocupan entre 100 y 1000 personas.
[d] Integrado al proceso primario (fundición, aceración).
[e] No integrado al proceso primario. Puede tratarse de un proceso secundario (laminación) o uno final (manufactura de tubos, perfiles, etcétera).
[f] Niveles de tecnología:
I. Comparable con la mejor existente en el presente.
II. Como la mejor de hace 2 a 5 años.
III. Como la mejor de hace 5 a 10 años.
IV. Como la mejor de hace 10 a 20 años.
V. Como la mejor de hace más de 20 años.
VI. No se compara con ninguna tecnología utilizada en el mundo.
[g] Dos plantas con capital 100% extranjero y una con capital mixto nacional y extranjero.

Ahora, atendiendo a las hipótesis del estudio, interesa saber el tipo de empresa acerera que está avanzando más en el cuidado ambiental. El cuadro IX.18 es útil para este propósito. En este cuadro se aprecia que las empresas grandes, las de alta tecnología, las integradas o semintegradas y las que exportan (alta o medianamente exportadoras) tienden a lograr mayores avances en el cuidado ambiental, de acuerdo con las calificaciones de nuestra evaluación. Si la empresa es de capital nacional o extranjero no se aprecia una diferencia respecto a dichos avances en el grupo de las empresas estudiadas; en otras palabras, estos resultados más o menos coinciden con la evaluación de la conducta ambiental en el presente, lo cual les da consistencia en el contexto de los recientes años de mayor regulación ambiental, exigencia de los mercados externos, dificultades internas —sobre todo de las empresas pequeñas y medianas— y falta de información técnica ambiental.

Conclusiones

En la introducción de este capítulo se planteó la necesidad de analizar los vínculos entre el desarrollo de la economía mexicana —que busca ser competitiva— y los problemas de la contaminación industrial; de estudiar sistemáticamente los diversos problemas ambientales de las plantas industriales establecidas en México; y aprender lecciones de casos de excelencia en la atención al ambiente compatible con la eficiencia productiva. También se establecieron dos objetivos de investigación, derivados de esas necesidades: *a)* estudiar los impactos ambientales de las principales transformaciones de la industria mexicana del acero; y *b)* explorar el tipo de planta acerera que en México tiende a ser más exitoso en el control de la contaminación.

Con respecto al primer objetivo, se encuentra un importante efecto escala de la apertura, ejerciendo una presión adversa al ambiente. Según la evidencia, este efecto —asociado al volumen de contaminación— es más fuerte que los factores composición y tecnológico —asociados a la intensidad de contaminación—. Se detecta un efecto composición con una influencia reductora en la intensidad de contaminación; es decir, con un impacto favorable al ambiente: el fierro esponja se usa y se produce más que los materiales convencionales (lo cual implica una mayor difusión de la reducción directa, comparativamente menos "sucia"), y los productos terminados y elaborados superan notablemente a los semiterminados (una composición de productos comparativamente poco contaminante y menos intensiva en energía). El tercer efecto, el tecnológico, también ha evidenciado un abatimiento de la intensidad de contaminación, y al respecto destaca la adopción del horno eléctrico, lo que significa un cambio tecnológico menos contaminante.

Estos efectos son explorados también en el ámbito micro, de la planta productiva, con evidencia proporcionada por 12 plantas siderúrgicas. Esta evidencia indica que los cambios de escala y de tecnología destacan más que el de composición. Se capta información que sugiere que el cambio tecnológico fue mayor que el efecto escala en el grupo de plantas encuestadas, ya que el crecimiento de su productividad fue notoriamente mayor que el del volumen de producción y los gerentes de las plantas líderes declararon haber abatido la intensidad de la contaminación (contaminantes por tonelada de producción) de manera que aun con aumentos en la escala de producción habían reducido el volumen total de contaminantes.

En cuanto al segundo objetivo, se evalúa el comportamiento ambiental de dicho conjunto de 12 plantas siderúrgicas. Aunque no se puede generalizar por no contar con un muestreo aleatorio ni en un censo, sino en una encuesta dirigida, ésta revela en primer lugar una mejor evaluación ambiental para las empresas orientadas a la exportación (debido al distinto acceso a opciones tecnológicas y diferentes incentivos del mercado). En segundo lugar, las empresas nacionales grandes (no así las filiales de empresas transnacionales) tienden a adoptar tecnologías más limpias que las empresas nacionales comparativamente pequeñas, y tienden a cumplir más allá de lo exigido por el marco normativo, debido principalmente a factores financieros y tecnológicos. Finalmente, se detecta que las filiales de empresas transnacionales y las empresas nacionales altamente exportadoras no son necesariamente más activas en responder con un "efecto tecnológico" que las demás empresas; más bien, las empresas grandes, orientadas al mercado externo y con alta tecnología son las que observaron dicha respuesta.

Con respecto a la conducta ambiental de las empresas acereras desde un punto de vista evolutivo, se muestra que las empresas grandes, las de alta tecnología, las integradas o semintegradas y las que exportan (altamente o medianamente exportadoras) tienden a lograr mayores avances en el cuidado ambiental, de acuerdo con las calificaciones de evaluación. Si la empresa es de capital nacional o extranjero no se aprecia una diferencia respecto a dichos avances en el grupo de las empresas estudiadas. En la perspectiva evolutiva, se nota un relativo rezago en las tendencias del comportamiento ambiental, en tres dimensiones que son los cambios realizados por las plantas productivas con fines ambientales, la evolución del desempeño ambiental de las plantas y las mejoras hechas en materia de la gestión ambiental. También se observa una gran variedad de trayectorias ambientales, con casos de plantas cuya evolución es altamente evaluada y otras con evaluaciones muy bajas.

Llama la atención que en un marco de gran heterogeneidad de políticas, acciones y problemas en materia ambiental en la industria acerera, la mayoría de los gerentes han sido más activos en la elaboración de políticas ambientales que en acciones efectivas.

Finalmente, la regulación gubernamental y la exigencia de los mercados externos cobran importancia como factores favorables para las empresas ambientalmente exitosas. Al respecto, la regulación ambiental es un motivo importante para las plantas de pobre desempeño pero no es así para las que se desempeñaron mejor. En otras palabras, la regulación ambiental gubernamental muestra en estos casos un impacto menor en el comportamiento ambiental de las empresas que los incentivos del mercado. Por otro lado, en cuanto a los obstáculos, el alto costo del equipo, la falta de una oferta de tecnologías "limpias" o "anticontaminantes", la necesidad de atender otras prioridades más urgentes y la falta de incentivos y de formación técnica y ambiental son los principales obstáculos externos e internos de las empresas ambientalmente rezagadas. Todo esto debe ser considerado en el diseño de instrumentos de política.

ANEXO. LISTA DE PLANTAS INCLUIDAS EN LA ENCUESTA DE 1998

AMSCO Mexicana, S.A.
Altos Hornos de México, S.A. (AHMSA)
Cía. Mexicana de Perfiles y Tubos, S.A.
Cía. Acerera de California, S.A. (CSC)
Cía. Acerera de Guadalajara, S.A. (CSG)
Aceros Corsa, S.A.
Hojalata y Lámina, S.A. (Hylsa)
Ispat Mexicana, S.A. (Imexa)
Mexicana de Laminación, S.A.
Productos Laminados de Monterrey, S.A. (Prolamsa)
Siderúrgica Lázaro Cárdenas Las Truchas, S.A. (Sicartsa)
Tubos de Acero de México, S.A. (TAMSA)

CUARTA PARTE

ESTUDIOS DE LA MAQUILA DE EXPORTACIÓN

X. ¿PUEDE LA INDUSTRIA MAQUILADORA CAMBIAR A UN PARADIGMA DE PRODUCCIÓN LIMPIA?[1]

CARLOS MONTALVO CORRAL

INTRODUCCIÓN

La industria maquiladora ha sido objeto de un extenso análisis sobre aspectos que abarcan desde los factores de relocalización, la productividad, las relaciones laborales, hasta la seguridad y el comportamiento ambiental, entre otros.[2] Acerca del comportamiento ambiental, tradicionalmente se ha criticado a la maquiladora y se le ha descrito como sucia;[3] sin embargo, recientemente se han producido

[1] El capítulo fue traducido del inglés al español por Julieta Peláez, con la revisión del propio autor y de Alfonso Mercado.

[2] Véase por ejemplo los siguientes trabajos: J. A. Godínez y A. Mercado, "Fuentes de eficiencia y competitividad en la industria maquiladora de exportación en México", en *Frontera norte,* El Colegio de la Frontera Norte, Tijuana, México, 1996; B. González-Aréchiga y J. C. Ramírez (eds.), *Subcontratación y empresas trasnacionales. Apertura y restructuración en la maquiladora,* El Colegio de la Frontera Norte, Fundación Friedrich Ebert, México, 1990; R. M. Buitelaar y R. P. Padilla, "Maquila, Economic Reform and Corporate Strategies", *World Development,* vol. 28, núm. 9, 2000, pp. 1627-1642; M. E. de la O y C. Quintero, "Las industrias maquiladoras en México: orígenes comunes, futuros distintos", A. Koido, "Territorialized Nexus of Transnational Production Chain and its Disjunctive with Local Structure: Development of Industrial Agglomeration of CTV in U.S.-Mexican Border and its Limits"; y L. Taylor, "The Origins of the Maquila Industry in Mexico" (los tres presentados en la conferencia internacional "Libre comercio, integración y el futuro de la industria maquiladora: producción global y trabajadores locales", El Colegio de la Frontera Norte, CEPAL, Tijuana, México).

[3] Sobre este tema en la misma conferencia se presentaron los siguientes trabajos: K. Kopinak y S. G. García, "Industrial Hazardous Waste in Tijuana and its Proximity to Local Populations", y A. Mercado, " El comportamiento de las maquiladoras con respecto al cumplimiento de las normas ambientales". Véase además: P. Ganster y R. A. Sanchez, *Sustainable Development in the San Diego-Tijuana Region,* Center for U.S.-Mexican Studies, UCSD, San Diego, Cal., 1998); Environmental Protection Agency, *US-Mexico Border XXI Program: Framework Document,* United States EPA, Washington, 1996, J. Álvarez y V. M. Castillo (eds.), *Ecología y Frontera. Ecology and the Borderlands,* UABC, México, 1986; G. Baker, "Mi Comida con Andrés: Non Traditional Approach to Fiscal Equity and Academic Collaboration in Northern Mexico", en B. González-Aréchiga y J. C. Ramírez (eds.), *Subcontratación y empresas..., op. cit.*, pp. 489–554; G. Baker, "Costos sociales e ingresos de la industria maquiladora", *Comercio exterior,* vol. 39, núm. 10, México, 1989, pp. 893-906; J. Carrillo (ed.), *Reestructuración industrial: maquiladoras en la frontera de México-Estados Unidos,* El Colegio de la Frontera Norte, Conaculta, México, 1986; R. B. Franco, "Disposición

avances en la imagen ambiental que la caracteriza. El presente capítulo tiene un doble propósito: primero, hacer una llamada de atención acerca de la necesidad de incrementar el techo del desempeño respecto de la protección ambiental y la ambición de quienes estudian y promueven el desarrollo sustentable en la región fronteriza del norte de México; y segundo, hacer una observación sobre la capacidad real que la industria maquiladora posee para contribuir al desarrollo sustentable en la zona mediante la exposición de varios factores institucionales, del conocimiento acumulado y de las competencias que una empresa debe tener y dominar con el fin de lograr innovaciones orientadas hacia la sustentabilidad. Es importante hacer hincapié en que aun cuando el estudio se llevó a cabo con una muestra de maquiladoras, el capítulo describe una situación general que se puede aplicar a diferentes actividades productivas; por consiguiente, se aplica la misma crítica tanto para las compañías nacionales como para las extranjeras que operan en el área.

El capítulo se desarrolla como sigue: la sección dos explica por qué el comportamiento ambiental actual de la maquiladora, basado en el predominio del control de la contaminación, no contribuye a la sustentabilidad de las actividades industriales; la sección tres, que se vincula con la necesidad de la innovación tecnológica e institucional, describe de forma estilizada los ciclos de innovación y de cambio industrial y establece la fase de innovación industrial en la que la maquiladora se encuentra ahora; la sección cuatro presenta un método para evaluar las capacidades reales que la maquiladora tiene para innovar sus productos y sus procesos con el objetivo de contribuir a la sustentabilidad; la sección cinco describe el método de la investigación y de selección de la muestra; la sección seis da a conocer los resultados del estudio, y la última sección expone algunos de los desafíos y de las oportunidades que las instituciones encargadas de hacer políticas industriales y de investigación mexicanas enfrentan.

---

de residuos industriales en la frontera: posibles impactos del Tratado de Libro Comercio" ("Plan Integral Ambiental Fronterizo México-Estados Unidos", Ciudad Juárez, México, 19 de septiembre, 1991); M. E. Méndez, "La industria maquiladora en Tijuana: riesgo ambiental y calidad de vida", *Comercio exterior*, México, febrero, 1995, pp. 159-163; D. Perry, R. A. Sánchez, W. H. Glaze y M. Mazary, "Binational Management of Hazardous Waste: The Maquiladora Industry at the U.S.-Mexico Border", *Environmental Management*, vol. 14, núm. 4, 1990, pp. 441-450; R. A. Sánchez, "Otra manera de ver la maquiladora: riesgos en el medio ambiente y la salud", en B. González-Aréchiga y J. C. Ramírez (eds.), *Subcontratación y empresas..., op. cit.*, pp. 553-570; y "El Tratado de Libre Comercio en América del Norte y el medio ambiente de la frontera norte", *Frontera norte*, vol. 3, núm. 6, Tijuana, México, 1991, pp. 5-28), y C. Montalvo, *Costo ambiental del crecimiento industrial: caso de estudio de la maquiladora electrónica en Tijuana, B.C.*, Friedrich-Ebert Foundation, México, 1992.

NUEVO TECHO PARA MEDIR EL DESEMPEÑO AMBIENTAL DE LA INDUSTRIA MAQUILADORA

¿Qué tan limpio es suficientemente limpio?

Desde el siglo XIX se acepta que cualquier actividad industrial genera contaminación; al respecto, los economistas del medio ambiente se han enfocado principalmente en la determinación de los niveles de contaminación óptimos en referencia al costo del control de la contaminación o cuánto está la gente dispuesta a pagar por un ambiente más limpio,[4] en tanto que las reflexiones, las políticas y las prácticas se han concentrado en la limitación de los residuos tóxicos que se arrojan al agua, al aire o al suelo;[5] de esta forma se ha producido una correspondencia tácita entre el control de la contaminación y la protección al medio ambiente. Sólo recientemente se ha reconocido que en el largo plazo el control de la contaminación no evita la degradación del ambiente; la razón principal de esto estriba en que una vez producida ésta, falla el control de largo plazo, porque al final los residuos se mezclan y se trasladan de un medio físico a otro;[6] además, la industria que produce y promueve las tecnologías de control de contaminantes "al final del tubo" —esto es en las últimas fases del proceso productivo— constituye tan sólo un eslabón interdependiente más en la cadena de abastecimiento; por lo tanto, este sector industrial se encuentra inmerso en el ámbito de las trayectorias tecnológicas actuales. Debido a lo anterior, la industria de equipos anticontaminantes plantea problemas de contaminación similares a los que produce la maquiladora, a pesar de que proporcione "soluciones" tecnológicas orientadas hacia el abatimiento de ciertos contaminantes.

4 Por ejemplo los trabajos: R. Coase, "The Problem of Social Cost", *Journal of Law and Economics,* vol. 3, núm. 44, 1960; R. W. Hahn, *A Primer on Environmental Policy Design,* Harwood Academic Publishers, Nueva York, 1989; D. W. Pearce y R. K. Turner, *Economics of Natural Resources and the Environment,* Harvester Wheatsheaf, Nueva York, 1991; J. B. Opschoor y H. B. Vos, *Economics Instruments for Environmental Protection,* OCDE, París, 1991; A. Farmer, J. R. Kahn, J. A. McDonald y R. O'Neill, "Rethinking the Optimal Level of Environmental Quality: Justifications for Strict Environmental Policy", *Ecological Economics,* núm. 36, 2001, pp. 461-473.

5 J. Skea, "Environmental Technology", en H. Folmer, H. L. Gabel y J. B. Opschoor (eds.), *Principles of Environmental Economics: A Guide for Students and Decision Makers,* Edward Elgar, Aldershot, 1995, pp. 55-78, y CSIS, *The Environmental Protection System in Transition,* CSIS Press, Washington, 1997.

6 Véase N. Ferrer, "El abuso de la gestión ambiental", *Ecología política,* vol. 6, núm. 3, 1986, pp. 23-32; J. Skea, "Environmental Technology", *op. cit.*; C. Montalvo, *Environmental Policy and Technological Innovation: Why do Firms Adopt or Reject New Technologies?,* Edward Elgar, Cheltenham, Reino Unido y Northampton, Mass., 2002, y Schitzer y Ulgiati, "Less Bad is Not Good Enough: A Call for Papers for a Special Issue", *Journal of Cleaner Production,* núm. 12, 2004, pp. 439-441.

Algunos países en sus esferas gubernamentales han reconocido esta situación, de modo que han decidido poner en práctica varias iniciativas que apelan a la aplicación de los principios preventivos de la contaminación.[7] Hoy en día, tanto los debates sobre el ambiente como algunas políticas, y en menor medida la práctica, insisten en la necesidad de un cambio más allá de las tecnologías de control anticontaminante al final del proceso productivo, que se oriente a tecnologías que prevengan la generación de contaminantes potenciales desde el inicio del diseño del producto, de su propio proceso de producción, así como la selección y uso de insumos que eliminen riesgos ambientales.[8]

¿Ser menos dañino para el ambiente es insuficiente?

En general resulta clara la mejoría ocurrida en la imagen y en el comportamiento de la maquiladora (remítase a los siguientes cuatro capítulos en este mismo libro); sin embargo, esto sólo es cierto si consideramos que las actividades para controlar la contaminación y para administrar los residuos son suficientes para proteger al medio ambiente a largo plazo; con base en el argumento de la sección previa, se puede inferir que para protegerlo se debe abogar por un nuevo régimen tecnológico; la condición inicial para lograr la sustitución reside en cambiar los principios básicos del régimen tecnológico contemporáneo, aunque en sí misma

7 Véase por ejemplo los trabajos: N. W. Van den Berg, C. E. Dutilh y G. Huppes, *Beginning LCA: A Guide into Environmental Life Cycle Assessment*, National Reuse of Waste Research Program, 1995, Rotterdam, Holanda; SETAC, *Guidelines for Life Cycle Assessment: A Code of Practice*, SETAC, Bruselas, 1993; PSCD, *Towards a Sustainable America: Advancing Prosperity, Opportunity and a Healthy Environment for the 21st Century*, PSCD, U.S./Government Printing Office, Washington, 1999; AIST, *New Sunshine Program* (AIST, Ministry of International Trade and Industry, Tokio, 1993); MPW Canadá, *Progress in Pollution Prevention 1997-1998: Annual Report of the Pollution Prevention Coordinating Committee*, MWG, Ottawa, Canadá, 1999; Commission of the European Communities, *Stimulating Technologies for Sustainable Development: An Environmental Technologies Action Plan for the European Union*, COM (2004) 38 final, Bruselas, 28 de enero de 2004; Top Runner, Tokio, 2004, <www.ecj.or.jp/top_runner/index.html>. En Japón, en el programa "Corredor Estrella" (Top Runner) los fabricantes tienen la obligación de superar un valor promedio asignado para todos sus productos según su categoría y conforme a cada objetivo anual predeterminado. El programa Top Runner es una forma de establecer valores estándar para la eficiencia del consumo energético del equipo (véase <www.ecj.or.jp/top_runner/index.html> y las primeras iniciativas estadounidenses en <http://clinton2.nara.gov/PCSD/Publications/>.

8 Véanse al respecto los trabajos de: M. S. Wenk, *The European Union's Eco-Management and Audit Scheme (IMAS)*, Dordrech, primavera de 2005; W. Wimmer, W. Züst y K. Lee, *Ecodesign Implementation: A Systematic Guidance on Integrating Environmental Considerations into Product Development* (Dordrecht, primavera de 2005; R. Krut, *ISO 14000: A Missed Opportunity for Sustainable Global Industrial Development*, Earthscan, Londres, 1998; y A. Gouldson y J. Murphy, *Regulatory Realities: The Implementation of Industrial Environmental Regulation*, Earthscan, Londres, 1998.

ésta sea una condición insuficiente. Dicho cambio implica la reducción de la actual rigidez institucional y estructural presente en la industria maquiladora y su marco regulatorio ambiental,[9] lo cual se tiene que efectuar mediante la promoción de un conjunto de capacidades fundamentales que contengan los valores comunitarios de largo plazo asumidos por las juntas corporativas, habilidades y conocimientos nuevos y regímenes tecnológicos y administrativos también nuevos dentro del ámbito empresarial.[10]

En el caso de innovaciones orientadas hacia la sustentabilidad ambiental, este nuevo conjunto de competencias implica una nueva base de conocimientos que para muchas actividades industriales aún se encuentra en estado embrionario. De acuerdo con la definición de Georghiou y otros investigadores,[11] se puede considerar que el presente régimen tecnológico se relaciona con el conjunto de características y principios económicos inherentes al diseño y al desarrollo de todos los productos o de todos los procesos productivos, su modus operandi es tal que refuerza la gestión del ciclo vital del producto, cuyo paradigma impera desde la revolución industrial. Distintos autores argumentan que para obtener un sistema productivo limpio es necesario efectuar un cambio enfocado a un nuevo régimen tecnológico que fortalezca los servicios y los diseños ecológicos.[12] A continuación se presentan los rasgos de un nuevo régimen tecnológico que fomente la gestión de productos y servicios.

1) Desde la concepción del producto, el diseño de éste y sus procesos productivos se supone la consideración de recursos naturales en una gestión y manejo de largo plazo (por ejemplo, 50 años).

2) Los servicios que el producto proporcione le definirán; por consiguiente se le comercializará como un servicio. El diseño del dispositivo que brinde el servicio permitirá su reciclaje dentro del sistema productivo.

3) La cadena de abastecimiento abarca todas las etapas del régimen actual, no obstante, cierra el circuito del manejo de los recursos. El producto se reci-

[9] C. Montalvo, "Challenges for Cleaner Production in International Manufacture Subcontracting: The Case of the Maquiladora Industry in Northern Mexico", *Frontera norte*, vol. 16, núm. 31, Tijuana, México, 2004, pp. 69-100.

[10] D. Leonard-Barton, *Wellspring of Knowledge: Building and Sustaining the Sources of Innovation*, Harvard School Press, Boston, Mass., 1995.

[11] Véase L. J. Georghiou, S. Metcalfe, M. Gibbons, T. Ray y J. Evans, *Post-innovation Performance: Technological Development and Competition*, Macmillan, Londres, 1986.

[12] Véase por ejemplo C. Rodgers, *Producer Responsibility and the Role of Industry in Managing Waste from Electrical and Electronic Equipment,* tesis de doctorado, University of Sussex, 1998, mimeo.; L. Linnanen, T. Boström y P. Miettinen, "Life Cycle Management Integrated Approach: Towards Corporate Environmental Issues", *Business Strategy and the Environment*, núm. 4, 1995, pp. 117-127; J. Van Weenen, "Towards Sustainable Product Development", *Journal of Cleaner Production*, vol. 3, núm. 1-2, 1995, pp. 95-100; M. S. Wenk, *The European Union's...*, *op. cit.*, y W. Wimmer, W. Züst y K. Lee, *Ecodesign implementation...*, *op. cit.*

cla dentro de la cadena de abastecimiento durante la etapa de transformación de los recursos y ensamblado. El diseño permite que se desarme con facilidad para su reciclaje y pronta reinserción en los ciclos de innovación del producto que la empresa tenga. La reutilización de los materiales e insumos posibilita que los "ciclos de recuperación del valor" se puedan reintegrar en la estrategia de valor agregado del negocio; como resultado, la empresa incrementa su rentabilidad total; esto implica la necesidad de que la misma cuente con capacidad innovadora y que desarrolle arquitecturas evolutivas en la concepción de sus productos.

4) La cadena de abastecimiento formará un circuito cerrado respecto al manejo de los recursos naturales. Todo el trabajo acumulado durante la extracción de los materiales y su posterior transformación en bienes de consumo manufacturados se volverá a introducir en los ciclos de producción y de innovación al final de la vida del producto.

5) Las actividades industriales a lo largo de cada eslabón de la cadena de abastecimiento se rigen por la innovación y los ciclos de recuperación del valor.

6) La innovación y los ciclos de recuperación del valor determinan las actividades industriales vinculadas a cada eslabón de la cadena de abastecimiento, lo cual representa un avance en las estrategias corporativas que van desde el valor agregado hasta los ciclos de valor.

7) El comportamiento de las empresas industriales se mide en términos de su rentabilidad, mismo que incorpora su desempeño ambiental.

8) De forma idónea se elimina el manejo de los residuos desde el momento del desarrollo del concepto del producto y el proceso de ensamblaje incorpora las leyes naturales de la materia y de la energía en sus diseños; de esta manera se previene la contaminación, en vez de sólo controlarla.[13]

En el ámbito internacional de las políticas ambientales y de innovación es sobre los conceptos arriba mencionados que se ha incrementado el techo del desempeño industrial ambiental de las empresas. El camino para la adopción y la puesta en marcha del nuevo sistema en los diferentes sectores de la industria maquiladora puede considerarse parte de un largo proceso de cambio industrial y regulatorio, ya que aún no existe la base científica y tecnológica necesaria para llevar a cabo los paradigmas del manejo del ciclo de vida de servicios para la

13 La primera ley postula que la materia no se crea ni se destruye, sólo se transforma. La segunda se refiere al hecho de que cualquier trabajo produce la degradación de la energía y la materia asociada es transformada; ambas leyes tienen muchas implicaciones, en particular para el desarrollo del producto y de los procesos, y en general para el sistema económico completo. (Véase N. Georgescu-Roegen, *The Entropy Law and the Economic Process*, Harvard University Press, Cambridge, Mass., 1971.)

mayoría de los bienes de consumo actuales;[14] además, de acuerdo con R. Kemp, las condiciones siguientes necesitan estar presentes para que ocurra el cambio de régimen tecnológico:

1) La puesta en práctica de nuevos conocimientos científicos que favorezcan oportunidades tecnológicas y económicas nuevas.

2) Los paradigmas tecnológicos contemporáneos no pueden satisfacer las necesidades apremiantes, ya sean éstas ambientales o de cualquier otra índole.

3) El cumplimiento de las trayectorias tecnológicas agotadas incrementa los costos marginales.

4) El establecimiento de empresas o industrias nuevas, cuya base de conocimiento distinta les permita diversificarse en mercados nuevos.

5) La existencia de una disposición empresarial para llevar a cabo actividades innovadoras con un elevado factor de riesgo.

Es probable que los efectos de estos factores estructurales desempeñen un papel importante que limite la capacidad de la industria maquiladora para contribuir a la sustentabilidad a mediano y a largo plazos.[15]

Capacidades básicas para cambiar a un nuevo sistema de producción limpia

Esta sección muestra las capacidades básicas que cualquier empresa debe dominar con el fin de evolucionar hacia un comportamiento ambiental sustentable. Como se vio en la sección dos, el desarrollo de tecnologías limpias en la industria maquiladora depende de la creación e integración de una nueva base de conocimiento que tome como punto de partida el actual régimen tecnológico y que no permanezca en él. Siguiendo a Nonaka y a Roome, aquí se propone que la creación de un paradigma de producción limpia requiere nuevas relaciones organizacionales, así como también la utilización de técnicas ambientales nuevas que dirijan las prácticas de investigación y desarrollo a fin de que éstas se integren

[14] Véase PCSD, *Towards a Sustainable America...*, *op. cit.*; NSF, *New Technologies for the Environment: Program Solicitation*, NSF, Directorate of Engineering, NSF 00-49, 2000, en <http://www.nsf.gov/cgi–bin/getpub?nsf0049>; J. Klemeš y D. Huisingh, "Recent Advances in Industrial Process Optimisation", *Journal of Cleaner Production*; Schitzer y Ulgiati, "Less Bad...", *op. cit.*

[15] Véase R. Kemp, "Technology and the Transition to Environmental Sustainability: The Problem of Technological Regime Shifts", *Futures*, vol. 26, núm. 10, 1994, pp. 1023-1046. Si se desea consultar un análisis más amplio sobre los ciclos de innovación y de negocios en la industria maquiladora y sus implicaciones para las políticas industriales y ambientales remítase a C. Montalvo, "Challenges for Cleaner Production...", *op. cit.*

dentro de las actividades productivas de la empresa;[16] entonces, se necesitan dos conjuntos de capacidades básicas para conformar la nueva base de conocimiento enfocada a la producción limpia antes descrita. El primer conjunto de capacidades se refiere a la habilidad para aprender y volver a conformar las estructuras y rutinas institucionales favorecedoras del cambio;[17] de acuerdo con Roome y Van Kleef se les puede considerar como las estructuras de aprendizaje existentes dentro de la empresa.[18] El segundo conjunto de capacidades menciona las capacidades tecnológicas concebidas como técnicas de aprendizaje.

Aprendizaje organizacional

Es indispensable que la empresa adquiera una serie de conocimientos y de habilidades nuevas para que desarrolle o adopte tecnologías limpias; en la literatura sobre innovación se describe a este proceso de generación de nuevo conocimiento con la metáfora "aprendizaje organizacional"; los estudios actuales sobre administración estratégica coinciden sobre su carácter estratégico; dicha importancia surge a partir de los rápidos cambios científicos, tecnológicos, regulatorios y en las estructuras del mercado. La premisa básica dice que ninguna empresa, ya sea grande o pequeña, sobrevivirá si no aprende cómo responder a los cambios en el mercado al que se dedica.[19]

16 I. Nonaka, "A Dynamic Theory of Knowledge Creation", *Organization Science*, vol. 5, núm. 1, 1994, pp. 14-37; N. Roome, "Business Strategy, R&D Management and Environmental Imperatives", *R&D Management*, vol. 24, núm. 1, 1994, pp. 65-82.

17 P.M. Senge, *The Fifth Discipline*, Century Business, Londres, 1990; D.J. Teece y G. Pisano, "The Dynamic Capabilities of Firms: an Introduction", *Industrial and Corporate Change*, vol. 3, núm. 3, 1994, pp. 537-556.

18 Véase N. Roome, "Business Strategy...", *op. cit.*, y Van Kleef y N. Roome, "Developing Capabilities and Competence for Sustainable Business Management as Innovation: A Research Agenda", *Journal of Cleaner Production*, 2006.

19 Véanse los siguientes trabajos: P. M. Senge, *The Fifth Discipline*, *op. cit.*; M. Dodgson, "Organizational Learning: A Review of Some Literatures", *Organization Studies*, vol. 14, núm. 3, 1995, pp. 375–394; D. Leonard-Barton, *Wellspring of Knowledge...*, *op. cit.*; G. P. Huber, "Organizational Learning: A Guide for Executives in Technology-critical Organisations", *International Journal of Technology Management*, vol. 11, núm. 7-8, 1996, pp. 821-832; R. Grant, "Prospering in Dynamically-competitive Environments: Organizational Capability as Knowledge Integration", *Organization Science*, vol. 7, núm. 4, 1996, pp. 357-387; y J. Tidd, J. Bessantand y K. Pavitt, *Managing Innovation: Integrating Technological, Market and Organizational Change*, John Wiley and Sons, Chichester, 1997.

Cuadro X.1
Escala para evaluar las capacidades organizacionales de aprendizaje (ao)

	Resolución de problemas de manera compartida
ao4	Preferencias en estilos de conocimiento
ao5	Preferencias en herramientas y metodologías
ao6	Individuos clave (con conocimiento)
ao8	Individuos clave (distribución de información de origen externo)
ao11	Entrenamiento continuo de recursos humanos (valoración del nuevo conocimiento)
ao12	Entrenamiento continuo de recursos humanos (iniciativa y responsabilidad del personal)
	Integración de conocimiento
ao1	Resolución de problemas de manera compartida
ao2	Especialización I
ao3	Especialización II
ao15	Comunicación extensiva
	Implementación del cambio
ao7	Individuos clave con poder e influencia
ao9	Manejo de rigideces humanas
ao10	Eliminación de rigideces culturales
ao13	Involucramiento del personal en el cambio técnico
ao14	Involucramiento del personal en los cambios organizacionales
ao16	Involucramiento del personal en el mejoramiento continuo
	Pregunta ejemplo
ao9	Para nuestra compañía, minimizar la resistencia de los empleados a aprender nuevas técnicas y cambios en la práctica del trabajo es: Difícil ☐ ☐ ☐ ☐ ☐ ☐ ☐ Fácil

Leonad-Barton clasificó en tres grupos a las capacidades básicas de aprendizaje para crear la nueva base de conocimiento: la *capacidad para resolver problemas de manera compartida* se refiere a la disponibilidad y al despliegue de conocimiento crítico en disciplinas relacionadas con el medio ambiente allende de diferentes barreras cognitivas y funcionales; la *capacidad integradora* menciona el dominio de los mecanismos y la disponibilidad de los recursos para manejar la especialización, la diversidad cognitiva y las preferencias metodológicas; la *implementación* involucra el cambio conductual; es decir, una vez que se cuenta con los recursos y las metas se han definido, el desafío consiste en influir en el cambio conductual de la gente.[20] Los tres grupos de capacidades son necesarios para organizar el mejoramiento ambiental de los productos mediante el análisis de su ciclo de vida y su integración en las actividades tecnológicas y productivas de la empresa.

El método de la elaboración completo y la justificación de la escala de evaluación de las capacidades de aprendizaje pueden ser seguidos en mi trabajo *Environmental Policy and Technological Innovation: Why do Firms Adopt or Reject New Technologies*.[21] La finalidad de esta escala es medir las percepciones que los gerentes tienen sobre la facilidad o la dificultad para influir en el cambio conductual dirigido a acciones específicas que se relacionen con una producción más limpia y la disponibilidad de recursos humanos específicos que faciliten o dificulten el cambio organizacional y tecnológico. En el cuadro X.1 se presenta la lista de capacidades evaluadas.[22]

Capacidades tecnológicas

El segundo conjunto de capacidades emplea el concepto de *análisis del ciclo de vida* para organizar y resumir las actividades clave que inician el proceso de cambio; en las capacidades sugeridas concuerdan varios autores, que proponen que la técnica de análisis del ciclo de vida (ACV) sea el punto de partida para evaluar, monitorear y determinar las prioridades con el objeto de rediseñar o crear pro-

20 D. Leonard-Barton, *Wellspring of Knowledge...*, *op. cit.*

21 *Idem.*

22 Con la finalidad de medir el control (por ejemplo la capacidad percibida) para realizar alguna actividad en particular, se le pidió al participante que clasificara la actividad con una escala diferencial semántica cuyos extremos eran fácil-difícil; a mayor capacidad, mayor puntaje en la facilidad percibida para realizar la actividad. La idea subyacente a la medición de las capacidades percibidas era que aquellas firmas cuyas capacidades fuesen más bajas encontrarían mayor dificultad para desarrollar productos y procesos limpios, y viceversa; esta concepción ya se ha confirmado. Se encontró una relación positiva entre las capacidades y el control percibido sobre los procesos innovadores (véase *ibid.*, apéndice F, tabla F3).

ductos y procesos ambientales nuevos.[23] De acuerdo con la Sociedad de Química y Toxicología del Medio Ambiente, la ACV es una técnica utilizada para evaluar los gastos ambientales relacionados con la actividad económica; esta evaluación comprende la extracción y el procesamiento de las materias primas, la elaboración, la transportación y la distribución, el uso, el reúso, el mantenimiento, el reciclaje y la eliminación final, así que de manera rutinaria se debe emplear la ACV desde las primeras etapas de investigación y desarrollo de los productos y de sus procesos para evitar impactos ambientales indeseables.[24]

En el caso de cualquier empresa, las actividades y capacidades asociadas necesarias para el cambio hacia un régimen tecnológico sustentable pueden agruparse en cuatro grupos. El primer conjunto de actividades implica el dominio de las capacidades para *1)* identificar y cuantificar la energía y los materiales empleados y los residuos generados; *2)* evaluar el impacto sobre el medio ambiente; y *3)* encontrar y evaluar las oportunidades para realizar mejorías ambientales; tales evaluaciones incluyen a todo el ciclo de vida del producto (o actividad económica). El segundo conjunto vincula la capacidad de la empresa para cooperar con los abastecedores e influir en los clientes a fin de desarrollar la cultura del medio ambiente limpio. El tercer conjunto consiste en las oportunidades tecnológicas y en la disponibilidad de materias primas y sustitutos adecuados para cada insumo y componente. El cuarto conjunto se refiere a las capacidades para concretar mejoras en el producto y en los procesos productivos; este último conjunto es el más crítico, puesto que se avoca a la verdadera ejecución de mejoras mediante la integración del conocimiento producido en las tres etapas previas.

[23] Por ejemplo los siguientes: SETC, *Guidelines for Life Cycle...*, *op. cit.*; N. W. van den Berg, C. E. Dutilh y G. Huppes, *Beginning LCA...*, *op. cit.*; L. Linnanen, T. Boström y P. Miettinen, "Life Cycle...", *op. cit.*; E. Böhm y R. Walz, "Life Cycle Analysis: A Methodology to Analyse Ecological Consequences within a Technology Assessment Study", *International Journal of Technology Assessment, Special Issue in Technology Assessment*, vol. 11, núm. 5-6, 1996, pp. 554-565; U. Steger, "Managerial Issues in Closing the Loop", *Business Strategy and the Environment*, núm. 5, 1996, pp. 252-268, y M. A. Curran, *Environmental Life Cycle Assessment,* McGraw-Hill, Nueva York, 1996. Aquí se considera al ACV como uno entre varios métodos más que pueden usarse para trazar y monitorear los puntos en los cuales la cartera tecnológica de alguna empresa específica tenga relaciones críticas con el medio ambiente asociadas a su cadena de abastecimiento; otros métodos incluyen el EMS (siglas en inglés de "sistema de administración ambiental"), auditorías ambientales, etcétera.

[24] SETC, *Guidelines for Life Cycle...*, *op. cit.*, p. 2.

Cuadro X.2
Escala para evaluar las capacidades tecnológicas (ct) en la mejora ambiental del producto y del proceso

	Análisis del ciclo de vida del producto
ct 1	Diagramas de flujo del proceso de manufactura
ct 3	Cálculo de flujos de energía y masa del proceso de producción
ct 4	Fuentes de efectos ambientales críticos
ct 5	Gestión de la cadena de abastecimiento
ct 6	Evaluación de impactos ambientales de actividades, insumos y componentes
ct 7	Seguimiento de impactos a lo largo de la cadena de abastecimiento
ct 8	Cálculo de flujos de energía y masa del producto manufacturado
ct 9	Estimación de impactos ambientales
ct 10	Definición y selección de prioridades
ct 11	Disposición de recursos y tiempo para la colecta de datos
ct 12	Identificación de proveedores
ct 13	Eslabonamientos de colaboración con proveedores y consumidores
ct 16	Seguimiento de impactos ambientales a través del tiempo
	Cooperación e influencia
ct 2	Compilación de hojas de datos de riesgo ambiental para insumos tóxicos
ct 14	Asignación de responsabilidades ambientales a proveedores
ct 15	Asignación de responsabilidades ambientales a consumidores
ct 37	Delegación de autoridad al departamento de manejo ambiental
ct 39	Capacidad de implementar una cultura creativa
ct 40	Capacidades de entrenamiento del personal
ct 41	Conciliación de demandas y necesidades de diversos departamentos

ct 42	Conciliación de políticas de rentabilidad y ganancia con lo ambiental
	Oportunidades tecnológicas
ct 7	Adquisición de insumos y componentes más limpios
ct 18	Adquisición de maquinaria y equipos más limpios
ct 25	Eliminación de materiales e insumos inseguros
ct 28	Reciclaje de materias primas e insumos
ct 30	Reciclaje de empaques de insumos intermedios
ct 31	Eliminación de desechos vía rediseño del producto
ct 32	Eliminación de desechos vía rediseño del proceso de producción
ct 34	Sustitución de materiales de empacado de producto final
ct 36	Rediseño del producto para fácil reciclaje
ct 43	La naturaleza del producto (define su problemática ambiental)
	Capacidades para el mejoramiento
ct 21	Capacidad para desarrollar nuevos conceptos de productos
ct 22	Capacidad de investigación y desarrollo
ct 23	Capacidad de diseño
ct 24	Capacidad para formar equipos de trabajo para el rediseño
ct 26	Abastecimiento de materias primas certificadas como más limpias
ct 27	Eliminación del uso de componentes con alto riesgo ambiental
ct 35	Rediseño para reciclaje fácil de productos y materiales de mantenimiento
ct 29	Implementación de procedimiento de gestión ambiental
	Pregunta ejemplo
ct 41	La integración de una política de producción limpia con otras políticas dentro de nuestra organización (o empresa) es: Difícil ☐ ☐ ☐ ☐ ☐ ☐ ☐ Fácil

Como en la sección anterior, también se pueden consultar el desarrollo y la justificación de la escala de evaluación de las capacidades tecnológicas en mi publicación *Environmental Policy and Technological Innovention: Why do Firms Adopt or Reject New Technologies.*[25] La finalidad de la escala es medir las percepciones que los gerentes presentan respecto a la facilidad o a la dificultad para efectuar cambios en los productos y en los procesos, no sólo en sus plantas, y de generar cambios a lo largo de la cadena de abastecimiento. En el cuadro X.2 se presenta la lista de capacidades evaluadas.

Método de investigación

Los datos se obtuvieron mediante la aplicación de un cuestionario de autorreporte en un grupo de empresas conformado a partir de los listados de la Asociación de Maquiladoras y de El Colegio de la Frontera Norte.[26] Se estableció contacto telefónico con el director ejecutivo o con el ejecutivo de rango más elevado en 154 empresas maquiladoras medianas y pequeñas, y más adelante se le envió una carta personal a cada uno de ellos. En el análisis se incluye un total de 97 cuestionarios. La selección de las empresas se limitó a aquellas ubicadas en Tijuana, Baja California, y Ciudad Juárez, Chihuahua; se eligieron estas dos ciudades debido a que cuentan con la mayor concentración de empresas maquiladoras en la zona fronteriza mexicana. La industria maquiladora es muy heterogénea; por consiguiente, y con la finalidad de alcanzar mayor representatividad, se utilizó el criterio de selección industrial de acuerdo con la longitud de la cadena de abastecimiento; de esta forma se eligieron los tres sectores siguientes: el sector eléctrico y electrónico, dado que se supone ésta es la industria que cuenta con el nivel más elevado de productos y de procesos productivos complejos y con la cadena de abastecimiento más larga; se tomó en cuenta al sector metal mecánico, el cual pertenece a la categoría moderada, y por último se eligió al sector de los plásticos, por constituir el de menor complejidad y poseer la cadena de abastecimiento más corta. Se piensa que estos tres sectores representan bien la complejidad del comercio entre las empresas a lo largo de la cadena de abastecimiento de todos los que conforman la industria maquiladora.

25 *Op. cit.*

26 Se puede obtener el cuestionario mediante petición por escrito al autor del presente capítulo.

Resultados

Se efectuó la descripción de las frecuencias y de los rangos de respuestas de ambos conjuntos de las capacidades evaluadas mediante la utilización del resumen de histogramas de frecuencias acumuladas (véase el diagrama X.1). La escala del eje izquierdo del diagrama X.1 representa el percentil de la frecuencia de respuesta por rango en un intervalo [-3, 3]; es decir, de menor a mayor. La escala semántica diferencial utilizada en cada pregunta del cuestionario tiene dos adjetivos antónimos (por ejemplo, fácil-difícil, probable-improbable, alto-bajo, acuerdo-desacuerdo, etc.). Las frecuencias acumuladas en el eje derecho resultan a partir de las mediciones directas de las capacidades según lo reportado por los administradores participantes en la encuesta. El diamante blanco denota el valor medio obtenido en la muestra. La frecuencia de la respuesta en cada rango cuenta con un color distinto, el más oscuro indica las capacidades más bajas reportadas, en tanto que el tono más brillante representa las capacidades óptimas que se consideran en el cuestionario; el propósito de los diagramas es mostrar la distribución y la tendencia de las respuestas en un conjunto particular de capacidades a primera vista, si bien se destacan los resultados más relevantes. Los mecanismos para reportar los resultados correspondientes a cada conjunto de capacidades son los mismos y se presentan en la sección siguiente; sin embargo, aquí es importante poner en relieve que los resultados presentados más adelante tienen un sesgo hacia la planta promedio. Como muestra el diagrama X.1, a pesar de que existe una clara tendencia central, hay prospectos externos por abajo y por arriba del promedio; las razones para su existencia es materia de un estudio más amplio.

Capacidades de aprendizaje institucional

El diagrama X.1 muestra que en promedio los administradores reportaron capacidades moderadas para aprender y adquirir cocimientos con el fin de desarrollar tecnologías limpias (obsérvese la frecuencia acumulada ao); alrededor de 20% de los administradores reportó habilidades de aprendizaje elevadas; 44% consideró poseer capacidades moderadas; 22% respondió que tenía capacidades bajas; y 20% no estaba seguro. En correspondencia con lo mencionado más arriba, se consideró que los tres grupos de capacidades son importantes para el desarrollo de tecnologías limpias: la solución de problemas, la integración del conocimiento y la implementación del cambio.

Respecto a la *capacidad para resolver problemas a través de compartir el conocimiento* dentro de la empresa, 70% de los administradores (contra 26%) consideró que es fácil constituir equipos conformados por diferentes tipos de personalidades con el fin de resolver los problemas (*ao4*); asimismo, 65% (contra 28%) no percibió dificultades para sobreponerse a las diferencias entre diversas perspectivas con el objeto de que tales equipos resuelvan los problema (*ao5*); 50% de quienes respondieron (contra 30%) indicó que sus empresas cuentan con individuos que poseen la amplitud de conocimientos necesarios para producir productos limpios (*ao6*); alrededor de 68% de los administradores (contra 32%) respondió que su personal incluye a varias personas que de manera frecuente recolectan información respecto de las tecnologías limpias y se la transmiten a otras más capaces de usarla (*ao8*); asimismo, 94% de las personas que participaron (contra 4%) creía que la mayoría de las personas que trabaja en sus empresas valora la adquisición de nuevas habilidades y capacidades (*ao11*), y 76% (contra 22%) indicó que resultaría fácil que su empresa permitiese que la gente adquiera mayor responsabilidad y demostrase mayor iniciativa (*ao12*).

Diagrama X.1. Capacidades de aprendizaje organizacional en una muestra de maquiladoras

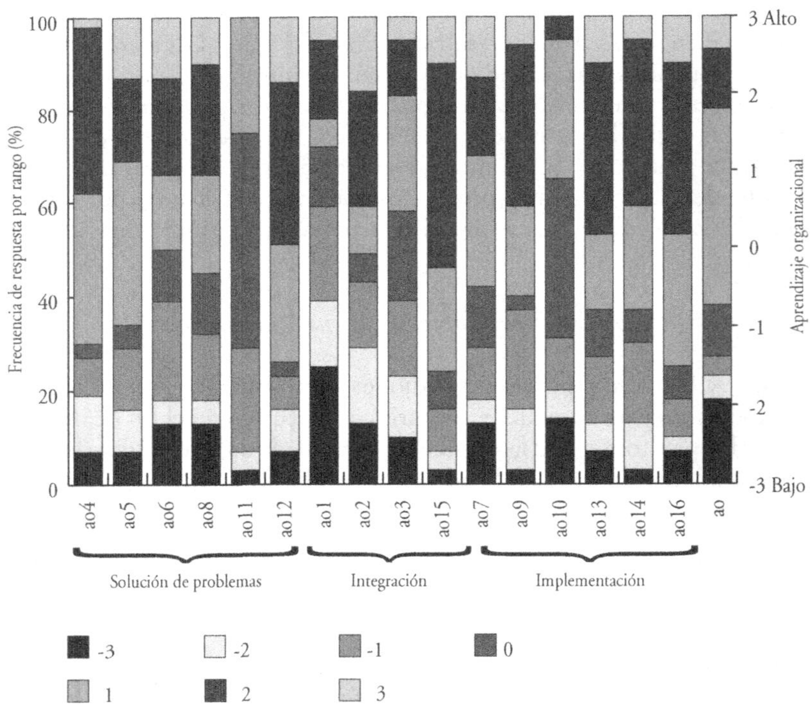

De los administradores, 28% (contra 59%) percibió fácil la *integración del conocimiento* para modificar los productos y los procesos e integrar diversos profesionales que se dediquen a la resolución del problema a través de la realización de un nuevo diseño conceptual del producto que incluya las nociones de reúso-reciclaje del material y de sus componentes en el proceso de manufactura en su empresa (*ao1*); cerca de la mitad, 52% (contra 42%), reportó que su personal podría combinar habilidades de diseño industrial y ambiental (*ao2*); junto a este resultado, 41% (contra 39%) consideró fácil el establecimiento de mecanismos, que se trasladan a través de los lenguajes de diferentes disciplinas, para fomentar la despersonalización de las perspectivas conflictivas entre los miembros de su personal (*ao3*); además, 77% de los entrevistados (contra 15%) manifestó que es fácil obtener una comunicación eficiente entre su personal a través de equipos y proyectos funcionales (*ao15*).

En lo referente a la *capacidad* para desarrollar cambios tecnológicos e institucionales, 58% de las personas (contra 29%) respondió que su empresa cuenta con individuos que tienen el poder suficiente para influir en la institución, a pesar de carecer del conocimiento técnico detallado, y creía en el potencial positivo de la innovación en tecnología limpia (*ao7*); 61% (contra 38%) pensó que sería fácil minimizar la oposición individual de los empleados para aprender nuevas técnicas y cambiar prácticas y métodos laborales en favor de cualquier nueva tarea tecnológica (*ao9*); quienes respondieron consideraron en 63% (contra 27%) que sería fácil obtener la participación positiva de la gente en los procesos de cambio técnico e institucional (*ao13*, *ao14*); a su vez, 77% de los participantes (contra 18%) estimó fácil la promoción de una amplia participación que involucrase a toda la organización en actividades de mejoras continuas dirigidas al desarrollo de productos y procesos limpios (*ao16*); por consiguiente, 63% de los encuestados (contra 37%) manifestó que sería fácil que sus empresas desarrollasen la cultura de producción limpia para abatir la contaminación (*ao10*).

En resumen, la descripción anterior de las capacidades institucionales de aprendizaje percibidas para resolver problemas técnicos a través de compartir el conocimiento, la integración del mismo y el desarrollo de mejoras retrata una muestra de empresas que, en apariencia, cuenta con la mayoría de las capacidades observadas en empresas que han tenido éxito en actividades innovadoras.

Capacidades tecnológicas

El diagrama X.2 permite observar los puntajes obtenidos en la percepción de las capacidades tecnológicas para mejorar el producto y el proceso (*ct*); este diagrama deja ver la facilidad o la dificultad que se percibe para realizar las mejoras en los atributos ambientales críticos del producto y del proceso productivo. Se considera que la facilidad concebida para llevar a cabo tales actividades está asociada a las capacidades tecnológicas e institucionales fuertes de innovación o que se genera a partir de ellas. El diagrama se divide en estos cuatro tipos de capacidades tecnológicas: el análisis del ciclo de vida, las oportunidades tecnológicas, la influencia y la cooperación, y las capacidades de mejora; a pesar de que el promedio de percepción de las capacidades tecnológicas resulta muy bajo para 55% de las empresas, 45% de las mismas mostró capacidades elevadas (véase el diamante blanco en las frecuencias acumuladas *ct*). A partir del análisis de las secciones dos y tres respecto de la dominancia de los paradigmas y de las trayectorias de control tecnológico de la contaminación, y la necesidad de la nueva base de conocimiento como prerrequisito para desarrollar tecnologías limpias, se esperaba un escenario generalizado de capacidades y de oportunidades tecnológicas en extremo bajo. Se les presentó a los administradores entrevistados la noción del eslabonamiento de sus empresas dentro de la cadena de abastecimiento completa mediante la práctica del análisis del ciclo de vida y la casi "inexistencia" de opciones tecnológicas limpias; a pesar de lo anterior, los resultados que aparecen en el diagrama X.2 indican un escenario optimista sobre las capacidades existentes conforme el punto de vista de muchos de los administradores de la muestra.

Capacidad tecnológica en el análisis de innovación del ciclo de vida del producto

Como se describe arriba, la etapa inicial de cualquier estrategia de negocio con orientación ambiental incluye la creación de un inventario de las posibles intervenciones críticas de la empresa; este inventario involucra la recolección de datos básicos, la evaluación de los impactos ambientales y la determinación de la acción prioritaria. Al observar esta etapa, el diagrama X.2 muestra en su eje izquierdo una facilidad percibida que sugiere capacidades elevadas para reunir los datos básicos concernientes a los efectos de las operaciones industriales en el medio ambiente; las primeras cuatro actividades sólo involucran actividades dentro de los límites de las instalaciones de manufactura; la mayoría de las empresas, 84% en contraposición a 16%, reportó fácil elaborar un diagrama de flujo detallado sobre el ensamblaje, con una perspectiva general de los procesos de manufactura y de sus posibles intervenciones ambientales críticas (*ct1*). Hasta 92% (contra 8%) consideró fácil la obtención de las especificaciones de los efectos ambientales de las materias primas y de los insumos (*ct2*); 70% (contra 30%) reportó que sería fácil conseguir información sobre el cálculo de flujos de energía y masa del proceso de producción (*ct3*).

A partir de la evaluación anterior se obtuvo que 96% (contra 4%) mostró facilidad para compilar una lista identificando todas las posibles fuentes de intervenciones ambientales críticas (*ct4*); en contraste con esto, 88% de los administradores de la muestra (contra 12%) opinó que es difícil vincular estos puntos críticos con los proveedores importantes dentro de la cadena de abastecimiento (*ct5*); como se mencionó antes, en este punto el desafío para desarrollar tecnologías limpias se vuelve más difícil, ya que implica la cooperación de más empresas a lo largo de la cadena de abastecimiento. Respecto a la evaluación del impacto ambiental, 65% de quienes participaron (contra 28%) creyó fácil evaluar los impactos que sobre el medio ambiente local producen sus actividades, sus insumos y sus componentes en sus todas operaciones (*ct69*), mientras que 60% (contra 37%) pensó que era difícil llevar a cabo tal evaluación a lo largo de todo el ciclo de vida del producto (*ct79*); además, 60% de los encuestados (contra 37%) pensó que resulta difícil calcular la cantidad de los insumos, en términos de masa y de energía, que se utilizan en las operaciones de ensamblaje (*ct8*).

Diagrama X.2. Capacidades y oportunidades tecnológicas en una muestra de maquiladoras

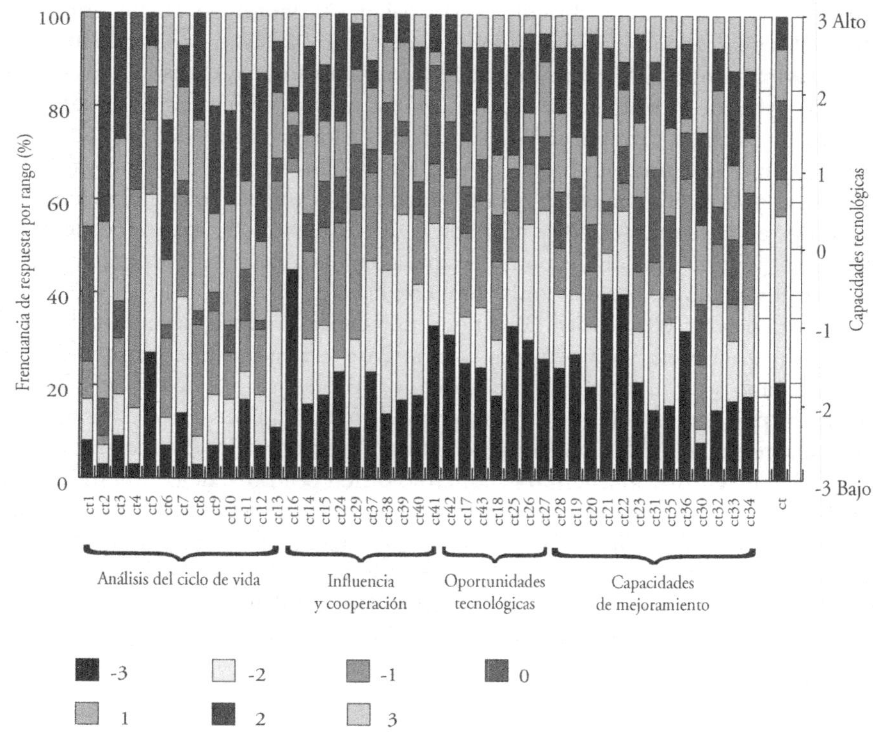

De los administradores, 66% (contra 26%) consideró fácil establecer prioridades de acción acerca de los aspectos ambientales más importantes (*ct10*). Se reportó facilidad para la identificación de los abastecedores de insumos y componentes críticos en 68% de los casos (contra 28%) (*ct12*); sin embargo, 70% (contra 25%) mencionó la dificultad para rastrear los impactos ambientales causados por su producto una vez que éste sale de la empresa (*ct16*). La mitad de los participantes (contra 34%) indicó contar con el tiempo y los recursos necesarios para efectuar el análisis del ciclo de vida hasta la etapa de recolección de datos que les permita definir prioridades (*ct11*).

Capacidad para cooperar con o influir en la cadena de abastecimiento

En el diagrama X.2 se observa que la capacidad para cooperar con los abastecedores y para influir en los clientes y en el personal propio obtuvo el puntaje más bajo en el dominio de las capacidades tecnológicas. De los administradores, 49% (contra 44%) reportó tener dificultad para asignar y para negociar los impactos ambientales y las responsabilidades de prevención (*ct14*), así como también 53% de la muestra (contra 37%) reportó difícil hacer lo mismo en el caso de sus clientes (*ct15*). Más de la mitad, 54% contra 35%, mostró dificultad en el establecimiento de equipos para rediseñar el producto y los procesos, de tal modo que incluyan consideraciones ambientales (*ct4%*); 57% (contra 30%) encontró difícil utilizar materiales eficientes para la reducción de deshechos y la prevención de residuos en la planta (*ct29*), y también 64% (contra 30%) expresó dificultad para asignar alguna persona responsable que posea la autoridad corporativa para controlar el sistema de manejo ambiental (*ct37*).

Por otra parte, 70% (contra 30%) percibió difícil la comunicación del compromiso de la empresa para proteger el ambiente y asegurar que las medidas se llevasen a cabo y se mantuvieran en todos los niveles jerárquicos (*ct38*). Hasta 73% de los participantes (contra 23%) creyó difícil organizar sesiones para crear conciencia respecto de las políticas de calidad ambiental (*ct39*). La puesta en práctica de una cultura ambiental se concibió difícil por 60% de la muestra, contra 33% (*ct40*); asimismo, se reportó dificultad para reconciliar las necesidades y las demandas del medio ambiente con las demandas y los objetivos de otras áreas funcionales de la empresa (*ct41*), por último, también 63% (contra 37%) consideró difícil la integración de una política ambiental enfocada en tecnologías limpias en el marco de otras políticas institucionales (*ct42*).

Oportunidades tecnológicas

Cuando se tomaron en cuenta los conceptos de los productos y de los procesos de producción limpios se expresó que una de las tareas más difíciles sería obtener las oportunidades necesarias para encontrar sustitutos estándares para los insumos y los componentes; en referencia a la tecnología del producto, 53% de los administradores (contra 38%) manifestó dificultad para conseguir insumos y componentes que garanticen la eliminación de los residuos tóxicos y un elevado reciclaje de los deshechos (*ct17*); a su vez, 62% (contra 28%) indicó que debido a la naturaleza de su producto, resultaría difícil la substitución de los insumos y componentes que asegurasen la prevención de los residuos y un reciclaje elevado (*ct43*).

Cuarenta y seis por ciento (contra 45%) respondió que es difícil adquirir maquinaria y equipo que garantice la eliminación de los residuos tóxicos (*ct18*), 60% de los participantes (contra 30%) consideró como mínima la posibilidad de eliminar por completo el uso de las materias primas y de los insumos que no sean seguros para el ambiente (*ct25*); 67% de la muestra (contra 25%) concibió difícil adquirir materias primas y componentes producidos mediante tecnologías limpias (*ct26*, *ct27*), y por último, 50% de los entrevistados (contra 38%) manifestó la dificultad para adquirir materias primas e insumos que asegurasen un elevado índice de reciclaje de sus productos al final del ciclo de vida de los mismos (*ct28*).

Capacidad de implementar mejoras

Las tres capacidades arriba descritas proporcionan la base para la mejoría de los productos y de los procesos. Cabe esperar que si las empresas cuentan con las capacidades para llevar a cabo el análisis del ciclo de vida, con las capacidades para movilizar sus recursos humanos externos e internos y existen las oportunidades tecnológicas adecuadas, se abra la posibilidad de desarrollar tecnologías limpias. Las capacidades para mejorar la tecnología institucional se dividieron en mejoras al producto y mejoras a los procesos.

Sobre la tecnología del producto, 55% de los administradores (contra 40%) reportó difícil que el desarrollo del concepto de un producto incluyese la noción del reciclaje de sus componentes al final de su vida dentro del proceso de manufactura (*ct21*); la capacidad de investigación y de desarrollo para evaluar la factibilidad de este nuevo tipo de producto se percibió como baja por 64% de quienes participaron (contra 29%) (*ct22*); casi la mitad, 47% (contra 33%) concibió difícil la eliminación de los desechos a través del rediseño del producto (*ct31*); también 55% de la muestra (contra 43%) creyó difícil conseguir rediseñar el producto mediante su fácil mantenimiento con materiales y repuestos que se reciclasen por completo (*ct35*); de manera semejante, 65% (contra 26%) consideró difícil rediseñar el producto para que al final de su ciclo de vida éste fuese totalmente reciclable (*ct36*).

De los entrevistados, 63% (contra 25%) pensó en la facilidad para enfocar las mejorías a los procesos tecnológicos gracias a la utilización de materiales en contenedores grandes o reciclables (*ct30*); 50% de quienes participaron (contra 42%) respondió que sería difícil lograr la eliminación de deshechos mediante el rediseño de sus procesos productivos (*ct32*); pero 50% (contra 38%) consideró fácil diseñar métodos de empaque que asegurasen la eliminación de desechos y residuos durante los procesos de empacado (*ct33*); no obstante, 50% de la muestra (contra 40%) concibió la dificultad de asegurar la funcionalidad del empacado al mismo tiempo que éste es reciclable (*ct34*).

En resumen, aunque existe un alto grado de heterogeneidad en el conjunto de los puntajes y de las capacidades de la muestra, en la empresa promedio el conjunto de actividades descrito más arriba produjo una connotativa carga acumulada de capacidades moderadamente bajas para efectuar mejoras en los puntos críticos de su cartera de productos y de procesos tecnológicos (véase el diamante blanco de la frecuencia acumulada ct en el diagrama X.2).

Sustentabilidad, desafíos y oportunidades para las políticas industriales y de investigación

Como se mencionó al inicio del presente capítulo, existe la necesidad de que se sustituya el techo del desempeño ambiental en la industria maquiladora por otro más alto; por lo tanto, se debe hacer de manera constructiva mediante el uso de políticas industriales y de investigación ambientales que promuevan la innovación dejando atrás el uso de las sanciones y la coerción. El estudio tuvo como meta sustentar una nueva forma de afrontar el reto de política pública mediante la presentación de una nueva perspectiva sobre el problema del desempeño ambiental de la maquila. Esto se llevó a cabo a través de la vinculación de ese comportamiento con los límites del régimen tecnológico que impera en las actividades productivas y las capacidades actuales con las que la empresa cuenta para innovar orientada al logro de la sustentabilidad industrial. A raíz de lo arriba expuesto, se llegó a las siguientes conclusiones que tienen implicaciones serias para las políticas industriales y de investigación ambientales no sólo para la región fronteriza de México sino para todo el país.

Primero, es evidente que el control de la contaminación y el manejo de los residuos resultan insuficientes para proteger al ambiente y alcanzar a largo plazo sustentabilidad. Segundo, los resultados antes presentados indican que a pesar de que la tendencia central de las capacidades se dirige hacia mostrar capacidades bajas, es claro que algunas de estas empresas se encuentran por encima del promedio; es decir, algunas de las empresas participantes en el estudio poseen capacidades claras para innovar; por tal motivo, la agenda de investigación se encuentra abierta para explicar el porqué de estas diferencias, lo que podría iluminar el camino sobre cómo alentar y promover la innovación en el ámbito de la industria maquiladora mexicana.

Tercero, para poder alcanzar innovaciones sustentables a lo largo de la cadena de abastecimiento es necesario que se efectúe una innovación radical y sistemática que modifique el actual régimen tecnológico; en otras palabras, los cambios requeridos para brindar al consumidor productos sustentables y sus procesos de producción asociados involucran actores y competencias múltiples que dificultan su planeación y puesta en marcha; las políticas y la investigación deben abordar las barreras microeconómicas que existen y las condiciones institucionales y de mercado macroeconómicamente inadecuadas para que la innovación ocurra. Es posible que las inversiones requeridas produzcan beneficios en el largo plazo; es decir, esto no necesariamente beneficiará a las empresas pioneras del cambio. A pesar de lo anterior, en varios países industrializados, en especial en Europa y en Asia,[27] se considera que la innovación sistémica con motivaciones ambientales sirve como un multiplicador importante de las actividades económicas y se espera que sea una fuente importante de crecimiento económico a mediano y largo plazos. En contraste, existe poca evidencia de políticas pertinentes de las autoridades en México dirigidas a la promoción de la innovación sustentable.

Cuarto, en las condiciones actuales, la maquiladora poco puede contribuir a la sustentabilidad ambiental de la región; sin embargo, se puede argumentar que la evidencia empírica expuesta indica que a pesar de la existencia de algunas limitaciones en las capacidades institucionales y tecnológicas importantes para innovar, existen un potencial y una capacidad elevados para la innovación de la propia industria. A partir de los puntajes obtenidos respecto de la capacidad para influir en los abastecedores y cooperar con ellos y obtener oportunidades tecnológicas, los principales cuellos de botella para la innovación sustentable —bajo el supuesto de que las empresas desean innovar— se encuentran a contracorriente en la cadena de abastecimiento de los insumos, de los componentes y de los procesos tecnológicos en los cuales se encuentra encerrada la maquiladora. Los principales desafíos industriales y de las políticas ambientales que el gobierno mexicano enfrenta consisten en dar a conocer los beneficios que la innovación representa para la competitividad de las empresas, en establecer las regulaciones adecuadas (por ejemplo, objetivos de comportamiento) y en proporcionar las condiciones materiales para que tenga lugar la innovación.

27 Commission of the European Communities, *Stimulating Technologies for Sustainable Development... op. cit.*

Quinto, de acuerdo con un amplio acervo especializado, muchos de los cuellos de botella asociados a la innovación sistemática se relacionan más con las instituciones nacionales e internacionales que brindan las condiciones estructurales para que se pueda originar el cambio tecnológico y la innovación; por ejemplo, las regulaciones y los estándares, las redes de investigación y desarrollo, los mecanismos financieros, los derechos de propiedad intelectual y las políticas científicas y tecnológicas.[28]

Conforme a lo expresado y si bien la práctica de subcontratación internacional de manufactura es amplia, existe escaso conocimiento sobre la manera en la cual los factores arriba mencionados afectan el comportamiento innovador del sector secundario exportador en México, y también se desconoce cuánta innovación orientada hacia la sustentabilidad se realiza. Existen pocos estudios dedicados al aspecto de las trayectorias tecnológicas y la potencial innovación sustentable de la industria maquiladora.[29] Se requiere mayor investigación sobre los factores que afectan la adopción y la difusión de las nuevas tecnologías y de las prácticas institucionales más limpias que posibilitan el diseño de políticas

28 Véase K. Blind, *New Products and Services Analysis of Regulations Shaping New Markets,* Study funded by the European Commission DG Enterprise/Innovation Policy Unit, in the framework of the Innovation / SMEs programme, part of the Fifth Research Framework Programme, ECSC–EC–EAEC, Bruselas-Luxemburgo, 2004; R. Smits, J. Leyten y P. Den Hertog, "Technology Assessment and Technology Policy in Europe: New Concepts, New Goals, New Infrastructures", en *Policy Sciences,* núm. 28, 1995, pp. 271-299; R. Smits y S. Kuhlmann, "The Rise of Systemic Instruments in Innovation Policy", en *International Journal of Foresight and Innovation Policy,* vol. 1, núm. 1-2, 2004, pp. 4-32; M. Van de Kerkhof y A. Wieczorek, "Learning and Stakeholder Participation in Transition Processes Towards Sustainability: Methodological Considerations", *Technological Forecasting and Social Change,* vol. 72, núm. 6, 2005, pp. 733-747; F. Geels, "Co-evolution of Technology and Society: The Transition in Water Supply and Personal Hygiene in the Netherlands (1850-1930)-A Case Study in Multi-level Perspective", *Technology in Society,* vol. 27, núm. 3, 2005, pp. 363-397; B. Elzen y A. Wieczorek, "Transitions Towards Sustainability through System Innovation", *Technological Forecasting and Social Change,* vol. 72, núm. 6, 2005, pp. 651-661; S. J. M. van den Bosch, J. C. Brezet y Ph. J. Vergragt, "How to Kick off System Innovation: A Rotterdam Case Study of the Transition to a Fuel Cell Transport System", *Journal of Cleaner Production,* vol. 13, núm. 10-11, 2005, pp. 1027-1035; T. D. Tsoutsos y Y. A. Stamboulis, "The Sustainable Diffusion of Renewable Energy Technologies as an Example of an Innovation-Focused Policy", *Technovation,* vol. 25, núm. 7, 2005, pp. 753-761; P. Cooke, M. G. Uranga y G. Etxebarria, "Regional Innovation Systems: Institutional and Organisational Dimensions", *Research Policy,* vol. 26, núm. 4-5, 1997, pp. 475-491, y C. Freeman, "Continental, National and Sub-national Innovation Systems-Complementarity and Economic Growth", *Research Policy,* núm. 31, 2002, pp. 191-211).

29 Remítase a los siguientes trabajos: H. García-Jiménez, "La evolución manufacturera y las tecnologías ambientales en la industria maquiladora electrónica de Tijuana", *Comercio exterior,* vol. 52, núm. 3, México, 2002, pp. 198-207; A. Mercado, "Trayectorias de conducta ambiental de las empresas mexicanas", *Comercio exterior,* vol. 52, núm. 2, México, 2002, pp. 110-118, y C. Montalvo, *Environmental Policy..., op. cit.*

apropiadas para el desarrollo sustentable de México. Para comprender mejor el potencial de la innovación ambiental sistémica es necesario dejar atrás la descripción de actividades de control y el cumplimiento de las normas ambientales y enfocarse en el análisis de innovaciones institucionales y tecnológicas que faciliten la sustentabilidad de las actividades industriales. Esto representa un cambio de la perspectiva pesimista y punitiva: "La industria no se preocupa por el medio ambiente", a otra más constructiva: "¿Cómo promovemos y facilitamos el cambio?". Las características de dicha investigación se encuentran bien descritas en comunidades epistémicas como la ecologización de la industria (*greening of industry*) y las mesas redondas de producción y consumo más limpios (*Roundtables of Cleaner Production and Consumption*).

Comentario final: los ciclos de innovación de onda larga se caracterizan por cambios de regimenes tecnológicos y reestructuración industrial que ocurren durante periodos que comprenden varias décadas.[30] Existe evidencia empírica que prueba que no se pueden esperar innovaciones ambientales radicales en la industria a gran escala durante los próximos setenta años;[31] por esa razón, se necesita establecer y apurar la marcha de la innovación y la experimentación en las investigaciones de las ciencias sociales en los ámbitos de la empresa y de las instituciones regulatorias.

[30] Véase C. Pérez, "Structural Change and Assimilation of New Technologies in the Economic and Social Systems", *Futures*, vol. 15, núm. 5, 1983, pp. 357-375.

[31] C. Montalvo y R. Kemp, *Industrial Clean Technologies Diffusion*, ESTO Network, Project Report, Delft, Holanda, 2004.

XI. AMBIENTE Y MAQUILA EN MÉXICO: UN ESTUDIO REGIONAL DE LOS EFECTOS ESCALA Y COMPOSICIÓN

Alfonso Mercado García y Óscar A. Fernández Constantino[1]

Introducción

En los años recientes se ha publicado un conjunto limitado de estudios sobre las relaciones entre el ambiente y la maquila con serias críticas,[2] llegando a considerar tales relaciones como tema de alta prioridad nacional. Bien se sabe que el crecimiento económico del país en las últimas dos décadas del siglo XX se acentuó en la industria maquiladora de exportación, cuyas instalaciones se concentran en la frontera con Estados Unidos, dando lugar a un acelerado riesgo de contaminación y creciente consumo de recursos naturales en esa región. Aunque la mayoría de las investigaciones no han cuantificado —ni en forma aproximada— el volumen y el crecimiento de las emisiones contaminantes generadas por la actividad maquiladora, ni su uso de agua y electricidad, se intuye que hay un efecto escala tremendo en general y especialmente en las principales entidades maquiladoras de la frontera norte.[3] Ha habido estimaciones del volumen de contaminación de

[1] Sin comprometerlos, agradecemos las sugerencias de dos dictaminadores anónimos. Naturalmente, el contenido de este capítulo es nuestra responsabilidad.

[2] Véanse, por ejemplo, los siguientes dos estudios pioneros: Roberto Sánchez, "Otra manera de ver la maquiladora: riesgos en el medio ambiente y la salud", en Bernardo González Aréchiga y José Carlos Ramírez (coords.), *Subcontratación y empresas transnacionales: apertura y restructuración en la maquiladora*, El Colegio de la Frontera Norte, Fundación Friedrich Ebert, México, 1990; y Elizabeth Méndez, "La industria maquiladora en Tijuana: riesgo ambiental y calidad de vida", *Comercio exterior*, México, febrero de 1995, pp. 159-163. Véase también un estudio más reciente: Carlos Montalvo, "Challenges for Cleaner Production in International Manufacture Subcontracting: The Case of the Maquiladora Industry in Northern Mexico", *Frontera norte*, vol. 16, núm. 31, pp. 69-100, El Colegio de la Frontera Norte, Tijuana, México, 2004.

[3] Además de las referencias de la nota anterior, véanse por ejemplo los dos estudios siguientes: Linda Fernández y Richard T. Carson (eds.), *Both Sides of the Border: Transboundary Environmental Management Issues Facing Mexico and the United States*, Kluwer Academia, Dordrecht, Holanda y Boston, Mass., 2002, y Jorge Carrillo, Humberto García Jiménez y Redi Gomis, "Evolución productiva y desempeño ambiental en la industria maquiladora de exportación", en Jorge Carrillo y Claudia Schatan (coords.), *El medio ambiente y la maquila en México: un problema ineludible*, Comisión Económica para América Latina y el Caribe, Publicaciones de las Naciones Unidas, México, septiembre de 2005.

la maquila, su intensidad y su tasa de crecimiento por rama industrial,[4] pero ha quedado ausente la dimensión territorial, ya que faltan estimaciones similares por entidad federativa.

La medición de la contaminación permite profundizar en la naturaleza de la relación entre el ambiente y la maquila. Por ejemplo, pueden analizarse los efectos de la apertura de la maquila, la cual desde su inicio, en los años sesenta, ha funcionado bajo reglas especiales de libre comercio transfronterizo y se ha expandido rápidamente, hasta convertirse en gran centro de manufactura global. Siguiendo la propuesta de Grossman y Krueger,[5] tales efectos no se limitan al efecto escala, sino también ocurren los efectos de tecnología y composición. Ya se ha avanzado en el análisis de los efectos escala y composición por rama de actividad maquiladora,[6] pero queda pendiente estudiarlos por entidad federativa. Además, falta un estudio del efecto tecnológico, el cual no ha sido posible completarlo debido a importantes restricciones de información.

En una investigación reciente,[7] se confirmó un fuerte efecto escala adverso al ambiente y un débil efecto composición *anticontaminante* de la maquila en el periodo 1988-2000. En otras palabras, se mostró que el efecto escala es central, con alta presión sobre el ambiente de la región fronteriza. En la misma investigación se identificó adicionalmente una gran diversidad sectorial en la contaminación de la maquila, atribuible a la amplitud de la gama de productos procesados y acentuada por las diferencias entre las ramas en cuanto a intensidad de contaminación. Es necesario explorar el tema por entidad federativa. Éste es el objetivo del presente capítulo. Como hipótesis de trabajo, se espera encontrar que pese a posibles reacomodos estructurales, el problema de contaminación de la maquila se relacione más con el efecto escala que con el efecto composición en las principales entidades maquiladoras, mas no así en las entidades maquiladoras emergentes, en algunas de las cuales el efecto composición podría ser mayor que el de escala.

La exposición de la metodología y el correspondiente análisis empírico para abordar este objetivo y la hipótesis de trabajo se presenta en las siguientes cinco

4 Véanse los dos siguientes trabajos: Alfonso Mercado, "Evaluación ambiental de la industria maquiladora en México", documento presentado en The Workshop on Industrial Transformation in Latin America, organizado por el Inter-American Institute for Global Change Research, el International Human Dimensions Programme, la Brazilian Academy of Science y la U.S. National Science Foundation, Universidad de Campinas, São José dos Campos-SP, Brasil, 12 y 13 de noviembre, 1998; y Alfonso Mercado y Óscar A. Fernández, "¿Maquila limpia?", en J. Carrillo y C. Schatan, (coords.), *El medio ambiente y la maquila...*, *op. cit.*, capítulo VI, pp. 291-318.

5 Gene M. Grossman y Alan B. Krueger, *Environmental Impacts of a North American Free Trade Agreement*, Documento de Trabajo, National Bureau of Economic Research, núm. 3914, noviembre de 1992.

6 Véase el estudio de Alfonso Mercado y Óscar A. Fernández, "¿Maquila limpia?", *op. cit.*

7 *Idem.*

secciones. A continuación, la segunda sección explora la evolución del retorno de residuos industriales peligrosos y el uso de energía y agua por la maquila por entidad federativa con el fin de dar un primer acercamiento a los posibles efectos escala, composición y tecnología. Posteriormente, en la tercera sección se explican los efectos escala y composición de la industria maquiladora por entidad. La tercera sección presenta la metodología para estimar la contaminación generada por la maquila y luego la cuarta sección ofrece los resultados de las estimaciones, considerando otros datos disponibles. La quinta y última sección brinda la recapitulación del estudio y las principales conclusiones.

El retorno de residuos industriales peligrosos y el uso de energía y agua

Además de las normas mexicanas que rigen para la industria manufacturera en materia ambiental (en la serie NOM-Ecol), la Ley General de Equilibrio Ecológico y la Protección Ambiental (artículo 153, párrafo IV) obliga especialmente a la maquila a retornar al país de origen los residuos peligrosos (RP) provenientes de insumos importados. La evidencia no es muy clara, pero parece que la maquila tiende, en general, a cumplir con esta obligación. Se estima que el total de RP transportado de México a Estados Unidos entre 1994 y 1997 creció más o menos al mismo ritmo en que fueron generados.[8] De acuerdo a las cifras de la Secretaría de Medio Ambiente, Recursos Naturales y Pesca (Semarnap), el retorno de RP de la industria maquiladora fronteriza a Estados Unidos de 1996 a 1999 aumentó tasas anuales progresivamente altas, aunque en 1999-2000 bajó.[9] Esta dinámica también se observa en la suma de los RP retornados por las seis entidades fronterizas del norte de México, aunque hay diferencias por entidad. Por ejemplo, mientras que Baja California tuvo ese crecimiento, las cinco entidades fronterizas restantes siguieron varios altibajos en la tasa de crecimiento del retorno de RP (cuadro XI.1). Es decir, parece haber un efecto escala general, pero con diferencias por entidad.

[8] Datos del organismo de protección del medio ambiente de Estados Unidos, Environment Protection Agency, EPA, citados por Robert Varady, Patricia Romero-Lankao y Katherine Hankins en "Whither Hazardous-materials Management in the U.S.-Mexico Border Region?", en Linda Fernández y Richard T. Carson (eds.), *Both Sides of the Border...*, *op. cit.*, cuadro 11. Según informes del Instituto Nacional de Ecología (INE) de México, también citados por estos autores, el crecimiento es aproximadamente cuatro veces mayor.

[9] Alfonso Mercado y Óscar A. Fernández, 2005, "¿Maquila limpia?", *op. cit.*, cuadro 1.

Cuadro XI.1
Retorno de residuos peligrosos de la industria maquiladora[a]
por entidad federativa fronteriza del norte, 1996-2000

Entidad fronteriza	*1996*	*1997*	*1998*	*1999*	*2000*
Volumen (toneladas)					
Baja California	19032	21322	24979	35886	35308
Chihuahua	26502	22551	23679	34019	14822
Coahuila	883	1425	1174	735	1406
Nuevo León[b]	n.d.	n.d.	n.d.	n.d.	1500
Sonora	3569	4983	4983	731	7401
Tamaulipas	22127	26527	27120	25930	17926
Suma	72113	76808	81935	97301	78363
Participación regional (%)					
Baja California	26.4	27.8	30.5	36.9	45.1
Chihuahua	36.8	29.4	28.9	35.0	18.9
Coahuila	1.2	1.9	1.4	0.8	1.8
Nuevo León[b]	n.d.	n.d.	n.d.	n.d.	1.9
Sonora	4.9	6.5	6.1	0.8	9.4
Tamaulipas	30.7	34.5	33.1	26.6	22.9
Suma	100.0	100.0	100.0	100.0	100.0
Tasa anual de crecimiento (%)					
Baja California	n.d.	12.0	17.2	43.7	-1.6
Chihuahua	n.d.	-14.9	5.0	43.7	-56.4
Coahuila	n.d.	61.4	-17.6	-37.4	91.3
Nuevo León[b]	n.d.	n.d.	n.d.	n.d.	n.d.

Sonora	n.d.	39.6	0.0	-85.3	912.4
Tamaulipas	n.d.	19.9	2.2	-4.4	-30.9
Suma	n.d.	6.5	6.7	18.8	-19.5

[a] La Ley General de Equilibrio Ecológico y la Protección al Ambiente establece en su artículo 153, párrafo IV, que la industria maquiladora debe retornar a su país de origen los residuos peligrosos provenientes de insumos importados.

[b] El estado de Nuevo León inició el reporte de estos residuos a partir del año 2000.

n.d.: No disponible.

Nota: El aviso de retorno de residuos peligrosos sólo se tramita en los estados de la frontera norte, en el INE hasta el 2000 y en la DGMIC a partir del 2001. Los datos están sujetos a la revisión y actualización de la base de datos del Sistema de Rastreo de Residuos Peligrosos (Sirrep). Los datos de 1999, 2000 y 2001 para el INE se repiten con los datos de los estados, no deben sumarse para obtener el total nacional. La fuente no precisa la razón del cambio que se aprecia entre los años 2000 y 2001, sin embargo éste puede responder a que las industrias generadoras muchas veces no entregan a las empresas prestadores de servicios de transporte de residuos peligrosos el total de su generación, ya sea porque no tienen presupuesto para ello o porque no se cumplió con cierta cantidad de residuos para que la empresa proporcione el servicio.

Fuente: Secretaría de Medio Ambiente y Recursos Naturales, Subsecretaría de Gestión para la Protección Ambiental, Dirección General de Manejo Integral de Contaminantes, México, 2002.

La tendencia del consumo de energía eléctrica, combustibles y agua realizado por la maquila en las tres principales entidades maquiladoras durante el periodo de 1997 a 2004 indica que el uso de electricidad y agua creció en forma sostenida y el uso de combustible tuvo altibajos. Al distinguir por entidad, Baja California y Tamaulipas siguieron la tendencia referida, en tanto que Chihuahua tuvo altibajos en el uso de agua, destacando una baja del año 2001 al 2002 (véase el cuadro XI.2). De nuevo, la evidencia sugiere un efecto escala general, pero con diferencias por entidad.

Si se calcula el consumo de agua y energía por hora hombre y por día trabajado, se estima la intensidad de agua y energética en forma aproximada. Los resultados revelan un crecimiento en las intensidades de 1997 a 2003 y luego una ligera baja en el lapso de 2003 a 2004, a excepción de Tamaulipas en donde siguió creciendo (cuadro XI.3). Es decir, si han aumentado las intensidades de agua y energética, los efectos composición y tecnológico parecen ser más contaminantes.

Cuadro XI.2
Índices de consumo real de energía y agua en la maquila y sus principales tres estados. (Base 2003 = 100)

Periodo	*Energía eléctrica*	*Combustibles y lubricantes*	*Agua*
Total nacional			
1997	47.6	76.7	40.3
1998	52.1	81.8	48.7
1999	71.2	91.0	59.9
2000	87.8	107.0	76.9
2001	92.5	122.7	86.2
2002	95.6	101.1	89.9
2003	100.0	100.0	100.0
2004	113.0	111.3	100.2
Baja California			
1997	48.4	71.6	37.2
1998	52.6	83.4	40.4
1999	72.9	100.4	51.7
2000	91.0	117.6	71.2
2001	94.5	136.9	89.8
2002	93.7	105.0	89.3
2003	100.0	100.0	100.0
2004	111.1	106.5	92.5
Chihuahua			
1997	54.2	85.0	49.1
1998	57.2	86.1	61.5
1999	76.0	86.1	71.2

2000	91.9	102.9	84.9
2001	95.4	114.3	90.3
2002	98.1	91.3	87.6
2003	100.0	100.0	100.0
2004	109.4	114.7	100.4
Tamaulipas			
1997	52.2	82.0	39.9
1998	54.8	84.4	48.6
1999	72.6	91.7	60.7
2000	86.7	97.6	79.3
2001	95.1	114.4	95.6
2002	97.1	103.3	97.4
2003	100.0	100.0	100.0
2004	113.5	108.3	123.7

Fuente: Elaboración propia con datos del consumo de energía y agua publicados por el INEGI, *Industria maquiladora de exportación*, Aguascalientes, México, 2005, y aplicando los índices nacionales de precios al productor de energéticos, las tarifas de recolección media por el uso de agua y las tarifas medias de electricidad para empresas grandes, publicadas respectivamente por el Banco de México <www.banxico.org.mx/eInfoFinanciera/FSinfoFinanciera.html), la CNA <http://www.cna.gob.mx/> y la Sener, <http://www.energia.gob.mx/webSener/res/PE_y_DT/ee/>.

A pesar de las medidas adoptadas por las autoridades de México y las respuestas ambientales estratégicas de la maquila, la presión que ejerce el rápido crecimiento de esta industria ha generado problemas de contaminación transfronteriza y de calidad y abasto de agua.[10] No obstante la importancia del tema, hay insuficiencia de datos y estudios al respecto. No se tiene una visión clara de cuán "limpio" o contaminante es el crecimiento de la producción de maquila, especialmente en la región fronteriza del norte y otras zonas de México en donde se está expandiendo.

[10] OCDE, *Environmental Performance Reviews (1st Cycle). Conclusions and Recommendations. 32 Countries (1993-2000)*, Report on Mexico. Working Party on Environmental Performance, noviembre de 2000, OCDE, París.

Cuadro XI.3
Índices de consumo real de energía y agua en la maquila, en los principales tres estados, por hora-hombre y por día efectivamente trabajado. (Base 2003 = 100))

	Por hora-hombre			*Por día trabajado*		
Periodo	*Energía eléctrica*	*Combustibles y lubricantes*	*Agua*	*Energía eléctrica*	*Combustibles y lubricantes*	*Agua*
			Total nacional			
1997	47.2	47.2	47.2	40.6	40.6	40.6
1998	51.1	51.1	51.1	45.9	45.9	45.9
1999	55.4	55.4	55.4	51.6	51.6	51.6
2000	63.0	63.0	63.0	61.2	61.2	61.2
2001	77.0	77.0	77.0	68.4	68.4	68.4
2002	89.8	89.8	89.8	84.8	84.8	84.8
2003	100.0	100.0	100.0	100.0	100.0	100.0
2004	93.6	93.6	93.6	99.4	99.4	99.4
			Baja California			
1997	40.7	40.7	40.7	34.7	34.7	34.7
1998	41.0	41.0	41.0	33.9	33.9	33.9
1999	46.1	46.1	46.1	39.5	39.5	39.5
2000	55.0	55.0	55.0	50.7	50.7	50.7
2001	75.2	75.2	75.2	64.1	64.1	64.1
2002	88.6	88.6	88.6	82.5	82.5	82.5
2003	100.0	100.0	100.0	100.0	100.0	100.0
2004	84.8	84.8	84.8	91.4	91.4	91.4

Chihuahua

1997	53.3	53.3	53.3	46.1	46.1	46.1
1998	61.8	61.8	61.8	61.3	61.3	61.3
1999	67.1	67.1	67.1	68.5	68.5	68.5
2000	70.5	70.5	70.5	73.7	73.7	73.7
2001	83.7	83.7	83.7	79.3	79.3	79.3
2002	90.3	90.3	90.3	84.5	84.5	84.5
2003	100.0	100.0	100.0	100.0	100.0	100.0
2004	95.9	95.9	95.9	97.3	97.3	97.3

Tamaulipas

1997	47.7	47.7	47.7	43.9	43.9	43.9
1998	54.7	54.7	54.7	52.4	52.4	52.4
1999	60.2	60.2	60.2	61.9	61.9	61.9
2000	69.9	69.9	69.9	76.5	76.5	76.5
2001	90.5	90.5	90.5	87.7	87.7	87.7
2002	97.5	97.5	97.5	92.4	92.4	92.4
2003	100.0	100.0	100.0	100.0	100.0	100.0
2004	115.3	115.3	115.3	124.8	124.8	124.8

Fuente: Elaboración propia con datos del consumo de energía y agua publicados por el INEGI, *Industria maquiladora de exportación*, Aguascalientes, México, 2005, y aplicando los índices nacionales de precios al productor de energéticos, las tarifas de recolección media por el uso de agua y las tarifas medias de electricidad para empresas grandes, publicadas respectivamente por el Banco de México <www.banxico.org.mx/eInfoFinanciera/FSinfoFinanciera.html), la CNA <http://www.cna.gob.mx/> y la Sener, <http://www.energia.gob.mx/webSener/res/PE_y_DT/ee/>.

Los efectos escala y composición[11]

Como ya se había observado, el estudio del volumen e intensidad de la contaminación[12] provocada por la maquila enfrenta la gran limitante de la escasez de datos. Intuitivamente se comprende que, dadas las altas tasas de crecimiento de esta industria, cabe esperar un aumento correspondiente de los volúmenes de contaminación que genera. Sin embargo, la estructura sectorial de la maquila podría evolucionar hacia una composición cada vez más "limpia", lo cual llevaría a suponer que, con una intensidad declinante de contaminación promedio, el problema se relacionaría más con la expansión de la escala de la maquila que con su cambio estructural según tipo de productos procesados.

Es evidente que la contaminación (en forma de residuos sólidos peligrosos, derrames de desechos líquidos y emisiones a la atmósfera) que conlleva la producción de bienes y servicios evoluciona con el transcurso del tiempo, debido a factores desencadenantes como la apertura comercial,[13] —según sus efectos en el volumen producido— la estructura sectorial y la tecnología. Por ello es útil la propuesta de analizar estos tres efectos por separado.[14]

1) El efecto *escala* se refiere al cambio en el total de la contaminación de una economía debido únicamente a la variación en la escala de la producción agregada de esa economía, bajo el supuesto de que la composición del producto por ramas productivas y la tecnología permanecen constantes (vale decir, la contaminación que se generaría si las ramas productivas crecieran a la misma tasa que la economía en su conjunto y sin que hubiera cambios tecnológicos). Si la composición (la distribución sectorial de la producción) y la tecnología permanecen constantes, entonces el volumen agregado de contaminación (generado por el total de las ramas) se relacionará positivamente con la escala de la producción agregada total. Es decir, si se supone constante tanto la composición de la producción como la tecnología, ello implica claramente suponer que no varía la participación de los componentes económicos de la producción (ni del valor

11 Una versión similar a esta sección se publicó en Alfonso Mercado y Óscar A. Fernández, "¿Maquila limpia?", *op. cit.*, sección 2.

12 Para medir la contaminación, en este estudio se utilizaron dos indicadores: *a)* el *volumen* de la contaminación, que es la cantidad física anual de contaminantes emitidos (toneladas anuales de contaminantes); y *b)* la *intensidad* de la contaminación, que es la cantidad física de contaminantes emitidos anualmente por unidad monetaria de producto (kilogramos anuales de contaminantes por millón de dólares de producto).

13 Entre los factores desencadenantes de estos cambios los principales son las políticas económicas de apertura comercial (precisamente como en el caso de la apertura que implica el programa de la industria maquiladora), aunque hay otros de similar importancia que pueden confluir, entre los que se cuentan, por ejemplo, la implementación de importantes reformas fiscales, los ciclos de los negocios y el poder social de las organizaciones no gubernamentales.

14 Gene M. Grossman y Alan B. Krueger, *Environmental Impacts...*, *op. cit.*

agregado[15] ni de la proporción de insumos), por lo cual resultaría linealmente que, en una economía, a mayor producción, mayor contaminación.

2) El efecto *composición* se asocia al cambio en la contaminación total debido a que la composición del producto de la economía varía en términos de las ramas de actividad que la integran, en tanto que la tecnología en cada rama permanece constante. Es decir, la contaminación en las diversas ramas de la economía total crece a diferentes ritmos, asociados linealmente a las tasas a que se expande la producción de cada rama, mientras la tecnología permanece constante. También puede producirse un efecto composición *anticontaminante* en el caso de que haya un cambio en la contaminación total debido al mayor crecimiento de la producción de las ramas más "limpias" y el retroceso (o menor crecimiento) de la producción de las más "sucias", de manera que la producción agregada crece más rápidamente que la contaminación total. Pero es cierto también que puede ocurrir un cambio estructural en el extremo contrario que implique un gran crecimiento concentrado en las ramas más "sucias", en cuyo caso se trataría de un efecto composición *pro contaminante*. El efecto composición es, entonces, ambiguo y su resultado depende de la forma particular que haya asumido el crecimiento de las diferentes ramas industriales.

3) El efecto *tecnológico* se refiere a la variación en la contaminación total ocasionada por el cambio tecnológico en el interior de cada rama de la industria. Este efecto da lugar, en general, al aumento o la disminución de la cantidad de contaminantes generados por unidad de producto; es decir, modifica la intensidad de contaminación, tanto de cada rama como de la industria en su conjunto. Si el cambio tecnológico tiende a incrementar la limpieza del proceso productivo, el resultado será una disminución del indicador de intensidad de contaminación y, por ende, de la tendencia al aumento de los daños ambientales.

En este estudio no se ha considerado el efecto tecnológico, ya que por la inexistencia de información, no se puede conocer la variación en los indicadores de contaminación que reflejaría el impacto del cambio tecnológico. Es así que, por estas razones, la atención se centrará en los efectos escala y composición. El efecto escala es fácil de evaluar, pues para hacerlo se supone que no hay cambio alguno en la composición del producto por ramas y que todas las ramas crecen a la misma tasa —y con ellas la contaminación correspondiente— que el producto total. Por consiguiente, la tasa de crecimiento de la contaminación total asociada al efecto escala, c_e, tiene que resultar igual a la de la producción industrial en su conjunto. Como, según se ha dicho, en el caso de la maquila resulta más apro-

15 Éstos son los componentes relacionados con las actividades productivas directas de los diversos sectores de la economía y con los "servicios internalizados", como la contabilidad, la investigación y desarrollo, y la comercialización.

piado utilizar el valor agregado en lugar del valor de la producción industrial, en este estudio podemos considerar que la tasa de crecimiento asociada al efecto escala es igual a la tasa de crecimiento v del valor agregado del total de la industria maquiladora.

Con la información disponible, se ha calculado la tasa de crecimiento c del volumen de contaminación del total de la industria maquiladora; esta tasa debería incluir los efectos escala, composición y tecnológico. Pero como ya se ha dicho, no pudo tomarse en cuenta el efecto tecnológico, de manera que la tasa c aquí calculada abarca sólo los efectos escala y composición. Y como la tasa de crecimiento de la contaminación total asociada al efecto escala es c_e, que según se ha visto puede considerarse igual a la tasa de crecimiento v del valor agregado total, el efecto composición quedará medido por la diferencia entre c y $c_e = v$. Cabe notar entonces que si $c > v$ (la contaminación crece más rápido que el valor agregado), el proceso productivo en su conjunto se está volviendo más contaminante; lo contrario ocurre si $c < v$. Si $c = v$, la intensidad de contaminación no está variando.

También interesa examinar los cambios en la concentración de la contaminación de la maquila, relacionándolos con el efecto composición. Con tal objeto se estimarán algunos indicadores. Sea, en cada año, *Ri* el indicador de concentración de *producción* de las *i* ramas productivas más grandes (en términos de su escala de producción), *Ric* el indicador de concentración de *contaminación* de las *i* ramas productivas más contaminantes (en términos del volumen de contaminación), y *R1c* el indicador de concentración de *contaminación* de las *i* ramas más grandes.[16] Entonces, pueden definirse adicionalmente los siguientes indicadores:

$$E_1 = \frac{R_{ic}}{R_i}$$

$$E_2 = \frac{R_{ci}}{R_{ic}}$$

El indicador E_1 expresa la concentración de la contaminación comparada con la concentración de la producción de maquila, en tanto que el indicador E_2 estima el grado de contaminación de las *i* ramas más grandes en cuanto a producción. Es importante notar que estos indicadores tienen valores positivos

[16] R_1 es la participación relativa de la producción de la división productiva más grande en la producción maquiladora total de un año; R_{1c} es la participación relativa del volumen de la contaminación generada por la división productiva más contaminante en el volumen total de la contaminación de la maquila en un año; y R_{c1} es la participación relativa del volumen de la contaminación generada por la división productiva con mayor producción en el volumen total de la contaminación de la maquila en un año.

que expresan la composición del segmento de la industria en el que se concentran la producción maquiladora y la emisión de contaminantes, de la siguiente manera:

1) $E_1 > 1$ implica que las ramas más contaminantes tienen una participación en la contaminación total mayor que la participación de las ramas más grandes en la producción total de un año dado; es decir, el valor de E_1 corresponde a un año en el que la concentración de la contaminación es mayor que la concentración de la producción, por lo cual se podría calificar la emisión de contaminantes como *comparativamente muy concentrada*. Lo contrario se concluiría si $E_1 < 1$.

2) De la consideración anterior se deriva que si con el transcurso del tiempo E_1 crece, ello indicaría que la emisión de contaminantes es *comparativamente cada vez más concentrada*.

3) El indicador E_2 adopta valores entre 0 y 1. Con valores muy cercanos a 1 denota que las ramas más grandes se ubican en un grado de contaminación cercano al de las más contaminantes, por lo cual se determinaría un *alto grado de contaminación* de las ramas más grandes. Mientras más se acerque el valor de E_2 a 0, estará indicando un *menor grado de contaminación* de las ramas más grandes.

4) De la consideración anterior se deriva que si E_2 aumenta con el transcurso del tiempo, ello sugeriría que la participación de las ramas más grandes en la emisión total de contaminantes es *cada vez mayor*. Si la tendencia fuera creciente, entonces mostraría un cambio en la composición en el que las actividades de mayor producción tienden a ser las más contaminantes; es decir, que las más contaminantes tienden a ser las más grandes. Ello indicaría una composición más contaminante.

METODOLOGÍA PARA ESTIMAR LA CONTAMINACIÓN INDUSTRIAL[17]

Las dos principales fuentes utilizadas en este estudio para estimar el volumen y la intensidad de la contaminación generada por la maquila son el INEGI y el Banco Mundial. Del primero se obtuvieron los datos sobre el valor agregado de la maquila por entidad federativa y división de actividad, de acuerdo con el Sistema de Cuentas Nacionales de México (SCNM) en los años 1990 y 2000 (una década, en años que no se relacionan con "salientes" depresivos ni expansivos). Por otra parte, ante la falta de una fuente disponible en México, se consultaron los indicadores del sistema de proyección de la contaminación industrial (Indus-

[17] Una versión similar a esta sección se publicó en Alfonso Mercado y Óscar A. Fernández, "¿Maquila limpia?", *op. cit.*, sección 3.

trial Pollution Projection System, IPPS) del Banco Mundial, los cuales se refieren a la intensidad de la contaminación industrial manufacturera de Estados Unidos en 1987, y fueron publicados por el Banco Mundial con el liderazgo de David Wheeler.[18] Los indicadores se expresan en varias formas, y en este estudio se adoptó la serie expresada en libras de contaminantes por millón de dólares de valor agregado de la producción.

La metodología que se utilizó está basada en el empleo de ambas fuentes estadísticas, dado que se aplicaron dichos indicadores de emisión anual de contaminantes al valor agregado real, a nivel de división de actividad económica (el desglose más agregado de la economía: en nueve divisiones del SCNM). Los indicadores miden la cantidad física (kg) de contaminantes emitidos por unidad monetaria de valor agregado a precios constantes de 1987.[19] Estos indicadores presentan la ventaja evidente de caracterizar con una sola cifra la contaminación de todo tipo producida por una rama industrial dada.[20]

18 Wheeler utiliza información proveniente del Inventario de Emisiones Tóxicas (Toxics Release Inventory, TRI), elaborado por el Organismo de Protección del Medio Ambiente (EPA) de Estados Unidos, que contiene los informes detallados de las emisiones anuales al agua, los suelos y el aire de 328 sustancias químicas tóxicas producidas por alrededor de 20 000 plantas industriales de Estados Unidos durante 1987. Las cantidades anuales de sustancias contaminantes, agrupadas por ramas industriales de origen, son entonces agregadas por Wheeler en forma ponderada, de acuerdo con su grado de toxicidad, tomando como base para ello los indicadores de toxicidad y potencial cancerígeno reportados en la base de datos sobre salud humana y ecotoxicidad (Human Health and Ecotoxicity Database), también de la EPA. Los agregados así obtenidos en cada rama son finalmente divididos por el valor de la producción, así como por el valor agregado y el número de trabajadores de los establecimientos industriales considerados, dando lugar con ello a varios tipos de índices de intensidad de la contaminación. Los índices aquí adoptados son los que resultaron de dividir las cantidades de contaminantes por el valor agregado de los correspondientes establecimientos industriales, reportados por los autores en libras de contaminantes por millón de dólares de valor agregado de la producción.Véanse los siguientes dos informes de investigación: David Wheeler, 1991, *Industry Pollution Projections*, Technical Paper, Banco Mundial, Washington; y Hemamala Hettige, Paul Martin, Manjula Singh y David Wheeler, *The Industrial Pollution Projection System*, Policy Research Working Paper núm. 1431, Banco Mundial, Washington, marzo de 1995.

19 Véase una aplicación de esta metodología a la industria mexicana en Óscar A. Fernández, "Efectos de la aplicación de un impuesto ecológico neutral en México: análisis mediante un modelo de equilibrio general computable", en Alfonso Mercado (coord.), *Instrumentos económicos para un comportamiento empresarial favorable al ambiente en México*, El Colegio de México, Fondo de Cultura Económica, México, 1999, cap. III.

20 Debe tenerse presente que el empleo de estos indicadores, si no se interpretan apropiadamente, implica asimismo riesgos obvios, como el de incurrir en simplificaciones excesivas al analizar un fenómeno tan complejo como es el de la contaminación, o bien el de hacer generalizaciones apresuradas al no distinguir entre los comportamientos contaminantes de las diferentes empresas dentro de una misma rama industrial.

Cuadro XI.4
Distrubución regional (por entidad) del valor agregado real de cada división en 1990 y 2000 (%)

	1990							*2000*						
Entidad	*Total*	*I Alimentos y tabaco*	*II Textiles y vestido*	*III Productos de madera*	*V Química y derivados del petróleo*	*VIII Maquinaria y equipo*	*IX Otras manufacturas*	*Total*	*I Alimentos y tabaco*	*II Textiles y vestido*	*III Productos de madera*	*V Química y derivados del petróleo*	*VIII Maquinaria y equipo*	*IX Otras manufacturas*
Total nacional	100.0	100.0	100.0	100.0	100.0	100.0	100.0	100.0	100.0	100.0	100.0	100.0	100.0	100.0
Aguascalientes	0.1	0.0	1.0	0.0	0.0	0.0	0.0	1.2	0.0	6.4	0.0	0.0	0.0	0.0
Baja California	19.7	18.5	8.6	42.3	32.8	16.3	35.7	22.4	28.2	6.5	67.7	41.8	21.0	41.1
Baja California Sur	0.1	0.0	0.8	0.0	0.0	0.0	0.0	0.1	0.0	0.7	0.0	0.0	0.0	0.0
Chihuahua	35.8	4.8	43.4	37.4	9.8	38.0	28.0	24.7	17.6	23.3	10.9	17.7	26.9	20.1
Coahuila	5.0	10.0	10.5	2.5	13.5	3.4	7.2	6.6	8.1	13.4	1.8	1.1	5.7	3.6
Durango	0.8	0.0	7.9	0.0	0.0	0.0	0.0	1.1	0.0	5.6	0.0	0.0	0.0	0.0
Guanajuato	0.8	35.9	3.2	0.0	0.0	0.0	0.0	0.7	33.3	2.3	0.0	0.0	0.0	0.0
Jalisco	2.4	0.0	0.6	0.0	0.0	3.3	0.4	3.9	0.0	1.5	0.0	0.0	5.5	0.7

México (Estado)	0.5	0.0	0.4	0.0	0.0	0.5	0.9	1.4	0.0	2.7	0.0	0.0	0.6	5.2
Nuevo León	3.3	9.3	0.2	0.0	10.7	3.6	2.3	5.5	8.1	1.1	0.0	13.5	6.4	5.4
Puebla	0.1	0.0	1.0	0.0	0.0	0.0	0.1	1.9	0.0	9.2	0.0	0.0	0.0	1.9
Querétaro	0.2	0.0	1.5	0.0	0.0	0.1	0.0	0.3	0.0	0.4	0.0	0.0	0.3	0.0
San Luis Potosí	0.4	0.0	1.6	0.0	0.0	0.3	0.0	0.9	0.0	1.1	0.0	0.0	1.0	0.0
Sonora	7.8	0.0	12.6	11.1	4.3	7.0	9.2	7.6	0.0	7.6	8.0	2.9	8.1	6.6
Tamaulipas	22.3	20.6	6.6	5.8	28.1	26.9	14.2	18.7	3.4	8.3	10.4	21.9	23.1	12.3
Tlaxcala	0.0	0.0	0.4	0.0	0.0	0.0	0.0	0.3	0.0	1.5	0.0	0.0	0.0	0.0
Yucatán	0.4	0.0	1.8	0.0	0.0	0.0	1.2	1.4	0.0	6.1	0.0	0.0	0.0	1.8

Nota: De las 32 entidades de la república mexicana se incluyen estas 17, las cuales reportaron sus actividades de maquila de exportación al INEGI en 1990 y 2000. Se excluyen el Distrito Federal y Guerrero que aparecieron en los registros correspondientes del INEGI en el año 2000, pero no en 1990.

Fuente: INEGI, *Sistema de cuentas nacionales de México. La producción, salarios, empleo y productividad de la industria maquiladora de exportación. Por región geográfica y entidad federativa*, 1990-1999, Aguascalientes, México, 2002, y *Sistema de cuentas nacionales de México. La producción, salarios, empleo y productividad de la industria maquiladora de exportación. Por región geográfica y entidad federativa*, 1997-2002, Aguascalientes, México, 2004

Cuadro XI.5
Distrubución sectorial del valor agregado real por entidad en 1990 y 2000 (%)

	1990							2000						
Entidad	*Total*	*I Alimentos y tabaco*	*II Textiles y vestido*	*III Productos de madera*	*V Química y derivados del petróleo*	*VIII Maquinaria y equipo*	*IX Otras manufacturas*	*Total*	*I Alimentos y tabaco*	*II Textiles y vestido*	*III Productos de madera*	*V Química y derivados del petróleo*	*VIII Maquinaria y equipo*	*IX Otras manufacturas*
Total nacional	100.0	1.2	10.2	3.7	3.7	68.0	13.3	100.0	0.7	18.8	2.5	4.1	63.9	10.0
Aguascalientes	100.0	0.0	100.0	0.0	0.0	0.0	0.0	100.0	0.0	100.0	0.0	0.0	0.0	0.0
Baja California	100.0	1.1	4.4	7.9	6.2	56.2	24.2	100.0	0.9	5.4	7.6	7.7	60.0	18.4
Baja California Sur	100.0	0.0	100.0	0.0	0.0	0.0	0.0	100.0	0.0	100.0	0.0	0.0	0.0	0.0
Chihuahua	100.0	0.2	12.3	3.8	1.0	72.3	10.4	100.0	0.5	17.7	1.1	2.9	69.6	8.1
Coahuila	100.0	2.4	21.3	1.8	9.9	45.5	19.1	100.0	0.8	37.7	0.7	0.7	54.6	5.5
Durango	100.0	0.0	100.0	0.0	0.0	0.0	0.0	100.0	0.0	100.0	0.0	0.0	0.0	0.0
Guanajuato	100.0	56.8	43.2	0.0	0.0	0.0	0.0	100.0	31.6	58.6	0.0	0.0	0.0	0.0
Jalisco	100.0	0.0	2.7	0.0	0.0	92.7	2.0	100.0	0.0	7.0	0.0	0.0	89.6	1.8

México (Estado)	100.0	0.0	9.4	0.0	0.0	65.7	24.8	100.0	0.0	36.9	0.0	0.0	25.6	37.5
Nuevo León	100.0	3.4	0.5	0.0	12.0	74.5	9.3	100.0	1.0	3.7	0.0	10.1	74.9	9.8
Puebla	100.0	0.0	90.9	0.0	0.0	0.0	9.1	100.0	0.0	90.0	0.0	0.0	0.0	10.1
Querétaro	100.0	0.0	74.6	0.0	0.0	25.4	0.0	100.0	0.0	23.0	0.0	0.0	69.0	0.0
San Luis Potosí	100.0	0.0	45.0	0.0	0.0	55.0	0.0	100.0	0.0	24.1	0.0	0.0	75.9	0.0
Sonora	100.0	0.0	16.3	5.2	2.0	60.5	15.7	100.0	0.0	18.7	2.7	1.5	68.3	8.6
Tamaulipas	100.0	1.1	3.0	1.0	4.6	81.8	8.5	100.0	0.1	8.3	1.4	4.8	78.8	6.6
Tlaxcala	100.0	0.0	100.0	0.0	0.0	0.0	0.0	100.0	0.0	100.0	0.0	0.0	0.0	0.0
Yucatán	100.0	0.0	52.9	0.0	0.0	2.9	44.2	100.0	0.0	81.7	0.0	0.0	1.9	13.2

Nota: De las 32 entidades de la república mexicana se incluyen estas 17, las cuales reportaron sus actividades de maquila de exportación al INEGI en 1990 y 2000. Se excluyen el Distrito Federal y Guerrero que aparecieron en los registros correspondientes del INEGI en el año 2000, pero no en 1990.

Fuente: Las mismas del cuadro XI.4.

Con esta información se ha estimado el volumen de la contaminación producida por las seis divisiones de actividad de la industria maquiladora en los dos años de referencia. Para ello se partió, como ya se dijo, del valor agregado real de la maquila a nivel de división de actividad en 1990 y el 2000. En los cuadros XI.4 y XI.5 se presenta un resumen de su distribución por entidad y sectorial (a nivel de división de actividad). Los datos sobre valor agregado real se multiplican por los indicadores de contaminación correspondientes para obtener, como resultado, una estimación del volumen de contaminantes emitidos (en toneladas) por millón de pesos de valor agregado en cada división productiva de la maquila, por entidad. La suma de estos volúmenes en todas las divisiones es entonces el *volumen* de contaminación industrial de la maquila en cada año considerado por entidad. En el cuadro XI.6 se muestra la distribución sectorial de este volumen El cuadro XI.7 presenta su distribución por entidad y el cuadro XI.9 su crecimiento.

Cuadro XI.6
Distribución de la contaminación estimada de la maquila por división de actividad industrial en 1990 y 2000 (%)

División industrial	*1990*	*2000*
Total	100.0	100.0
I. Alimentos y tabaco	0.5	0.3
II. Textiles y vestido	14.8	21.3
III. Productos de madera	9.0	5.8
V. Química y derivados del petróleo	13.0	14.8
VIII. Maquinaria y equipo	49.5	48.6
IX. Otras manufacturas	13.2	9.3

Fuente: Estimaciones propias con base en los índices del Banco Mundial (Hemamala Hettige, Paul Martin, Manjula Singh y David Wheeler, 1995, *The Industrial Pollution Projection System*, Policy Research Working Paper, núm. 1431, marzo, Washington D.C., Banco Mundial), y las cifras de la industria maquiladora del INEGI, *Sistema de cuentas nacionales de México. La producción, salarios, empleo y productividad de la industria maquiladora de exportación. Por región geográfica y entidad federativa. 1990-1999*, Aguascalientes, México, 2002, y *Sistema de cuentas nacionales de México. La producción, salarios, empleo y productividad de la industria maquiladora de exportación. Por región geográfica y entidad federativa. 1997-2002*, Aguascalientes, México, 2004.

Luego, para calcular la *intensidad* de contaminación promedio de la maquila en 1990 y el 2000 se divide el volumen de contaminación por el valor agregado real de cada año. Los resultados aparecen en el cuadro XI.8.

La metodología presenta algunas limitaciones que deben explicarse. En primer lugar, como ya se mencionó, los indicadores del IPPS se basan en una amplia gama de emisiones (328 contaminantes) de la industria de Estados Unidos en 1987, por lo cual, a medida que su aplicación se aleja de 1987, dichos indicadores tienden a experimentar una obsolescencia progresiva y, por consiguiente, se vuelven cada vez menos realistas. Por esta razón, se procede a la comparación intertemporal con cautela, de la manera más agregada posible y, en ocasiones, se hace más referencia a los datos sobre valor agregado real que a las estimaciones de la contaminación (o a la combinación de ambos).

En segundo lugar, hay diferencias entre el valor agregado de la industria manufacturera estadounidense y el de la maquila establecida en México. Ciertamente la maquila está compuesta, en una alta proporción, por plantas estadounidenses, lo que razonablemente permite suponer similitudes tecnológicas. Sin embargo, ello no es necesariamente así, ya que el contenido del valor agregado difiere por el hecho de que refleja una menor integración vertical en la maquila, en la cual los procesos son relativamente cortos y más especializados en tareas de ensamble y subensamble. En algunas divisiones de actividad, esto implica grandes diferencias entre el valor agregado manufacturero de Estados Unidos y el valor agregado de la maquila en términos de la intensidad de contaminación, lo que obliga a interpretar con cautela los resultados de la aplicación de los indicadores.

En tercer lugar, el alcance de los indicadores del IPPS no llega a medir varios impactos ambientales de la maquila, ya que algunos de ellos no son atribuibles al proceso productivo mismo, sino a la presión de la producción de maquila sobre el medio, dadas la insuficiente infraestructura sanitaria y la escasez de agua en las principales ciudades en las que se localiza la maquila. Éste es otro factor que impone precaución en el análisis de los resultados.

Los efectos escala y composición en la maquila

Como ya se señaló en las primeras páginas, durante los dos últimos decenios del siglo XX la maquila evolucionó a altas tasas de crecimiento anual. En el cuadro XI.9 puede apreciarse que el valor agregado real de la maquila se expandió anualmente a razón de 10.8% en el decenio comprendido entre 1990 y 2000, lo cual sugiere un efecto escala que presiona al ambiente. Adicionalmente, la estructura productiva de la maquila no es tan contaminante, lo cual indicaría un efecto composición "limpio". Por ejemplo, en los cuadros XI.4 y XI.5 se observa que en la actividad maquiladora no aparece incorporada la industria del papel y editoriales (división IV del SCNM), ni la metálica básica (división VII), además de que en la industria química y derivados del petróleo (división V) no hay maquila de petroquímica básica ni de abonos y fertilizantes. Todas estas industrias fuera de la actividad maquiladora son altamente contaminantes, en términos de toxicidad, demanda biológica de oxígeno y emisión de partículas totales.[21] Otras industrias cuya intensidad de contaminación también es alta, como la química básica, la de metales no ferrosos también básica y la de fibras químicas, han tenido una participación muy pequeña en el valor agregado de la maquila.[22] En síntesis, la composición sectorial de la maquila es más limpia que la de la manufactura no maquiladora.

La estructura de la maquila no tuvo cambios importantes en la década de los noventa, de tal forma que Chihuahua se mantuvo como la principal entidad de maquila (cuadro XI.4) y la división de maquinaria y equipo siguió siendo la principal actividad maquiladora (cuadro XI.5). Ello sugiere que no hay un efecto composición apreciable. En términos más precisos, esta estructura tendió a desconcentrarse un poco por sector y región. Por un lado, si la maquila se concentra regionalmente en Chihuahua, la participación de esta entidad en el total nacional bajó de 35.8% a 24.7% (cuadro XI.4) y si se concentra sectorialmente en maquinaria y equipo, la participación de esta división en el total disminuyó de 68.0 a 63.9% (cuadro XI.5) en el periodo 1990-2000. Por otro lado, hubo diversos cambios en la concentración de la maquila por región y sector. Por ejemplo, en dicho periodo, Guanajuato tuvo la mayor participación de la maquila de alimentos y tabaco en el país, pero ésta bajó de 35.9 a 33.3%; y Chihuahua fue la principal entidad maquiladora de textiles, confección, maquinaria y equipo, pero sus participaciones relativas también declinaron. Por el contrario, Baja California destacó como la principal entidad maquiladora de productos de madera y químicos, pero su participación en el total nacional subió en el periodo (cuadro XI.4). Adicionalmente, el cuadro XI.5 muestra, entre otras cosas, que tres entidades maquiladoras cambiaron de actividad principal: Guanajuato pasó de especializarse en alimentos y tabaco a hacerlo en textiles y vestido; el Estado de México cambió de procesar maquinaria y equipo a elaborar textiles y vestido como principal actividad maquiladora; y Querétaro tuvo el cambio inverso a éste, al pasar de textiles y vestido a maquinaria y equipo. Todo lo anterior implica cambios en la estructura de procesos con diferentes intensidades de contaminación; es decir, se refuerza el punto de vista de que hay un efecto composición, aunque éste no sea tan fuerte como el de escala.

[21] A. Ten Kate, 1993, *Industrial Development and the Environment in Mexico*, Secretaría de Comercio y Fomento Industrial, México (publicado también en el mismo año en The World Bank, Documento de Trabajo, WPS 1125.)

[22] Alfonso Mercado y Óscar A. Fernández, 2005, "¿Maquila limpia?", *op. cit.*, sección 4.

Hay cierta coincidencia entre las entidades maquiladoras más contaminantes (de acuerdo con las estimaciones de volumen de contaminación aquí presentadas) y las más grandes en cuanto a producción, si bien existen, al mismo tiempo, ciertas diferencias. Según se muestra en el cuadro XI.7, en el grupo de las seis entidades más grandes en 1990 y el año 2000 aparecen cinco de las más contaminantes: Chihuahua, Baja California, Tamaulipas, Sonora y Coahuila. La entidad altamente contaminante que no figura entre las seis más grandes es Jalisco.

De acuerdo con los datos resumidos en el cuadro XI.7, la composición del grupo de las seis entidades más grandes se mantuvo de un año de referencia al otro, aunque hubo un cambio en el orden de importancia, ya que Baja California aumentó el peso relativo en el valor agregado (de 19.7 a 22.4%, subiendo del tercer al segundo lugar), cuya intensidad de contaminación se calcula baja, aunque ésta tendió a subir ligeramente, conforme se muestra en las estimaciones del cuadro XI.8. En este cuadro se aprecia adicionalmente que las seis entidades con mayores estimaciones de intensidad no figuran entre las seis principales entidades maquiladoras. Pero también se observa en el mismo cuadro que aunque las importantes entidades maquiladoras Baja California, Chihuahua y Tamaulipas tienen una intensidad relativamente baja, esta intensidad subió ligeramente, según las estimaciones. Se calcula que la intensidad de Coahuila y Sonora bajó. Con estas tendencias y aunque se estima que la mayoría de las intensidades por entidad bajó, el crecimiento de las intensidades de Baja California, Chihuahua y Tamaulipas influyó determinantemente para que subiera la intensidad nacional promedio de acuerdo a los cálculos. Estos reacomodos espaciales y las altas tasas de crecimiento que se presentan en las estimaciones del cuadro XI.9 sugieren que puede haber efectos escala y composición.

Los datos del cuadro XI.7 también acusan una diversidad regional de la contaminación de la maquila, relacionada con la amplitud de la gama de productos procesados y acentuada por las diferencias entre ramas en cuanto a intensidades de contaminación. Por un lado, Jalisco no figura en el grupo de las seis entidades más grandes en el valor agregado de la maquila, pero se calcula que fue la sexta más contaminante en 1990 y la cuarta en el año 2000. Por otro lado, Nuevo León forma parte de dicho grupo, con el sexto lugar en importancia del valor agregado, pero según las estimaciones resulta la séptima más contaminadora. Obsérvese además que la principal entidad maquiladora en 1990 y 2000, Chihuahua, fue también la principal contaminadora en 1990, mas no así en el año 2000, cuando fue superada en el volumen de contaminación por Baja California, según los cálculos.

Cuadro XI.7
Distribución (%) del valor agregado real y de la contaminación por entidad federativa en 1990 y 2000

	1990		*2000*	
Entidades	*Valor agregado real*	*Contaminación*	*Valor agregado real*	*Contaminación*
Total nacional	100.0	100.0	100.0	100.0
Las principales seis[a]				
Chihuahua	35.8	31.9	24.7	21.7
Baja California	19.7	21.6	22.4	24.5
Tamaulipas	22.3	19.3	18.7	16.7
Sonora	7.8	7.8	7.6	6.6
Coahuila	5.0	6.1	6.6	5.9
Nuevo León	3.3	3.4	5.5	5.5
Las demás				
Jalisco	2.4	5.6	3.9	8.5
Puebla	0.1	0.2	1.9	2.1
México (Estado)	0.5	1.0	1.4	1.9
Yucatán	0.4	0.4	1.4	1.5
Aguascalientes	0.1	0.1	1.2	1.4
Durango	0.8	1.1	1.1	1.2
San Luis Potosí	0.4	0.4	0.9	0.7
Guanajuato	0.8	0.7	0.7	0.6
Tlaxcala	0.0	0.1	0.3	0.3
Querétaro	0.2	0.3	0.3	0.2
Baja California Sur	0.1	0.1	0.1	0.2

[a] Son las seis entidades con valor agregado superior o al menos muy cercano al promedio por entidad en el año 2000 (1 600.8 millones de pesos a precios de 1993).

Fuente: Elaboración propia, *ibid.*, cuadro XI.6.

Cuadro XI.8
Intensidad de contaminación de la maquila por entidad en 1990 y 2000
(Toneladas por cada millón de pesos de valor agregado real)

Entidades	*1990*	*2000*
Total nacional	0.59	0.62
Las principales seis[a]		
Chihuahua	0.52	0.55
Baja California	0.64	0.68
Tamaulipas	0.51	0.56
Sonora	0.58	0.54
Coahuila	0.71	0.56
Nuevo León	0.61	0.63
Las demás		
Jalisco	1.38	1.36
Puebla	0.81	0.70
México (Estado)	1.18	0.85
Yucatán	0.71	0.67
Aguascalientes	0.84	0.71
Durango	0.84	0.71
San Luis Potosí	0.59	0.49
Guanajuato	0.51	0.50
Tlaxcala	0.84	0.71
Querétaro	0.72	0.45
Baja California Sur	0.84	0.71

[a] Son las seis entidades con valor agregado superior o al menos muy cercano al promedio por entidad en el año 2000 (1 600.8 millones de pesos a precios de 1993).

Fuente: Elaboración propia, *ibid.*, cuadro XI.6.

Cuadro XI.9
Tasa de crecimiento promedio anual del valor agregado real y la contaminación de la maquila por entidad federativa, de 1990 a 2000 (%)

Entidades	*Del valor agregado: efecto escala* ($v=c_e$)	*Del volumen de contaminación* (c)	*Diferencia: efecto composición* ($c_c=c-v$)
Total nacional	10.80	11.49	0.69
Las principales seis			
Chihuahua	6.77	7.28	0.51
Baja California	12.24	12.93	0.69
Tamaulipas	8.89	9.89	1.00
Sonora	10.45	9.70	-0.75
Coahuila	13.92	11.23	-2.70
Nuevo León	16.53	16.94	0.41
Las demás			
Jalisco	16.30	16.13	-0.17
Puebla	47.24	45.01	-2.23
México (Estado)	23.46	19.55	-3.91
Yucatán	27.12	26.27	-0.86
Aguascalientes	42.22	39.92	-2.30
Durango	13.89	12.06	-1.84
San Luis Potosí	21.10	18.81	-2.29
Guanajuato	10.38	10.12	-0.26
Tlaxcala	34.85	32.67	-2.18
Querétaro	14.49	9.22	-5.27
Baja California Sur	17.36	15.47	-1.89

Fuente: Elaboración propia, *ibid.*, cuadro XI.6.

Se ha estimado aquí que la intensidad de contaminación del total de la industria maquiladora subió ligeramente de 0.59 toneladas de contaminantes por millón de pesos de valor agregado real (a precios de 1993) en 1990, a 0.62 toneladas en el año 2000 (cuadro XI.8). Dicho aumento en la intensidad se concentró en las tres principales entidades maquiladoras: Chihuahua, Baja California y Tamaulipas. En las 14 entidades restantes, el cambio fue el opuesto; hacia la baja. Esto significaría que en promedio hubo un débil efecto composición *contaminante* en la maquila de México.[23] En efecto, de acuerdo con los indicadores introducidos en la sección anterior, se calculó que la maquila en su conjunto genera contaminantes debido principalmente al efecto escala, con un débil efecto composición *contaminante*. Con esta metodología también se estima que el efecto escala domina en todas las entidades, pero en unas el efecto composición es *contaminante* y en otras, *anticontaminante*.

Como se señaló al principio de esta sección, entre 1990 y el 2000 la producción de la maquila, medida por su valor agregado, se incrementó a una tasa media anual v de 10.80%, y la contaminación exhibió una expansión cercana, aunque ligeramente mayor, a una tasa c de 11.49% anual en promedio (véase el cuadro XI.9). La diferencia entre ambas tasas resultó ser pequeña de acuerdo con las estimaciones de este estudio. En el cuadro XI.9 y en la gráfica XI.1 se aprecia en el promedio total un efecto composición *contaminante* débil y un efecto escala fuerte. También puede observarse que, dada la expansión industrial de la maquila, la tasa media de crecimiento anual c_e asociada al efecto escala (10.80%, igual a la tasa de crecimiento medio anual v del valor agregado), es menor que la tasa media de 11.49% del crecimiento anual c del volumen de contaminación y, por consiguiente, la diferencia c_c resulta positiva y reducida (cerca de dos tercios de punto porcentual). En otras palabras, se estima que, en términos agregados, una gran parte de la explicación del incremento de la contaminación es atribuible al efecto escala, y que a éste se agrega un leve efecto composición *contaminante*. Esto es consistente con el leve incremento mostrado por la intensidad de contaminación total de la maquila, mencionado anteriormente.

[23] Al contrario de esta tendencia, un estudio anterior que aplicó la misma metodología calculó un ligero descenso en la intensidad media de contaminación en otro periodo, de 1988 a 2000 (*idem*). La diferencia en el periodo es relevante. En ambos casos se calculan cambios muy leves y ello sugiere suaves efectos de composición y tecnología.

Cuadro XI.10
Indicadores de estructura industrial de la maquila por entidad federativa en 1990 y 2000

	1990					*2000*				
Estados	R_1	R_{1c}	R_{c1}	E_1	E_2	R_1	R_{1c}	R_{c1}	E_1	E_2
Total nacional	67.97	49.47	49.47	0.73	1.00	63.89	48.57	48.57	0.76	1.00
Las principales seis[a]										
Chihuahua	72.26	53.89	53.89	0.75	1.00	69.60	53.00	53.00	0.76	1.00
Baja California	56.24	34.09	34.09	0.61	1.00	59.98	36.63	36.63	0.61	1.00
Tamaulipas	81.82	62.90	62.90	0.77	1.00	78.77	59.17	59.17	0.75	1.00
Sonora	60.49	40.61	40.61	0.67	1.00	68.33	52.58	52.58	0.77	1.00
Coahuila	45.46	29.10	25.23	0.64	0.87	54.58	48.21	41.00	0.88	0.85
Nuevo León	74.50	47.90	47.90	0.64	1.00	74.88	49.79	49.79	0.66	1.00
Las demás										
Jalisco	92.74	97.50	97.50	1.05	1.00	89.57	95.55	95.55	1.07	1.00

Puebla	90.91	93.44	93.44	1.03	1.00	89.95	91.55	91.55	1.02	1.00
México (Estado)	65.72	80.90	80.90	1.23	1.00	37.53	43.46	25.83	1.16	0.59
Yucatán	52.87	61.99	61.99	1.17	1.00	81.72	87.14	87.14	1.07	1.00
Aguascalientes	100.00	100.00	100.00	1.00	1.00	100.00	100.00	100.00	1.00	1.00
Durango	100.00	100.00	100.00	1.00	1.00	100.00	100.00	100.00	1.00	1.00
San Luis Potosí	55.00	63.69	63.69	1.16	1.00	75.93	64.97	35.03	0.86	0.54
Guanajuato	56.75	70.62	29.38	1.24	0.42	58.61	83.27	83.27	1.42	1.00
Tlaxcala	100.00	100.00	100.00	1.00	1.00	100.00	100.00	100.00	1.00	1.00
Querétaro	74.58	13.72	13.72	0.18	1.00	68.95	63.84	63.84	0.93	1.00
Baja California Sur	100.00	100.00	100.00	1.00	1.00	100.00	100.00	100.00	1.00	1.00

[a] R_1 indicador de concentración de *producción* de la división de actividad más grande.
R_1c indicador de concentración de *contaminación* de la actividad más contaminante.
Rc_1 indicador de concentración de *contaminación* de la actividad más grande.
E_1 indicador de la concentración de *contaminación* comparada con la concentración de *producción*.
E_2 indicador del grado de contaminación de la actividad más grande en cuanto a producción.

Fuente: Elaboración propia, *ibid.*, cuadro XI.6.

Gráfica XI.1
Los efectos escala y composición de la maquila por entidad federativa

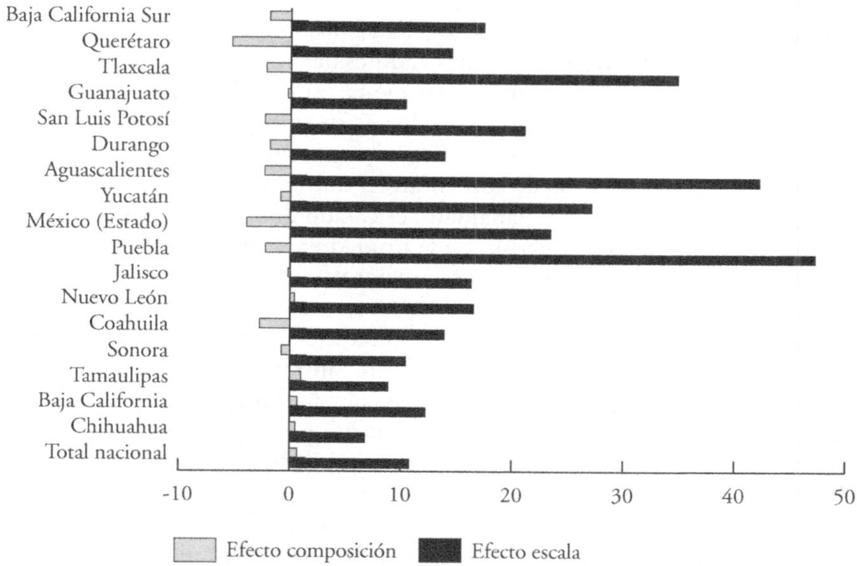

Fuente: Elaboración propia a partir de los datos del cuadro XI.9.

No obstante la importancia del promedio nacional, el objetivo del estudio incluye también la dimensión regional en términos de entidad federativa. Los resultados en las tres principales entidades maquiladoras Chihuahua, Baja California y Tamaulipas son idénticos a los del promedio nacional ya comentados. Igual ocurre en el caso de Nuevo León (la sexta entidad maquiladora), mas no así en las restantes 13 entidades maquiladoras, en las cuales el efecto composición es *anticontaminante*, aunque sigue siendo calculado como pequeño, incluso en Coahuila, el Estado de México y Querétaro en donde es comparativamente apreciable (véanse la gráfica XI.1 y el cuadro XI.9).

Por otro lado, en el cuadro XI.10 se muestra el indicador de concentración de la producción R_1, que en 1990 era de 67.97% y en el 2000, de 63.89%. Ambos valores resultan superiores a los del indicador de contaminación R_{1c}, calculados en 49.47% y 48.57%, respectivamente. Esto significa que el valor agregado ha sido más concentrado que la emisión de contaminantes de la maquila. Eso se observa tanto en el promedio nacional como en la mayoría de las entidades, incluidas las principales seis (las excepciones son Guanajuato, Jalisco, Estado de México, Puebla y Yucatán, con una mayor concentración de la contaminación que del valor agregado). El indicador de la concentración de la contaminación en la división de actividad más grande, R_{c1}, tiene valores similares a los de la concentración de la contaminación, a excepción de los casos de Coahuila y Guanajuato en 1999 y la misma Coahuila, el Estado de México y San Luis Potosí en el año 2000.

Estos resultados se reflejan en los indicadores de estructura E_1 y E_2 (presentados en el cuadro XI.10). En el promedio nacional, el primer indicador es inferior a la unidad, con una muy ligera alza de 0.73 a 0.76 en el periodo considerado, lo que significa que la contaminación es comparativamente menos concentrada que la producción, lo cual se acaba de comentar. La mayoría de las entidades tiene el mismo resultado y solamente Guanajuato, el Estado de México y Yucatán alcanzan valores relevantemente superiores a la unidad en 1990 y 2000; es decir con indicios de emisiones contaminantes comparativamente muy concentradas por actividad en el periodo. La maquila de San Luis Potosí pasó de contaminar en forma muy concentrada en 1990 a hacerlo con menos concentración en 2000, mientras que Querétaro transitó por el camino contrario.

El segundo de estos indicadores, E_2, es igual a la unidad en el promedio nacional, en buena medida por la gran agregación adoptada por división. O sea que la división con mayor valor agregado, la de maquinaria y equipo, es la que genera la mayor contaminación en la maquila mexicana. Al considerar el indicador por entidad federativa, se replica el mismo resultado en la mayoría, incluidas las cuatro principales entidades maquiladoras. Solamente Coahuila y Guanajuato, en 1990, y aquélla, el Estado de México y San Luis Potosí, en el año 2000, resultaron con valores apreciablemente inferiores a la unidad, sobre todo Guanajuato en 1990 y el Estado de México y San Luis Potosí en el 2000. Es decir, en dichas entidades se estima una situación diferente a la mayoría y al promedio nacional, en el sentido de que la principal división productiva de la maquila tuvo bajo grado de contaminación en términos comparativos con el resto de la actividad maquiladora. Con respecto a estas entidades, obsérvese en el cuadro XI.10 que el indicador E_2 bajó en forma sustancial tanto en el Estado de México como en San Luis Potosí, y subió bastante en el caso de Guanajuato, indicando una fuerte disminución en el grado de contaminación de la principal división productiva en las primeras dos entidades y un gran aumento en la tercera.

Los cambios de E_1 y E_2 entre 1990 y 2000 se ilustran en la gráfica XI.2. Se confirma que en el promedio nacional, el indicador E_1 aumentó de manera leve (la emisión de contaminantes tendió a ser un poco más concentrada por actividad) y el indicador E_2 no cambió (la participación de la principal actividad en la emisión de contaminantes se mantuvo igual), y que lo mismo ocurrió en las tres principales entidades de la maquila: Chihuahua, Baja California y Tamaulipas. Lo anterior sugiere, entonces, un efecto composición *contaminante* muy bajo en general. En la misma gráfica también se aprecia que el indicador E_1 aumentó bastante en Sonora y Coahuila (las principales cuarta y quinta entidades de la maquila), indicando que en estos dos casos la contaminación fue cada vez más concentrada por actividad. En dicha gráfica se muestran otras situaciones diversas, como la que se comentó en el párrafo anterior sobre los fuertes cambios el indicador en E_2 en tres entidades, revelando evidentes diferencias regionales en el efecto composición.

Gráfica XI.2
Tasa de crecimiento anual de los indicadores E_1 y E_2 en la industria de maquila por entidad federativa de 1990 a 2000

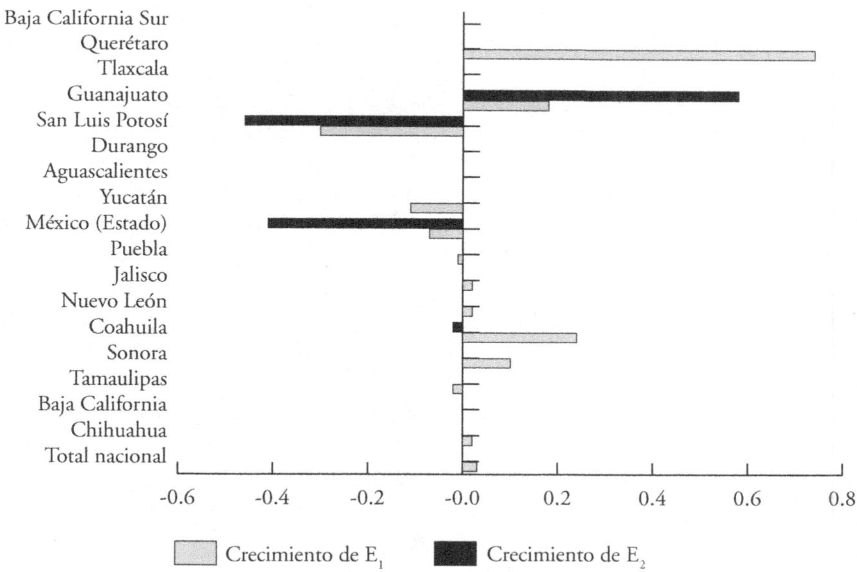

Fuente: Elaboración propia a partir de los datos del cuadro XI.10.

Recapitulación y principales conclusiones

Este estudio se elaboró con el objetivo de contribuir al conocimiento de la relación ambiente-maquila, en su dimensión regional, con un análisis basado en estimaciones del volumen, intensidad y concentración de la contaminación por entidad federativa, y explorar posibles efectos escala y composición. Aquí se logró avanzar en dicho objetivo, aunque es preciso reconocer que quedan pendientes varios puntos de investigación que no pudieron abordarse, debido en buena parte a la falta de datos, como por ejemplo, mayor desglose de actividades por entidad, cifras de emisiones más fidedignas e información sobre cambios tecnológicos anticontaminantes. Habrá que incorporar estos puntos a la agenda de investigación.

De manera congruente al resultado de una investigación anterior de la maquila que encontró en un fuerte efecto escala adverso al ambiente en el periodo 1988-2000, en el presente estudio se estima con la misma metodología dicho efecto en el agregado nacional y en las principales entidades maquiladoras en 1990-2000. Pero, a diferencia de aquella investigación, se encuentra aquí un efecto composición *contaminante* (en vez de *anticontaminante*), aunque se coincide en que es un efecto muy pequeño en el promedio nacional. El diferente periodo cubierto y el diferente grado de desagregación parecen explicar esta diferencia.

La hipótesis planteada en este estudio es que pese a posibles reacomodos estructurales, el problema de contaminación de la maquila se relaciona más con el efecto escala que con el efecto composición en las principales entidades maquiladoras, mas no así en las entidades maquiladoras emergentes, en algunas de las cuales podría darse un mayor efecto composición que el de escala. Los resultados permiten comprobar parcialmente esta hipótesis, en cuanto a que el efecto escala es el dominante en las tres principales entidades maquiladoras, así como la sexta (Chihuahua, Baja California, Tamaulipas y Nuevo León). Sin embargo, la hipótesis no resulta válida con respecto a las demás entidades y claramente en las emergentes, ya que su efecto composición es también pequeño en comparación con el de escala según lo calculado. Solamente se encuentra que en estas entidades maquiladoras emergentes, dicho efecto composición resulta ser *anticontaminante*, aunque sigue siendo calculado como pequeño, incluso en Coahuila, el Estado de México y Querétaro, en donde es comparativamente apreciable.

XII. ¿HA EVOLUCIONADO LA MAQUILADORA AMBIENTALMENTE?[1]

JORGE CARRILLO, HUMBERTO GARCÍA Y REDI GOMIS

INTRODUCCIÓN

Una de las principales críticas del modelo de industrialización basado en la instalación de plantas maquiladoras en el norte de México es respecto a sus efectos negativos sobre el medio ambiente; sin embargo, en los últimos años varias investigaciones han tomado una nueva senda, y aunque no nulifican las críticas a la maquila sí muestran la heterogeneidad productiva de sus plantas y dan cuenta de la existencia de trayectorias diferenciadas en términos ambientales y en seguridad en el trabajo.[2] Otro tanto sucede con la diversidad del desempeño en las plantas en México, asociado tanto a la normatividad y la cultura de protección en los países de origen como al sector de que se trata.[3]

La relación entre evolución industrial y desempeño ambiental en la industria maquiladora prácticamente no ha sido investigada. Aunque el desempeño ambiental se ha visto afectado positivamente —por una parte con la entrada de las normas ISO 9000; en particular con las ISO 14000, y, por otra, con las trasformaciones productivas y tecnológicas que han permitido un mejoramiento de

[1] Este capítulo es una versión resumida de un documento más amplio publicado en C. Schatán y J. Carrillo (coords.), *Empresas maquiladoras y su impacto ambiental en México*, CEPAL, El Colegio de la Frontera Norte, México 2005, y está basado en J. Carrillo, H. García Jiménez y R. Gomis, *Desempeño ambiental y evolución productiva en la industria maquiladora de exportación*, El Colegio de la Frontera Norte, Tijuana, 2003. El capítulo presenta resultados del Proyecto Aprendizaje Tecnológico y Escalamiento Industrial financiado por el Conacyt (35947-s).

[2] Sobre el primer punto, véanse los trabajos de H. García Jiménez: "Trayectorias productivas y tecnología ambiental en la industria electrónica de Tijuana", *Región y Sociedad.* vol. XI, núm. 18, El Colegio de Sonora, Hermosillo, México, julio-diciembre, 1999, y "Trayectorias de cambio tecnológico ambiental en la industria maquiladora de exportación de Tijuana", *Comercio exterior*, vol. 52, núm. 3, BNCE, SNC, México, marzo de 2002; sobre la seguridad en el trabajo, véase: *Mejoramiento de las condiciones de empleo en la industria maquiladora,* El Colegio de la Frontera Norte, Tijuana, 2001, y J. Carrillo y H. García Jiménez, "Escalamiento industrial y prevención de accidentes: el papel de las certificaciones internacionales", *Comercio exterior*, vol. 53, núm. 8, BNCE, SNC, México, agosto de 2003, pp. 734-743.

[3] Véase C. Schatán y L. Callejas, "La industria maquiladora electrónica en la frontera norte de México y el medio ambiente", en C. Schatán y J. Carrillo (coords.), *Empresas maquiladoras y su impacto ambiental en México*, CEPAL, El Colegio de la Frontera Norte, México, 2005.

la organización y de los recursos humanos[4]— su vinculación con la evolución industrial no ha sido analizada. El objetivo principal de este trabajo es, por tanto, mostrar esa relación entre escalamiento industrial y desempeño ambiental.

Se trata de analizar la asociación entre el desempeño ambiental de las empresas maquiladoras y las capacidades y competencias alcanzadas como parte de su evolución productiva. Las preguntas centrales son pues las siguientes: ¿Cuál es el nivel de desempeño ambiental que existe en las empresas maquiladoras? ¿El desempeño ambiental se corresponde con la evolución productiva de dichas empresas? La hipótesis de trabajo que formulamos sugiere que la capacidad y necesidad de llevar a cabo medidas de protección ambiental se asocia con el nivel de evolución manufacturera de las maquiladoras; en este sentido, planteamos que a mayor nivel de evolución productiva debería corresponder mejor desempeño en protección ambiental.

Metodología

El trabajo se basa en una encuesta levantada en plantas maquiladoras, diseñada y administrada por un equipo de investigadores de El Colegio de la Frontera Norte,[5] que tuvo como principal objetivo generar información de las maquiladoras sobre las características generales (económicas, productivas, tecnológicas, organizacionales, ambientales y laborales) de los establecimientos; sobre las formas en que se transfiere tecnología y conocimiento al personal empleado y a sus proveedores, así como sobre su relación con el entorno institucional. El cuestionario utilizado tiene una sección dedicada especialmente al medio ambiente.[6]

La encuesta tuvo como propósito original aplicar un cuestionario a la totalidad de los establecimientos activos en las actividades de la electrónica y las autopartes para las ciudades de Tijuana, Mexicali y Juárez; al final se aplicaron un total de 297 cuestionarios durante cinco meses de 2002 a empresas electrónicas, autopartistas y a diversos proveedores. La distribución final de la muestra puede observarse en el cuadro XII.1.[7]

4 R. Buitelaar, R. Padilla y R. Urrutia, "Industria maquiladora y cambio técnico", *Revista de la CEPAL*, núm. 67, Santiago de Chile, abril de 1999, pp. 133-152.

5 J. Carrillo y R. Gomis, *Maquiladoras en datos. Resultados de una encuesta*, El Colegio de la Frontera Norte, Tijuana, 2003.

6 Consúltese <www.maquiladoras.info>.

7 El Colegio de la Frontera Norte, Encuesta Aprendizaje Tecnológico y Escalamiento Industrial en Plantas Maquiladoras, Tijuana. Proyecto Aprendizaje Tecnológico y Escalamiento Industrial: Perspectivas para la Formación de Capacidades de Innovación en la Maquiladora de México, Tijuana. Proyecto Conacyt 35947-s, El Colegio de la Frontera Norte, Flacso, UAM, 2002.

CUADRO XII.1
Establecimientos entrevistados

Sector	*Tijuana*	*Mexicali*	*Ciudad Juárez*	*Total*
Electrónico	107	41	58	206
Autopartes	19	12	60	91
Total	126	53	118	297

Fuente: Encuesta Aprendizaje Tecnológico y Escalamiento Industrial en Plantas Maquiladoras, El Colef, 2002. Proyecto Conacyt núm. 36947-s: "Aprendizaje Tecnológico y Escalamiento Industrial. Perspectivas para la Formación de Capacidades de Innovación en las Maquiladoras en México", El Colef-Flacso-UAM.

EL COMPORTAMIENTO AMBIENTAL EN LAS MAQUILADORAS

El *comportamiento ambiental* lo podemos definir como las políticas que realizan las empresas en función de las exigencias externas e internas en materia de protección ambiental, las cuales afectan la estructura de operación de las propias empresas. Las firmas requieren responder tanto a los requerimientos externos (provenientes de las casas matrices y del mercado del producto) como a los internos (derivados de la normatividad gubernamental). En función de dichas exigencias, y de acuerdo con las políticas de las firmas, cada planta destina ciertos recursos humanos y económicos para su atención: llevan a cabo acciones preventivas, enfrentan dificultades específicas y se relacionan con otras instituciones. Veamos brevemente estos aspectos.

Las exigencias de los corporativos de las empresas maquiladoras para mejorar el medio ambiente en sus filiales son muy importantes. Existe una generalizada política ambiental proveniente de los corporativos (70% de los establecimientos) en este sentido, y un fuerte compromiso (obligación de facto) para las maquiladoras por estar certificadas en normas ISO. Aun así las acciones específicas de protección ambiental dependen de la estrategia de las propias filiales (o de las empresas nacionales) y de las exigencias gubernamentales en México.

Sin embargo, a pesar de que un número importante de plantas manifestó tener una política ambiental corporativa, ésta no define el hecho de que las maquilas emprendan medidas para el medio ambiente, ya que sólo un porcentaje cercano a 1% tuvo en la política corporativa la principal causa de protección ambiental. En este sentido los factores del entorno local son más determinantes en las acciones ambientales que las decisiones que toman las casas matrices; en otras palabras, pesa más la regulación local-nacional en México que las decisiones de las matrices en materia ambiental.

No obstante la importancia de los factores locales como las principales causas para reorientar el comportamiento ambiental, la necesidad que tienen las maquiladoras de certificar sus procesos bajo estándares internacionales (93% cuentan con algún certificado) constituye una modalidad de la exigencia corporativa que influye sobre el comportamiento productivo y ambiental de las filiales, aunque la mayor parte de estos certificados son en calidad (82.7%) y en menor medida en medio ambiente (17.3%) (cuadro XII.2).

Cuadro XII.2
Certificados internacionales en plantas maquiladoras

	ISO 9000			ISO 14000			
Sector	*9001*	*9002*	QS	*14001*	*14002*	*Total de plantas*	
Electrónico	26.6%	45.2%	11.2%	15.4%	1.6%	100%	188
Autopartes	17.8%	20.0%	44.4%	15.6%	2.2%	100%	90
Total	66	103	61	43	5	100%	278
Cuentan con certificación			93.3%				
Certificados de calidad			82.7%				
Certificados de calidad ambiental			17.3%				

Fuente: Elaboración de J. Carrillo y R. Gomis, *Maquiladoras en datos..., op. cit.*, con base en la encuesta "Aprendizaje Tecnológico y Escalamiento Industrial en Plantas Maquiladoras, El Colef, 2002. Proyecto Conacyt, núm. 36947-s: "Aprendizaje Tecnológico y Escalamiento Industrial. Perspectivas para la formación de Capacidades de Innovación en las Maquiladoras en México", El Colef-Flacso-UAM.

La amplia certificación de las empresas en normas ISO 9000, y la escasa pero importante certificación en normas ISO 14000 no es suficiente para lograr mayor cooperación entre el gobierno y la industria maquiladora. Un elemento que limita la potencialidad de las certificaciones ambientales es la poca cooperación entre las empresas y las instituciones del gobierno, debido a la desconfianza de este último sobre el cumplimiento normativo de las plantas certificadas.

En términos de la estructura departamental dentro de las plantas, la mayoría de ellas cuentan con un departamento o unidad de medio ambiente (62.7%); sin embargo ocupan muy pocas personas (una o dos en promedio) aunque muy calificadas, y destinan un bajo porcentaje a este rubro. Entre las políticas ambientales llama la atención el programa voluntario de autogestión, ya que 119 plantas o 41.5% cuentan con él. La diferencia cualitativa de tener o no tener un programa de autogestión representa el interés de las empresas por sistematizar su estructura organizacional para cumplir con la normatividad, para obtener con ello cierto reconocimiento de las autoridades gubernamentales en la materia.

Por su parte el gasto para la protección ambiental se incrementó en los últimos tres años por lo menos en más de la mitad de las plantas visitadas (58.3%); no obstante, el incremento fue relativamente pequeño (6.8% en el caso de los insumos destinados a la tecnología ambiental y de 4% en el caso de gastos ambientales).

Las empresas maquiladoras despliegan acciones preventivas para contrarrestar la contaminación ambiental (83.1% manifestó haber incorporado tecnologías ambientales a sus procesos para contrarrestar la contaminación ambiental). Si bien tienen un impacto positivo en la reducción de materiales y emisiones toxicas (reducción de material y emisiones tóxicas casi la mitad de las respuestas: 48.3%) y la más alta eficiencia en los insumos, también tienen uno negativo en la pérdida de tiempo por trámites burocráticos (63% de las plantas) y en incrementos de los costos de producción (33.6%).

Contrario a lo que se menciona sobre la falta de vinculación, existe gran cooperación entre las empresas maquiladoras y las instituciones públicas y privadas para mejorar el medio ambiente. De las empresas, 71% manifestó cooperar con algún tipo de institución en la solución de problemas ambientales gubernamentales, 67% con instituciones privadas locales y 14.9% con instituciones privadas en el extranjero.

Desempeño ambiental y evolución productiva

En primer lugar describiremos la complejidad de la industria maquiladora que se asienta en la frontera norte de México, en términos de los tipos de empresa que la componen. Con esta finalidad se aplicó un análisis factorial de diversas variables que miden tecnología, innovación, autonomía e integración vertical. Tres factores resultaron relevantes: el factor 1: grado de innovación, grado de certificación y nivel tecnológico; el factor 2: grado de autonomía; y el factor 3: grado de integración vertical. Posteriormente se realizó un análisis de conglomerado[8]

[8] El análisis de conglomerados es una técnica estadística que permite agrupar a los elementos de una población de acuerdo con la distancia que guardan entre ellos, de tal forma que respecto a la distribución de los valores de las variables que hayan sido seleccionadas para dicho análisis, por un lado, cada grupo de elementos sea lo más homogéneo posible en su interior, y por otro, los distintos grupos sean muy diferentes entre sí.

a las plantas que integran la base de datos de la encuesta. En segundo lugar, se exponen los principales hallazgos de la asociación entre el desempeño ambiental y los tipos de empresas encontrados.[9]

Clasificación de tipos de empresas

Se obtuvieron tres factores (integración, autonomía y tecnología) resultado de un análisis factorial de un conjunto amplio de variables. Con base en estos factores se encontraron seis tipos de empresas de acuerdo con el análisis de conglomerados (cuadro XII.3). Veamos cada uno de ellos.

Plantas tipo I

Las plantas tipo I componen 13.13% del total de plantas encuestadas. Lo más notorio de este tipo de plantas es su bajo nivel tecnológico. Aunque operan con cierta autonomía y un nivel promedio de integración vertical, la mayor parte de sus actividades son realizadas manualmente, con un ambiente poco propicio para la innovación, y fuera de los estándares de calidad aceptados mundialmente. Podríamos concluir, por tanto, que se trata de plantas de la primera generación de maquiladoras.

[9] En otros trabajos se discuten las trayectorias de evolución productiva de las maquiladoras. Consúltese para "generaciones" de empresas maquiladoras: J. Alonso y J. Carrillo, "Gobernación económica y cambio industrial en la frontera norte de México: un análisis de trayectorias locales de aprendizaje", *Revista Eure*, núm. 67, Santiago de Chile, diciembre de 1996, pp. 45-64; J. Carrillo y A. Hualde, "Third Generation Maquiladoras: The Case of Delphi-General Motors", *Journal of Borderlands Studies*, vol. 12, New Mexico State University, 1997; y J. Carrillo y A. Lara, "Maquiladoras de cuarta generación y coordinación centralizada", Cuarto Congreso Nacional de Estudios del Trabajo, AMET, Hermosillo, abril de 2003; y para la difusión de las maquiladoras: J. Carrillo y R. Gomis, "Medición de las generaciones de maquiladoras", seminario del Proyecto Aprendizaje Tecnológico y Escalamiento Industrial: Perspectivas para la Formación de Capacidades de Innovación en la Maquiladora de México, UAM, México, noviembre de 2002. Diversos estudios de caso muestran estas trayectorias evolutivas de las capacidades: A. Lara, "Convergencia tecnológica y nacimiento de las maquiladoras de tercera generación: el caso Delphi-Juárez", *Comercio exterior*, vol. 50, núm. 9, BNCE, SNC, México, septiembre de 2000; A. Arias y G. Dutrénit, "Acumulación de capacidades tecnológicas locales de empresas globales en México: el caso del centro técnico de Delphi Corp.", X Seminario Latino-Iberoamericano de Gestión Tecnológica Altec 2003, México, noviembre de 2003, así como la heterogeneidad del sector y de sus proveedores: J. Carrillo, "La industria de los televisores en México: integración y proveedores locales en Tijuana", *Asian Journal of Latin American Studies*, vol. 15, núm. 1, Seúl, 2002, pp. 5-42; A. Vera-Cruz, G. Dutrénit y J. L. Gil, "Derramas de las maquilas y capacidades tecnológicas y empresariales de las Pymes proveedoras", X Seminario Latino-Iberoamericano..., *op. cit.*

Cuadro XII.3
Distribución de plantas por sector en función del conglomerado de tipo de empresa (frecuencias observadas y esperadas; éstas entre paréntesis)

	Sector		*Ciudad*		
Tipos	*Electrónico*	*Autopartes*	*Tijuana*	*Mexicali*	*Juárez*
Tipo 1	30	9	9	6	14
Primera generación	(28.4)	(10.6)	(16.7)	(7.0)	(15.4)
Tipo 2	4	10	2	0	12
Primera en tránsito	(10.2)	(3.8)	(6.0)	(2.5)	(5.5)
Tipo 3	26	9	14	8	13
Segunda generación	(25.5)	(9.5)	(15.0)	(6.2)	(18.5)
Tipo 4	36	11	22	12	13
Segunda generación	(34.2)	(12.8)	(20.1)	(8.4)	(13)
Tipo 5	54	26	37	15	30
Segunda generación en tránsito	(58.2)	(21.8)	(35.1)	(14.6)	(32.3)
Tipo 6	66	16	33	12	35
Tercera generación	(59.6)	22.4	(34.2)	(14.3)	(31.5)
Total	216	81	127	53	117

Fuente: La misma del cuadro XII.2.

Plantas tipo II

Las plantas tipo II es el grupo más reducido, apenas alcanzan 5% del total. Aunque con un nivel relativamente alto en el área tecnológica —considerando el desempeño en este ámbito de todas las plantas—, llama la atención en el caso de este tipo de plantas el bajo perfil relativo a su integración, pero sobre todo a su autonomía. Da la impresión de plantas que fueron creadas por otras con un propósito específico, y en este sentido prácticamente dependientes de las necesidades de aquéllas. Podríamos considerar que también se trata de plantas de primera generación en tránsito a una segunda generación.

Plantas tipo III

Las plantas tipo III se definen por su elevada autonomía y representan 11.78% de la muestra; ése es su rasgo más característico. Operan, además, con un nivel tecnológico por encima del promedio, pero con pobre nivel de integración. Son plantas que realizan actividades productivas relativamente complejas, con un componente importante en términos del uso de tecnología, con un margen favorablemente alto en la toma de decisiones, pero en el marco de una organización relativamente simple y poco diversificada. Este tipo de plantas puede ser considerado como de segunda generación.

Plantas tipo IV

Este tipo de plantas abarca casi 16% del total. Operan con un bajo nivel de autonomía para tomar decisiones relativas a las actividades que realiza la planta. Realizan actividades con un uso tecnológico promedio. Su atributo distintivo es que presentan un elevado nivel de integración. También podemos considerar que se trata de plantas de segunda generación.

Plantas tipo V

Este tipo de plantas incluye casi 27% del total, y es el segundo conglomerado más numeroso. Lo más significativo en este tipo de plantas es su nivel tecnológico. Es el grupo con el orden jerárquico más alto en este factor, sin embargo, opera con un nivel alrededor del promedio en cuanto a la autonomía y por debajo de éste en el nivel de integración. Podríamos considerar que se trata de empresas de segunda generación en posible tránsito hacia una tercera.

Cuadro XII.4
Nivel de desempeño ambiental según tipos de empresas

Tipos de empresas	*Bajo*	*Medio*	*Alto*	*Total*
Tipo 1	14	19	5	38
Frecuencias esperadas	10.1	18.4	9.5	38.0
(%) de renglón	36.8	50.0	13.2	100.0
(%) de columna	18.2	13.5	6.8	13.1
Tipo 2	3	10	1	14
Frecuencias esperadas	3.7	6.8	3.5	14.0
(%) de renglón	21.4	71.4	7.1	100.0
(%) de columna	3.9	7.1	1.4	4.8
Tipo 3	1	18	15	34
Frecuencias esperadas	9.0	16.5	8.5	34.0
(%) de renglón	2.9	52.9	44.1	100.0
(%) de columna	1.3	12.8	20.5	11.7
Tipo 4	19	21	5	45
Frecuencias esperadas	11.9	21.8	11.3	45.0
(%) de renglón	42.2	46.7	11.1	100.0
(%) de columna	24.7	14.9	6.8	15.5
Tipo 5	14	37	28	79
Frecuencias esperadas	20.9	38.3	19.8	79.0
(%) de renglón	17.7	46.8	35.4	100.0
(%) de columna	18.2	26.2	38.4	27.
Tipo 6	26	36	19	81
Frecuencias esperadas	21.4	39.2	20.3	81.0
(%) de renglón	32.1	44.4	23.5	100.0
(%) de columna	33.8	25.5	26.0	27.8

Total	77	141	73	291
Frecuencias esperadas	77.0	141.0	73.0	291.0
(%) de renglón	26.5	48.5	25.1	100.0
(%) de columna	100.0	100.0	100.0	100.0

Fuente: La misma del cuadro XII.2.

Plantas tipo VI

Las plantas tipo VI puntean alto en todos los factores. Son las plantas con más alto nivel de integración entre todos los grupos, pero también con elevada autonomía y aplicación tecnológica. Es el grupo más numeroso; representan 27.61% del total. Estaríamos hablando de maquiladoras de la tercera generación.

De acuerdo con el cuadro XII.4, al comparar las frecuencias observadas y las esperadas se tiene que de las plantas maquiladoras que se encuentran en una posible transición (tipo 2 y tipo 5) existen más plantas de las esperadas en el sector automotriz que en el electrónico. Esto puede interpretarse de la siguiente manera: las empresas de autopartes están cambiando más rápidamente que las del sector electrónico y en consecuencia se encuentran mejor preparadas para afrontar tanto la competencia global como el deterioro de las ventajas competitivas regionales. Asimismo, en el tipo 2 se esperaban más casos y resultaron menos, con excepción de Ciudad Juárez; por el contrario, se esperaban menos casos del tipo 4 y resultaron más, nuevamente con excepción de Ciudad Juárez. En otras palabras, existen relativamente más empresas de las denominadas de "segunda generación" en Tijuana que en Ciudad Juárez.

Relación entre desempeño ambiental y tipos de empresas

El indicador de desempeño ambiental (DA) es una calificación dada al comportamiento en cuestiones ambientales de las plantas visitadas; dicha conducta es medida según los recursos humanos y económicos que las plantas destinan a la protección ambiental.[10]

El análisis de la distribución del desempeño ambiental observado en las plantas visitadas sugiere la existencia de al menos tres grupos diferenciados: en el primero se encuentran plantas que cuentan con un departamento ambiental, pero

10 Para una amplia descripción de la construcción de este indicador véase J. Carrillo, H. García Jiménez y R. Gomis, "Desempeño ambiental...", *op. cit.*

donde la proporción de personas y gastos ocupados en protección ambiental es baja; el indicador DA abarca valores de 0.22 a 0.25, representa 35% de las plantas encuestadas (119). En segundo lugar encontramos plantas que cuentan con un departamento ambiental, mantienen una proporción de personal y de gastos ambientales mayor que la agrupación anterior, y además son plantas certificadas en ISO 14001; representan 42% de las plantas visitadas (122), y la calificación que toma el indicador DA va de 0.39 a 0.42. Podemos considerar su desempeño como medio. Y en tercer lugar ubicamos a un grupo de empresas cuya principal característica es el mejoramiento cuantitativo y cualitativo respecto de las agrupaciones anteriores; nos referimos a plantas que además de destinar recursos humanos y económicos proporcionalmente altos relativamente al total de recursos en la planta se encuentran certificadas en ISO 14001. Aquí los valores del DA fluctúan entre 0.5 al 0.57, representan 14%. Éste el caso de un alto desempeño.

En primer lugar cabe destacar que las empresas analizadas, adscritas al programa de maquila en su mayoría, mantienen un desempeño ambiental "aceptable". Casi la mitad de las plantas tienen un nivel medio, y 50% se divide más o menos por igual entre el nivel bajo y el nivel alto. El cuadro XII.5 muestra la relación entre desempeño y "generaciones de empresas maquiladoras"; en otras palabras, prácticamente tres cuartas partes de las empresas encuestadas (74%) tienen un buen desempeño.

De los seis tipos de empresas encontrados y su relación con los niveles de desempeño ambiental se tienen resultados importantes. La distribución de plantas por nivel de desempeño ambiental en cada tipo (es decir, porcentajes de renglón) fue la siguiente:

1) Las plantas que sobresalieron por sus mayores porcentajes con bajo nivel de desempeño ambiental fueron los tipos 1 y 4.

2) Los establecimientos que destacaron por sus porcentajes por arriba de 50% con un nivel medio de desempeño ambiental fueron los tipos 1, 2 y 3.

3) Las plantas de los tipos 3 y 5 sobresalieron por sus altos porcentajes con alto nivel de desempeño ambiental.

Lo anterior significa que la mayoría de las plantas tienen un nivel medio de desempeño; que este nivel medio es en particular mayoritario en firmas con bajo nivel tecnológico, de autonomía e integración (los tipos 1 a 3 o las primeras generaciones). Sólo en empresas de segunda generación (tipos 3 y 5) hay porcentajes elevados en la categoría de alto nivel de actuación en el medio ambiente. En otros términos, se verifica que a mayor evolución productiva es mayor el cuidado por el medio ambiente, aunque no en forma lineal. Llama la atención que en las empresas en transición hacia otra generación (tipos 2 y 5) haya mayor preocupación por el cuidado del medio ambiente (al tener porcentajes muy elevados con nivel medio de desempeño) que en las otras generaciones.

Cuadro XII.5
Nivel de desempeño ambiental según generaciones de empresas maquiladoras

Generación	*Bajo*	*Medio*	*Alto*	*Total*
Primera generación	17	29	6	52
Frecuencias esperadas	13.8	25.2	13.0	52.0
(%) de renglón	32.7	55.8	11.5	100.0
(%) de columna	22.1	20.6	8.2	17.9
Segunda generación	34	76	48	158
Frecuencias esperadas	41.8	76.6	39.6	158.0
(%) de renglón	21.5	48.1	30.4	100.0
(%) de columna	44.2	53.9	65.8	54.3
Tercera generación	26	36	19	81
Frecuencias esperadas	21.4	39.2	20.3	81.0
(%) de renglón	32.1	44.4	23.5	100.0
(%) de columna	33.8	25.5	26.0	27.8
Total	77	141	73	291
Frecuencias esperadas	77.0	141.0	73.0	291.0
(%) de renglón	26.5	48.5	25.1	100.0
(%) de columna	100.0	100.0	100.0	100.0

Fuente: La misma del cuadro XII.2.

La distribución de las empresas en función de cada nivel de desempeño ambiental (es decir, porcentajes de columna) fue la siguiente:

1) Entre las plantas con bajo nivel de desempeño ambiental sobresalieron por sus mayores porcentajes los tipos 4 y 6.

2) Entre los establecimientos con nivel medio de desempeño ambiental destacaron por sus porcentajes los tipos 5 y 6.

3) Entre las plantas con nivel alto destacaron por sus elevados porcentajes los tipos 5 y 6.

Esto significa que las empresas con mayor evolución productiva son las que concentran también los distintos niveles de desempeño ambiental, hecho que refleja una importante heterogeneidad; sin embargo, las empresas tipo 3 (segunda generación consolidada) y 5 (transición a la tercera generación) son las que tuvieron los mejores resultados en función de las frecuencias esperadas, y las de tipo 6 (tercera generación) resultaron con frecuencias observadas similares a las esperadas. Finalmente, las de mayor evolución productiva (o sea, los tipos 5 y 6) concentraron el mayor número de casos.

Para efectos de poder observar con mayor claridad los resultados anteriores, veamos el comportamiento ambiental en función de las generaciones de empresas maquiladoras (cuadro XII.5):

1) Las de primera generación tienen un mal comportamiento (ya que se esperaban más casos en mejor nivel); sucede lo contrario con las de segunda y tercera generación.

2) Las empresas de primera generación se concentran mayoritariamente en los niveles medio y bajo (88% de los establecimientos); por el contrario, más de tres cuartas partes se concentran en los niveles medio y alto (78%) en las de segunda generación. Y en el caso de las empresas de tercera generación, 68% se concentró en los niveles medio y alto.

Es importante mencionar que no es del todo clara la relación entre generaciones (evolución productiva) y desempeño ambiental, aunque vale la pena mencionar que las empresas de segunda y tercera generación tienen una mejor actuación, como veremos a continuación.

Evolución productiva y aspectos ambientales

Con la finalidad de explorar el grado de dependencia o independencia entre la evolución productiva (que en esta sección se expresa a través de la construcción de generaciones productivas), y las variables ambientales de nuestro estudio, aplicamos la prueba estadística de la chi cuadrada con un nivel de significación de 95 por ciento.

Como resultado de este análisis, encontramos que las variables ambientales que tienen un nivel de dependencia significativo con las generaciones de empresas son la política ambiental, la existencia y composición del personal asignado al área ambiental y los gastos ambientales; en otras palabras, los recursos económicos y humanos destinados a la protección ambiental dependen de la evolución productiva. Por su parte la aplicación de tecnologías ambientales, el seguimiento de programas de autogestión ambiental voluntaria y la cooperación para la protección ambiental son variables que estadísticamente ocurren con independencia de la evolución productiva observada en las maquiladoras visitadas (cuadro XII.6).

Cuadro XII.6
Prueba chi cuadrada con un nivel de significación de 95%

Concepto	*Valor chi cuadrada*	*df*	*Valor crítico x^2*	*Resultado*
Política ambiental	10.737	4	9.49	Se acepta la hipótesis nula (H_1) que implica que las variables tienen dependencia estadística
Departamento o área ambiental	9.829	4	9.49	
Personas asignadas	10.465	4	9.49	
Gastos ambientales	19.617	4	9.49	
Tecnología ambiental	1.536	4	9.49	Se acepta la hipótesis nula (H_0) que implica que las variables tienen independencia estadística
Programa de autogestión	9.829	4	9.49	
Cooperación institucional	10.465	4	9.49	

Fuente: La misma del cuadro XII.2.

Aunque existen tales asociaciones, los datos no sugieren necesariamente una relación directamente proporcional entre las variables ambientales y las generaciones productivas, o al menos no del todo. Esta afirmación se basa en el hecho de que, de acuerdo con los hallazgos estadísticos, las probabilidades de una respuesta afirmativa en este conjunto de variables son mayores para plantas de la segunda generación que para las de la primera, e incluso para las de la tercera generación. En parte ello se debe a que más de la mitad de las plantas visitadas (54.4%) tienen características asociadas con la segunda generación, seguida por tercera y primera generación (27.5% y 17.8%, respectivamente).

A continuación describimos los resultados estadísticos del cruce de datos ambientales con la evolución productiva. En primer lugar iniciamos con las variables dependientes, y en un segundo bloque trataremos las variables que son estadísticamente independientes. En ambos bloques exponemos los factores asociados al comportamiento de las estadísticas observadas, sugeridas por las investigaciones precedentes.

Política ambiental

Como lo habíamos apuntado anteriormente, 70% de los establecimientos visitados tiene una política ambiental explícita del corporativo. Aquí se encontró que las plantas de segunda y tercera generación tienen mayor probabilidad de aplicar una política de este tipo que las plantas de primera generación (cuadro XII.7). Este comportamiento es consistente con el tipo de relación que existe entre la maquiladora y su red corporativa en cada una de las generaciones, la cual supone una sucesión creciente de responsabilidades productivas transferidas desde la casa matriz a las maquiladoras. Ello significa que a mayor evolución, mayores requerimientos productivos. Por ejemplo, las plantas de primera generación funcionan como unidades shelter y de subcontratación manufacturera, lo cual implica que el cliente pone la maquinaria, la materia prima y el diseño del proceso, mientras que la empresa filial se encarga de ensamblar los productos y manejar las cuestiones administrativas ligadas al funcionamiento de la empresa.[11] De tal manera que a diferencia de las plantas de segunda y tercera generación, las cuestiones ambientales son vistas por la corporación como una actividad que forma parte de los trámites administrativos para funcionar en el país, actividad que realiza de facto la planta filial como parte de sus actividades. En cierta manera ello explica que de las plantas que tienen una política ambiental corporativa, las de primera generación tengan menor probabilidad de tenerla respecto al resto de las plantas de segunda y tercera generación (6.6% contra 11.78% y 10.1%, respectivamente).

Recursos humanos y económicos para la protección ambiental

A pesar de que en términos de la aplicación de la normatividad es obligatorio que las plantas tengan un área ambiental, el análisis estadístico encontró que su existencia se asocia también a la política ambiental corporativa, y por tanto a su ubicación en generaciones productivas. Aquí la tendencia observada es que las plantas de segunda generación tienen una probabilidad mayor de tener un área ambiental que las plantas de primera y, contrario a lo esperado, también que las de tercera generación (36.7% contra 10.4% y 14.8%, respectivamente; véase cuadro XII.8).

[11] En términos presupuestales el tipo de relación matriz-subsidiaria se sustenta en el pago por producto ensamblado, el cual constituye su principal fuente de ingreso para mantener las labores administrativas, y después de un límite de producción, constituye su principal fuente de ganancias. En este sentido, la estrategia competitiva de estas empresas se basa en la disminución de costos administrativos (por ejemplo, vía la utilización de mano de obra barata) y en la producción del mayor número de unidades en el menor tiempo posible.

Cuadro XII.7
Tabla de probabilidades que relaciona variables ambientales y generaciones productivas (variables dependientes)

Política ambiental				
Generación	*No se aplica*	*No*	*Sí*	*Total*
1	6	29	18	53
	2.0%	9.8%	6.1%	17.8%
2	15	112	35	162
	5.1%	37.7%	11.8%	54.5%
3	12	40	30	82
	4.0%	13.5%	10.1%	27.6%
Total	33	181	83	297
	11.1%	60.9%	27.9%	100.0%

Departamento o área ambiental				
Generación	*No se aplica*	*No*	*Sí*	*Total*
1	2	20	31	53
	0.7%	6.7%	10.4%	17.8%
2	1	52	109	162
	0.3%	17.5%	36.7%	54.5%
3		38	44	82
		12.8%	14.8%	27.6%
Total	3	110	184	297
	1.0%	37.0%	62.0%	100.0%

Personal del área ambiental				
Generación	*No tiene departamento*	*De 1 a 5*	*Más de 6*	*Total*
1	26	24	3	53
	8.8%	8.1%	1.0%	17.8%
2	58	90	14	162
	19.5%	30.3%	4.7%	54.5%
3	45	35	2	82
	15.2%	11.8%	0.7%	27.6%
Total	149	19	297	
	43.4%	50.2%	6.4%	100.0%

Gastos ambientales				
Generación	*No se aplica*	*Entre 1 y 10%*	*Más de 10%*	*Total*
1	28	25		53
	9.4%	8.4%		17.8%
2	50	102	10	162
	16.8%	34.3%	3.4%	54.5%
3	27	42	13	82
	9.1%	14.1%	4.4%	27.6%
Total	105	169	23	297
	35.4%	56.9%	7.7%	100.0%

Fuente: La misma del cuadro XII.2.

Sin embargo, en cuanto a los gastos destinados hacia la protección ambiental la tendencia es que a mayor evolución productiva más recursos económicos se destinan a la protección ambiental. En nuestro análisis resultó que la probabilidad de que una planta destine más de 10% de su gasto total hacia el medio ambiente es mayor para plantas de tercera generación que para plantas de primera y segunda generación (4.3%, contra 0% y 3.36%, respectivamente; véase cuadro

XII.8). Además se encontró que el porcentaje promedio de personas dedicadas al medio ambiente respecto del personal que no es obrero (es decir, técnicos, administrativos y gerentes) es mayor en plantas que se mueven en la tercera generación que en el resto de las plantas (0.041% contra 0.026 y 0.041).

El hecho de que los recursos humanos y económicos dependan estadísticamente de la evolución productiva se podría explicar por el tipo de relación establecida entre la matriz y la planta maquiladora. Por ejemplo, a diferencia de las plantas de primera generación que funcionan como shelters, las plantas de segunda y tercera generación funcionan como filiales transnacionales, lo cual significa que reciben un presupuesto anual de la corporación para realizar sus operaciones manufactureras y administrativas, bajo ciertos lineamientos impuestos por la corporación. Aquí el personal gerencial tiene la obligación de eficientizar dicho presupuesto, ajustándose a los requerimientos administrativos y de calidad y cantidad del producto impuestos por su corporación; lo cual supone una evolución en sus capacidades y competencias frente a las plantas de primera generación.

En este contexto, es obvio que el efecto *producción* generado por su actividad ocasiona que se destinen mayores recursos humanos y económicos para cumplir el creciente número y la complejidad de las normas ambientales aplicables a su actividad;[12] pero con la obligación de hacer más eficiente el presupuesto asignado por la corporación. En este caso, la eficiencia productiva se mejora a través de la reducción de costos administrativos y de costos por unidad de producto manufacturado, en lo cual radica su principal ventaja competitiva.

Bajo este planteamiento, los costos asociados a la protección ambiental son observados de una manera menos nociva que su principal competencia (reducción de costos unitarios en procesos), debido a que el costo ambiental se redistribuye sobre la base del costo unitario; es decir, permite tolerar un mayor costo administrativo asociado con el control ambiental. Así, desde el punto de vista de sus costos operativos, existe mayor capacidad para destinar mayores recursos humanos y económicos que ejerzan mayor control sobre las actividades ambientales; ello también supone un intenso aprendizaje productivo para que actividades ambientales se integren a su actividad manufacturera.[13]

12 Las plantas medianas y grandes constituyen 59% de las plantas de segunda y tercera generación. Aquí el efecto producción se refiere al hecho de que a mayor volumen de producción con exigencias de diferenciación y calidad del producto, aumentan las necesidades del cumplimiento de la normatividad vigente. En otras palabras, las plantas de segunda y tercera generación por su tamaño y, por tanto, su mayor visibilidad física, pueden tener mayores posibilidades de ser inspeccionadas por el gobierno que las plantas de menor tamaño (principalmente de primera generación), teniendo como consecuencia que estas plantas destinen mayores recursos humanos y económicos para no ser sujetas de alguna sanción de las autoridades.

13 La integración de las actividades ambientales con la manufactura generalmente se presenta entre los equipos de ingenieros de producción y el personal encargado del medio ambiente,

Cuadro XII.8
Tabla de probabilidades que relaciona variables ambientales y generaciones productivas (variables independientes)

Tecnologías ambientales

Generación	*No se aplica*	*Sí*	*No*	*Total*
1		44	9	53
		14.8%	3.0%	17.8%
2	2	136	24	162
	0.7%	45.8%	8.1%	54.5%
3	1	65	16	82
	0.3%	21.9%	5.4%	27.6%
Total	3	245	49	297
	1.0%	82.5%	16.5%	100.0%

Programas de autogestión

Generación	*No se aplica*	*Sí*	*No*	*Total*
1	0	21	31	52
		7.3%	10.8%	18.2%
2	0	59	94	153
		20.6%	32.9%	53.5%
3	0	39	42	81
		13.6%	14.7%	28.3%
Total		119	167	286
		41.6%	58.4%	100.0%

debido a la necesidad de eficientar los diseños de la manufactura, con niveles elevados de calidad, adaptados a las restricciones económicas de su presupuesto. Dicha integración no es automática ni instantánea, sino producto de una serie de fases intermedias. Para una discusión más amplia véanse los trabajos ya citados de H. García Jiménez: "Trayectorias productivas y tecnología ambiental en la industria electrónica de Tijuana", y "Trayectorias de cambio tecnológico ambiental en la industria maquiladora de exportación de Tijuana".

Cooperación institucional

Generación	*No se aplica*	*Si*	*No*	*Total*
1	2	40	11	53
	0.7%	13.5%	3.7%	17.8%
2	2	112	48	162
	0.7%	37.7%	16.2%	54.5%
3	1	55	26	82
	0.3%	18.5%	8.8%	27.6%
Total	5	207	85	297
	1.7%	69.7%	28.6%	100.0%

Fuente: La misma del cuadro XII.2.

Aspectos ambientales no relacionados con la evolución productiva

Como mencionamos al principio de este apartado, la aplicación de tecnologías ambientales, el seguimiento de programas de autogestión ambiental voluntaria y la cooperación para la protección ambiental, son variables que estadísticamente ocurren con independencia de la evolución productiva (generaciones de maquiladoras) observada en las plantas visitadas. Esta autonomía de los datos puede explicarse por el hecho de que estas variables son producto del cumplimiento de la normatividad que las maquiladoras están obligadas a seguir.

En el caso de la aplicación de tecnologías ambientales, la generalidad planteada en nuestro cuestionario no permite distinguir el tipo de tecnologías aplicadas (de final de chimenea; o preventivas). Por la naturaleza de los procesos productivos y el tipo de exigencias de cumplimiento de la normatividad,[14] suponemos que las tecnologías ambientales que se aplican en las maquiladoras son de final de chimenea, es decir, de control de la contaminación.

14 A. Mercado, "Seguridad y salud en las maquiladoras", *Comercio exterior*, vol. 53, núm. 8, BNCE, SNC, México, agosto de 2003, pp. 723-733; K. Kopinak, "Maquiladora Industrialization of the Baja California Peninsula: The Coexistence of the Thick and Thin Globalization with Economic Regionalism", *International Journal of Urban and Regional Research*, vol. 27, núm. 2, 2003, pp. 319-336; y P. Stromberg, "The Mexican Maquila Industry and the Environment. An Overview of the Issues", en *Estudios y perspectivas*, núm. 12, CEPAL, México, 2002.

Los programas de autogestión ambiental son promovidos como parte de la política ambiental del gobierno, por lo que su aplicación en las maquiladoras depende de los esfuerzos de promoción de los organismos gubernamentales, los cuales no toman en consideración las generaciones de empresas. Al respecto podemos comentar que a pesar de las "bondades" que el gobierno ofrece para certificarse en este tipo de programas, las maquiladoras prefieren un certificado de autogestión tipo ISO 14001; principalmente debido a consideraciones de competitividad de la red corporativa a la que pertenecen. Es decir, es preferible certificar su sistema de gestión ambiental bajo el sello de un organismo internacional por las ventajas económicas que conllevan en su principal mercado, que certificarlo con las autoridades de gobierno, donde lo más que ganan es el reconocimiento local de cumplimiento de la normatividad.

Por su parte, la cooperación de las plantas con instituciones para la protección ambiental se caracteriza básicamente por lo que ocurre entre éstas y los despachos de consultoría privados y de gobierno para el cumplimiento de la normatividad. Esta cooperación sigue siendo importante a pesar de que las plantas (en fases avanzadas de evolución principalmente) cuentan con un área ambiental y personal especializado. Ello se debe al hecho de que algunas normas exigen la realización de exámenes especializados para comprobar su cumplimiento (por ejemplo, las pruebas de emisiones a la atmósfera, de tratamiento de aguas industriales, etc.), los cuales sólo pueden ser realizados por despachos autorizados por el gobierno.

No obstante la independencia estadística de las variables ambientales mencionadas, la probabilidad de que una planta aplique tecnologías ambientales, dé seguimiento a programas de autogestión ambiental y manifieste cooperación institucional es mayor si la planta se ubica en la segunda generación de maquiladoras.

Conclusiones

La presente investigación demuestra que existe un avance cuantitativo y cualitativo en el comportamiento ambiental en la industria maquiladora. Las empresas han fortalecido sus estructuras organizacionales para la protección ambiental y la gran mayoría de las plantas cuentan con certificaciones internacionales: más de 90% de los establecimientos tienen alguna certificación y 17% cuenta con ISO 14000. Las empresas certificadas en procesos de gestión ambiental (en comparación con las que no lo tienen) mantienen, como sería de esperarse, estructuras organizativas y recursos humanos y financieros mayores y mejores, lo cual les permite tener un mejor comportamiento ambiental.

La industria maquiladora en México es muy dinámica y heterogénea en cuanto a su actividad productiva; ello explica en gran medida su éxito sobre las exportaciones manufactureras y la competitividad industrial alcanzada.[15] Pero también la heterogeneidad refleja condiciones diferentes para atender requerimientos ambientales y en general la competitividad requerida.

Sin embargo, aun cuando la exigencia corporativa impone una política ambiental explícita al conjunto de las maquiladoras, ésta no es la causa primaria por la cual la mayoría de las plantas emprenden medidas de protección ambiental. El cumplimiento de la normatividad sigue siendo la principal causa por la cual las plantas orientan sus acciones ambientales. Así, la política ambiental corporativa tiene un efecto directo sobre el comportamiento ambiental sólo cuando existe la necesidad de certificarse en el estándar ISO 14001.

En este sentido, el tipo de relación entre las autoridades gubernamentales y las maquiladoras es clave para entender su comportamiento ambiental. En nuestro estudio, uno de los aspectos que caracterizan dicha relación es el establecimiento de programas preventivos de autogestión, los cuales son promovidos por el gobierno con la finalidad de que las propias plantas vigilen el cumplimiento de la normatividad, con asesoría directa de los inspectores del gobierno.

El desempeño ambiental en las maquiladoras se ve afectado por dos aspectos: *1)* la aplicación de las normas por el gobierno (a través de la inspección); y *2)* el tipo de relación de las maquilas con éste a través de los programas de autogestión, promovidos precisamente por los organismos gubernamentales. Estos dos elementos se combinan con los efectos potenciales de las certificaciones internacionales de calidad y medio ambiente (ISO 9001, 9002 y 14001). De esta manera el comportamiento ambiental está asociado con factores externos e internos: las exigencias del propio mercado del producto y las exigencias de regulación mexicanas. Certificación de procesos y cumplimiento de normas son, por tanto, los motores del comportamiento ambiental.

Por otra parte, como resultado del análisis estadístico del desempeño ambiental, se encontró que la relación entre los diferentes tipos de empresas y las generaciones de maquiladoras no es del todo clara y menos lineal. Pero sí existe un nivel de dependencia significativo entre el desempeño y las generaciones de empresas maquiladoras, particularmente en aspectos tales como la política ambiental, la existencia y composición del personal asignado al área ambiental y los gastos ambientales. En este sentido, podemos concluir que los recursos económicos y humanos destinados a la protección ambiental dependen de la trayectoria de evolución productiva. Este comportamiento se asocia con la estrategia de

[15] Véase J. Carrillo, "La industria de los televisores...", *op. cit.,* y E. Dussel, "Ser maquila o no ser maquila, ¿es ésa la pregunta?", *Comercio exterior*, vol. 53, núm. 4, Banco Nacional de Comercio Exterior, México, SNC, abril de 2003, pp.328-337.

costos de las plantas maquiladoras visitadas, derivada del tipo de relación matriz-subsidiaria en cada una de las generaciones productivas.

Otras variables ambientales como la aplicación de tecnologías ambientales, el seguimiento de programas de autogestión y la cooperación institucional para la protección ambiental son independientes de la evolución productiva observada en las maquiladoras visitadas. Esta autonomía estadística se asocia al hecho de que estas variables son producto de la necesidad de cumplimiento de la normatividad que las maquiladoras están obligadas a cumplir, independientemente de sus capacidades productivas.

XIII. EVOLUCIÓN PRODUCTIVA Y TECNOLOGÍAS AMBIENTALES: UN ANÁLISIS DE TRAYECTORIAS EN LA MAQUILADORA DE TIJUANA[1]

HUMBERTO GARCÍA JIMÉNEZ

INTRODUCCIÓN

El presente documento tiene como objetivo analizar los factores de aprendizaje y de evolución de competencias involucrados en la selección, introducción y aplicación de tecnologías ambientales en las empresas filiales electrónicas de Tijuana. La pregunta central que se pretende responder en este trabajo es la siguiente: ¿Cuáles son los factores de aprendizaje que condicionan la introducción y aplicación de tecnologías ambientales en la industria maquiladora electrónica de Tijuana?

En virtud de que la industria maquiladora de exportación electrónica en Tijuana ha experimentado diferentes fases de evolución productiva,[2] la hipótesis de este documento establece que la adopción de tecnologías ambientales se encuentra asociada con el nivel de conocimiento manufacturero y el papel de la empresa filial dentro de su red corporativa. No obstante, el análisis de trayectorias pro-

[1] Gran parte de este capítulo se basa en mi tesis de maestría en desarrollo regional presentada en El Colegio de la Frontera Norte en septiembre de 1998. Versiones anteriores de este documento han aparecido en las revistas *Región y sociedad* ("Trayectorias productivas y tecnología ambiental en la maquila de Tijuana", vol. XI, núm. 18, El Colegio de Sonora, Hermosillo, México, marzo de 1999, pp. 35-72.) y *Comercio exterior* ("Trayectorias de cambio tecnológico ambiental en la industria maquiladora de exportación de Tijuana", vol. 52, núm. 3, Bancomext, México, marzo de 2002, pp. 198-206). El autor agradece los comentarios de Jorge Alonso, Alfredo Hualde, Carlos Montalvo y Óscar Fernández que permitieron enriquecer este trabajo. Los errores y las omisiones son responsabilidad del autor. Una parte de esta investigación contó con el apoyo del proyecto "El papel de las normas ambientales y las estrategias competitivas en el cuidado ambiental de la industria en México", financiado por el Consejo Nacional de Ciencia y Tecnología y la Procuraduría Federal de Protección al Ambiente. El autor agradece también el apoyo recibido del coordinador general del proyecto, Alfonso Mercado García.

[2] Véase Jorge Alonso y Jorge Carrillo, "Gobernación económica y cambio industrial en la frontera norte de México: un análisis de trayectorias y aprendizaje", *Revista Eure*, vol. XXII, núm. 67, Santiago de Chile, diciembre de 1996, pp. 45-64, y Alfredo Hualde, "Las maquiladoras en México a fin de siglo", ponencia presentada en el seminario subregional tripartito sobre Aspectos Sociales y Laborales de las Zonas Francas Industriales, convocado por la OIT, San José de Costa Rica, 25-28 de noviembre, 1997.

ductivas con relación al medio ambiente identifica otros factores involucrados en la selección, introducción y aplicación de tecnologías ambientales, con los cuales tratamos de enriquecer el contexto de decisiones productivas y ambientales propuestas por nuestro modelo hipotético.

El estudio se basa en una muestra de 12 empresas, que fueron seleccionadas y clasificadas en tres momentos de evolución productiva a partir de los trabajos de Alonso, Carrillo, Contreras y Kenney.[3] La recolección de datos se hizo a partir de la aplicación de un cuestionario y de entrevistas en profundidad a los gerentes de planta y encargados del departamento ambiental en 1998.

Para responder la pregunta central de este documento, en primer lugar destacamos el perfil general de las plantas visitadas, sus principales características productivas y ambientales, además de sus formas de organización del trabajo. En seguida presentamos las trayectorias por momento de evolución como unidades básicas de análisis, ubicando la temporalidad específica por grupo de trayectorias. Aquí se identifican los criterios básicos para localizar los momentos de evolución productiva, que a la luz de los hallazgos de campo delinean las trayectorias típicas de las empresas visitadas. Posteriormente, en otra sección, se muestran las trayectorias que asocian los momentos evolutivos y la aplicación de tecnologías ambientales, considerando la estrategia de costos de cada momento y la forma en que impactan los costos ambientales en ésta; en dicha sección se destaca que las competencias productivas en cada fase de evolución son el basamento cognitivo para incorporar determinadas tecnologías ambientales.

Por último, el análisis de trayectorias productivas en relación con el medio ambiente posibilita la identificación de otros factores involucrados en la selección, introducción e implementación de tecnologías ambientales. En la sección de conclusiones y con base en los hallazgos empíricos descritos, se construye una tipología de tecnologías ambientales según la escala de conocimiento manufacturero y se delinean las trayectorias arquetípicas del cambio tecnológico ambiental. Su análisis permite concluir que la política ambiental diseñada para este tipo de empresas tiene que considerar al menos dos elementos: por un lado, los factores de aprendizaje y de evolución de competencias como elementos centrales para orientar —y en su caso reorientar— el comportamiento ambiental, y por el otro, el impulso de actividades industriales asociado con la emergencia de fases avanzadas de evolución productiva.

[3] Véase J. Alonso y J. Carrillo, "Gobernación económica...", *op. cit.*, y Óscar Contreras, Martin Kenney y Jorge Alonso, "Los gerentes de las maquiladoras como agentes de endogeneización de la industria", *Comercio exterior*, vol. 47, núm. 8, BNCE, México, agosto de 1998, pp. 670-679.

Perfil de las maquiladoras estudiadas

De acuerdo con el directorio de la Asociación de la Industria Maquiladora, las 12 plantas estudiadas en este documento pertenecen a la rama de equipo y aparatos electrónicos (rama 5). De las plantas visitadas, seis fueron creadas durante la década de los ochenta; cinco iniciaron operaciones entre 1991 y 1994 mientras que una fue fundada en 1996 (véase el esquema XIII.1). La estructura de funcionamiento operativo que predomina en este grupo es de la planta filial (ocho casos) y las shelter (dos casos). También se encuentra una subcontratista manufacturera y una matriz. Estos datos son importantes porque nos dan una idea de la lógica organizacional de estas empresas respecto de su red corporativa, la cual es una variable importante para entender la formación de competencias productivas, y eventualmente la aplicación de tecnologías ambientales.

Respecto de la distribución de propiedad, a excepción de una planta que es de capital nacional, el resto son completamente extranjeras; predomina la participación del capital estadounidense (58%), seguido de Inglaterra, Japón y Taiwán. El número de trabajadores promedio es de 683 con un valor mínimo de 160 y máximo de 1 470, mientras que 54.5% de las empresas tiene aproximadamente 500 trabajadores. No obstante la diversidad de su origen extranjero, la mayor parte de las empresas visitadas utiliza técnicas de organización del trabajo asociadas con el modelo japonés de producción, principalmente aquellas actividades que buscan eficientizar los procesos de sus principales productos: control estadístico de procesos (91.7%), rotación de tareas (83.3%), equipos de trabajo (83.3%), justo a tiempo en inventarios (83.3%), justo a tiempo en procesos (75%), multicalificación (75%) y manufactura celular (66.7%).

En cuanto a los aspectos ambientales, en 66.7% de las empresas visitadas el corporativo cuenta con una política ambiental explícita hacia ellas; aun cuando sólo 25% de las plantas haya firmado la norma ISO 14000 y aunque el requerimiento ambiental más importante sea el de cumplir con las normas mexicanas (75%). De las empresas, 66.7% manifestó que la regulación ambiental les ayudó a mejorar sus sistemas de control y monitoreo, mientras que la principal queja hacia ésta (50%) fueron los excesivos trámites burocráticos y su efecto incremental sobre los costos de producción (25%). Las principales tecnologías ambientales que durante los recorridos en los pisos de producción se pudieron identificar son las siguientes: control de emisiones (41.7%), segregación de materiales (91.7%), monitoreo (91.7%), reducción de *scrap* (91.7%), reciclaje (16.7%) y reducción de residuos por rediseño de procesos y productos (33.3%).

Esquema XIII.1
Mapa cronológico de momentos evolutivos por empresas

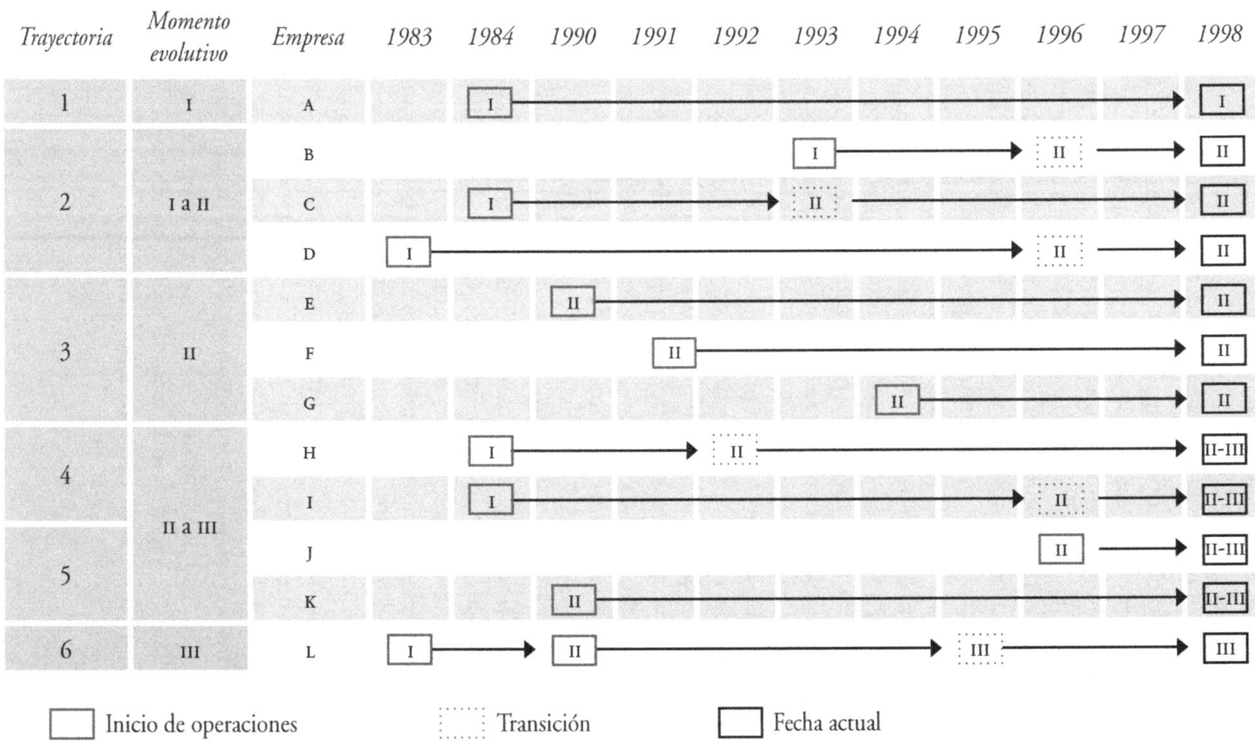

Fuente: Elaboración propia con base en el análisis de trayectorias.

Trayectorias productivas como unidades básicas de análisis

Antes de definir las unidades básicas y ubicar su temporalidad debemos fijar los criterios para distinguir las fases de evolución productiva de las plantas visitadas. El estudio se basa en una muestra de 12 empresas, que fueron seleccionadas y clasificadas en tres momentos de evolución productiva a partir de los trabajos de Alonso, Carrillo, Contreras y Kenney.[4]

Los criterios de clasificación se basan en la identificación y clasificación de funciones de ingeniería como parámetros del aprendizaje manufacturero. En el procesamiento de datos, su identificación se deriva de las actividades asociadas con la implementación de procesos, diseño de producto e investigación y desarrollo (cuadro XIII.1).

En cuanto a la distinción entre los momentos I y II, se considera como evento crítico la ingeniería de procesos, así como las actividades que tienen relación con su implementación: certificación tipo ISO 9000, adquisición de materias primas y la adaptación y rediseño incremental de productos. La aparición de actividades relacionadas con el diseño del producto y la investigación y desarrollo de nuevos procesos y productos son actividades para distinguir el momento III. Además de lo anterior, también utilizamos como criterio las formas de organización del trabajo como eventos que facilitan las actividades manufactureras y permiten el desarrollo de las capacidades ingenieriles en los procesos productivos (cuadro XIII.2).

Una vez establecidos los criterios básicos para distinguir los momentos evolutivos definimos las unidades de análisis; en este caso las trayectorias típicas de las plantas visitadas. Para ello revisamos cronológicamente sus principales aspectos productivos; fijamos nuestra atención en sus actividades más importantes y las formas de organización del trabajo asociadas a cada función de ingeniería.

Como se puede observar en el esquema XIII.1, de las 12 empresas analizadas, siete se encuentran o han pasado durante su vida productiva por el momento I, 11 han iniciado o pasado alguna vez por el momento II, seis se encuentran en momentos de transición (I-II y II-III), mientras que una ha evolucionado desde el momento I hasta el momento III (empresa L).

Las empresas consideradas en cada momento han entrado en cada fase de manera diferente en el tiempo: el esquema XIII.1 muestra la evolución temporal de cada una de las empresas por tipo de trayectoria y de acuerdo con el momento evolutivo en que se encuentran. En éste podemos observar que las empresas que iniciaron su vida productiva en el momento I aparecen desde principios de los años ochenta (trayectorias 1, 2 y 5). El esquema también ilustra que las plantas del momento II se concentran entre 1990 y 1996 (trayectorias 2, 3 y 4), mientras que

[4] *Idem.*

la planta del momento III inicia operaciones desde 1983 (trayectoria 6). A su vez, las trayectorias 1 y 3 no han evolucionado hacia otros momentos desde su fundación; en este caso se trata de empresas que han permanecido en los momentos I y II prácticamente desde el inicio de sus actividades productivas. Cabe señalar que este conjunto de aglomeración industrial confirma, guardando las proporciones del tamaño de muestra y objetivos de investigación, el predominio de empresas manufactureras desde mediados de los años ochenta y su consolidación desde 1990, identificadas por Brown, Domínguez, Wilson, Alonso, Carrillo y Hualde.[5]

Por su parte, la temporalidad de las fases críticas de transición de un momento a otro —en este caso, las transiciones del momento I al II— han tenido lugar entre 1993 (planta C) y 1996 (plantas B, D e I); mientras que el momento crítico de transición entre II y III ha ocurrido en el periodo 1997-1998 (plantas J y K), siendo la planta H la excepción en esta tendencia cuya transición inicia desde 1992. Estas transformaciones de un momento evolutivo a otro son importantes porque muestran una progresión cronológica en el contenido de conocimiento manufacturero. Así, en términos generales el esquema XIII.2 nos muestra la coexistencia diferenciada de distintos momentos evolutivos entre empresas; mientras que unas empresas evolucionan (trayectorias 2, 4, 5 y 6), otras empresas, atendiendo a nuestros parámetros de referencia, involucionan en el tiempo (trayectorias 1 y 3). En síntesis, se identifican seis trayectorias productivas típicas que a continuación se describen (véase esquema XIII.2):

Trayectoria 1. Se ubican las empresas que iniciaron actividades y permanecen dentro de las características del momento evolutivo I. Como se observa, de las plantas visitadas la única que se encuentra en esta situación es la planta A; es decir, 8.3% de nuestra muestra.

Trayectoria 2. Son empresas que nacieron en el momento I y que han transitado hacia el momento II. Aquí, las empresas B, C y D se encuentran bajo esta trayectoria que representa 25% del total.

Trayectoria 3. En ésta se incluyen empresas que por sus características productivas nacieron en el momento evolutivo II y que hasta la fecha han permanecido en esta fase productiva. Nos referimos a las plantas E, F y G; 25% de participación total.

Trayectoria 4. Abarca empresas que iniciaron su vida productiva en el momento I y que actualmente se encuentran transitando hacia el momento III; empresas H e I que representan 16.3%.

5 Véase Flor Brown y Lilia Domínguez, "Nuevas tecnologías en la industria maquiladora de exportación", *Comercio exterior*, vol. 39, núm. 3, BNCE, México, marzo, 1989, pp. 215-223; Patricia Wilson, *Exports and Local Development Mexico's New Maquiladoras,* University of Texas Press, Austin, 1992; J. Alonso y J. Carrillo, "Gobernación económica...", *op. cit.*, y Alfredo Hualde, "Las maquiladoras en México a fin de siglo", *op. cit.*

Trayectoria 5. Se ubican las empresas que iniciaron su vida productiva en el momento II y que han transitado hacia el momento III, cuya representación es de 16.3% en las empresas K y J.

Trayectoria 6. Aquí se ubican las empresas que han transitado por los tres momentos evolutivos. La empresa L es la única que se encuentra en esta situación productiva (8.3%).

Cuadro XIII.1
Actividades más importantes por momentos evolutivos

Momento evolutivo	*Actividades más importantes*
I	*a)* Ensamble básico
	b) Producción por lotes
II	*a)* Rotación de tareas
	b) Sistema de control en tiempo real de proceso (SCTRP)
	c) Capacitación a gerentes y empleados
	d) Certificación ISO 9000
	e) Adaptación y rediseño de procesos
	f) Adquisición de materias primas
	g) Adaptación y rediseño incremental de productos
III	*h)* Fabricación y diseño de componentes
	i) Diseño del producto
	j) Gestión financiera
	k) Investigación y desarrollo

Fuente: Elaboración propia con base en J. Alonso y J. Carrillo, "Gobernación económica…", *op. cit.*; A. Hualde, "Las maquiladoras en México...", *op. cit.*, y O. Contreras, M. Kenney y J. Alonso, "Los gerentes de las maquiladoras...", *op. cit.*

Cuadro XIII.2
Organización del trabajo por momentos evolutivos

Momento evolutivo	*Formas de organización*
I	*a)* Tiempos y movimientos
	b) Producción por lotes
II y III	*a)* Control estadístico de procesos
	b) Justo a tiempo (JIT) en inventarios
	c) JIT en procesos
	d) Multicalificación
	e) Manufactura celular
	f) Círculos de calidad
	g) Equipos de trabajo
	h) Descentralización en el piso
	i) Unidades de negocio
	j) Reducción de *scrap*

Nota: JIT, *just in time.*
Fuente: Elaboración propia con base en el procesamiento de información de campo.

Momentos evolutivos y aplicación de tecnologías ambientales

En esta sección se describen las principales características de cada momento evolutivo y se subraya su estrategia de costos como fuente de competitividad y su relación con la aplicación de tecnologías ambientales. Con la presentación genérica de nuestros hallazgos, esta parte del documento trata de identificar la asociación entre la evolución manufacturera (momentos) y su trayectoria ambiental, y se destacan otros factores involucrados en la selección e introducción de tecnologías ambientales que enriquezcan nuestro modelo hipotético.

Esquema XIII.2
Trayectorias por momentos evolutivos

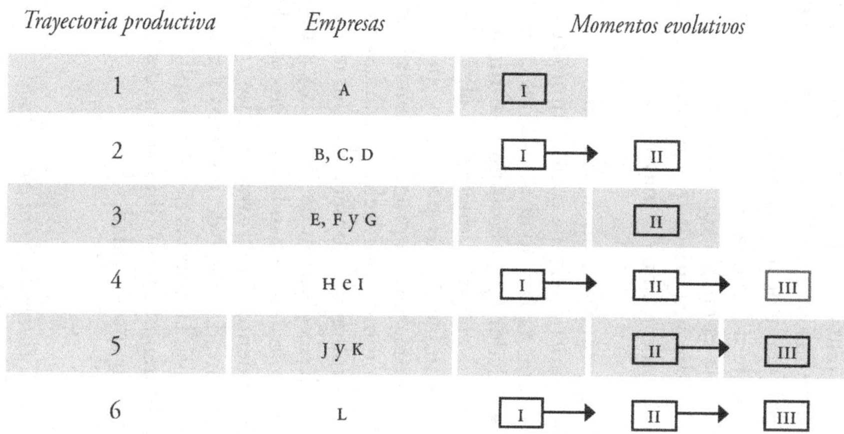

Fuente: Elaboración propia con base en el análisis de trayectorias productivas.

Momento evolutivo I. Intensificación en el trabajo y aspectos ambientales de su relación productiva

Generalmente son firmas que funcionan como unidades shelter y de subcontratación manufacturera; aquí el cliente pone la maquinaria, la materia prima y el diseño del proceso, mientras que la empresa filial se encarga de ensamblar los productos y manejar las cuestiones administrativas ligadas al funcionamiento de la empresa (es decir pago de salarios, renta, luz, trámites burocráticos). En este caso, el tipo de relación establecida se sustenta en el pago por producto ensamblado, el cual constituye su principal fuente de ingreso para mantener las labores administrativas y, después de un límite de producción, constituye su principal fuente de ganancias. En este sentido, la estrategia competitiva de estas empresas se basa en la disminución de costos administrativos (por ejemplo, vía la utilización de mano de obra barata) y en la producción del mayor número de unidades en el menor tiempo posible.

En este contexto, las medidas de protección ambiental son observadas como un costo adicional que incide directamente en sus costos administrativos; ello debido a que en este tipo de empresas la actividad ambiental es un requisito administrativo de la empresa ensambladora para continuar su funcionamiento. Además de que los clientes no exigen el cumplimiento de algún estándar de protección ambiental durante el ensamble de sus productos, pues consideran que es responsabilidad de la planta que elabora su producto; antes bien, su única exigencia es la producción creciente con mejores niveles de calidad en el ensamble. En este sentido, las tecnologías ambientales observadas durante los recorridos en planta se refieren a técnicas de recolección de residuos y segregación de materiales; de hecho, su incorporación coincide con la contratación de servicios de asesoría ambiental para dar seguimiento administrativo a los trámites ante la autoridad ambiental (bitácoras de entrada-salida de insumos y residuos, etc.). Por tanto, en esta generación productiva, las plantas tienden a aplicar actividades ambientales con un control y monitoreo mínimos, sin tener necesidad de conocimientos manufactureros para realizar sus actividades.

Momento evolutivo II. Intensificación en procesos

En esta generación se encuentran empresas que empezaron operaciones entre 1990 y 1994; se observó que durante esta fase evolutiva las maquilas tienden a manufacturar sus productos con la introducción de tecnologías automatizadas y la aplicación de diferentes formas de organización del trabajo; ambas asociadas con la necesidad de resolver problemas específicos de su manufactura. Este comportamiento productivo se explica por el hecho de que estas plantas funcionan como filiales de transnacionales, encargadas de manufacturar productos de mayor complejidad tecnológica. Para ello reciben de la corporación un presupuesto anual cuya responsabilidad de manejo está a cargo del personal administrativo de la planta. Bajo este esquema, el corporativo solicita el producto y la empresa se responsabiliza de organizar el proceso de manufactura. Así, con el presupuesto otorgado, la filial tiene que cumplir con sus obligaciones administrativas y con los requerimientos de producción; en este sentido, su estrategia competitiva se basa en la calidad y la eficientización de procesos mediante la disminución de costos unitarios de producción y la reducción de tiempos muertos en la línea de producción, manufacturando productos con niveles crecientes de diferenciación y complejidad.[6] Para este tipo de empresas su fuente de ganancias se encuentra en la reducción de los costos administrativos y en la disminución del costo por unidad de producto.[7]

En este contexto productivo, los costos asociados a la protección ambiental son observados de una manera menos nociva respecto de su principal competencia (reducción de costos unitarios en procesos), debido a que el costo ambiental se redistribuye sobre la base del costo unitario; es decir, permite tolerar un mayor costo administrativo asociado con el control ambiental. Por lo que desde el punto de vista de sus costos operativos existe mayor capacidad para destinar más recursos humanos y económicos que ejerzan mayor control sobre las actividades ambientales. Aquí las tecnologías de control ambiental agrupan tanto el establecimiento de medidas de control en el proceso de manufactura, como la creación de unidades o departamentos específicos encargados del área ambiental.

6 En este sentido, orientan sus actividades de procesos en tres líneas básicas de acción: búsqueda de materias primas, adaptaciones parciales al producto para ajustarlo a condiciones locales de producción, y la aplicación de formas de organización que permitan hacer más fluida la producción. El eje central de estas actividades es la reducción de costos de producción, identificando oportunidades de nuevos insumos o mejorando las tareas del proceso, de tal manera que impliquen un aumento en la calidad del producto. Aquí, las agencias locales (ingenieros, técnicos y operadores de producción) intervienen con mayor intensidad en los procesos mediante la aplicación de mayores niveles de conocimiento manufacturero. Véanse al respecto Bernardo González-Aréchiga y José Carlos Ramírez, *Subcontratación y empresas transnacionales,* El Colegio de la Frontera Norte, Fundación Friedrich Ebert, México, 1990; J. Alonso y J. Carrillo, "Gobernación económica...", *op. cit.*, y Ó. Contreras, M. Kenney y J. Alonso, "Los gerentes de las maquiladoras...", *op. cit.*

7 Algunas vertientes para eficientizar sus costos son la utilización de mano de obra barata, ahorro en el pago de servicios (luz, agua, teléfono), etcétera. Mientras que para eficientizar los costos unitarios de producción, algunas vías que exploran las empresas maquiladoras de este tipo son la reasignación de tareas en línea, la búsqueda de nuevas materias primas y la aplicación de tecnologías automatizadas y de nuevas formas de organización.

Tecnologías ambientales en momentos de transición e intensificación de procesos

Para exponer las características asociadas a la evolución de tecnologías ambientales desde el momento I, decidí tomar como unidad básica de análisis a dos grupos de empresas arropadas en la trayectoria 2 y 3 de nuestra clasificación (esquema XIII.2). En el primer grupo se encuentran las empresas que nacieron en el momento I y que han transitado hacia el momento II; es decir, aquellas que nacieron realizando labores de ensamble y que paulatinamente han incorporado funciones de proceso. En este primer grupo se encuentran las empresas B, C y D. En el segundo grupo están las plantas que desde que iniciaron su vida productiva han realizado actividades de manufactura como empresas filiales transnacionales, nos referimos a las plantas E, F y G.

Aspectos ambientales en su funcionamiento operativo

En las empresas que nacieron en el momento I y evolucionan hacia el momento II, la política ambiental corporativa se encuentra estrechamente vinculada con las exigencias de mercado de su principal producto y el cumplimiento de la normatividad local. Las fusiones y trasferencias de empresas maquiladoras a diferentes corporativos han condicionado no sólo la calidad y diferenciación de los productos que elaboran, sino también la adopción de principios mínimos de control ambiental. Esta tendencia también se manifiesta en empresas que nacieron con características del momento evolutivo II, que en términos generales se orientan hacia el cumplimiento ambiental exigido en sus principales mercados. Por ejemplo, en la planta E, el establecimiento de principios sobre manejo de residuos ha estado presente desde su fundación en 1990, particularmente debido a las exigencias ambientales del mercado al que dirigen sus productos.

Por su parte, en la empresa F la política ambiental corporativa se incorpora al funcionamiento de esta empresa desde 1996. En este año, según nos comenta su gerente de planta, "iniciamos los trabajos tendientes al logro de la certificación ambiental ISO 14000 [...] para garantizar la entrada de nuestro producto a nuevos mercados donde se exige la aplicación de principios sobre manejo ambiental".

La empresa G es la excepción a esta tendencia; aquí no existe una política ambiental corporativa, pues se encuentra implícita en su política de eficientización de procesos. Como nos señaló su gerente de planta:

> En términos generales la corporación no exige el cumplimiento de lineamientos ambientales específicos; sólo nos exige disminuir los costos asociados a la operación de la planta [...] en este sentido, la política ambiental del corporativo tiene caso en

la medida que nos exige reducir costos de operación, vía la disminución de costos por disposición de residuos.

No obstante lo anterior, la regulación ambiental es sin lugar a dudas el principal motor para que las empresas en transición del momento I al II y del momento II instrumenten tecnologías ambientales; en especial, aquellas relacionadas con el manejo de residuos, monitoreo y segregación de materiales. Por ejemplo, para la empresa B la normatividad ambiental se presentó como un requisito prácticamente desde su fundación. Según nos comentó su gerente:

> Cuando iniciamos actividades en 1993 nos pidieron como requisito para instalar nuestra empresa la elaboración de un manifiesto de impacto ambiental [...] desde entonces cada ocho meses vienen a inspeccionar nuestras actividades ambientales, por lo cual tenemos cuidado en llevar a cabo las medidas necesarias para recolectar y disponer los residuos generados.

En una situación similar se encontró la empresa C, según nos dijo su gerente de producción cuando "en 1993 esta planta decidió trasladarse a las instalaciones actuales y tuvieron la necesidad de realizar un conjunto de trámites ante las autoridades ambientales".

Las tecnologías ambientales identificadas en estas fases de evolución se refieren al control de emisiones, el manejo de residuos y la segregación de materiales.

Implicaciones administrativas del control de residuos

La necesidad de adoptar tecnologías de manejo de residuos, monitoreo y segregación de materiales ha desembocado en la creación de instancias especializadas en cuestiones ambientales. La creación de un departamento ambiental de las empresas B, C y D coincide con la aplicación de este tipo de tecnologías. Básicamente, la principal actividad que realizan se concentra en la supervisión de los trámites administrativos relacionados con el manejo de residuos; también se encargan de llevar a cabo actividades relacionadas con el control de emisiones y monitoreo.

Por su parte, en la planta D, durante el seguimiento de las actividades ambientales no sólo participa el departamento ambiental de esta planta, sino también la gerencia del medio ambiente del corporativo. De acuerdo con el encargado del área ambiental: "Desde 1996, cada seis meses el corporativo nos envía un asesor ambiental para actualizarnos en los requerimientos ambientales de la compañía [...] en especial respecto a los aspectos legales del manejo de residuos correspondientes a la legislación de Estados Unidos, principal mercado de nuestro producto". En esta empresa la aplicación de tecnologías ambientales también se ha apoyado en el intercambio entre la corporación y esta empresa de ingenieros dedicados al manejo ambiental.

En síntesis, los departamentos del medio ambiente y las comisiones mixtas de seguridad realizan labores de supervisión administrativa de sus actividades ambientales. En especial, las referidas a la recolección y disposición de residuos para enviarlos a su país de origen, el monitoreo continuo de estas actividades y el control de las emisiones; todo ello con la finalidad de cumplir lo dispuesto en la normatividad ambiental federal y estatal. En este sentido, el cambio más importante por la instrumentación de estas tecnologías ha ocurrido en la modificación de sus técnicas de administración interna debido al cambio en los requerimientos legales para el cumplimiento de la normatividad ambiental.

Conocimiento manufacturero y formas de organización productiva en el control de residuos

Tanto en empresas que han transitado del momento I al II como en aquellas que nacieron en el momento II, las actividades correspondientes a la reducción de *scrap* se presentan como una tarea propia de la manufactura en búsqueda por eficientizar sus procesos. Aun cuando este programa no forma parte de las actividades de protección al medio ambiente, sí influye en su desempeño ambiental por su orientación hacia la disminución de residuos; tanto por la posibilidad de disminuir los productos rechazados por algún defecto (actividades de eficientización de procesos), como por la oportunidad de disminuir los costos por disposición al rebajar la cantidad de residuos generados durante el proceso. Así, como tecnología ambiental en las empresas en transición del momento I al II, el programa de reducción de *scrap* aparece entre 1997 y 1998, mientras que en empresas que nacieron en el momento II aparece entre 1990 y 1997.

En entrevistas directas con gerentes de planta y ambientales, la búsqueda por disminuir los costos por disposición de residuos se presenta como el motor principal para llevarlo a cabo. La disminución de costos por disposición de residuos es una realidad para un gerente de planta (empresa D), quien nos comentó: "Desde el año pasado [1997] que instrumentamos este programa hemos tenido una reducción de 30% en nuestros gastos por disposición de residuos", mientras que para el gerente de la planta G la aplicación del programa ha implicado ahorros en aproximadamente "30 000 dólares" en reducción de *scrap*. Por su parte, en la empresa D este programa ha permitido disminuir los costos de disposición debido a una mayor coordinación con sus proveedores. Como nos comentó su gerente de planta: "Al tener un mayor control sobre las actividades de proceso podemos detectar los errores en las especificaciones de los insumos, con lo cual estamos en la posibilidad de realizar pedidos con las especificaciones correctas y la cantidad requerida".

La coordinación con los proveedores para reducir la cantidad de insumos dañados se ha complementado con medidas en el área de almacén y la línea de ensamble. El primero ha incluido desde la aplicación de procedimientos para ordenar los materiales hasta la aplicación de técnicas como el justo a tiempo en inventarios; mientras que en el segundo ha implicado actividades de capacitación orientados al ensamble correcto de los componentes en la línea.

En la planta C la reducción de *scrap* tuvo lugar en 1994, después de la aplicación del justo a tiempo en procesos. Para su gerente de planta, "esta técnica nos ha permitido asignar las cantidades de insumos requeridas para determinada orden de producción, atendiendo a la demanda y especificación del cliente [...] con ello tenemos mayor control sobre los insumos suministrados a la línea de producción, restringiendo el desperdicio a cuotas específicas de acuerdo con la producción solicitada". A su vez, en la empresa G, desde 1997 se tuvo la posibilidad de manejar los insumos en la línea de producción atendiendo a la demanda y especificación del cliente. A través del justo a tiempo en procesos y los círculos de calidad fue posible tener mayor control sobre los insumos suministrados a la línea de producción.

En plantas donde es posible instrumentar la manufactura celular, este programa también ha permitido identificar las celdas donde se están desperdiciando materiales y generar propuestas para reducir las pérdidas de insumos y productos. Así, la supervisión y el *layout* de la planta son condiciones de producción clave para identificar las fallas que se están produciendo en las líneas de producción (*v. gr.*, fallas en los componentes de ensamble, problemas con máquinas de inserción, etcétera).

En esta perspectiva, la elaboración de reportes semanales sobre los problemas presentados en línea y la manera en que fueron resueltos, además de las reuniones entre ingenieros de proceso, supervisores y trabajadores, son necesarios para la identificación de problemas y la disminución de los residuos generados en el proceso. Estas actividades son prácticas necesarias en virtud de que "los cambios en las especificaciones de producto implican diferentes requerimientos ambientales de nuestro corporativo". En otras empresas, como en G, se monitorean diariamente los procesos bajo los objetivos de la producción, si el *scrap* generado supera la cantidad que se tenía planeada se verifican los procesos para encontrar las fallas durante la manufactura.

En este sentido, las formas de organización necesarias para llevar a cabo el programa de reducción de *scrap* se refieren a la aplicación del justo a tiempo (en inventarios y procesos) y el trabajo en equipo de gerentes, supervisores y operadores, las cuales requieren de conocimientos sobre las actividades de manufactura para ser instrumentadas como parte de sus acciones de eficientización de procesos. De tal manera que los conocimientos manufactureros tienen utilidad en la reducción de residuos.

El sinuoso camino de la aplicación de conocimientos manufactureros en actividades ambientales

No obstante la importancia del programa de reducción de *scrap* en la reducción de costos, su aplicación tiene lugar después de un camino gradual, en el que se suceden otras actividades orientadas hacia el mejoramiento de las actividades de procesos. A pregunta expresa de por qué este programa se aplicaba hasta el final, el gerente de producción de la planta B nos comentó: "A partir de que empezamos a realizar actividades de proceso, nuestra primera tarea se orientó hacia la adaptación de procesos consistentes con las especificaciones de nuestro producto [...] esto fue una condición básica para darnos cuenta de las partes del proceso en las que podíamos actuar para disminuir los residuos generados". Por su parte, el gerente de la planta D nos señaló:

> Cuando empezamos a realizar los ajustes necesarios en la línea de producción para disminuir tiempos muertos, nos dimos cuenta que podíamos realizar algunas actividades que disminuyeran la cantidad de residuos [...] casi fue por casualidad que nos dimos cuenta [...] pero con el incremento en los costos por disposición de residuos, estas actividades se fueron haciendo importantes para disminuir nuestros costos de operación.

La instrumentación gradual de técnicas de eficientización de procesos no se cumple en el caso de la empresa E. Esta empresa estableció el programa de reducción de *scrap* inmediatamente después de su creación en 1990; según nos comenta su gerente de planta, ello se debió a que cuando iniciaron operaciones los costos por disposición de residuos eran ya muy elevados.

Un elemento que sin estar asociado directamente con el desarrollo del programa ha tenido implicaciones de suma importancia para reducir la cantidad de *scrap* en proceso es el reordenamiento de las líneas de producción (*layout*). Por ejemplo, en la planta G, según el gerente de planta, "cuando las líneas se organizaban en lotes generábamos mayor *scrap* que ahora que nos organizamos en flujo continuo [...] esta forma de organizar el proceso nos ha permitido disminuir la cantidad de insumos en el almacén".

En función de estos testimonios, podemos distinguir al menos tres fases antes de llegar a la reducción de *scrap* por rediseño de procesos, como tecnología ambiental:

Primera fase: *Adaptación y rediseño de procesos* a condiciones locales (o sea, la adaptación del proceso de acuerdo con las especificaciones del producto), que con incrementos de los costos por disposición acelera la aplicación de programas de reducción de *scrap*.

Segunda fase: *Reducción de tiempos muertos* en la línea de ensamble, a través de la rotación de tareas, círculos de calidad, equipos de trabajo y manufactura celular, que en algunas empresas ha implicado también el reordenamiento de las líneas de producción, de líneas organizadas en lotes de producto a líneas ordenadas en flujo continuo.

Tercera fase: *Implementación del programa de reducción de scrap* mediante la aplicación de formas de organización que incluyen el trabajo en equipo de ingenieros, supervisores y operadores, la aplicación del justo a tiempo en inventario y procesos, además de la elaboración de reportes periódicos sobre problemas y soluciones. Estas formas de organización son actividades críticas en la instrumentación del programa de reducción de *scrap*.

Es importante observar que la identificación de fases previas no presupone la aparición secuencial y lineal de cada una de ellas hasta llegar al programa de reducción de *scrap*, pues como lo muestra la evidencia empírica, después de cualquier fase cabe la posibilidad de llevar a cabo medidas que reduzcan los desperdicios en procesos. Con estas evidencias, pensamos que más bien lo que las plantas buscan es eficientizar sus procesos, lo cual confirma que los conocimientos manufactureros en este nivel de maduración productiva son importantes en la aplicación de la reducción de *scrap* como tecnología ambiental. Ello debido a que su aplicación ocurre después de instrumentar otras medidas relacionadas con la eficientización de procesos (justo a tiempo en inventarios y procesos, disminución de tiempos muertos), que requieren de conocimientos importantes sobre las actividades manufactureras; sin embargo, no tan sólo la aplicación de conocimientos manufactureros es relevante (vía ingenieros, técnicos y supervisores), sino también las formas de organización del trabajo que le dan sustento y apoyan las actividades de eficientización de procesos. En particular nos referimos a la instrumentación de equipos de trabajo, manufactura celular, rotación de tareas y a los grupos de mejoramiento continuo de procesos que propician un ambiente de colaboración y flujo de información entre los involucrados en las actividades de producción.

Fases de aplicación de tecnologías ambientales: conocimiento manufacturero contra actividades ambientales

En cuanto a la instrumentación del programa de reducción de *scrap*, es importante mencionar que aun cuando estas actividades tienen implicaciones ambientales, no forman parte de las funciones del área ambiental. Al respecto, el gerente ambiental de la planta D afirmó: "No participamos en su instrumentación debido a que este programa involucra actividades de rediseño de procesos, labor que realiza la gerencia de manufactura donde nosotros poco o nada tenemos que hacer". Esta separación es evidente en empresas que han nacido en el momento II, como nos comentó el gerente de la planta F: "Las actividades de reducción de *scrap* no forman parte de las responsabilidades del comité de medio ambiente [...] en nuestra empresa éste se encarga de conducir las actividades administrativas relacionadas con el medio ambiente".

Dadas estas evidencias, identificamos dos tendencias organizacionales respecto de la protección ambiental, claramente diferenciadas en empresas I-II y II. Por un lado tenemos el departamento ambiental que se encarga de llevar a cabo los trámites administrativos referidos a tecnologías que tienen como meta cumplir con la normatividad ambiental; mientras que por otro tenemos que las actividades de reducción de *scrap*, como mecanismo para reducir los costos por disposición de residuos, requieren de conocimientos de manufactura para llevar a cabo sus actividades; lo cual implica que éstas sean asumidas por la ingeniería de manufactura, y que por tanto no exista vinculación directa con el departamento ambiental.

En esta perspectiva, para empresas que han transitado del momento I al II y del momento II, el uso de tecnologías ambientales ocurre en dos etapas:

Primera etapa: Uso de tecnologías referidas al control de emisiones, manejo de residuos, segregación de materiales y monitoreo, donde el factor determinante para utilizarlas es la regulación ambiental, y en algunos casos la política ambiental del corporativo.

Segunda etapa: Uso de tecnologías que involucran la reducción de residuos a través del rediseño de procesos; básicamente a través del programa de reducción de *scrap*, el cual como tecnología ambiental busca la reducción de costos por disposición de residuos generados durante el proceso. Aquí, la existencia de conocimientos sobre la manufactura y el justo a tiempo en inventarios y procesos son requisitos importantes para llevarla a cabo.

Como resultado de estas consideraciones, se observó que estas empresas controlan sus residuos en dos niveles básicos: por un lado, tratan de manejar adecuadamente los residuos inherentes a sus procesos, y por otro, establecen medidas tendientes a reducir la cantidad de *scrap* durante el proceso. La lógica que sustenta esta última aplicación es el hecho de que mientras se tengan menores cantidades de residuos, los costos por su disposición final serán mínimos y, por tanto, la reducción continua de desperdicios tiene una motivación de eficiencia económica. Con ello se muestra que el papel que tiene la filial en su red corporativa (orientada por su estrategia de costos) y el conocimiento manufacturero alcanzado se asocian con diferentes niveles de tecnologías ambientales.

Momento evolutivo III. Intensificación en diseño e investigación

Las plantas que se hallan en esta fase han integrado a su funcionamiento las actividades de proceso y diseño de producto. Estas firmas funcionan como auténticas casas matrices, desde donde se produce y distribuye el producto. En esta coyuntura productiva, la principal fuente competitiva se sustenta en la disminución del tiempo en la realización de los proyectos y de costos asociados con la manufactura y el diseño del producto.[8] En esta perspectiva, los costos asociados a las actividades ambientales abarcan desde el monitoreo y control hasta la disminución de residuos en la manufactura y el diseño del producto. En esta fase evolutiva se produce lo que nosotros llamamos la "transición efectiva", la cual consiste en la integración del conocimiento manufacturero a las actividades ambientales.

La transición efectiva: integración del conocimiento manufacturero a las actividades ambientales

La integración del conocimiento manufacturero y las actividades ambientales es posible cuando las plantas han desarrollado competencias en el diseño de procesos y producto. Para mostrar esta evidencia empírica, se tomaron como unidades de análisis a las empresas en transición del momento II al III y la planta que se encuentra en el momento III. Nos referimos a las empresas H, I, J y K, correspondientes a la trayectoria 5, y la planta L, ubicada en la trayectoria 6 del esquema XIII.2.

Estas plantas han transitado de la aplicación de tecnologías que no involucran conocimientos manufactureros (manejo de residuos, control de emisiones, segregación de materiales), hacia el control de la contaminación vía la aplicación de actividades de proceso, como el programa de reducción de *scrap*. En esta fase se logra la integración del conocimiento manufacturero con las actividades ambientales. Dicha integración se origina por un requerimiento productivo orientado a responder con mayor rapidez a las características de complejidad y diferenciación en el mercado de su principal producto, lo que a su vez genera una serie de cambios tecnológicos y organizacionales aprovechados en la utilización de tecnologías ambientales.

Para este tipo de plantas, las competencias adquiridas en la aplicación de procesos y el diseño de productos son el basamento cognitivo para mitigar el problema generado por sus residuos, tanto en términos de eficientización de costos

[8] J. Alonso y J. Carrillo ("Gobernación económica...", *op. cit.*) han afirmado: "el nivel tecnológico aumenta considerablemente [...] pero no por la adopción de procesos automatizados, sino por la maquinaria [...] para el diseño de productos".

operativos como de la reducción de sus costos por disposición. En este sentido, las decisiones referidas al producto tomadas durante esta fase determinan las cantidades de insumos y la composición del flujo de residuos desde el diseño del producto hasta la instrumentación de procesos.

A la luz de los datos empíricos, identificamos como factor importante en el desenvolvimiento ambiental de estas empresas la certificación ISO 14000. Bajo esta tesitura, a continuación describimos las actividades que a raíz de esta certificación han promovido la integración de funciones de diseño a actividades ambientales.

El papel de la ISO 14000

Al momento del estudio, las empresas H, J y K se encuentran certificadas en el estándar ambiental ISO 14000. En orden cronológico, las plantas H y J se certificaron en 1997, mientras que la empresa K adquirió su certificación en mayo de 1998. Respecto a los motivos de la corporación para integrar a sus filiales en esta certificación ambiental, la opinión de los gerentes entrevistados se dividió en función de su contexto de operación. Por ejemplo, en la empresa K el gerente de planta nos dijo que la razón básica para buscar la certificación fue que "nuestro principal cliente y proveedor nos exigió el cumplimiento de principios mínimos de desempeño ambiental para continuar nuestra relación de compraventa [...] por lo cual el corporativo desde 1997 decidió impulsar una serie de procesos tendientes a lograr la certificación de todas sus filiales transnacionales".[9] Por su parte, en las plantas H y J su principal incentivo para incorporarse a la norma ISO 14000 fue la necesidad de abrir nuevos mercados donde se exige el cumplimiento de ciertos parámetros de desempeño ambiental. Al respecto, el gerente de la empresa H nos comentó: "Desde el año pasado nos encontramos en proceso de expansión hacia el mercado europeo, donde la certificación ISO 14000 es una etiqueta que permite ofrecer garantías a nuestros posibles clientes de que tus procesos cumplen con ciertos principios básicos de manejo ambiental."

Estos motivos parecerían obvios si consideramos la integración de estas empresas en redes de producción global; sin embargo, existe un motivo adicional que animó el logro de la certificación que tiene relación con el funcionamiento interno de la empresa; nos referimos a la percepción que manifestaron los gerentes sobre la disminución de sus gastos por disposición de residuos al aplicar la ISO 14000. "El estándar —nos dijo uno de los gerentes entrevistados— nos ha facilitado la detección de puntos críticos de contaminación en nuestro proceso para diseñar medidas tendientes a disminuir la cantidad de residuos generados,

[9] Entre sus requerimientos destaca la preocupación de que los productos puedan ser reciclados al término de su ciclo de vida y que durante su producción se disminuyan los impactos ambientales.

y por tanto nuestros costos por disposición de residuos". Si tomamos en cuenta que estas empresas realizan actividades de proceso para disminuir sus residuos, esta declaración del gerente implica que la ISO 14000 ha venido a complementar las actividades de control de residuos durante el proceso.

Cuadro XIII.3
Actividades realizadas por los departamentos de ingeniería de empresas en transición del momento II al III

Actividades	*Departamento de Ingeniería*
Administración de paquetería y correspondencia	Área ambiental
a) Descripción y análisis del proceso de producción	
b) Evaluación de corrientes de residuos	
c) Identificación de opciones	
d) Evaluación de implicaciones económicas y sobre la calidad del producto de cada opción	Involucramiento de ingenieros de proceso, calidad y diseño, ingeniería concurrente
e) Escoger e implementar las mejores opciones	
f) Medir resultados	

Fuente: Elaboración propia con base en los recorridos por los departamentos de manufactura y diseño, además de entrevistas a profundidad con gerentes de planta en las empresas H, J y K.

Así, las empresas que han recibido la certificación ISO 14000 se mueven en fases que apuntan hacia la integración de conocimientos manufactureros de diseño de productos y procesos, fusionándose las actividades de protección ambiental y de manufactura con la finalidad de reducir costos por disposición desde el diseño del producto. Concretamente las actividades realizadas en las plantas visitadas son: *a)* búsqueda de materias primas para mejorar la calidad y reducir la cantidad de residuos; *b)* intercambio de información de la empresa filial con el resto que integran su red corporativa (clientes y proveedores), ya sea vía la participación en comités corporativos virtuales (intranet) o presenciales; y *c)* trabajo en equipo de ingenieros de manufactura, calidad y producción.

Cuadro XIII.4
Formas de aprendizaje ambiental

Formas de Aprendizaje	*Características*	*Momentos evolutivos* 1ª	2ª	3ª
Aprendizaje interempresa	Relación matriz-subsidiaria. Canales de comunicación	No existe una política ambiental del corporativo. 1) Los flujos de información con base en lotes de pedidos y especificaciones del producto. 2) Información sobre tecnologías ambientales a través de empresas tratadoras de residuos.	Existe una política ambiental que coordina los trabajos de la subsidiaria. *a)* Cursos semestrales o anuales en la planta matriz sobre manejo de residuos y mejoramiento de procesos. *b)* Auditorías ambientales de ingenieros del corporativo. *c)* Boletines de información editados por el corporativo, además de revistas especializadas sobre tecnologías ambientales.	Política ambiental de la empresa como matriz. *a)* Intercambio de información entre ingenieros de diseño y proceso con clientes y proveedores. En especial sobre diseños de producto que disminuyan los residuos generados en proceso. *b)* Programa de investigación.
Aprendizaje intraempresa	Forma de organización	Comisión mixta de higiene y seguridad. Coordina trabajos de gerencia de producción, capacitación y recursos humanos. Su labor se limita a la sugerencia de actividades ambientales.	*a)* Comunicación a través de memorandos entre departamentos. *b)* Apoyo del JIT en inventario y procesos, programa de reducción de *scrap*, equipos de trabajo, manufactura celular, descentralización en el piso de producción, círculos de calidad.	Estructura organizacional para apoyar sus labores manufactureras.

Fuente: Elaboración propia con base en análisis de trayectorias ambientales de la maquila electrónica de Tijuana.

No obstante, las actividades de diseño de productos con procesos ambientales (disminución de residuos) tienen lugar después de haber realizado otras actividades relacionadas con la manufactura del producto; en este sentido, las empresas, antes de entrar en las fases de diseño de productos, utilizan tecnologías ambientales referidas al manejo de residuos asociadas con el cumplimiento normativo. Esta tendencia implica que pese a los esfuerzos por integrar el medio ambiente en su dinámica productiva, éste no es parte importante de sus preocupaciones, propiciando que su consideración siga obedeciendo a factores externos al funcionamiento de las empresas; en estos casos, la necesidad de certificarse en ISO 14000 para abrirse nuevos mercados y —acompañando todo el proceso de evolución— el cumplimiento de la normatividad ambiental.

En esta perspectiva, el cambio de tecnologías ambientales para este tipo de empresas presenta una sucesión evolutiva, donde las tecnologías ambientales se aplican en distintos momentos de acuerdo con los niveles de conocimiento manufacturero y con sus factores condicionantes; en este caso, la norma ISO 14000, la eficientización de procesos y la regulación ambiental (véase esquema XIII.3).

Conclusiones

Los hallazgos empíricos sugieren que las empresas visitadas han transitado por diferentes formas de aprendizaje en cada fase evolutiva. Así, cada momento evolutivo se asocia con la existencia de conocimientos manufactureros específicos, cristalizados en nuestro estudio a través de la clasificación e identificación de funciones de ingeniería; éstas a su vez se asocian con los diferentes papeles que la planta desempeña dentro de su red corporativa, reflejándose en su estrategia de reducción de costos como principal fuente de competitividad. En función de los hallazgos de campo descritos en la sección anterior, las formas de aprendizaje ambiental (ínter e intraempresariales) para cada momento evolutivo se sintetizan en el cuadro XIII.4.

A partir de la estrategia de costos y en relación con la tecnología ambiental, la evidencia empírica presentada en la sección tres nos indica que cuando las plantas se encuentran en el momento I la adopción de tecnologías ambientales tiene un efecto directo en el incremento de sus costos administrativos, principal fuente de ganancias; además de que los conocimientos manufactureros sobre el proceso son limitados porque su desarrollo no constituye su principal competencia en relación con la casa matriz. De tal manera que en esta fase evolutiva, las tecnologías ambientales son producto más de la regulación gubernamental que del desempeño productivo de las plantas; en este sentido, la trayectoria de tecnología ambiental del momento I abarca desde actividades de cero a un mínimo control y monitoreo (esquema XIII.4)

Esquema XIII.3
Fases de aplicación de tecnologías ambientales en trayectorias productivas

Primera face

Departamento Ambiental

Funciones: Administrativas referidas al cumplimiento de la normatividad ambiental.

Tipos de tecnología: Manejo de residuos, control de emisiones y monitoreo.

Factores condicionantes: Cumplimiento de la regulación ambiental.

→

Segunda fase

Ingeniería de proceso

Funciones: Aplicación de conocimientos sobre el proceso para disminuir los costos por disposición de residuos.

Tipo de tecnología ambiental: Programa de reducción de *scrap*. Aquí el conocimiento manufacturero es importante para su aplicación.

Factores condicionantes: Regulación ambiental y relaciones interempresariales que buscan la eficientización del proceso.

Transición efectiva donde el conocimiento de la manufactura se integra a las actividades de protección ambiental.

Tercera fase

Ingeniería concurrente

(procesos, diseño de producto y calidad)

Funciones: Aplicación de diseños de producto y proceso para disminuir el flujo de residuos.

Tipo de tecnología: Rediseño del producto con procesos ambientales.

Factores condicionantes: Regulación ambiental, eficientización de procesos y certificación ambiental ISO 14000.

Esquema XIII.4
Asociación de momentos evolutivos y aplicación de tecnologías ambientales en empresas electrónicas transnacionales

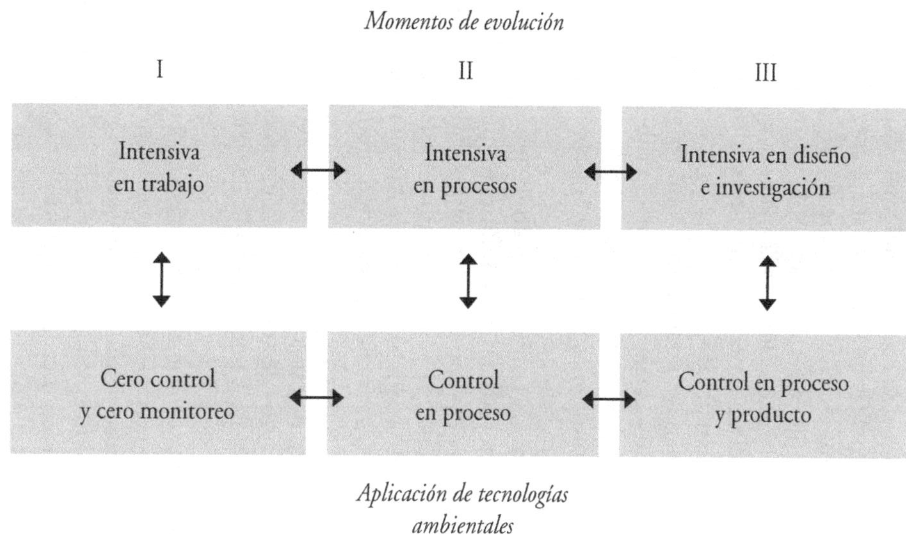

Fuente: Elaboración propia con base en el análisis de trayectorias productivas y ambientales de las plantas visitadas.

Por su parte, en plantas que se sitúan en el momento II, los costos del control ambiental son observados de una manera menos nociva respecto a su principal competencia (eficientización de procesos), ello debido a que el costo ambiental se redistribuye sobre la base del costo unitario; es decir, permite tolerar un mayor costo administrativo asociado con el control ambiental. Además, dado que sus competencias radican en la manufactura, este tipo de empresas tiene mayor capacidad de incorporar tecnologías de control ambiental, las cuales, según nuestras evidencias, coinciden con aquellas que contribuyen a eficientizar las actividades de proceso. Aquí el programa de reducción de *scrap* —que sin ser parte de las actividades ambientales sino de la eficientización de procesos— contribuye a la disminución de residuos generados durante la manufactura, por lo que el tipo de tecnología ambiental asociada a este momento evolutivo es de control de residuos en proceso (véase esquema XIII.4).

Este comportamiento marca una diferencia clave respecto a las empresas del momento I, donde los costos asociados al control ambiental inciden directamente en su principal fuente de ganancias (reducción de costos administrativos), mientras en este tipo de empresa los costos ambientales se redistribuyen sobre la base de los costos unitarios de producción.

Las plantas del momento III también reciben un presupuesto anual que deben eficientizar para mantener niveles de rendimiento que justifiquen su operación en el contexto de su red corporativa; sin embargo, dada sus nuevas funciones productivas, la principal fuente de ganancias radica en la eficientización desde el diseño y manufactura del producto, lo cual implica una búsqueda constante por disminuir los costos asociados con su operación productiva; es decir, administrativos, de manufactura y diseño del producto. En este contexto, al tener competencias en producto y manufactura, los costos asociados al control ambiental (como parte de los costos de administración) se reducen desde el diseño del producto, minimizando costos por generación de residuos y por disposición (esquema XIII.4).

Observando solamente la creación de competencias a través de diferentes niveles de aprendizaje, podemos plantear una tipología de tecnologías ambientales según la escala de conocimiento manufacturero asociado para ponerla en marcha (véase esquema XIII.5). Como veremos más adelante, la aplicación sucesiva de las tecnologías ambientales identificadas en nuestro estudio conforman diferentes trayectorias de cambio tecnológico ambiental; así, en la escala baja de nuestra tipología se encuentran aquellas tecnologías que por su naturaleza podemos considerar como típicas de final de chimenea y cuya aplicación se vincula con bajos o nulos niveles de conocimientos manufactureros (tecnologías de control). En una escala media se ubican las tecnologías ambientales que para su aplicación demandan la existencia de conocimientos de manufactura, contenidos en las funciones de ingeniería de procesos (tecnología de control en proceso). De tal manera que en la escala más alta encontramos las tecnologías ambientales que tratan de disminuir la contaminación desde el diseño del producto hasta su manufacturabilidad; por lo que su instrumentación requiere mayor grado de conocimiento y especialización sobre las características de producto y su proceso (tecnología de control en proceso y producto). En este sentido, la aplicación de tecnologías ambientales se asocia con diferentes niveles de conocimiento manufacturero y el papel de la filial en su red corporativa.

Por otra parte, los hallazgos empíricos nos muestran que además de la asociación entre competencias productivas y tecnologías ambientales existen otros factores que las plantas consideran para seleccionar los tipos de tecnologías ambientales que utilizarán. El esquema XIII.6 y el cuadro XIII.5 identifican las principales trayectorias de cambio tecnológico ambiental que convergen sobre las características productivas de cada momento evolutivo.

La representación empírica de esta tipología muestra las fases evolutivas del aprendizaje manufacturero y la utilización diferenciada de tecnologías ambientales, al tiempo que sintetiza la vinculación entre lo productivo y lo ambiental como una relación dinámica dependiente no sólo de la creación de competencias manufactureras y de contextos de producción específicos, sino también de la regulación ambiental y las políticas de la red corporativa global. En el esquema, las flechas representan las diferentes trayectorias de cambio tecnológico que muestran las decisiones sobre medio ambiente, mientras que el cuadro XIII.5 da cuenta de los diferentes factores involucrados en la aplicación diferenciada de tecnologías ambientales.

Un elemento que consideramos clave en la presentación de este esquema tiene que ver con la manera en que las decisiones pasadas condicionan el desenvolvimiento de los eventos presentes; es decir, donde las trayectorias de cambio son senderos dependientes de la experiencia manufacturera acumulada (en conocimientos manufactureros y formas de organización del trabajo), dados por la interacción social tanto dentro de la firma como por el grado de madurez alcanzado en la transferencia de funciones productivas desde la matriz hacia la filial. Así, se pueden identificar tres trayectorias de cambio tecnológico ambiental: *a)* trayectoria control; *b)* trayectoria procesos; y *c)* trayectoria proceso-producto.

Trayectoria control

En este tipo de trayectorias de cambio ambiental encontramos empresas que por las características descritas en el trabajo de campo se encuentran en el momento evolutivo I y empresas intensivas en actividades de proceso (momento evolutivo II) que durante sus primeras fases de operación aplicaron tecnologías con las características de esta trayectoria ambiental (puntos A y B del esquema XIII.6).

Esquema XIII.5
Tipología de tecnologías ambientales según escala de conocimiento manufacturero

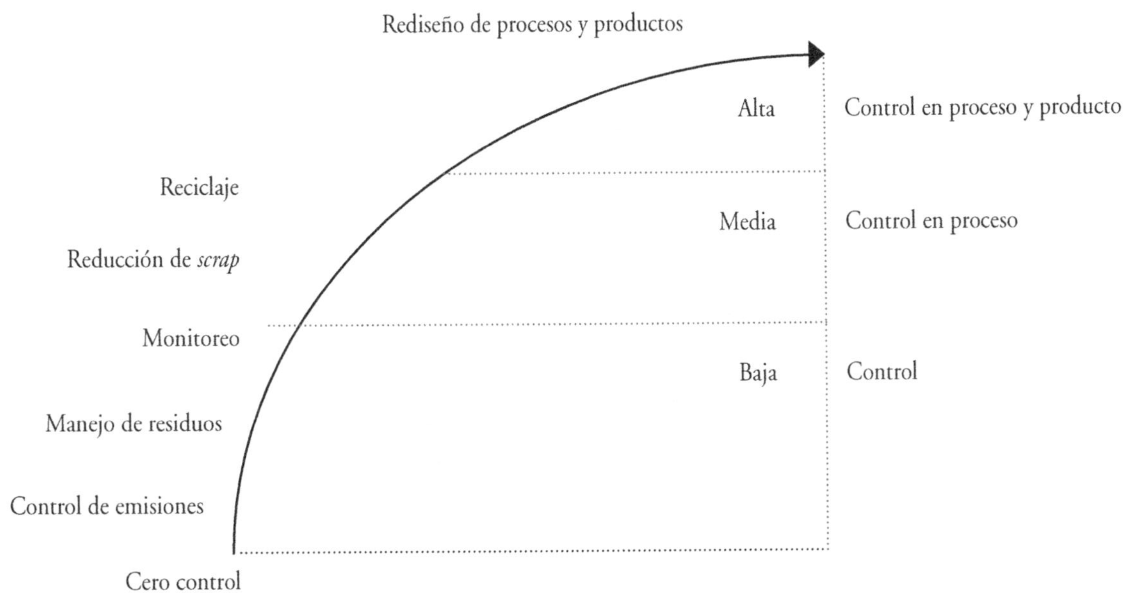

Fuente: Adaptación propia sobre la base de J. Skea, "Environmental Technology", en H. Folmer, H. L. Gabel y J.B. Opschoor (eds.), *Principles of Environmental Economics: A Guide for Students and Decision Makers,* Edward Elgar, Aldershot, Reino Unido, 1995, pp. 55-78.

Cuadro XIII.5
Contexto de decisiones ambientales en empresas filiales transnacionales

	Factores que intervienen en la aplicación de tecnologías ambientales		
Momentos evolutivos y tecnología ambiental	*Regulación ambiental local*	*Política ambiental corporativa*	*Conocimiento manufacturero*
Momento I-II			
Control de emisiones	+	0/+	0
Manejo de residuos	+	0/+	0
Segregación de materiales	0/+	0	0
Monitoreo	0/+	0/+	0
Programa de reducción de *scrap*	0	+	+
Reciclaje	0	0	0
Rediseño de procesos con procesos ambientales	0	0	0

Momento II-III

Control de emisiones	+	0/+	0
Manejo de residuos	+	0/+	0
Segregación de materiales	0/+	0	0
Monitoreo	0/+	+	+
Programa de reducción de *scrap*	0	+	+
Reciclaje	0	0/+	0/+
Rediseño de procesos con procesos ambientales	0	0/+	+

0 Factor ausente
+ Factor presente
Fuente: Elaboración propia con base en el análisis de trayectorias ambientales.

En esta trayectoria se ubican las empresas que durante alguna fase de su vida productiva abarcaron desde cero control o cero monitoreo hasta la aplicación mínima de tecnologías ambientales, básicamente orientadas hacia el manejo de residuos, control de emisiones y segregación de materiales, agrupadas en las tecnologías de control de nuestra tipología (esquema XIII.5). Dos características distinguen el contexto de selección y uso de este tipo de tecnologías: por un lado, la presencia de bajos niveles de conocimientos manufactureros en la producción de su principal producto (de baja complejidad y diferenciación) y, por otro, la presencia de la regulación ambiental, y en ocasiones de una política ambiental corporativa (cuadro XIII.5).

Respecto a la primera característica, el trabajo de campo muestra que estas empresas al dedicarse exclusivamente al servicio de gestión del ensamble su estrategia de negocios se basa en la disminución de costos administrativos, por lo cual el uso de tecnologías ambientales es una contingencia que afecta directamente su principal fuente de ganancias. De manera que los factores externos de cambio en este tipo de trayectorias son la regulación ambiental —vía el control y monitoreo de las autoridades ambientales estatales y federales— y la política ambiental corporativa, principalmente en aquellas empresas que iniciaron su vida productiva en el momento I, pero que han evolucionado hacia el momento II (cuadro XIII.5).

Trayectoria procesos

Se trata de empresas que se han movido desde la aplicación mínima de tecnologías (asociadas al manejo de residuos, control de emisiones y segregación de materiales), hacia el establecimiento de medidas orientadas a la disminución de residuos durante el proceso de manufactura. Nos referimos a las plantas que han transitado del momento I al II, y aquellas que nacieron con características del momento II; señalados en el cambio de A-C y B-C, respectivamente, del esquema XIII.6.

La aplicación del programa de reducción de *scrap* es la tecnología crítica en el desenvolvimiento de esta trayectoria, que sin ser parte de la política de protección al medio ambiente sino de las actividades de ingeniería de procesos, se presenta como un factor que influye sobre el desempeño ambiental de las empresas, amparado en la lógica por eficientizar procesos, vía la generación de menores cantidades de residuos para disminuir los costos por su manejo y disposición final.

En esta trayectoria ambiental, el conocimiento manufacturero de los ingenieros es un elemento clave para tener mayor control sobre las actividades de producción, descubrir errores en las especificaciones y disminuir los costos por unidad durante la manufactura, comúnmente asociadas a las actividades de la ISO

9000. En esta eficientización de procesos, las formas de organización del trabajo desempeñan un papel importante. El justo a tiempo en inventarios y procesos, equipos de trabajo, manufactura celular y mejoramiento continuo se observan como las actividades que ayudan en la aplicación de programas de reducción de *scrap*. Estas formas de organización intervienen en la disminución de residuos vía la eficientización de procesos de la siguiente manera:

1) Justo a tiempo en inventarios posibilita la obtención de insumos en cantidades y especificaciones requeridas para cada orden de producción, eficientizando por un lado los canales de abastecimiento, y por otro las cantidades de *scrap* por piezas ensambladas con insumos que no cumplen con los requerimientos del producto. Así la coordinación entre la empresa y sus proveedores es una actividad importante para disminuir el flujo de residuos.

2) Justo a tiempo en procesos. El conocimiento de cada actividad del proceso posibilita que dentro de la planta se mantenga un flujo continuo de insumos a lo largo de la línea. De tal manera que su asignación sea la requerida para cada orden de producción y, por tanto, sea posible estimar las cantidades de *scrap* generadas antes de la instrumentación del proceso y verificarlo con el obtenido después de la producción. Si está por arriba de lo estimado, se revisan las actividades del proceso para descubrir la falla.

3) En la producción en *celdas de trabajo* facilita la identificación de aquellas en donde se están desperdiciando materiales, mientras que su *trabajo en equipo* (entre sus operadores, supervisores e ingenieros) permite hacer labores de mejoramiento continuo para disminuir las cantidades de residuos producidos durante la producción.

4) La aplicación de actividades de *mejoramiento continuo.* Una vez instrumentado el proceso de manufactura, la búsqueda continua por eficientizar la producción se cristaliza en principios como "hacerlo bien la primera vez". Su instrumentación sistemática promueve, entre otros objetivos de producción, la disminución de residuos generados durante el proceso.

No obstante la importancia de estas actividades, en la mayoría de las plantas visitadas se observó que el establecimiento del programa de reducción de *scrap* tiene lugar después de un proceso gradual al que le anteceden actividades manufactureras orientadas hacia la eficientización de procesos. En especial, la adaptación y el rediseño de procesos a condiciones locales y la reducción de "tiempos muertos", donde la preocupación por disminuir residuos aparece cuando se elevan los costos por disposición y cuando la política corporativa lo exige como un requerimiento productivo.

Por otra parte, al ser una actividad exclusiva de la ingeniería de manufactura, las actividades de eficientización de procesos tienen vinculación marginal con las instancias encargadas de llevar a cabo las actividades ambientales. En este sentido, la división organizacional configura labores ambientales claramente diferenciadas: por un lado, el departamento ambiental o la comisión mixta de higiene y seguridad se encargan de dar seguimiento administrativo a las actividades de manejo de residuos, control de emisiones y monitoreo, mientras que por otro las actividades de reducción de *scrap* son llevadas a cabo por la ingeniería de producción. En esta perspectiva, en la trayectoria procesos se identifican dos fases de aplicación de tecnologías ambientales:

1) En la primera fase se utilizan tecnologías referidas al control de emisiones, manejo de residuos y monitoreo, donde la regulación ambiental y la política ambiental corporativa son un factor presente para su aplicación.

2) En una segunda fase, la aplicación del programa de reducción de *scrap* se presenta como parte de las actividades para eficientizar los procesos. En esta fase, el papel como empresa filial dentro de su red corporativa es un elemento directamente relacionado con estas actividades.

Esta trayectoria es el basamento cognitivo para operar un cambio del conocimiento de procesos hacia la integración de actividades de diseño e investigación (momento III), la cual no necesariamente implica la incorporación de estas funciones dentro de su desempeño ambiental. Nos referimos al cambio ocurrido del punto C al D en el esquema XIII.6, donde la red corporativa ha transferido funciones de diseño e investigación que la colocan en el momento III, pero sigue aplicando tecnologías de control en procesos.

Trayectoria proceso-producto

En esta trayectoria se identifican las empresas que han incorporado a sus actividades de diseño de producto y de procesos medidas tendientes a disminuir la cantidad de residuos generados durante su actividad productiva. Durante el desenvolvimiento de esta etapa se produce lo que nosotros denominamos la *transición efectiva*, donde el conocimiento manufacturero se integra plenamente a las actividades ambientales; lo cual se traduce en que los departamentos de ingeniería de procesos y producto trabajen en coordinación directa con las personas encargadas del área ambiental: su opinión es tomada en cuenta y ya no tan sólo realizan labores de monitoreo administrativo, sino que se incorporan de lleno en los equipos encargados de rediseñar procesos y productos. Bajo este contexto de operación se encuentran las empresas que han transitado del momento II al III, ubicadas dentro del cambio C-E en el esquema XIII.6.

A partir de los hallazgos encontrados en estas empresas pudimos percatarnos de que existen algunos elementos que facilitan esta *transición efectiva*, los cuales son: *a)* una política ambiental corporativa que impulse la certificación ambiental

ISO 14000; *b)* conocimiento sobre las fases del proceso y el diseño del producto desarrollados con el respaldo de su experiencia manufacturera, que en algunas plantas se expresan a través de la certificación ISO 9000; *c)* aplicación de formas de organización del trabajo tales como trabajo en equipo entre los departamentos de ingeniería de procesos, producto y calidad (ingeniería concurrente), tanto en el seno de las plantas como en el ámbito corporativo; además del apoyo del justo a tiempo (en inventarios y procesos) desarrollado durante su etapa de intensificación de procesos (momento II); y *d)* aprovechamiento de los canales de comunicación entre clientes y proveedores, creados al principio para mejorar la calidad y especificidad de producto, ahora aplicados para sugerir cambios en los procesos y productos que disminuyen el flujo de residuos.

De estos elementos, la certificación ISO 14000 destaca como un mecanismo que facilita el descubrimiento de problemas ambientales. Ello es así porque las actividades propuestas por el estándar potencian la utilización del conocimiento manufacturero para disminuir la generación de residuos en su sistema de manufactura. Aquí es importante observar que el antecedente de la certificación ISO 9000 en la trayectoria productiva de la planta facilita (por la experiencia en su gestión organizacional) su incorporación a la ISO 14000. Ello significa que las competencias adquiridas para la elaboración y adaptación de procedimientos de operación ambiental tienen como basamento cognitivo la experiencia acumulada en la preparación de procedimientos de calidad.

La evidencia que analizamos muestra que en las trayectorias de cambio tecnológico ambiental, la conformación de competencias manufactureras es un elemento clave. Pero no es el único que sirve para entender comportamientos ambientales diferenciados entre cada una de las empresas. Como lo muestra el cuadro XIII.5, su importancia no anula la relevancia de otros factores presentes en el contexto de decisiones productivas y ambientales (regulación ambiental y política ambiental corporativa), sino que la ubica en contextos diferenciados de aplicación de tecnologías ambientales.

Estos resultados muestran que la política ambiental diseñada para este tipo de empresas tiene que considerar al menos dos elementos: por un lado, los factores de aprendizaje y de evolución de competencias como elementos centrales para orientar (y en su caso reorientar) el comportamiento ambiental, y por otro, la promoción de actividades industriales asociada con la emergencia de fases avanzadas de evolución productiva. Ambas dimensiones tendrían que complementarse con la construcción de indicadores ambientales que midieran su desempeño; principalmente la cuantificación de costos ambientales por tipo de relación productiva y la evaluación cuántica del conocimiento manufacturero que valide la estrategia de costos como fuente competitiva.

Esquema XIII.6
Tipología de trayectorias de cambio tecnológico ambiental en filiales electrónicas

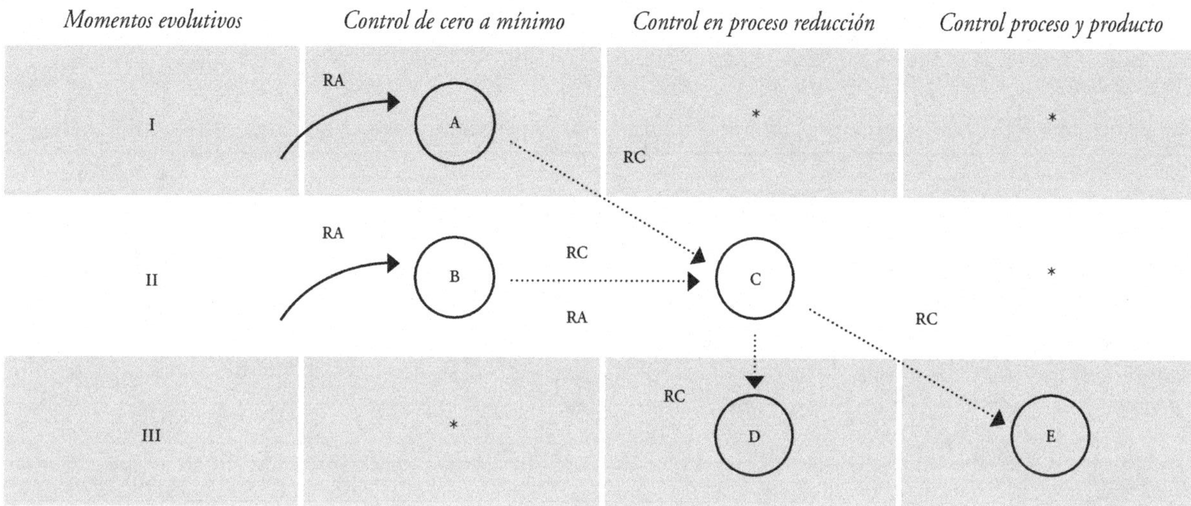

Factores de cambio
RA: Regulación ambiental.
RC: Red corporativa.
* Trayectorias inexistentes debido a características de la evidencia empírica.
Fuente: Elaboración propia con base en el análisis de trayectorias productivas y ambientales.

XIV. MAQUILA Y AMBIENTE EN LA FRONTERA DE TAMAULIPAS CON TEXAS: EL CASO DE LA MAQUILA DE AUTOPARTES EN MATAMOROS Y REYNOSA[1]

TERESA ELIZABETH CUEVA Y BELÉM ILIANA VÁSQUEZ

INTRODUCCIÓN

La preocupación gubernamental y empresarial por el cuidado ambiental en la frontera de Tamaulipas con Texas, al noreste de México, es muy reciente; posterior a lo observado en las principales localidades industriales del país. Es posible distinguir, por ejemplo, que el impacto derivado de actividades económicas en el aire y el suelo ha sido mucho más monitoreado que el realizado[2] acerca del impacto en subsuelos y cuerpos de agua. En la primera etapa, dicho monitoreo fue coordinado por la Procuraduría Federal de Protección al Ambiente (Profepa), y contó con la colaboración binacional de dependencias en el sur de los Estados Unidos y el norte de México. En esa misma trayectoria, de creciente conciencia ambientalista, puede reconocerse que los estudios ambientales de las autoridades locales carecían de visión integral y que apenas en la primera década del siglo XXI se han empezado a concretar en diagnósticos ecológicos, leyes y regulaciones de las funciones de organismos estatales y municipales. Por ejemplo, el primer Diagnóstico Ecológico del Estado,[3] que apenas data del año 2002, intenta desarrollar una visión acerca del impacto de las actividades humanas sobre las condiciones naturales del ecosistema en Tamaulipas.

[1] Este capítulo se deriva de un proyecto más amplio: "El papel de las normas ambientales y las estrategias competitivas en el cuidado ambiental de la industria en México"; contó con financiamiento del Conacyt y la Profepa. Las autoras agradecen este apoyo, así como del coordinador general del proyecto, Alfonso Mercado. Una versión resumida se publicó en la revista *Comercio exterior* (B. I. Vásquez y T. E. Cueva, "Las normas ambientales y su influencia en el comportamiento ambiental de las maquiladoras en Matamoros y Reynosa", vol. 52, núm. 2, Banco Nacional de Comercio Exterior, México, febrero de 2002), y un estudio de la problemática ambiental local —que no se centra en el estudio del comportamiento ambiental de las plantas— que se publicó recientemente es complementario (T. E. Cueva y B. I. Vásquez, "Problemas ambientales en la frontera de Tamaulipas con Texas, con especial alusión a la contaminación industrial", en A. Mercado e I. Aguilar (eds.), Sustentabilidad ambiental de la industria mexicana. Conceptos, tendencias internacionales y experiencias mexicanas, capítulo VIII, El Colegio de México, ITESM, México, 2005).

[2] T. E. Cueva y B. I. Vásquez, "Problemas ambientales...", *op. cit.*

[3] Gobierno de Tamaulipas, *Diagnóstico ecológico del Estado, 2002*, Tamaulipas, 2002.

Es clave el monitoreo de las actividades industriales, por lo que este capítulo analiza el asunto a partir de una encuesta levantada entre personal especializado en el área ambiental en un grupo de maquiladoras. Así, el principal objetivo del capítulo es contribuir al conocimiento de la situación que ha generado el impacto de la maquiladora en el ambiente y los recursos naturales, dada la importancia y creciente participación de esta región fronteriza, en el desarrollo económico regional. Con base en una encuesta levantada entre un grupo de maquiladoras en las ciudades fronterizas de Matamoros y Reynosa, ambas en el estado de Tamaulipas, se estudia cuál ha sido la disposición de las maquiladoras para sostener un comportamiento pro ambiental. Por *comportamiento pro ambiental* (o simplemente, *comportamiento ambiental*) se entiende aquí el conjunto de actitudes y decisiones de la alta gerencia de las empresas relativas al control de la contaminación generada por sus actividades productivas.

Después de esta introducción, en la segunda sección del capítulo se ofrece brevemente un resumen de la presión ambiental asociada al desarrollo de la industria maquiladora de exportación (IME) en las ciudades estudiadas y algunas referencias a la gestión pública y social del cuidado ambiental. En la tercera sección se muestran los resultados de la encuesta ordenados en varios puntos: en primer lugar se hace alusión a una evaluación en un punto del tiempo y luego a una evaluación dinámica. Posteriormente, en la cuarta sección, se evalúa de manera conjunta la exigencia corporativa y la exigencia gubernamental hacia el comportamiento ambiental de las empresas. En la quinta sección se exponen las conclusiones.

La presión ambiental de la IME y las políticas públicas en la región

El crecimiento de la maquila

El origen de la IME en Matamoros y Reynosa con el Programa de Industrialización Fronteriza (PIF) establecido en 1965 es similar al del resto de las ciudades fronterizas de México con Estados Unidos.[4] En el caso particular del estado de Tamau-

[4] El PIF tuvo como primer objetivo incorporar la frontera mexicana al desarrollo industrial que se venía intensificando en el resto del país. En los hechos, el PIF fue establecido para absorber la mano de obra tanto de los migrantes mexicanos, al término del programa Bracero con Estados Unidos, como de campesinos desocupados por la crisis agrícola de la producción algodonera en el norte de México. Las ventajas ofrecidas por el PIF, a través de la exención de impuestos y la disponibilidad de mano de obra barata, estimularon la conformación de la industria maquiladora de exportación. Siguieron al PIF otros programas de la maquila que estimularon la inversión, sobre todo en los municipios fronterizos de Ciudad Juárez, Matamoros, Reynosa, Tijuana y Mexicali. Véase L. Taylor, "Los orígenes de la industria maquiladora en México", *Comercio exterior*, vol. 53,

lipas, la inversión tendió a ubicarse en los municipios fronterizos de Matamoros, Nuevo Laredo y Reynosa. Para 1980, la inversión se orientó claramente a Matamoros (con 50 establecimientos), y en menor cantidad, a Nuevo Laredo y Reynosa (con 17 y 14 establecimientos, respectivamente). El crecimiento maquilador en Matamoros, positivo hasta el 2000, le permitió mantener su liderazgo hasta el fin del siglo XX. En los años noventa, Reynosa se erigió como un centro maquilador dinámico, con tasas de crecimiento de empleo y del número de establecimientos superiores a las de Matamoros, logrando posicionarse claramente por encima de Matamoros a partir de 2001 (véase cuadro XIV.1). En resumen, el crecimiento de la maquila en Tamaulipas se concentró en Matamoros en los años ochenta, y luego definitivamente en Reynosa en esta década. Así, si el crecimiento de la IME ha ejercido una gran presión en la ecología de la frontera mexicana, como un efecto escala, el crecimiento de la maquila sugiere una mayor presión en el suelo, la calidad atmosférica y los cuerpos de agua de estos dos municipios fronterizos.

La relevancia de la industria maquiladora en las economías de estos dos municipios tamaulipecos es significativa en varias formas. Se trata del establecimiento de grandes plantas cuya capacidad promedio generadora de empleo fue de 500 trabajadores en Matamoros y 553 trabajadores en Reynosa; muy superior al promedio observado en las ciudades de la frontera mexicana con Estados Unidos (356 trabajadores), en 1999. Además, las maquiladoras de las dos localidades tienen una rotación de personal relativamente baja, hecho asociado a una alta participación sindical en comparación con otros centros urbanos maquiladores de México.[5]

La composición de la maquila se ha modificado, con una mayor expansión en los sectores modernos en Matamoros-Reynosa que en el resto del país. Según las estadísticas del Instituto Nacional de Geografía e Informática (INEGI), en el lapso comprendido entre 1979 y 1990 la participación de la rama electrónica cayó ligeramente en el total de los establecimientos maquiladores en el país, y las ramas de aparatos eléctricos y textiles lo hicieron estrepitosamente. En la región Matamoros-Reynosa, la estructura de la maquila muestra una participación importante de ensambladoras de autopartes, así como de aparatos y componentes eléctricos y electrónicos; algunas de ellas ensamblan específicamente autopartes eléctricas y electrónicas, por lo que las dos ramas se intersectan. En 1998, la rama de autopartes estaba conformada por 24 establecimientos en Matamoros y 14 en Reynosa, los cuales representaban, respectivamente, 21% y 14% del total de establecimientos maquiladores.[6]

---

núm. 11, Banco Nacional de Comercio Exterior, México, noviembre de 2003, pp. 1045-1056, un excelente estudio sobre el origen de la maquila.

[5] C. Quintero, *Reestructuración sindical en la frontera norte, el caso de la industria maquiladora*, El Colegio de la Frontera Norte Tijuana, México, 1997.

[6] Directorios locales de las Secretarías de Comercio y Fomento Industrial, 1998.

Cuadro XIV.1
Características de la IME en el país y en Matamoros, Nuevo Laredo y Reynosa, 1980-2004

	Nacional				Matamoros				Nuevo Laredo				Reynosa			
	Establecimientos		Empleo		Establecimientos		Empleo		Establecimientos		Empleo		Establecimientos		Empleo	
Año	Núm.	Crec. anual %	Núm.	Crec. anual %	Núm.	Crec. anual %	Núm.	Crec. anual %	Núm.	Crec. anual %	Núm.	Crec. anual %	Núm.	Crec. anual %	Núm.	Crec. anual %
1980	578	n.d.	119 546	n.d.	47	n.d.	15 230	n.d.	14	n.d.	n.d.	n.d.	17	n.d.	5 450	n.d.
1985	760	5.6	211 968	12.1	35	-5.9	20 687	6.3	n.d.	n.d.	n.d.	n.d.	n.d.	n.d.	n.d.	n.d.
1986	890	17.1	249 833	17.9	43	22.6	23 442	13.3	n.d.	n.d.	n.d.	n.d.	n.d.	n.d.	n.d.	n.d.
1987	1 125	26.4	305 253	22.2	60	39.2	26 994	15.2	n.d.	n.d.	n.d.	n.d.	n.d.	n.d.	n.d.	n.d.
1988	1 396	24.1	369 489	21	72	20.5	32 450	20.2	n.d.	n.d.	n.d.	n.d.	n.d.	n.d.	n.d.	n.d.
1989	1 655	18.6	429 725	16.3	88	21.9	38 157	17.6	n.d.	n.d.	n.d.	n.d.	n.d.	n.d.	n.d.	n.d.
1990	1 703	2.9	446 436	3.9	89	0.9	38 360	0.5	n.d.	n.d.	n.d.	n.d.	n.d.	n.d.	n.d.	n.d.
1991	1 914	12.4	467 352	4.7	93	4.6	36 931	-3.7	n.d.	n.d.	n.d.	n.d.	n.d.	n.d.	n.d.	n.d.
1992	2 075	8.4	505 698	8.2	97	4.3	37 487	1.5	57	n.d.	16 239	n.d.	76	n.d.	29 916	n.d.

1993	2114	1.9	542074	7.2	95	-1.2	37814	0.9	55	-4.6	15907	-2	76	-0.1	32821	9.7
1994	2085	-1.4	583044	7.6	101	6.3	41357	9.4	54	-0.8	17723	11.4	81	6.1	36909	12.5
1995	2130	2.2	648263	11.2	94	-7.8	43655	5.6	51	-5.2	18619	5.1	76	-5.8	39304	6.5
1996	2411	13.2	753708	16.3	100	7	45267	3.7	53	4.2	19151	2.9	87	15.1	41611	5.9
1997	2717	12.7	903528	19.9	108	7.9	52036	15	53	-0.8	19912	4	91	4.1	45814	10.1
1998	2983	9.8	1014006	12.2	115	6.5	55533	6.7	53	0	20583	3.4	99	8.8	51284	11.9
1999	3297	10.5	1143240	12.7	118	2.6	59 177	6.6	53	0	21 903	6.4	111	12.1	61 165	19.3
2000	3590	8.9	1291232	12.9	119	0.8	66075	11.7	54	1.9	22591	3.1	117	5.4	65984	7.9
2001	3630	1.1	1198942	-7.1	125	5	60875	-7.9	53	-1.9	20616	-8.7	133	13.7	66670	1
2002	3003	-17.3	1071209	-10.7	127	1.6	55207	-9.3	45	-15.1	18624	-9.7	135	1.5	68562	2.8
2003	2860	-4.8	1062105	-0.8	126	-0.8	53226	-3.6	45	0	17917	-3.8	141	4.4	71343	4.1
2004	2810	-1.7	1115230	5	126	0	53403	0.3	43	-4.4	20597	15	139	-1.4	80214	12.4

n.d.: No disponible.
Fuente: INEGI, Industria maquiladora de exportación, Estadísticas Económicas, Aguascalientes, México, varios años.

Los indicadores de valor agregado de la maquiladora en estas ciudades han sido muy cercanos al nivel nacional durante el periodo 1994-2004. Reynosa ha mostrado un comportamiento superior al de Matamoros a lo largo de todo el periodo citado e incluso por arriba del nivel nacional en varios momentos a partir de 1999. Si bien no interesa aquí indagar en las razones que explican este fenómeno, si cabe destacar, de nuevo, la importancia de la actividad maquiladora en términos del contexto manufacturero nacional.

Política federal y respuestas locales

Las empresas inscritas bajo el régimen de maquiladora están obligadas a devolver al país de origen de la materia prima los residuos industriales peligrosos (RIP) que derivan de su procesamiento. Así lo establece la Ley General de Equilibrio Ecológico y la Protección al Ambiente: la IME debe retornar a su país de origen los RIP provenientes de insumos importados. Varios gerentes entrevistados en Matamoros y Reynosa estimaron que por lo menos 90% de los residuos sólidos y peligrosos generados por el proceso productivo se retorna a Estados Unidos, y que un máximo de 10% puede permanecer en México, siempre que se le brinde un manejo adecuado. En 1998, representantes de los gobiernos de Tamaulipas, Nuevo León, Coahuila y Texas constituyeron un subgrupo de trabajo del Grupo de Trabajo de Cooperación en la Aplicación de la Ley y se enfocaron en la transportación de residuos peligrosos.[7] Este punto es muy sensible para la maquiladora pues se incurre en altos costos por el traslado de los remanentes (generalmente a Estados Unidos). En opinión del encargado de la Comisión de Asuntos Ambientales de la Asociación de Maquiladoras de Reynosa, existen desacuerdos con los inspectores de la Profepa respecto de cuáles residuos deben ser considerados peligrosos, pues el tipo de manejo y disposición se determina en función de dicha clasificación. Desde el punto de vista del entrevistado mencionado, los encargados de Profepa sobreutilizan dicho término, lo que tiene como consecuencia el incremento de los gastos del traslado de los residuos.[8] Las cifras de la Secretaría del Medio Ambiente y Recursos Naturales (Semarnat) indican un crecimiento en el retorno de los RIP de la IME en Tamaulipas de 22 000 toneladas a 26 000 toneladas de 1996 a 1999, y una disminución a 18 000 toneladas de 1999 a 2000 (gráfica XIV.1). Este quiebre en la tendencia coincide con la crisis de la maquila al inicio de la primera década del siglo XXI.

7 Frontera XXI: <http://yosemite1.epa.gov/oia/Mexusa.nsf/>.

8 Entrevista con el encargado de la Comisión de Asuntos Ambientales en la Asociación de Maquiladoras de Reynosa, 1998.

Gráfica XIV.1
Retorno de RIP de la maquila tamaulipeca en 1996-2000

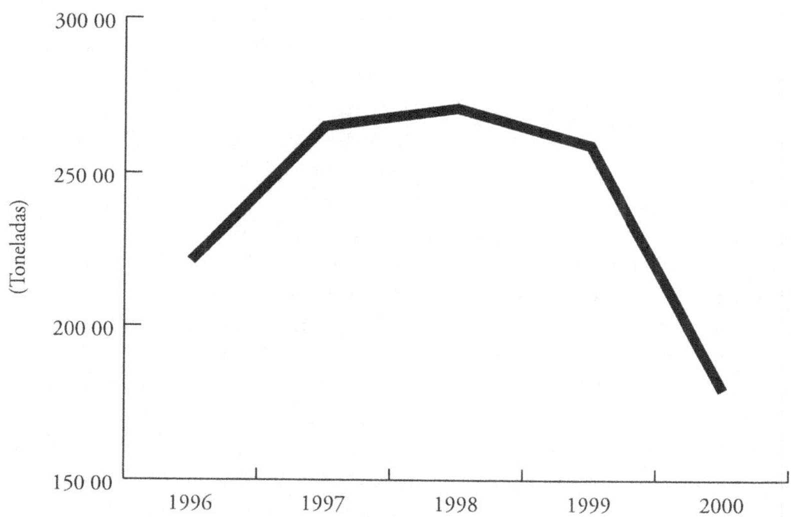

Fuente: Semarnat, Subsecretaría de Gestión para la Protección Ambiental, Dirección General de Manejo Integral de Contaminantes, México, 2002.

Otro de los aspectos importantes de la política ambiental, que promovió la Profepa en la zona fronteriza, y en particular en las ciudades mencionadas, fue el Programa de Auditoría Ambiental Voluntaria. Desde principios de los años noventa, este programa buscó incentivar a las empresas para proteger el ambiente, ya sea mediante acciones correctivas "al final del tubo" o mediante mejoras a lo largo y ancho del proceso. Uno de los aspectos cruciales de tal programa es su carácter voluntario. La respuesta de las empresas a este programa fue débil en 1996 y 1997, ya que sólo 18 maquiladoras en todo el territorio nacional realizaron auditorías de este tipo.[9] La Profepa publicó mejores cifras entre 1997 y 1999: 305 empresas obtuvieron sus certificados a nivel nacional, de los cuales 90 fueron obtenidos en los estados del norte del país. La cifra para Tamaulipas era de 19.[10] De acuerdo con datos de la Profepa y del Instituto Nacional de Ecología, en los municipios fronterizos que aquí se estudian sólo cinco empresas maquiladoras

[9] Red Mexicana de Acción Frente al Libre Comercio, "El manejo de residuos peligrosos en la zona fronteriza México-Estados Unidos.: más preguntas que respuestas", México, versión preliminar, 1999.

[10] <http://www.ine.gob.mx/ueajei/publicaciones/libros/109/cap10.html>.

(cuatro en Matamoros y una en Reynosa) contaban con certificados de industria limpia vigentes en 1999; se sabe también que una empresa en Matamoros y dos en Reynosa habían obtenido certificados ISO 14001.[11] Entonces, al tomar en cuenta las 229 plantas maquiladoras existentes en dichos municipios en el año mencionado, el número de las certificadas es evidentemente muy reducido.

Las primeras acciones de vigilancia industrial pro ambiental en las ciudades de referencia fueron realizadas a principios de los noventa sólo por la Profepa, y posteriormente ésta se coordinó con dependencias gubernamentales de México y Estados Unidos. Dichas acciones recibieron gran apoyo del Programa Frontera XXI, que fue oficializado en 1996 en el contexto de las negociaciones del Tratado de Libre Comercio. Éste es un programa binacional de cooperación sobre problemas ambientales a lo largo de la franja fronteriza, y se deriva de convenios y planes binacionales en la zona fronteriza que se formularon durante los años ochenta y noventa; sin embargo, antes de tal programa la cooperación ambiental transfronteriza era mínima o casi nula.[12]

Los esfuerzos de los gobiernos locales en materia ambiental también arrancaron a inicios de los noventa y se formalizaron en el transcurso del tiempo. Si bien la primera Ley Estatal del Equilibrio Ecológico que se publicó en el *Diario Oficial del Estado de Tamaulipas* es relativamente reciente (en febrero de 1992); sus reformas en las Legislaturas subsiguientes han sido sustanciales y han logrado grandes avances. La Ley de Protección al Ambiente para el Desarrollo Sustentable del Estado de Tamaulipas ha estado vigente desde finales de 2004,[13] y no sólo define las tareas del estado y de los municipios, sino también la coordinación de sus competencias, y urge a los ayuntamientos que aún no hubiesen dictado las normas o reglamentos correspondientes, lo hagan.[14] Mientras que las leyes se mejoraban, los organismos dedicados a la problemática ambiental —dentro de la administración estatal— sufrieron de una falta de visión de sus funciones. Para Córdova, la gestión del cuidado ambiental durante la administración de 1994 a 1999 se desarrolló más en función de programas específicos que mediante la planificación integral, y en 1999 se supeditó el cuidado ambiental al desarrollo urbano.[15] Del argumento infiere dicho autor la importancia y forma

11 Considérese que la certificación de ISO 14000 e ISO 14001 es indicativa de una conducta pro ambiental; si bien evalúan aspectos similares a la auditoría ambiental, no los cubren por completo.

12 <http://mx.geocities.com/floresgod/tesis01.html>.

13 H. Congreso de Estado de Tamaulipas, *Ley de protección ambiental para el desarrollo sustentable del estado de Tamaulipas*, LIX Legislatura, Decreto LVIII-858, Tamaulipas, México, 19 de octubre de 2004, <http://www.congresotamaulipas.gob.mx/>.

14 <http://www.tamaulipas.gob.mx/gobierno/secretarias/sec_obras/dir_med_amb/leyes_y_reglamentos>.

15 G. Córdova, "Evolución de la gestión ambiental en la frontera norte", *Revista Noesis*, vol. II, núm. 22/23, Universidad Autónoma de Ciudad Juárez, Chihuahua, 1999.

que adquiere el cuidado ambiental en el organigrama del gobierno del estado: la Dirección de Ecología de Tamaulipas, que era parte de la Secretaría de Desarrollo Social hasta febrero de 1999, se subdividió en dos direcciones, como parte de la reorganización de la administración pública del gobierno estatal en el periodo de 1999-2004. Actualmente, en el organigrama público del estado de Tamaulipas, la Dirección General del Medio Ambiente depende de la Secretaría de Obras Públicas y Desarrollo Urbano y Ecología, pero la ley vigente parece identificar mejor las formas en que puede incidir en la regulación del desarrollo sustentable por tipo de actores y espacios. Se habla de apoyar esquemas ambientales voluntarios pero todavía no se visualizan instrumentos económicos que presionen a los distintos actores a un comportamiento ambiental.

Comportamiento ambiental de 13 maquiladoras de autopartes

Presentación de las maquiladoras estudiadas

Para explorar las características del cuidado ambiental de la industria maquiladora se aplicó un cuestionario en plantas maquiladoras de autopartes en las ciudades de Matamoros y Reynosa a finales de 1998 y principios de 1999. El número de plantas encuestadas se redujo sobre todo en Reynosa, debido al rechazo, que en algunos casos se justificó por el supuesto temor de que la información recibiera tratamiento sensacionalista; así, no pudo seguirse un muestreo aleatorio probabilístico. Por esta razón, los resultados permiten acercarse a la realidad pero al ser causísticos no pueden generalizarse. Los casos estudiados representan 34% de las maquiladoras de autopartes instaladas en Matamoros y Reynosa en 1998.

Las plantas estudiadas fueron seleccionadas de un marco muestral de una de las principales ramas en la región, la de autopartes. Se encuestaron ocho plantas en Matamoros, las cuales representaron 33.3% del total (24) de esa rama en este municipio; también se encuestaron cinco plantas en Reynosa, de un total de 14 de esa rama en el municipio; es decir, 35.7%. Entonces, el total de 13 maquiladoras estudiadas representa aproximadamente un tercio del total de plantas de autopartes que se encontraba operando en los dos municipios en el momento de la encuesta. La selección de las plantas no fue aleatoria sino dirigida hacia las más grandes; así, hay un sesgo de la muestra al incluir más plantas de mayor tamaño. La mayoría es grande (con más de 250 trabajadores) y mediana (101 a 250 trabajadores); ambos estratos representan 69.2% de la muestra.

En general puede decirse que se trata de plantas con arraigo en la región, que han tenido una tendencia creciente en la creación de empleos y valor agregado. La mitad de las maquiladoras de autopartes de la muestra (54%) se estableció en la región Matamoros-Reynosa en la década de los años ochenta. Ello coincidió con el cambio estructural que experimentó la industria maquiladora en México, que pasó de ser primordialmente textil al ramo eléctrico-electrónico. La planta con mayor antigüedad en la muestra se estableció en 1979, y la más joven en 1997.

Las 13 plantas encuestadas destinan su producción al mercado extranjero, pues en su mayoría son proveedoras de las grandes empresas automotrices ubicadas en la parte norte de Estados Unidos, como Chrysler, Ford y General Motors, entre otras; por ello, las maquiladoras de autopartes requieren de un nivel de tecnología capaz de llevar a cabo continuos cambios en el producto. Este supuesto es congruente con los resultados de la encuesta, que revelan la existencia de procesos cuya tecnología se compara con la mejor en la actualidad y con aquella de hace dos a cinco años (84.6%).

Notas sobre el método

El estudio se basa en una evaluación dinámica y otra estática a una serie de índices de comportamiento ambiental en un grupo de 13 plantas maquiladoras de autopartes, con encuestas levantadas entre los gerentes más calificados de dichas empresas en el área ambiental. Interesa conocer la disposición a cumplir las normas ambientales mexicanas de las empresas estudiadas, lo cual se analiza considerando algunos factores como la rama de actividad a la que pertenecen, el nivel tecnológico con el que cuentan y la relación que mantienen en este sentido con su matriz. También interesa comparar el grado de exigencia gubernamental con el corporativo, según las percepciones de los gerentes responsables del cuidado ambiental en las plantas encuestadas.

Las respuestas de los gerentes fueron valoradas con un sistema propio de calificación y ponderación,[16] para obtener un índice que homogeneizara las calificaciones en una escala del 0 al 10. Con la información recabada se estimaron cuatro índices:

1) Evaluación ambiental estática: comportamiento en el presente en términos de la disposición a cumplir y de las acciones emprendidas para lograrlo.

2) Evaluación ambiental dinámica: sistemas o acciones llevadas a cabo para corregir y mejorar el control de la contaminación.

3) Exigencia corporativa: el grado de exigencia de la matriz hacia la filial para el cuidado ambiental.

[16] Una explicación más amplia se ofrece en A. Mercado, "El comportamiento empresarial con respecto al cumplimiento de las normas ambientales en la industria mexicana", en M. Bañuelos (coord.), *Sociedad, derecho..., op. cit.*, y en el capítulo IV ("¿Conducta limpia? Un estudio del comportamiento ambiental manufacturero en México") de este libro.

4) Exigencia gubernamental: la importancia de la exigencia de las normas y regulaciones gubernamentales en la política ambiental de la empresa, según lo percibido por los gerentes.

Evaluación ambiental estática

El comportamiento de las plantas frente al cuidado ambiental y la disposición a cumplir se analizan en un momento del tiempo. Desde esta perspectiva, los siguientes cuatro índices recibieron calificaciones en una escala del 0 al 100.

I. La política ambiental de la planta: escrita en un documento, contenido del mismo, actitud y procedimientos.

II. Las acciones con programas: metas, capacitación, auditorías, trabajos con la comunidad y certificaciones.

III. La gestión ambiental: personal, gestión formal, manuales, indicadores y estadísticas.

IV. Otras acciones de la planta: características reguladas de las instalaciones y monitoreos.

La gestión ambiental (índice III) y las acciones de las plantas (índice IV) fueron dos de los cuatro índices analizados que resultaron con mayores valores. Por *gestión ambiental* se entiende la formalización de acciones pro ambientales concretas y la disponibilidad de personal especializado en el control ambiental en las plantas estudiadas. El promedio de este índice fue alto (71.4); asimismo, la evaluación de las acciones dentro de la planta para el control y seguimiento del cuidado ambiental es alta, pues el índice de 74.2 demuestra que muchas de las plantas cuentan con instalaciones anticontaminantes y que se llevan a cabo monitoreos de los volúmenes de residuos y emisiones que se generan en el proceso productivo.

Sobre las políticas ambientales de las plantas en la región Matamoros-Reynosa (índice I), las respuestas a las encuestas dieron un promedio aceptable pero no óptimo. Un índice de 65 indica que existen debilidades en la elaboración de las políticas y en el contenido que éstas deben incorporar en sus documentos escritos. Si bien los gerentes encuestados declararon tener una actitud ambiental positiva (considérese que éste es el renglón calificado con la mejor puntuación en esta categoría, según se aprecia en el cuadro XIV.2), parece que les resulta difícil formalizar las acciones que guíen su comportamiento ambiental a través de documentos y planes.

Finalmente, la relación entre algunas acciones específicas y los programas de capacitación ambiental, la cual fue etiquetada como "acciones con programas" (índice II) resultó ser muy baja en la mayoría de las empresas estudiadas. Este índice (II) arrojó el valor más bajo, de 44. Esto se aprecia en la carencia o nulo registro de auditorías voluntarias, actividades con la comunidad o certificaciones ambientales como ISO 14001. Un ejemplo para ilustrar esta combinación de factores lo permite la empresa cuya clave de identificación es R1, ubicada en el municipio de Reynosa (véase cuadro XIV.2): tiene un elevado puntaje, de 100, en las "acciones de la planta", un puntaje bueno en la "gestión ambiental" (80), pero en "política ambiental" y "acciones con programas" tiene unas puntuaciones bajas, de 38 y 39, respectivamente. El gerente encuestado declaró contar con un especialista exclusivo en materia ambiental entre su personal; contar con un comité de ambiente, seguridad e higiene; disponer de estadísticas ambientales; contar con un sistema formal de gestión ambiental y un manual de gestión ambiental. Su sistema de capacitación ambiental es dirigido al equipo a cargo del ambiente y a los obreros, pero no al personal restante (personal administrativo); sin embargo, habiendo iniciado sus actividades 10 años atrás, no ha tenido auditorías voluntarias ni realizado la certificación ISO 14001, ni ha hecho actividades ambientales con la comunidad ni tiene políticas ambientales por escrito. También llama la atención que la planta tiene programas específicos para reducir las emisiones a la atmósfera, para las descargas de líquidos residuales y para reducir los residuos sólidos. Su evaluación integral contabilizó con 64; es decir, esta empresa se ubica exactamente en la calificación promedio de la muestra.

Los resultados de este análisis ambiental estático sugieren que dentro de las plantas estudiadas, si bien hay carencia de programas y políticas por escrito, se cuenta con personal dedicado a vigilar y atenuar el impacto del proceso productivo sobre el ambiente. Este personal parece ser un grupo muy selecto de especialistas en el ambiente (ingenieros en su mayoría), que también participan en un Comité de Seguridad e Higiene.[17] Todos ellos en su mayoría cuentan con las estadísticas de la trayectoria la materia prima procesada y de la disposición de los residuos y emisiones. En estos aspectos es pertinente hacer notar que aunque los encargados del ambiente hayan declarado no contar con una política ambiental por escrito, identifican claramente los requerimientos mínimos de seguridad y cuidado ambiental, los cuales usualmente se traducen en la elaboración de manuales con normas de seguridad, higiene y ambiente (por ejemplo, respecto a la forma de vestir dentro de la planta, las salidas de emergencia y la clasificación de los residuos). Se requiere desarrollar, sin embargo, programas más integrales, así como llevar a cabo auditorías que permitan descubrir aspectos ambientales problemáticos de los procesos productivos. Además, falta concientizar a un número más amplio del personal en la tarea de atenuar las implicaciones

[17] Por disposiciones del Reglamento Federal de Seguridad, Higiene y Medio Ambiente de Trabajo, los comités de Seguridad e Higiene deben funcionar en cada empresa con representantes de ella y de los trabajadores (*Diario Oficial de la Federación*, 21 de enero de 1997).

ambientales de la actividad productiva para involucrarlos más activamente en estas tareas. Cabe decir que una evaluación integral de los cuatro aspectos señalados indica los más variados comportamientos por empresa. Si bien la evaluación promedio general es de 63.9, como se observa en el último renglón del cuadro XIV.2, existen dos empresas con un índice de calificación excelente (véanse los casos de las empresas M2 y M7). En cambio, las empresas con los puntajes más bajos tuvieron apenas 11.2 y 24.7. Estos dos casos son críticos si se considera que varias respuestas de los cuestionarios no pudieron ser corroboradas por quienes participaron en esta investigación, y por tanto se supone que habría una sobrecalificación como consecuencia de un sesgo hacia arriba, dado que los gerentes contestaron con total libertad. El caso de la empresa con la puntuación más baja puede entenderse mejor si se considera que es la planta más reciente de todas (fundada en 1997), por lo que puede pensarse que en el momento de la encuesta se encontraba en un proceso de aprendizaje productivo y administrativo. Por otro lado, su número de personal es tan reducido (es la planta más pequeña de la muestra, con un total de 30 empleados), que el encargado del medio ambiente es a la vez responsable de otras funciones. Si bien él declaró contar con algunos procedimientos ambientales por escrito, la planta carece de políticas y programas en este sentido. Tampoco se desarrollaba en la planta ningún tipo de acción con objetivos ambientales, aunque se contaba con un Comité de Ambiente, Seguridad e Higiene del Trabajo.

Evaluación ambiental dinámica

A continuación se evalúan los cambios llevados a cabo en las plantas con los objetivos de minimizar la contaminación generada por su proceso productivo y de mejorar la disposición de sus desechos en el transcurso del tiempo, como se detalla enseguida. Visto desde una perspectiva temporal, evolutiva, el comportamiento ambiental de la empresa evidencia si ha existido avance o retroceso en un lapso (de tres a cinco años). Aunque el periodo analizado es muy breve, se esperaría encontrar una serie de mejoras en el comportamiento ambiental. Los elementos considerados para la evaluación dinámica fueron los siguientes:

a) Cambios con fines ambientales: en equipo, proceso, producto e insumos.

b) Fuentes de la gestión ambiental: motivaciones y fuentes de consulta.

c) Desempeño ambiental: mejoras, intensidad en contaminación.

Cuadro XIV.2
Evaluación ambiental estática en la IME de Matamoros y Reynosa

		Plantas maquiladoras encuestadas													
Concepto	*Puntos máximos*	*M1*	*M2*	*M3*	*M4*	*M5*	*M6*	*M7*	*M8*	*R1*	*R2*	*R3*	*R4*	*R5*	*Prom.*
I. Política ambiental	4	4	2	4	0	4	1	4	1.75	1.5	1.3	3.8	4	3	2.64
Política por escrito	1	1	0	1	0	1	0	1	0	0	0	1	1	1	0.54
Contenido de la política	1	1	0	1	0	1	0	1	0	0	0	1	1	0	0.46
Actitud ambiental	1	1	1	1	0	1	1	1	1	1	1	1	1	1	0.92
Procedimientos por escrito	1	1	1	1	0	1	0	1	0.75	0.5	0.25	0.75	1	1	0.71
Calificación con base = 4	100.0	100.0	50.0	100.0	0.0	100.0	25.0	100.0	43.8	37.5	32.5	95.0	100.0	75.0	66.1
II. Acciones con programas	7	4	1	7	4	1.5	1	6.75	3.5	2.8	0	2.75	3.5	2.5	3.10
Uso de programas	1	0.75	1	1	0.3	0.75	0	1	0.75	0.8	0	0.25	1	0	0.58
Con metas	1	1	0	1	1	0	0	1	1	1	0	0	1	0	0.54
Capacitación ambiental	1	0.75	0.5	1	0.5	0.25	0	1	0.75	0.5	0	0.5	0.75	0.8	0.56

Temas de capacitación ambiental	1	1	0.25	1	0.3	0.5	0	0.75	1	0.5	0	1	0.75	0.8	0.60
Auditoría voluntaria	1	0	0	1	1	0	1	1	0	0	0	1	0	0	0.38
Actividad amb. comunidad	1	0	0	1	1	0	0	1	0	0	0	0	0	1	0.31
Certificación ISO 14000/14001	1	0	0	1	0	0	0	1	0	0	0	0	0	0	0.15
Calificación con base = 7	100.0	57.1	14.3	100.0	57.1	21.4	14.3	96.4	50.0	40.0	0.0	39.3	50.0	35.7	44.3
III. Gestión ambiental	7.4	5	6.3	7.4	3.3	7.4	1	7	5.4	5.9	1	6.7	6.3	6.2	5.30
Especialista en ambiente	1	0	1	1	0	1	0	1	0	1	0	1	1	1	0.62
Comité de ambiente, seguridad e higiene	1	1	1	1	1	1	0	1	1	1	1	1	1	1	0.92
Gestión formal	1	1	1	1	1	1	0	1	1	1	0	1	1	1	0.85
Con uso de manual	1	1	1	1	0	1	0	1	1	1	0	1	1	0	0.69

Uso de indicadores ambientales	1	1	1	1	0	1	0	1	0	0	0	1	1	1	0.62
Cuenta con estadísticas ambientales	1.4	0.8	1	1.4	1	1.4	0.2	1.4	1.4	1.4	0	1.2	0.8	1.2	1.02
Captación de datos ambientales	1	0.5	0.25	1	0.25	1	0.5	0.5	1	0.5	0	0.5	0.5	1	0.58
Calificación con base = 7.4	100.0	67.6	85.1	100.0	44.6	100.0	13.5	94.6	73.0	79.7	13.5	90.5	85.1	83.8	71.6
IV. Acciones en la planta	2	2	2	2	2	2	1	2	2	2	0	2	1	2	1.69
Instalaciones anticontaminantes	1	1	1	1	1	1	1	1	1	1	0	1	0	1	0.85
Monitoreo ambiental	1	0.7	0.7	1	0.5	0.5	0	0.7	0.7	1	0	1	0.5	1	0.64
Calificación con base = 2	100.0	100.0	100.0	100.0	100.0	100.0	50.0	100.0	100.0	100.0	0.0	100.0	50.0	100.0	84.6
V. Evaluación integral	40	30.7	23.7	40	17.6	29.6	9.9	37.5	25.2	25.7	4.5	32.36	26.01	29.4	25.55
Suma de calificaciones / 4	100.0	76.8	59.3	100.0	44.0	74.0	24.8	93.8	63.0	64.3	11.3	80.9	65.0	73.5	63.9

Fuente: Elaboración propia con información directa de la encuesta.

Cuadro XIV.3
Evaluación ambiental dinámica en la IME de Matamoros y Reynosa

		Plantas maquiladoras encuestadas													
Concepto	*Puntos máximos*	*M1*	*M2*	*M3*	*M4*	*M5*	*M6*	*M7*	*M8*	*R1*	*R2*	*R3*	*R4*	*R5*	*Prom.*
I. Cambios con fines ambientales[a]	4	4	0	2	4	2	0	4	4	4	0	3	4	3	2.615
Calificación con base = 4	100.0	100.0	0.0	50.0	100.0	50.0	0.0	100.0	100.0	100.0	0.0	75.0	100.0	75.0	65.4
II. Fuentes de la gestión ambiental	3	1.5	0.75	1.8	1.5	1	0.5	2	2	0.5	1.5	1	0.8	1.8	1.27
Motivaciones	2	1	0.5	1.5	1	0.5	0	1.5	1.5	0	1	0.5	0.5	1	0.81
Fuentes de consulta	1	0.5	0.3	0.25	0.5	0.5	0.5	0.5	0.5	0.5	0.5	0.5	0.3	0.8	0.46
Calificación con base = 3	100.0	50.0	25.0	60.0	50.0	33.3	16.7	66.7	66.7	16.7	50.0	33.3	26.7	60.0	42.3
III. Desempeño ambiental	12.25	9.8	8.3	7.3	3.25	6.25	1.5	11	9.3	3.25	1.5	9.3	4.25	6.8	6.29

Principales mejoras	4.25	3.8	3.75	3.25	3.25	4.25	1.5	3.25	3.25	3.25	1.5	3.3	4.25	3.3	3.21
Cambio en la intensidad de energía[b]	4	4	1.5	0	0	0	0	4	4	0	0	4	0	1.5	1.46
Cambio en intensidad de contaminación[c]	4	2	3	4	0	2	0	4	2	0	0	2	0	2	1.62
Calificación con base = 12.25	100.0	80.0	67.8	59.6	26.5	51.0	12.2	89.8	75.9	26.5	12.2	75.9	34.7	55.5	51.3
IV. Evaluación integral	30	23	9.2	16.8	17.7	13.4	2.9	25.9	24.2	14.3	6.2	18.4	16	18.8	15.908
Suma de calificaciones / 3	100.0	76.7	30.7	56.0	59.0	44.7	9.7	86.3	80.7	47.7	20.7	61.3	53.3	62.7	53.0

[a] Cambios con fines ambientales en a) equipo, b) proceso, c) insumos, y d) productos. Si ocurrió en uno de ellos, se asignan 2 puntos; si ocurrió en dos, se asignan 3 puntos; y si ocurrió en tres o cuatro, se asignan 4 puntos.

[b] Si redujo la intensidad de combustible y energía eléctrica, se asignan 4 puntos; si redujo sólo en uno de ellos, 2 puntos; en ninguno, 0.

[c] De tres tipos de contaminación (al agua, a la atmósfera o mediante residuos peligrosos), si redujo la intensidad en un tipo, se asignan 2 puntos; si se redujo en dos tipos o los tres, se asignan 4 puntos; en ninguno, 0 puntos.

Fuente: Elaboración propia con información directa de la encuesta.

Los resultados mostraron que la mayor parte de las plantas maquiladoras estudiadas han establecido cambios con fines ambientales en uno o varios de los siguientes aspectos: el equipo, el proceso, los insumos, el producto o todos ellos. Los cambios producidos, realizados por 10 de las 13 plantas encuestadas, giran sobre todo en torno de lo concerniente a disminuir la generación de contaminantes. Los costos monetarios en los que se incurrió en cualquier caso (por ejemplo, por introducir equipo nuevo o cambiar el tipo de insumo) son percibidos como altos; por tanto, cualquier acción revela un interés ambiental. Sin embargo, la evaluación integral de la trayectoria pro ambiental de estas plantas en un lapso de tres a cinco años arroja un índice bajo, de 53 (cuadro XIV.3).

Las plantas encuestadas recibieron el puntaje más bajo en el lapso analizado en lo que se refiere al acceso de fuentes de consulta para mejorar la gestión ambiental (42.3). Un análisis comparativo por planta permite observar que algunas de ellas parecen desarrollar una gestoría ambiental con base en la retroalimentación que reciben del exterior, a través de una serie de relaciones estructuradas que les proporcionan información y que ejercen vigilancia sobre su comportamiento. Las plantas que no participan en una red que los retroalimente con ideas pro ambientales, tienen una calificación baja o nula en este rubro, como se aprecia en el cuadro XIV.3. En esta categoría también se consideraron las motivaciones de la empresa para producir mejoras ambientales como podría ser la imagen pública, los requerimientos de los clientes, las regulaciones gubernamentales, etc. Estos sectores podrían inducir también cierta presión social para un mejor comportamiento ambiental.

Los resultados en la evaluación dinámica indican que los mayores esfuerzos de las maquiladoras estudiadas se han dirigido a mejorar tanto la infraestructura como la organización para el manejo correcto de los residuos y las emisiones y que, sin embargo, se ha trabajado poco en la disminución de los montos de contaminación y el control de sus fuentes.

Es pertinente explicar aquí uno de los casos que elevaron ligeramente su puntaje en el tiempo, el de la planta M4. La planta tuvo un puntaje de 44 en la evaluación estática y 59 en la dinámica, lo que refleja que realizó algunos cambios puntuales importantes en los últimos años pero que sus programas siguen estando desarticulados de una política ambiental. Ella inició funciones en 1986, pero no ha logrado crecer apreciablemente. Es pequeña, cuenta con 58 empleados y tiene un nivel de tecnología II (comparable a la mejor de dos a cinco años atrás). El encargado del control de calidad, que lo es al mismo tiempo del ambiente, declaró que no se cuenta con una política ambiental en la planta ni rige ninguna de su corporativo, pero se ha llevado a cabo un programa llamado "Industria Blanca", cuya meta es reducir emisiones y mejorar la calidad del trabajo. En este sentido, es congruente que entre sus programas de capacitación en materia ambiental se concentren en la minimización de residuos; que tengan un sistema de abatimiento de humo y neblina y que lleven estadísticas de la disposición y confinamiento de sus residuos. En el mismo sentido parece lógica su respuesta sobre la aplicación de medidas de protección ambiental para los trabajadores, relacionadas con la exposición al ruido, al manejo de residuos peligrosos y al aire que se respira en el área de trabajo. En la encuesta destaca que la planta ha sido auditada voluntariamente y que cuenta con ISO 14000, lo que puede estar relacionado con el hecho de haber sufrido en alguna ocasión el cierre de la planta por incumplimiento. Entre los obstáculos que se identifican como inhibidores del mejor desempeño ambiental, el encargado del ambiente especificó el alto costo del equipo que se requiere, la atención a otras prioridades de su actividad, así como el conocimiento inadecuado sobre el impacto y desempeño ambiental. Estos obstáculos se asocian al tamaño pequeño del establecimiento.

Responsabilidad corporativa y exigencia gubernamental

Si se contrasta la *responsabilidad corporativa* respecto a la *exigencia gubernamental*, como fuentes de presión sobre el comportamiento ambiental maquilador, es claro que la segunda tiene un peso mayor en la versión de los gerentes encuestados. En efecto, ellos argumentaron que la principal motivación que origina la toma de medidas correctivas y en pro del ambiente es la *exigencia gubernamental*. Como se observa en el cuadro XIV.4, este índice de exigencia gubernamental (de 65.4) está muy por arriba del asignado a la responsabilidad corporativa (45.8).

Los resultados de la encuesta revelan que la supervisión ejercida por la Profepa sobre el sector maquilador en Matamoros y Reynosa ha tenido un papel determinante en el desempeño ambiental de las plantas. Uno de los principales indicadores en este sentido es que la mitad (53.8%) de las empresas estudiadas ha tenido auditorías ambientales. Considerando que las auditorías implican el reconocimiento y la supervisión de los procesos y acciones para controlar los residuos y emisiones contaminantes, entonces, en cierta forma la acción gubernamental ha ejercido presión en el personal de las plantas para invertir tiempo y recursos para el cumplimiento de las disposiciones.

Si bien el índice promedio de la responsabilidad corporativa fue de 45.8, es interesante destacar las características de las plantas que participan en este grupo. Se trata de las plantas más antiguas de la región, de tamaño muy grande y mediano, de capital 100% extranjero y con tecnología de punta; es decir, son maquiladoras que cuentan con una larga trayectoria que les ha permitido consolidarse en el mercado, y esto se refuerza a través de sus vínculos con la corporación extranjera, lo que a su vez actúa como determinante de su acción pro ambiental.

Cuadro XIV.4
Responsabilidad corporativa y exigencia gubernamental en la IME de Matamoros y Reynosa

Concepto	*Puntos máximos*	*M1*	*M2*	*M3*	*M4*	*M5*	*M6*	*M7*	*M8*	*R1*	*R2*	*R3*	*R4*	*R5*	*Prom.*
		Plantas maquiladoras encuestadas													
Responsabilidad corporativa															
Política ambiental para subsidiarias	1	1	0	1	0	1	0	1	0	0	0	1	1	1	0.54
Requerimientos de cumplimiento	1.5	1.5	0	1.5	0	1.5	0	1.5	0	0	0	1.5	1	1.5	0.77
Monitoreo, seguimiento del desempeño	1.5	1.5	0	0.5	0	1	0	1	0	0	0	1.5	1	1	0.58
Impacto en la motivación de la planta[a]	1.5	1.5	0	1.5	0	0.8	0	1.5	0.5	0	0.5	0.5	0.5	1	0.63
Total	5.5	5.5	0	4.5	0	4.3	0	5	0.5	0	0.5	4.5	3.5	4.5	2.52
Calificación con base = 5.5	100.0	100.0	0.0	81.8	0.0	78.2	0.0	90.9	9.1	0.0	9.1	81.8	63.6	81.8	45.8

Exigencia gubernamental

Auditoría por requerimiento del gobierno	1	1	1	0	0	1	1	0	1	0	0	1	0	1	0.54
Impacto en la motivación de la planta[b]	1	0.75	1	0.5	0	1	1	0.3	0.5	1	1	1	1	1	0.77
Total	2	1.75	2	0.5	0	2	2	0.3	1.5	1	1	2	1	2	1.31
Calificación con base 2 = 10	100.0	87.5	100.0	25.0	0.0	100.0	100.0	15.0	75.0	50.0	50.0	100.0	50.0	100.0	65.5

[a] Si la política de la matriz aparece en primer lugar como motivación, se asignan 1.5 puntos; en segundo lugar, 1 punto; en tercero, 0.75 puntos; en otro lugar, 0.5 puntos, y si no se menciona, 0.

[b] Si la regulación gubernamental aparece en primer lugar como motivación, se asigna 1 punto; en segundo lugar, 0.75; en tercer lugar, 0.5; en otro lugar, 0.25, y si no se menciona, 0.

Fuente: Elaboración propia con información directa de la encuesta.

Las características de las plantas que calificaron más alta la exigencia gubernamental tienen un patrón menos definido que las plantas que asignaron mayor puntaje a la responsabilidad de su corporativo; sin embargo, pueden mencionarse al menos dos características de ellas: una con relación al tiempo de actividad (son plantas que tienden a tener menos años en la región) y otra al tamaño (grande y mediano).

Es interesante observar que las plantas que recibieron puntajes excelentes en la evaluación estática (las plantas M3, y M7, en Matamoros, así como la planta R3, en Reynosa) indicaron que un sentido de responsabilidad corporativa es su principal motivación para tener una actitud pro ambiental; en cambio, las plantas que adujeron el argumento de que la presión gubernamental es el factor más importante para ejercer un buen comportamiento tienen calificaciones regulares; incluso cabe señalar que en este grupo se encuentra la planta M6 de Matamoros, que tiene la penúltima posición en el sistema de evaluación estática. Un indicador que apoya la misma tendencia que viene mencionándose es que la única planta que adujo las dos razones como factores de presión para un buen comportamiento ambiental se encuentra entre las tres mejores. Pareciera que mientras los gerentes de estas plantas se ajustan a los requerimientos de sus corporativos en materia de desempeño ambiental, no consideran estar recibiendo presión alguna por buscar un alto desempeño, sino que perciben esa búsqueda como parte de las tareas asignadas a sus puestos. En cambio, cuando dichas demandas provienen del exterior de sus plantas —esto es, de las instancias gubernamentales— su percepción es que están siendo presionados. No es sólo eso, sino que por tratarse en la mayoría de los casos de un comportamiento gerencial por plantas diferenciadas, se podría aducir que cuando los corporativos no tienen altos estándares ambientales, tocará al gobierno local (ya sea municipal o estatal) ejercer presión en ellos para que destinen parte de sus recursos económicos y de su tiempo al control y la vigilancia del impacto ambiental de sus actividades productivas.

Conclusiones

En un contexto regional donde la preocupación por el impacto de las actividades industriales en el medio ambiente ha sido creciente, el comportamiento ambiental promedio de las maquiladoras automotrices en las ciudades de Matamoros y Reynosa parece tener estándares regulares, lo cual significa que aún hacen falta medidas ambientales por aplicar. Por ejemplo, una carencia estratégica que se encuentra generalizada es la falta de una perspectiva global que se guíe por una política de desarrollo sustentable. Los resultados de la encuesta levantada en los dos municipios fronterizos de Matamoros y Reynosa revelan un comportamiento diferenciado entre este tipo de plantas, donde el índice de calificación promedio general fue de 63.9 y sólo una minoría tuvo un índice por encima de 80.

Al parecer predomina una visión gerencial ingenieril del cuidado ambiental, y por ello las plantas cuentan con un pequeño grupo de especialistas que regulan las condiciones físicas de la maquinaria e instalaciones así como el manejo específico de las disposiciones ambientales, pero aún les falta cubrir acciones de autoevaluación que les lleven a abarcar una perspectiva más integral del desempeño ambiental y otras actividades enfocadas a las dimensiones humana y social que involucra el cuidado ambiental. El establecimiento de una cultura ambiental que abarque no sólo reformas administrativas y técnicas, sino de concientización entre sus empleados, por ejemplo, parece ser un comportamiento positivo que resulta excepcional en pocas plantas de la muestra.

Parece haber una relación positiva entre las plantas con más tiempo en la región y el mejor comportamiento ambiental, como también parece existir una liga entre las que son más grandes y las de la mejor conducta pro ambiental. Los resultados de este estudio apuntan a que la clave de un mejor desempeño ambiental proviene en primer lugar de la pertenencia a corporativos internacionales importantes, que transmiten una cultura y formalizan una práctica en esta línea; en segundo lugar, el arraigo a la región parece traducirse en una mayor disposición a cumplir y en un mejor conocimiento de las normas ambientales, lo cual repercute en el cumplimiento efectivo de las mismas.

Los cambios que se enfilan a la mejora ecológica se han llevado a cabo casi en todas las empresas, pero parece ser que los mismos no se producen en periodos breves de tiempo, sino que requieren de plazos más largos para volverse significativos. Una de las causas de ello es que en la medida en que una empresa permanece en la región, aumenta la probabilidad de que sea vigilada y normada por las autoridades competentes, sobre todo cuando estas plantas no pertenecen a corporativos y redes empresariales con una mejor disposición hacia el cuidado ambiental; en este sentido, es pertinente apuntar a la necesidad de exigir estudios de impacto ambiental con perspectivas de cumplimiento de las normas en cada inversión de la maquila, ya se trate de una nueva planta o de una extensión de las establecidas.

XV. YUCATÁN: LA MAQUILA AL SUR DE MÉXICO Y SU COMPORTAMIENTO AMBIENTAL[1]

Alfonso Mercado García y Lilian Albornoz Mendoza

Introducción

Uno de los rasgos distintivos del estado de Yucatán en el siglo xx fue su ambiente comparativamente limpio. Pero este ambiente ha estado en riesgo de deterioro en los últimos lustros por la expansión de centros urbanos y actividades manufactureras y de servicios, incluida la actividad maquiladora.

El presente capítulo tiene los objetivos de estudiar la presión del sistema productivo sobre el ambiente en Yucatán, con atención especial en los impactos de la maquila, y evaluar el comportamiento empresarial maquilador frente a estos impactos. Así, la siguiente sección aborda la relación entre el ambiente y la industria en Yucatán; la tercera sección se enfoca a la maquila y sus posibles efectos ambientales; luego, la cuarta profundiza en este punto, evaluando el comportamiento ambiental de un grupo de maquiladoras instaladas en la tradicional zona henequenera. La quinta y última sección brinda comentarios finales.

Ambiente e industria en Yucatán

La calidad ambiental de Yucatán ha estado decayendo en los últimos lustros. Más que la calidad del aire, preocupa la declinante calidad de los suelos y del agua. También ha crecido la disposición de residuos peligrosos. En estas tendencias, la actividad industrial manufacturera se ha erigido como una causa importante, aunque no la principal. Se reconoce que los problemas ambientales en el estado responden más a actividades agropecuarias y de servicios, así como a los problemas generados por la expansión urbana que a la manufactura y la maquila. Sin embargo, esto no debe ser motivo para que las autoridades responsables del ambiente bajen la guardia y desestimen problemas futuros ligados a la actividad industrial.

[1] Los autores agradecemos los valiosos comentarios de dos dictaminadores anónimos y la gentil cooperación de los gerentes de nueve maquiladoras establecidas en Yucatán. Como siempre, las interpretaciones contenidas en este capítulo y sus posibles limitaciones son responsabilidad de los autores.

La calidad del aire no es problema para el estado todavía, debido a su constitución topográfica y ubicación geográfica (al norte limita con el Golfo de México en una extensión de 276 kilómetros): el estado está conformado por una planicie caliza ubicada al nivel del mar, lo cual favorece la circulación de los vientos provenientes del norte que limpian constantemente la atmósfera.[2] Además, en 2004 eran todavía pocas las plantas industriales expulsoras de contaminantes a la atmósfera. Así, por ejemplo, las concentraciones de partículas suspendidas totales (PST) han estado por debajo del nivel máximo permisible.[3] Sin embargo, hay señales recientes de alerta, como la tendencia creciente (aunque a ritmo lento) de las PST en Mérida y, por lo tanto, las autoridades no deben confiarse del sistema de ventilación natural ya descrito.

Por otro lado, se ha perdido calidad de los suelos en el estado, debido principalmente a la erosión hídrica que afecta todo el territorio; además existe riesgo de erosión eólica muy severa en la mayor parte del mismo. Con una superficie estatal de 43 257 kilómetros cuadrados, la erosión eólica severa afecta un área de 20 590 kilómetros cuadrados y la erosión eólica muy severa un área de 10 209 kilómetros cuadrados. La zona costera del noroeste[4] es la más vulnerable, ya que presenta niveles de erosión eólica extremadamente severos (superiores a mil toneladas de partículas por hectárea por año). El riesgo frente al cambio climático es el de la erosión a velocidad extrema, la cual no puede ser compensada por los procesos naturales de formación del suelo. La pérdida de la cubierta vegetal por la expansión agrícola, ganadera y urbana ha alcanzado niveles críticos.[5]

En cuanto a la calidad del agua, ésta tiende a deteriorarse en el estado. La península de Yucatán no cuenta con corrientes superficiales de agua y ha tenido que abastecerse del acuífero subterráneo para satisfacer las necesidades de la población y las distintas actividades productivas. Sin embargo, la estructura geológica fracturada y permeable del subsuelo, y la superficialidad del manto

2 Consúltese la página de internet de la Secretaría de Ecología del Gobierno de Yucatán: <http://www.ecologia.yucatan.gob.mx>. Un estudio efectuado por esta secretaría en 1999 concluía que la calidad del aire en la zona urbana era aún satisfactoria (*Diario de Yucatán*, "Sección Local", 19 de enero de 1999 y 4 de agosto de 1999).

3 En 2003, la concentración de PST fue en promedio 260 $\mu g/m^3$ cada 24 horas, según el Gobierno del Estado de Yucatán, "Programa Estatal de Medio Ambiente", *Diario oficial del gobierno del Estado de Yucatán*, 30 de junio de 2004.

4 La zona costera está dominada por un sistema de barreras de playa (esteros y manglares), que separan la tierra firme del mar. Es una zona de ciénagas que ha estado abierta al flujo marino al oeste por Celestún y cerrándose al este. La zona ha venido secándose poco a poco por los rellenos sistemáticos efectuados desde el siglo XIX que cortan el flujo de agua, vital para su conservación. Varios trabajos de restauración del equilibrio hidrológico de la zona se iniciaron a finales de los años noventa del siglo XX.

5 INEGI, Semarnap, *Estadísticas del medio ambiente, México, 1997*, Aguascalientes, INEGI, Semarnap, México, 1998.

freático hacen que el agua subterránea en el estado sea altamente vulnerable a la contaminación. Esta vulnerabilidad se incrementa por el crecimiento poblacional en las ciudades urbanas, así como por la formación caliza del suelo, la cual facilita el filtrado subterráneo al acuífero más profundo de las aguas descargadas por un alto porcentaje de la población.[6]

Estudios previos sobre el agua del subsuelo han señalado que las descargas de aguas residuales son una de las principales fuentes de contaminación, y es un hecho la contaminación por aguas negras vertidas hacia al acuífero dulce más profundo (de 28 a 40 metros). En las áreas urbanas y periurbanas se han encontrado evidencias de contaminación por nitrógeno y coliformes fecales que rebasa los máximos permisibles nacionales y de la Organización Panamericana de la Salud.[7]

El acuífero presenta altos niveles de contaminación del agua por la descarga de un volumen promedio de 15.3 millones de metros cúbicos anuales de aguas residuales sin tratamiento. Las aguas residuales tratadas se llevan a cabo por medio de 76 plantas industriales y nueve municipales.[8]

El crecimiento industrial yucateco se dio dentro de un marco incipiente en cuanto a normatividad ambiental y capacidad de tratamiento de residuos sólidos peligrosos se refiere, al tiempo que la generación de éstos presenta una tendencia creciente.[9] En los años noventa, la industrialización de Yucatán fue muy dinámica y logró tasas de crecimiento anual superiores a las tasas promedio en el país, según se muestra en la gráfica XV.1, en la cual se aprecia la línea de tendencia polinomial del crecimiento manufacturero yucateco claramente por encima de la línea nacional. Dicho crecimiento sugiere efectos de escala en el ambiente, los cuales aparentemente son mayores que el promedio nacional.

[6] Gobierno del Estado de Yucatán, *op. cit.*, 2004. También, véase *Diario de Yucatán*, 3 de agosto de 1999 y 9 de agosto de 1999.

[7] Es ilustrativa la experiencia del municipio Conkal (en la zona conurbada de Mérida). En 1992, unos análisis de coliformes fecales en pozos de granjas porcícolas y casas-habitación del municipio señalaron que las tres cuartas partes de la población del área consumían agua de mala calidad bacteriológica, con altos riesgos de enfermedades gastrointestinales. Véase N. R. Méndez, B. E. Vázquez y A. J. Pacheco, "Determinación de la calidad bacteriológica del agua de consumo de una población rural del estado de Yucatán", *Revista académica de la facultad de ingeniería*, vol. 1, núm. 2, Universidad Autónoma de Yucatán, Mérida, Yucatán, 1997, pp. 23-28.

[8] Gobierno del Estado de Yucatán, *op. cit.*, 2004.

[9] En 2000, se generaron 2 441 toneladas de residuos peligrosos en la entidad. Entre los residuos sólidos peligrosos destacaban los tóxicos, de los cuales 20% no eran dispuestos adecuadamente. Véase INEGI, Semarnap, *Estadísticas del medio ambiente México 1999*, INEGI, Semarnap, Aguascalientes, México, 2000, e Instituto Nacional de Ecología, México, 2000, <http://www.ine.gob.mx/dgmrar/rip/volumen/volumen.html>.

Gráfica XV.1
Crecimiento manufacturero en México y el estado de Yucatán 1993-2004

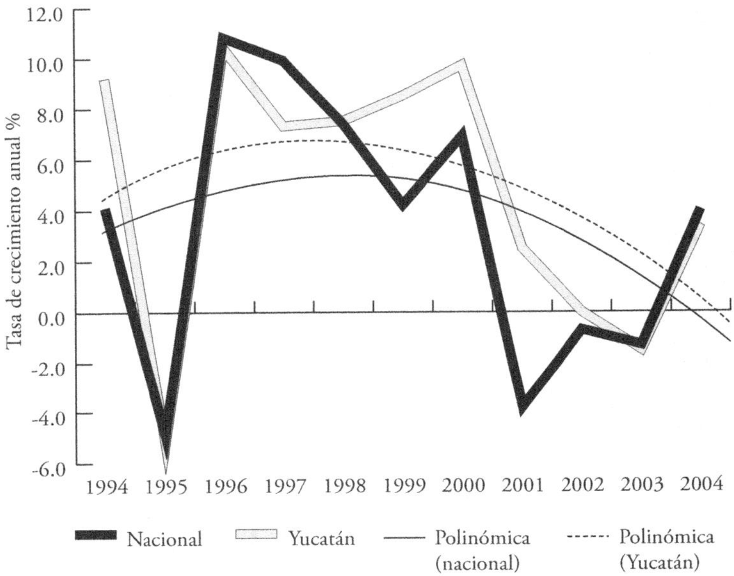

Fuente: Elaboración propia con datos del INEGI, *Sistema de cuentas nacionales de México. Producto interno bruto por entidad federativa*, SCNM <http://dgcnesyp.inegi.gob.mx>.

La participación de la industria manufacturera en el PIB de Yucatán es similar a la del país, así como la elevada participación de los servicios. En el año 2002, aquélla fue 15% en el estado y 19% en el ámbito nacional mientras que la de los servicios fue poco más de 70% en los dos ámbitos. De 1985 a 2002, la participación de las manufacturas disminuyó levemente y la de servicios creció apreciablemente (véase el cuadro XV.1). Es decir, la estructura económica de Yucatán es con mayor participación de servicios y manufacturas que de agricultura, minería y construcción, de manera parecida a la economía mexicana. Sin embargo, estas similitudes se diluyen a nivel de rama y surgen importantes diferencias estructurales. Por ejemplo, la composición de la industria manufacturera en el estado ha tenido una alta participación de la rama alimentaria, la textil y del vestido, así como la de minerales no metálicos, mientras que en el plano nacional las tres ramas de mayor participación han sido las de productos metálicos y química, además de la alimentaria en el periodo 1985-2002 (cuadro XV.1). Las maquiladoras de Yucatán se concentran precisamente en la rama textil y del vestido y explican el gran dinamismo de la industria en el estado en la década de los noventa.

Cuadro XV.1
Composición del PIB total y del PIB manufacturero en México y el estado de Yucatán, 1985 y 2002 (%)

	1985		*2002*	
Sectores y ramas	*Nacional*	*Yucatán*	*Nacional*	*Yucatán*
PIB total por sector				
Total	100.0	100.0	100.0	100.0
Agropecuario, silvicultura y pesca	9.1	10.2	3.9	3.9
Minería	4.7	1.1	1.4	0.1
Industria manufacturera	23.4	16.4	18.6	14.6
Construcción	4.4	6.8	5.1	7.8
Servicios	58.5	65.5	71.1	73.6
PIB manufacturero por rama				
Total	100.0	100.0	100.0	100.0
Productos alimenticios, bebidas y tabaco	26.1	41.4	29.1	57.3
Textiles, prendas de vestir e industria del cuero	11.2	27.9	7.0	15.7
Industria de la madera y productos de madera	3.9	2.4	2.3	2.1
Papel, productos de papel, imprentas y editoriales	5.8	4.6	3.7	2.6
Química, derivados del petróleo	17.5	5.2	14.6	2.1
Productos de minerales no metálicos	7.2	11.9	6.7	11.6
Industrias metálicas básicas	5.8	1.7	3.9	0.7
Productos metálicos, maquinaria y equipo	20.1	2.9	29.8	4.9
Otras industrias manufactureras	2.6	2.1	2.9	3.0

Fuente: INEGI, *Sistema de cuentas nacionales de México. Producto interno bruto por entidad federativa.* Consulta en <http://dgcnesyp.inegi.gob.mx>, realizada en 2006.

El impacto del sector industrial en la calidad de los cuerpos de agua de Yucatán se aprecia en el cuadro XV.2, en el cual destaca el enorme volumen de aguas residuales vertidas por esta actividad. De acuerdo a las cifras oficiales del cuadro, dicho volumen (de 41 millones de metros cúbicos) equivalió en 2005 a más de 10 veces el volumen vertido por la actividad agropecuaria y 11 veces el volumen del sector servicios, a pesar de que éste cuenta con más del doble de puntos de descarga que el sector industrial.

Cuadro XV.2
Yucatán. Aguas residuales del sector productivo, 2005

Origen	*Puntos de descarga de aguas residuales*[a]	*Volumen de aguas residuales vertidas*[b] *(Millones de metros cúbicos)*
Total	2 384	48.5
Servicios	1 485	3.9
Industrial[c]	628	40.9
Agropecuario[d]	271	3.7

[a] Datos referidos al 31 de diciembre.
[b] Se refiere al volumen anual autorizado.
[c] Incluye acuacultura.
[d] Incluye agroindustrial.
Fuente: INEGI, *Anuario estadístico de Yucatán 2006*, Aguascalientes, México, 2006, cuadro 1.7. Con datos de la Comisión Nacional del Agua, Gerencia Regional Península de Yucatán, Subgerencia de Programación.

En respuesta al deterioro de la calidad ambiental y a las amenazas sobre los recursos naturales, la política ambiental del estado ha adoptado un enfoque de participación social y de protección del equilibrio ecológico, con la difusión y exigencia de leyes y reglamentos ambientales, de competencia tanto federal como estatal (véase el cuadro XV.3). No obstante, tal y como un documento oficial del gobierno yucateco lo reconoce,

> la gestión ambiental realizada en el estado por los sectores público y privado, así como la sociedad civil organizada, no han sido lo suficientemente amplias y eficaces para proteger al medio ambiente, influyendo la escasa participación de los organismos no gubernamentales e instituciones educativas y académicas; así como la poca

participación ciudadana y la nula difusión de la Ley de Protección al Ambiente del Estado, lo que trajo como resultado que la ejecución de los programas y sus respectivos proyectos no lograron la consecución de los correspondientes objetivos.[10]

Cuadro XV.3
Leyes y reglamentos ambientales en Yucatán

Leyes y reglamentos	*Fecha de publicación oficial*
Ley de Protección al Ambiente del Estado de Yucatán	DOGEY, 23 abril de 1999
Programa Estatal de Medio Ambiente	DOGEY, 30 de junio de 2004
Reglamento de la Ley de Protección al Ambiente del Estado de Yucatán	DOGEY, 23 de marzo de 2000
Decreto que reforma, adiciona y deroga diversas disposiciones de la Ley de Aguas Nacionales	DOF, 29 de abril de 2004
Ley Federal de Variedades Vegetales	PR, 21 de octubre de 1996
Ley General de Desarrollo Forestal Sustentable	DOF, 25 de febrero de 2003
Ley General de Vida Silvestre	PR, 28 de junio de 2000 (reforma en 10 de enero de 2002)
Ley General del Equilibrio Ecológico y la Protección al Ambiente	PR, 21 de febrero de 2003 (reforma en 13 de junio de 2003)

Notas:
DOF: *Diario Oficial de la Federación.*
DOGEY: *Diario Oficial del Gobierno del Estado de Yucatán.*
PR: Presidencia de la República.
Fuente: Gobierno de Yucatán, Secretaría de Ecología (2006), <http://www.ecologia.yucatan.gob.mx>.

10 Gobierno del Estado de Yucatán, *op. cit.*, 2004.

La maquila en Yucatán y sus posibles impactos ambientales

La evolución de la industria maquiladora de exportación en Yucatán se puede resumir en tres etapas. En la primera, de 1982 a 1990, al poco tiempo de haber iniciado el despegue, la actividad de la industria maquiladora se contrajo y se estancó, frustrando las expectativas iniciales. Pero en la segunda etapa, 1990-2000, la maquiladora se expandió notablemente en el estado y logró tasas de crecimiento anual de dos dígitos en el valor agregado bruto y el empleo durante varios años (especialmente en 1997-1999, con tasas alrededor de 50%). Esta etapa de crecimiento acelerado significó un efecto escala adverso al ambiente. La tercera etapa comprende el primer lustro del siglo XXI y se distingue por bajas tasas de crecimiento anual; negativas, algunas de ellas (véase la gráfica XV.2). En esta etapa de desaceleración, no se espera mayor presión al ambiente, aunque los efectos previos acumulados son todavía un reto de protección ambiental.

La presencia de la maquila en el estado de Yucatán es reciente comparada con la maquila de la frontera norte de México. La primera maquiladora se estableció en Yucatán con capital estadounidense en 1982,[11] pero el flujo relevante de instalación de maquiladoras en el estado empezó en 1985 con el estímulo de las campañas de fomento emprendidas por el gobierno estatal y contenidas en el Programa de Reordenación Henequenera y Desarrollo Integral de Yucatán (PRHDIY).[12] En el programa se vislumbra a la industria maquiladora como generadora de empleos y divisas, y como parte de una estrategia de diversificación de la economía de la entidad ante el fracaso del modelo de desarrollo basado en el monocultivo del henequén.[13]

La estrategia de diversificación de la economía estatal se planteó en cinco áreas: diversificación productiva agrícola con el fomento de cultivos hortícolas y citrícolas; formación de unidades ganaderas, en especial porcícolas, avícolas y bovinas; la pesca con el incremento en los niveles de captura; el turismo a gran escala; y la industrialización del estado con la instalación de maquiladoras.

11 A. García de Fuentes y J. Morales, "La maquila en la península de Yucatán", en J. Morales (ed.), *El eslabón industrial. Cuatro imágenes de la maquila en México*, Nuestro Tiempo, México, 2000, pp. 209-214.

12 Gobierno Constitucional de los Estados Unidos Mexicanos-Gobierno Constitucional del Estado de Yucatán, *Programa de Reordenación Henequenera y Desarrollo Integral de Yucatán*, México, 1984.

13 El henequén (*agave fourcroydes*) es una fibra dura natural obtenida de la hoja del mismo agave. La industria mundial del henequén y su cultivo sistemático y en gran escala nació en Yucatán. La riqueza generada por su cultivo y exportación, sobre todo en su época de auge en el periodo 1880-1918, determinó una estructura productiva dependiente de su monocultivo e industrialización que se extendió a mediados de la década de los años ochenta. Véase, por ejemplo, Rodolfo Canto Sáenz, *Del henequén a las maquiladoras: la política industrial de Yucatán, 1984-2001*, Instituto Nacional de Administración Pública, Universidad Autónoma de Yucatán, Mérida, Yuc., 2001.

Gráfica XV.2
Tasa de crecimiento del empleo y del valor agregado real de la maquila en Yucatán, 1990-2005

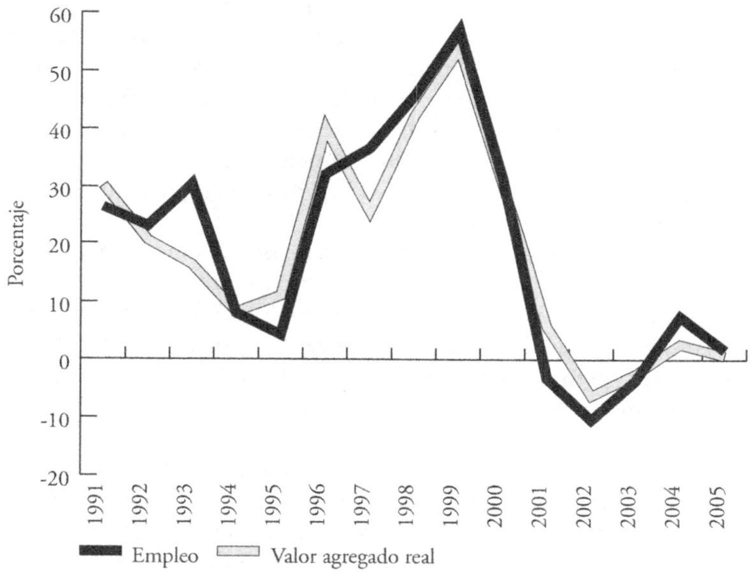

Fuente: INEGI, *Sistema de cuentas nacionales de México*, 2005.

La campaña de fomento a la maquiladora fracasó en sus primeros años al no estar dirigida a un sector específico de empresas; por ello, en 1988 el gobierno del estado —apoyado por Nacional Financiera y el Banco Nacional de Comercio Exterior— decidió solicitar un estudio a la Universidad de Northwestern acerca del tipo de maquiladoras a las cuales debería dirigirse la promoción. Los resultados señalaron que las campañas deberían enfocarse en las empresas pequeñas y medianas del oeste medio y del sureste de Estados Unidos así como en empresas de Japón y Europa, pero sobre todo aquellas dedicadas al manejo de productos de bajo peso, poco volumen y alta rentabilidad.[14] El gobierno del estado orientó su campaña de fomento a la industria maquiladora no contaminante con el fin de

[14] Véase T. Mendoza, T. Suárez, A. Hernández, L. López y A. López, *Presencia y tendencia de la industria maquiladora en Yucatán*, Facultad de Contaduría y Administración, Universidad Autónoma de Yucatán, Mérida, Yucatán, 1989, y B. Castilla, "La industria maquiladora en Yucatán: un nuevo modelo de desarrollo industrial", *Revista de la Universidad Autónoma de Yucatán*, vol. 5, núm. 173, Universidad Autónoma de Yucatán, Mérida, Yucatán, abril-mayo-junio de 1990.

evitar los problemas ambientales generados por las maquiladoras de las ramas automotrices y electrónicas en las ciudades de la frontera norte de México.

En los primeros años del PRHDIY se establecieron maquiladoras sólo en la capital del estado, esto es Mérida y su área metropolitana. Fue en 1992, con el Programa de Desarrollo Regional de la Zona Henequenera de Yucatán,[15] cuando se pensó en fomentar la instalación de plantas maquiladoras en comunidades rurales de la zona henequenera[16] para frenar la migración de campesinos henequeneros a las ciudades de Mérida y Cancún ante la falta de empleos remunerados en sus propios municipios. Con la instalación de maquiladoras se pretendía reactivar la actividad económica de los municipios rurales donde la actividad industrial y de servicios es escasa, o en su mayoría nula, y donde la producción para el autoconsumo familiar es importante.

En 1990, fecha en que el INEGI empieza a registrar la maquila yucateca, existían 16 plantas que generaban 2 835 empleos; en octubre de 2001, las maquiladoras ascendían a 131 y ocupaban 30 554 trabajadores.[17] La mayoría de las plantas y empleos generados por la industria maquiladora se localizaba en la capital del estado, pero a partir de 1992 la instalación de maquiladoras se ha orientado a los municipios rurales, haciéndola zona de importante crecimiento maquilador en los últimos años.

Actualmente, la actividad maquiladora es una de las más importantes en el estado y se ubica como principal fuente de ingreso de las familias en los municipios rurales.[18] La industria maquiladora yucateca fue en el año 2000 la de mayor crecimiento en el país[19] y se consolidó como la segunda actividad generadora de divisas en el estado. El capital extranjero genera gran parte de los empleos maquiladores; sobre todo los de capital estadounidense y de Hong Kong.[20] La actividad

15 Gobierno Constitucional de los Estados Unidos Mexicanos-Gobierno Constitucional del Estado de Yucatán, *Programa de Desarrollo Regional de la Zona Henequenera de Yucatán, 1992-1994*, México, 1992.

16 La zona henequenera comprende 62 de los 106 municipios del estado de Yucatán. Se le denomina así por su importancia y exclusividad en el cultivo y la producción del henequén.

17 INEGI, *Estadística de la industria maquiladora de exportación*, INEGI, México, 2002, <http://dgcnesyp.inegi.gob.mx/cgi-win/bdi.exe>.

18 L. Albornoz y R. Ortiz, "La industria maquiladora como sostén de las comunidades rurales de Yucatán", *Comercio exterior*, vol. 50, núm. 5, Banco Nacional de Comercio Exterior, México, mayo de 2000. También consúltese A. García de Fuentes, y J. Morales, "La maquila en la península...", *op. cit.*

19 Las maquiladoras invirtieron en Yucatán cada vez más durante los años de 1996 a 2000, debido principalmente a la calidad de la mano de obra (los obreros yucatecos aprendían en 15 días lo que los obreros de otras regiones aprendían en dos meses), los bajos salarios en comparación con los pagados en otras partes del país, y la baja rotación anual del personal que asciende en promedio 10% contra 264% en una maquiladora de la frontera norte.

20 L. Albornoz, *Maquiladoras: nueva estrategia de desarrollo rural*, tesis de licenciatura, Facultad de Economía, Universidad Autónoma de Yucatán, Mérida, Yucatán, 2000.

maquiladora ha permanecido en Yucatán en los años de 1995 a 2005, resistiendo la fuerte competencia china y mostrándose como ejemplo exitoso de retención de la mayoría de las plantas maquiladoras extranjeras.[21]

Yucatán se ha especializado en la maquila textil y del vestido. Las maquiladoras textiles ubicadas en la zona henequenera se caracterizan por una mezcla de producción "taylorista" (con uso de equipo no automatizado) y automatizada. Algunas maquiladoras de gran tamaño usan tecnología computarizada en ciertas áreas, como la de lavandería, de secado y corte de tela. Éste es el caso de las plantas de Monty Industries y Lee Corporation.[22] Las maquiladoras textiles y del vestido pequeñas y medianas se caracterizan por trabajar tramos cortos del proceso de ensamble sin realizar otros procesos, como el corte, el lavado, el secado y el planchado, en los cuales se consume agua en forma intensa y se descargan grandes volúmenes de agua residual.[23]

En el año 2004, las maquiladoras textiles y de prendas de vestir representaron 82% del personal ocupado y 76% del valor agregado bruto de la maquila yucateca. La rama de productos metálicos fue la segunda más importante, pero distaba mucho del peso relativo de la rama textil y del vestido: absorbió 16% del personal ocupado y participó con 19% en el valor agregado bruto en dicho año. El resto de ramas sumó una participación muy pequeña (véase la gráfica XV.3).

21 Sobre este tema de retención véase N. Gravel, "Los factores de retención de la maquila: lección de Yucatán (1995-2005)", *Desacatos*, núm. 021, CIESAS, México, mayo-agosto de 2006, pp. 51-66.

22 Las dos empresas maquiladoras generaban en conjunto 4 122 empleos en la zona henequenera, lo cual representaba 42% del empleo maquilador en Yucatán en 1999. Monty Industries es una maquiladora de capital de Hong Kong que se estableció en 1992 en el municipio de Motul (centro ex henequenero). Ésta era hasta 2002 la maquiladora más grande de la zona y del estado y generaba 2 mil empleos en su planta de Motul (datos de 1999). En el periodo 1992-2000, Monty había instalado dos plantas más: una en Maxcanú y otra en Hunucmá. Además, incorporó en su planta de Motul la fase de corte que se realizaba previamente en Estados Unidos. Lee Corporation, por otra parte, forma parte de la transnacional del mismo nombre y de capital estadounidense. La compañía cuenta con dos plantas maquiladoras yucatecas: una en Izamal y otra en Acanceh. Esta última lava las piezas procedentes de la planta en Izamal y es conocida como "la lavandería más grande de América Latina". Tanto Monty como Lee maquilan pantalones de mezclilla y su proceso va desde la fase de ensamble de la tela hasta las fases de lavado, secado y planchado de las prendas.

23 Tanto el volumen de agua que suele utilizarse para el lavado de las piezas de mezclilla como las descargas de aguas residuales son enormes. Sobre este punto interesaría conocer cuál es el impacto de cada planta sobre el manto freático de la entidad. Por ejemplo, en el año 2000 se estimaba que la planta Lee Corporation en Acanceh extraía agua en 3 785 000 litros diarios contra los 60 920 litros diarios en promedio con que se recarga el acuífero en la superficie del terreno que ocupa la lavandería, afectando la recarga de un área mayor (Instituto de Ecología del Estado de Yucatán).

Gráfica XV.3
Distribución sectorial de la maquila en Yucatán, 2004

a) Personal ocupado

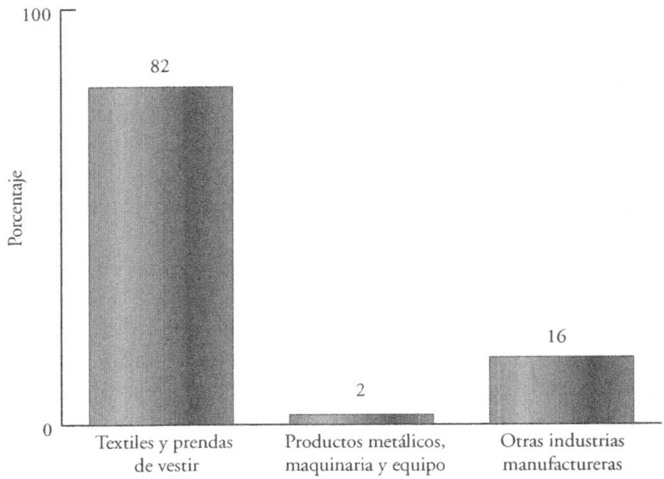

b) Valor agregado bruto

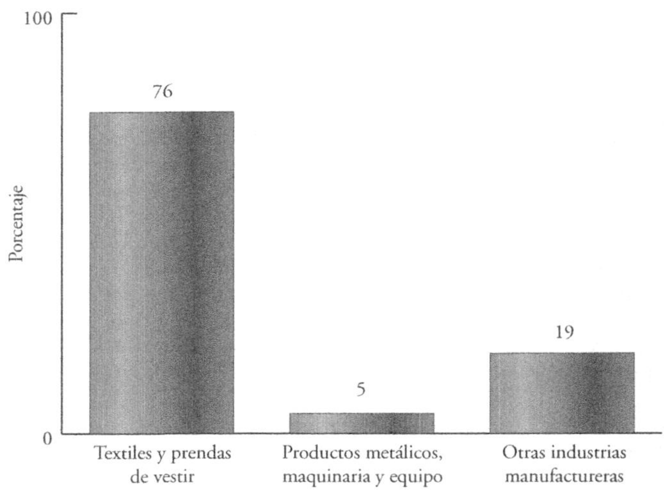

Fuente: INEGI, *La producción, salarios, empleo y productividad de la industria maquiladora de exportación por región geográfica y entidad federativa, 1999-2004*, SCNM, Aguscalientes, México, 2006.

Gráfica XV.4
La maquila de Yucatán en la inspección ambiental

a) Visitas de inspección por cada 10 plantas maquiladoras en promedio, 1995-2001

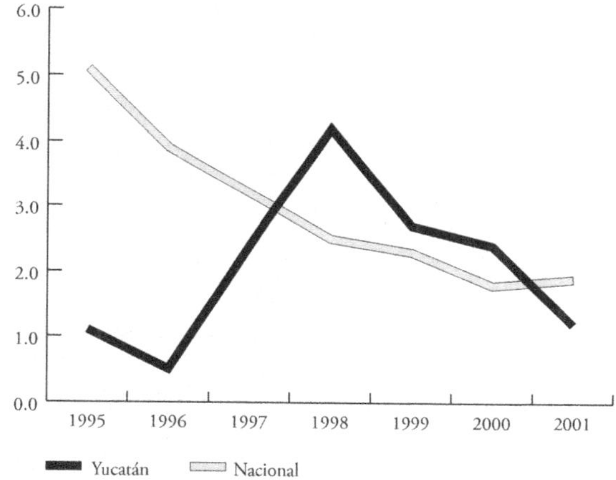

b) Participación de Yucatán en el total nacional de las irregularidades encontradas en la maquila, 1995-2001

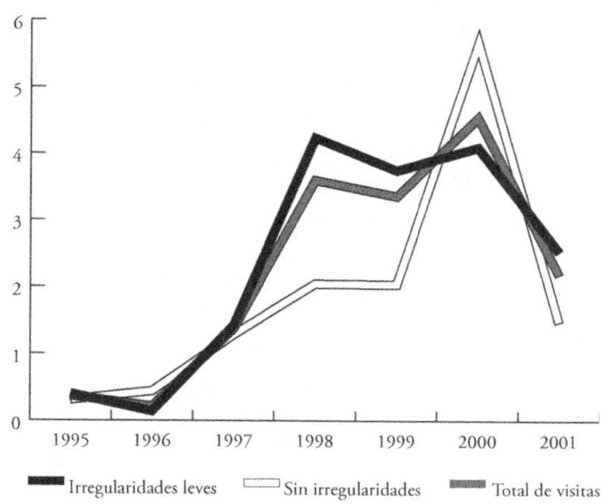

Fuente: Procuraduría Federal de Protección al Ambiente, Profepa, Semarnat, México, consultado en Semarnat <http://www.semarnat.gob.mx/informacionambiental/Pages/inicio.aspx>, 2002; INEGI (2001 y 2005), *Industria maquiladora de exportación, Estadísticas Económicas*, mayo de 2002 (datos de 1995 y 1996) y julio de 2005 (datos desde 1997).

Cuadro XV.4
Caso de impacto ambiental: la maquiladora Yucatán Fabrics
(Fecha de resolución: 8 de agosto de 2006)

Concepto	*Descripción*
Localización	Umán, Yucatán, carretera Mérida-Umán.
Actividad	Maquila de telas.
Materia prima	Hilado de estambre, productos químicos, colorantes y materiales de empaque.
Tipo de maquinaria	Moderna.
Inicio de operaciones	30 de septiembre de 1999.
Instalaciones	Una caseta de control de entradas y salidas; oficinas administrativas; áreas de almacén de materias primas y productos terminados; áreas de hilado, corte, costura, tejido y teñido; laboratorio de control de calidad; calderas y compresores; un tanque de 50 000 litros para almacenamiento de diesel y seis tanques de a 5 000 litros cada uno para almacenamiento de gas LP; un tanque elevado para almacenamiento de agua para servicios; almacén de químicos; cuarto para almacenamiento temporal de residuos no peligrosos; taller de servicios; planta de tratamiento de aguas residuales y áreas de jardines.
Usos del suelo	De tipo industrial. Cuenta con la renovación de la Licencia de Uso de Suelo; de acuerdo con el análisis físico y técnico de la Dirección de Desarrollo Urbano y Obras Públicas y con base en el Plan de Desarrollo de la Ciudad de Umán (Programa Director de Usos y Destinos) se determinó que los predios se encuentran en un área cuyo uso de suelo es factible.
Servicios públicos	Electricidad y agua potable; planta de tratamiento de aguas residuales; cuenta con fosas sépticas. Cuenta con servicio de transporte tanto a Umán como a Mérida.
Residuos sólidos domésticos	Ninguna tecnología especial: el manejo es por medio de tambos metálicos colocados en diversos sitios de la planta; en las oficinas se manejan por medio de botes plásticos. Estos residuos son almacenados temporalmente en el área para residuos orgánicos e inorgánicos, en tanto son entregados a recolectores autorizados para su transporte y disposición final hacia el basurero municipal.

Residuos sólidos industriales	Residuos de tela, bolsas, hilos, cajas de cartón, conos de cartón. Estos residuos se recolectan y se ponen en bolsas; se almacenan temporalmente en el área para basura; son entregados a recolectores autorizados para su transporte y disposición final hacia el basurero municipal.
Residuos líquidos	Los residuos sanitarios de baños se tratan en fosas sépticas (tratamiento anaeróbico). El efluente tratado se dispone en pozos de absorción sin llegar al manto freático. Cumple con la NOM-001-Semarnat-1996. Los residuos líquidos del proceso de fabricación de telas se conducen hacia una planta de tratamiento.
Residuos líquidos peligrosos	Aceites usados. Se recolectan y se almacenan temporalmente en un sitio especial para ello; se lleva una bitácora con el control de entradas y salidas. Se disponen externamente por una empresa autorizada.

Fuente: Gobierno de Yucatán, Secretaría de Ecología, *Estudios de impacto ambiental*, 2006 <http://www.yucatan.gob.mx/servicios/impacto_ambiental>.

A mediados de los años noventa se ejercía poca vigilancia de cumplimiento en las maquiladoras de Yucatán, en comparación con la vigilancia de la maquila en el resto del país, especialmente en la frontera norte de México, donde ésta se concentra. Pero con la creciente importancia de la actividad maquiladora en el estado de 1996 a 2000, la inspección local tendió a converger con la realizada en el plano nacional (véase la gráfica XV.4a). Posiblemente, debido a esta mayor vigilancia de la autoridad, en combinación con el propio crecimiento maquilador en el estado —implicando un efecto escala— la participación de Yucatán en el total nacional de irregularidades leves de la maquila detectadas por la autoridad tendió a crecer en esa segunda mitad de los años noventa (véase la gráfica XV.4b).

En la actualidad, toda nueva planta maquiladora debe contar con un estudio de impacto ambiental (EIA) aprobado por la autoridad, antes del inicio de operaciones en Yucatán. También debe obtener una licencia de uso del suelo y en general cumplir con las normas ambientales. Un caso que ilustra este carácter formal de la exigencia gubernamental es el de la planta Yucatán Fabrics, la cual logró una resolución favorable de su EIA en agosto de 2006. El caso se resume en el cuadro XV.4 y muestra que además del uso del suelo, el EIA hace un análisis del plan de manejo y disposición de los residuos (por ejemplo, aceites, grasas y aguas residuales del lavado que contienen detergentes, blanqueadores, enzimas y otros productos químicos como el cromo), con especial atención en los residuos industriales peligrosos (véase el cuadro XV.4).

Se han difundido los avances en la política de regulación ambiental de la maquila en Yucatán, pero no se sabe en lo más mínimo el comportamiento ambiental de las propias maquiladoras en esta región. La siguiente sección aborda este aspecto.

Evaluación ambiental de un grupo selecto de plantas maquiladoras

Con el fin de conocer el comportamiento ambiental de las maquiladoras en Yucatán, en esta sección se evalúa un grupo de plantas como estudios de caso, a manera de una aproximación microeconómica al tema. Dado que la maquila del estado se concentra en la zona henequenera, se decidió seleccionar los estudios de caso en dicha región y aplicarles un cuestionario.[24] Siguiendo la metodología que se describe en el anexo al final de este libro, se asignaron puntos a las respuestas del cuestionario y a partir de estas ponderaciones se construyeron varios índices de calificación para evaluar las acciones, percepciones y motivaciones de los directivos a cargo del cuidado ambiental en las plantas estudiadas. En resumen, se calcularon cinco índices de calificación con una base máxima de 100 cada uno: *a)* disposición a cumplir, *b)* comportamiento ambiental (evaluación estática), *c)* trayectoria del comportamiento ambiental (evaluación dinámica); *d)* responsabilidad corporativa y *e)* exigencia gubernamental. A mayor valor de cada índice, corresponde un mejor resultado de evaluación.

Los estudios de caso

El grupo de casos estudiados comprende nueve plantas maquiladoras de exportación de la zona henequenera de Yucatán. Se intentó una selección de diversos casos, pero no se obtuvo la colaboración de las plantas más grandes.[25] Es decir, no se brinda aquí una ilustración completa, sino la de plantas de tamaños que van del micro al mediano. El cuestionario mediante el cual se recabó la información fue utilizado en los años 1999 y 2000. En el momento de las entrevistas, los nueve casos representaban respectivamente 36% y 16% del total de plantas y empleos generados por las maquiladoras de exportación de la zona.

[24] Véase el contenido del cuestionario en el anexo general.

[25] Por ejemplo, las plantas Monty, Lee y Quality Textile (de 1 000 a 2 000 mil trabajadores) representaban en conjunto 45% del empleo total generado por las maquiladoras de exportación en la zona. Es relevante estudiar tarde o temprano algunos casos de plantas grandes (251 a 1 000 personas) y muy grandes (más de 1 000 personas), por la gran escala de los procesos y por los mayores riesgos de impacto ambiental debido a que dichas plantas incluyen la etapa de lavado de la ropa que maquilan.

Cuadro XV.5
Características de los casos

Característica	*Plantas*	*%*
Por tamaño		
Micro (1 a 15 trabajadores)	1	11
Pequeño (16 a 100 trabajadores)	4	44
Mediano (101 a 250 trabajadores)	4	44
Por origen del capital		
100% extranjero	5	56
100% nacional	2	22
Nacional y extranjero	2	22
Por antigüedad		
Muy nueva (hasta 5 años)	7	78
Nueva (6 a 10 años)	2	22
Por generación de la tecnología		
I. La mejor existente en el momento	2	22
II. La mejor de hace 2 a 5 años	4	44
IV. La mejor de hace 10 a 20 años	1	11
V. La mejor de hace más de 20 años	1	11
Por rama industrial		
Prendas de vestir	6	70
Jarcias[a] de nylon	1	10
Eléctricos y electrónicos	1	10
Puertas y ventanas	1	10
Total	9	100

Nota: En algunos casos la suma de los porcentajes no es 100 por el redondeo de los componentes.

[a] *Jarcia* es el "conjunto de los aparejos y los cabos de una embarcación", de acuerdo al *Diccionario de la Lengua Española*, Espasa-Calpe, Madrid, 2005, véase <http://www.wordreference.com/definicion/jarcia>.

Fuente: Investigación de campo propia en 1999 y 2000.

El cuadro XV.5 presenta las principales características de los casos. De nueve maquiladoras, hay cuatro de tamaño mediano, cuatro pequeñas y una microplanta. Todas ellas eran plantas nuevas o muy nuevas (con menos de 10 años) y la mayoría contaba con tecnología de generaciones recientes (de cinco años o menos).

Casi todas eran maquiladoras textiles y del vestido, a excepción de una de accesorios eléctricos y electrónicos y otra productora de puertas y ventanas de aluminio. Todas realizaban tareas simples en el procesamiento de los productos. Por ejemplo, las plantas del vestido micro, pequeñas y medianas tenían tramos cortos del proceso de ensamble y no procesaban los tramos del corte, el lavado, el secado y el planchado. En cuanto a la maquiladora de accesorios eléctricos y electrónicos, sus procesos de producción se basaban en equipo y herramientas manuales (80% en promedio del total del equipo).

Más de la mitad de las plantas era de capital extranjero (cinco plantas) y el resto estaba dividido entre maquiladoras de capital nacional (dos plantas) y de capital mixto (otras dos plantas).

Disposición a cumplir

La disposición a cumplir con las regulaciones gubernamentales fue estudiada con base en los lineamientos metodológicos explicados en el anexo de este libro, considerando si la planta contaba con un compromiso de cumplir por escrito, si la política de la matriz tenía un compromiso de cumplir, si la planta llevaba un buen desempeño en términos de cumplimiento y si ella no hubiese incurrido en incumplimientos sancionados. Los resultados se resumen en el cuadro XV.6, evidenciando que el grupo estudiado tiene una disposición a cumplir baja (36.7 respecto de un máximo ideal de 100). Nótese que la disposición a cumplir tiende a aumentar a mayor tamaño y a mayor actualización tecnológica. No se aprecia diferencia por origen del capital ni por los años de antigüedad.

Comportamiento ambiental (evaluación estática)

Si la disposición a cumplir es baja, el comportamiento ambiental en los hechos podría ser también bajo, aunque ello no es un resultado automático. Por ejemplo, podría ser que aún con baja disposición, finalmente se proteja bien el ambiente debido a una fuerte exigencia gubernamental o a una rigurosa política corporativa de responsabilidad ambiental monitoreada por la matriz. Interesa, entonces, evaluar el comportamiento ambiental tanto en un año dado, como su trayectoria en el transcurso de varios años. En esta sección se revisa la evaluación estática y en la siguiente, la dinámica.

Cuadro XV.6
Índice de calificación de la disposición a cumplir

Característica	*Casos*	*Índice*
Por tamaño		
Micro (1 a 15 trabajadores)	1	20.0
Pequeño (16 a 100 trabajadores)	4	33.8
Mediano (101 a 250 trabajadores)	3	58.3
Por origen del capital		
100% extranjero	7	41.4
Nacional y extranjero	1	20.0
100% nacional	1	40.0
Por antigüedad		
Muy nueva (hasta 5 años)	7	39.3
Nueva (6 a 10 años)	2	37.5
Por generación de la tecnología		
I. La mejor existente en el momento	2	40.0
II. La mejor de hace 2 a 5 años	4	43.8
IV. La mejor de hace 10 a 20 años	1	55.0
V. La mejor de hace más de 20 años	1	20.0
Total	9	36.7

Nota: El menor valor de los índices está dado por 0 y el máximo valor por 100.
Fuente: Investigación de campo propia en 1999 y 2000.

El comportamiento ambiental se evalúa tomando en cuenta cuatro aspectos: *a)* La política ambiental corporativa de la organización a la que pertenece la planta; *b)* las acciones con programas que se hayan emprendido a favor del ambiente; *c)* la gestión ambiental; y *d)* las acciones pro ambientales en la planta. A su vez, cada uno de estos aspectos considera varios elementos (véase el anexo general). Los resultados muestran un comportamiento ambiental muy pobre, con un índice de calificación aún mucho menor que el de la disposición a cumplir (15.8).

Cuadro XV.7
Índice de calificación del comportamiento ambiental (evaluación estática)

Característica	*Casos*	*I. Política ambiental corporativa*	*II. Acciones con programas*	*III. Gestión ambiental*	*IV. Acciones en la planta*	*V. Evaluación integral*
Por tamaño						
Micro (1 a 15 trabajadores)	1	25.0	0.0	0.0	0.0	6.3
Pequeño (16 a 100 trabajadores)	4	19.0	17.8	10.5	25.0	18.0
Mediano (101 a 250 trabajadores)	3	41.7	9.7	13.5	16.7	20.4
Por origen del capital						
100% extranjero	7	26.8	12.5	11.6	14.3	16.3
Nacional y extranjero	1	25.0	0.0	0.0	0.0	6.3
100% nacional	1	12.5	12.5	13.5	50.0	22.1
Por antigüedad						
Muy nueva (hasta 5 años)	7	23.2	6.0	9.7	21.4	15.1
Nueva (6 a 10 años)	2	31.3	29.2	13.5	0.0	18.5
Por generación tecnológica						
I. La mejor existente en el momento	2	37.5	0.0	13.5	25.0	19.0

II. La mejor de hace 2 a 5 años	4	25.0	18.8	10.1	25.0	19.7
IV. La mejor de hace 10 a 20 años	1	25.0	25.0	13.5	0.0	15.9
V. La mejor de hace más de 20 años	1	25.0	0.0	0.0	0.0	6.3
Total	9	25.0	11.1	10.5	16.7	15.8

Nota: El menor valor de los índices está dado por 0 y el máximo valor por 100.
Fuente: Investigación de campo propia en 1999 y 2000.

El bajo índice contrasta con el reconocimiento que los gerentes de las plantas otorgaban a los problemas ambientales, ya que mientras en cinco de los nueve casos la gerencia los reconocía como los de la mayor prioridad en su corporación transnacional y en dos casos como asuntos importantes de la planta local, esta actitud no se traducía (en ocho plantas) en la puesta en práctica de mecanismos ambientales ni en un documento de normas y procedimientos ambientales. Además, ninguna de las plantas contaba con la certificación ISO 14000,[26] ni había realizado monitoreos de contaminación ni contaba con registros estadísticos ambientales. Ellas tampoco contaban con un especialista a cargo exclusivamente del ambiente y por lo tanto no se llevaban a cabo gestiones formales con un manual (ocho plantas). En la mayoría (seis plantas) las cuestiones ambientales se abordaban por un Comité mixto de Seguridad, Higiene y Ambiente.

Similarmente a la evaluación de la disposición, el comportamiento ambiental tiende a aumentar a mayor tamaño y a mayor actualización tecnológica, además de que tampoco se aprecia una diferencia importante por origen del capital ni por los años de antigüedad. Llama la atención que la política ambiental corporativa es mejor evaluada que la gestión y las acciones llevadas a cabo (véase el cuadro XV.7).

Trayectoria del comportamiento ambiental (evaluación dinámica)

La trayectoria del comportamiento ambiental es una evaluación dinámica de los casos de estudio. En esta evaluación se consideran los tres componentes ex-

26 Los gerentes aducían dos razones: *a)* el alto costo de la certificación, y *b)* el bajo impacto ambiental de la maquila del vestido.

plicados en el anexo del libro: *a)* los cambios realizados en la planta con fines ambientales; *b)* las fuentes de mejoras en la gestión ambiental; y *c)* la evolución del desempeño ambiental.

Cuadro XV.8
Índice de calificación de la trayectoria del comportamiento ambiental
(evaluación dinámica)

Característica	*Casos*	*I. Cambios en la planta con fines ambientales*	*II. Fuentes de mejoras en la gestión ambiental*	*III. Evolución del desempeño ambiental*	*IV. Evaluación integral*
Por tamaño					
Micro (1 a 15 trabajadores)	1	0.0	0.0	0.0	0.0
Pequeño (16 a 100 trabajadores)	4	0.0	14.5	12.8	9.1
Mediano (101 a 250 trabajadores)	3	0.0	22.2	0.0	7.4
Por origen del capital					
100% extranjero	7	0.0	16.7	3.5	6.7
Nacional y extranjero	1	0.0	0.0	0.0	0.0
100% nacional	1	0.0	8.3	26.5	11.6
Por antigüedad					
Muy nueva (hasta 5 años)	7	0.0	10.7	3.8	4.8
Nueva (6 a 10 años)	2	0.0	25.0	12.2	12.4
Por generación de la tecnología					
I. La mejor existente en el momento	2	0.0	29.2	0.0	9.7

II. La mejor de hace 2 a 5 años	4	0.0	10.4	9.7	6.7
IV. La mejor de hace 10 a 20 años	1	0.0	25.0	12.2	12.4
V. La mejor de hace más de 20 años	1	0.0	0.0	0.0	0.0
Total	9	0.0	13.9	5.7	6.5

Nota: El menor valor de los índices está dado por 0 y el máximo valor por 100.
Fuente: Investigación de campo propia en 1999 y 2000.

Los resultados indican una trayectoria ambiental muy pobre, con un índice de calificación demasiado bajo, todavía más bajo que el del comportamiento estático (6.5 con una base de 100). Es virtualmente un estancamiento en el desempeño ambiental. No se detectó mejora alguna en las plantas con fines ambientales. Los equipos, procesos, insumos y productos de las maquiladoras seguían siendo los mismos desde el inicio de sus operaciones. Hay cierta lógica en este resultado para evaluar posibles cambios tecnológicos, considerando el poco tiempo de operaciones de las plantas en la región (la mayoría desde 1992 y otras más recientemente). Además, sus procesos de la confección de prendas son relativamente sencillos: predominan las máquinas no automatizadas (para el ensamble de las telas importadas). No incluyen la etapa del lavado de la tela (que genera descargas de líquidos contaminantes). En el caso de las otras plantas (las de accesorios eléctricos y electrónicos, jarcias y ventanas de aluminio), predomina el equipo manual y los procesos son de ensamble sencillo de partes. No obstante, es preciso notar que todas las plantas estudiadas realizan descargas de aguas residuales domésticas, provenientes de baños y comedores; asimismo, no generan residuos sólidos considerados peligrosos, sino residuos constituidos por retazos de telas, cerámica y alambres, reutilizables en su caso.

Al interior del grupo de los casos, destaca que la planta micro (que también tenía el mayor atraso tecnológico) tuvo la peor calificación de trayectoria. Llama la atención que las plantas extranjeras tuvieron una evaluación promedio claramente menor que la nacional (véase cuadro XV.8).

Exigencia gubernamental

Toda empresa establecida en México es legalmente mexicana y por lo tanto requiere cumplir con la legislación nacional vigente en cuanto al cuidado ambiental. Ésta se evalúa a continuación, desde la perspectiva de las maquiladoras encuestadas, considerando la inspección oficial mediante auditorías ambientales y el impacto de la política gubernamental en la motivación de la planta.

Cuadro XV.9
Índice de calificación de la exigencia gubernamental

Característica	*Casos*	*Índice*
Por tamaño		
Micro (1 a 15 trabajadores)	1	0.0
Pequeño (16 a 100 trabajadores)	4	12.5
Mediano (101 a 250 trabajadores)	3	16.7
Por origen del capital		
100% extranjero	7	14.3
Nacional y extranjero	1	0.0
100% nacional	1	0.0
Por antigüedad		
Muy nueva (hasta 5 años)	7	7.1
Nueva (6 a 10 años)	2	25.0
Por generación de la tecnología		
I. La mejor existente en el momento	2	25.0
II. La mejor de hace 2 a 5 años	4	0.0
IV. La mejor de hace 10 a 20 años	1	50.0
V. La mejor de hace más de 20 años	1	0.0
Total	9	11.1

Nota: El menor valor de los índices está dado por 0 y el máximo valor por 100.
Fuente: Investigación de campo propia en 1999 y 2000.

En el cuadro XV.9 aparecen los resultados de la evaluación. Además de percibir una baja exigencia gubernamental (con un índice de calificación de 11.1), los gerentes entrevistados percibieron una mayor exigencia en plantas de mayor tamaño, extranjeras y de tecnología madura. La exigencia gubernamental parece ser nula en la planta micro y nacional.

Responsabilidad corporativa

Las plantas estudiadas tienen un contrato de maquila con una corporación extranjera a la cual realizan el ensamble de las partes provistas por ésta. En este sentido, el contrato de la maquiladora puede incluir la ejecución de la política ambiental del corporativo. Por ello, interesa evaluar el grado de responsabilidad corporativa ambiental percibido por la gerencia local, considerando cuatro aspectos: *a)* la política ambiental para las subsidiarias; *b)* los requerimientos corporativos de cumplimiento; *c)* el monitoreo corporativo del desempeño ambiental de la planta; y *d)* el impacto de esta exigencia corporativa en la motivación de la planta.

Se encontró un bajo índice de calificación de la responsabilidad corporativa ambiental (23.2), aunque claramente mayor que el índice de la exigencia gubernamental. Es decir, si la exigencia gubernamental era baja en opinión de los gerentes, ellos no percibían tan baja la responsabilidad corporativa, aunque tampoco la consideraban alta. Se percibe una mayor responsabilidad en plantas de mayor tamaño, extranjeras, muy nuevas y de tecnología nueva. La responsabilidad corporativa parece nula en la planta micro, nacional y de tecnología vieja.

Conclusiones

Los casos estudiados permiten un acercamiento al comportamiento ambiental de las maquiladoras micro, pequeñas y medianas de Yucatán. Excluidas las plantas grandes, se calcula aquí un conjunto de índices de calificación muy bajos en promedio. Si las maquiladoras grandes hubiesen aceptado ser incluidas en el estudio, probablemente estos índices hubiesen sido mayores. No obstante esta limitación e incertidumbre, la evaluación que se presenta aquí ayuda a detectar serios problemas estructurales y una especie de círculo vicioso: se percibe una baja exigencia gubernamental, la cual se asocia a una responsabilidad corporativa limitada, a una baja disposición a cumplir y a un pobre comportamiento ambiental. Estos resultados se agravan a menor tamaño de planta. Es preciso romper este círculo vicioso para aspirar a una actividad maquiladora más amigable con el ambiente en Yucatán.

Cuadro XV.10
Índice de calificación de la responsabilidad ambiental corporativa

Característica	*Casos*	*Índice*
Por tamaño		
Micro (1 a 15 trabajadores)	1	0.0
Pequeño (16 a 100 trabajadores)	4	2.3
Mediano (101 a 250 trabajadores)	3	66.7
Por origen del capital		
100% extranjero	7	29.9
Nacional y extranjero	1	0.0
100% nacional	1	0.0
Por antigüedad		
Muy nueva (hasta 5 años)	7	28.6
Nueva (6 a 10 años)	2	4.5
Por generación de la tecnología		
I. La mejor existente en el momento	2	40.9
II. La mejor de hace 2 a 5 años	4	29.5
IV. La mejor de hace 10 a 20 años	1	9.1
V. La mejor de hace más de 20 años	1	0.0
Total	9	23.2

Nota: El menor valor de los índices está dado por 0 y el máximo valor por 100.
Fuente: Investigación de campo propia en 1999 y 2000.

Comentarios finales

En la introducción de este capítulo se plantearon los objetivos de investigar en el caso de Yucatán el impacto ambiental de la industria maquiladora, y el comportamiento ambiental de las plantas en un plano micro. Los resultados indican que en una declinante calidad de los suelos y del agua y en una creciente disposición de residuos peligrosos, la actividad industrial manufacturera se ha erigido como una causa importante, aunque no la principal. Se reconoce que los problemas ambientales en el estado responden más a actividades agropecuarias y de servicios y a la expansión urbana que a la maquila. Sin embargo, esto no debe ser motivo para bajar la guardia y desatender problemas futuros como los que enfrentan los centros maquiladores más importantes del país.

El crecimiento manufacturero de Yucatán fue superior al nacional en los años noventa. Dicho crecimiento sugiere un efecto escala en el ambiente, el cual aparentemente es mayor que el efecto escala en el país. En lo referente a la industria maquiladora, de tres etapas de desarrollo que se identifican aquí, en la segunda etapa, 1990-2000, la maquila se expandió notablemente en el estado y logró elevadas tasas de crecimiento (especialmente en 1997-1999). Esta etapa de crecimiento acelerado significó un efecto escala adverso al ambiente. La tercera etapa es de desaceleración y comprende el primer lustro del siglo XXI. Aunque en esta etapa no se detecta una mayor presión al ambiente, los efectos previos acumulados en el ambiente reclaman atención.

En respuesta al deterioro de la calidad ambiental y a las amenazas sobre los recursos naturales, la política ambiental del estado ha difundido leyes y reglamentos ambientales, de competencia tanto federal como estatal y ha endurecido su exigencia. No obstante, tales esfuerzos no han sido lo suficientemente eficaces para proteger al ambiente. A mediados de los años noventa se ejercía poca vigilancia de cumplimiento en las maquiladoras de Yucatán. Pero con la creciente importancia de la actividad maquiladora en el estado desde 1996, la inspección textil tendió a converger con la realizada en el todo el país.

En el plano microeconómico, se analiza aquí el comportamiento ambiental de nueve plantas pequeñas y medianas establecidas en la zona henequenera de Yucatán. No se logró la cooperación de plantas grandes en la investigación, por lo cual el grupo de casos tiene un sesgo por tamaño. En estas condiciones, para las plantas estudiadas se calcula un conjunto de índices de calificación con valores muy bajos en promedio. A pesar de esta limitación, se logran identificar serios problemas estructurales. Los atributos de tamaño y origen de capital de las plantas locales funcionan muy lejos de lo deseable, incluso de la experiencia maquiladora en la frontera norte de México. También se detecta un círculo vicioso: una baja exigencia gubernamental se asocia a una responsabilidad corporativa limitada y ambas parecen dar lugar a una baja disposición a cumplir y a un pobre comportamiento ambiental. Es necesario romper este círculo vicioso en la región para aspirar a una actividad maquiladora más amigable con el ambiente.

El estado es rico en recursos naturales, pero su población rural vive en condiciones precarias. El reto es crecer a tasas sostenidas con nuevas actividades como la maquila, para revertir los elevados índices de marginación de la población en Yucatán, garantizando al mismo tiempo la protección y regeneración de los recursos naturales, con el fin de impulsar el bienestar y la calidad de la vida humana.

ANEXO GENERAL

NOTA METODOLÓGICA SOBRE LOS ÍNDICES DE CALIFICACIÓN

ALFONSO MERCADO GARCÍA

INTRODUCCIÓN

En este anexo se explica la forma en que se asignaron puntos a las respuestas de los cuestionarios utilizados en los capítulos IV, IX, XIV y XV. A partir de estas ponderaciones se construyeron seis índices de calificación que corresponden a los seis conceptos descritos en el capítulo IV y que sirven para evaluar las acciones, percepciones y motivaciones de los directivos a cargo del cuidado ambiental en las plantas estudiadas. Estos seis índices son los siguientes: *a)* disposición a cumplir; *b)* gestión ambiental y acciones (evaluación estática); *c)* trayectoria del desempeño ambiental (evaluación dinámica); *d)* comportamiento ambiental; *e)* responsabilidad ambiental corporativa; y *f)* exigencia gubernamental. Se especifica cada aspecto evaluado en tales índices, así como la pregunta referente a dicho aspecto formulada en el cuestionario, y se explica el criterio de evaluación de la respuesta a esa pregunta con la asignación de puntos. También se presenta un cuadro-resumen de cada índice donde se detallan las ponderaciones con base en la información.

Se dedica una sección a cada índice de calificación, además de esta introducción, por lo cual el anexo se divide en siete secciones y al final de cada sección de los índices se ofrece el correspondiente cuadro-resumen. La siguiente sección 2, la cual trata del índice de calificación de la disposición a cumplir con las regulaciones gubernamentales, incluye explicaciones de los siguientes aspectos evaluados: *a)* documento con compromiso de cumplir; *b)* política de la matriz con obligaciones de cumplir; *c)* desempeño en términos de cumplimiento; *d)* incumplimiento detectado; y *e)* sanciones por incumplimiento.

La tercera sección trata del índice de calificación de la gestión ambiental y acciones (evaluación estática), y explica los aspectos evaluados en sus cuatro componentes. El primer componente que trata sobre la política ambiental corporativa cubre los siguientes cuatro aspectos de evaluación: *a)* política ambiental por escrito; *b)* contenido de la política; *c)* actitud ambiental; y *d)* procedimientos por escrito. En el segundo componente, el cual se refiere a las acciones con programas, se incluyen los siguientes aspectos de evaluación: *a)* uso de programas; *b)* acciones con metas; *c)* capacitación ambiental; *d)* temas de capacitación ambiental; *e)* auditoría voluntaria; *f)* actividades ambientales con la comunidad;

y *g)* certificación ISO 14000-14001. El tercer componente del índice se refiere a la gestión ambiental y considera la evaluación de los siguientes aspectos: *a)* especialista exclusivo en ambiente; *b)* comité de ambiente, seguridad e higiene; *c)* gestión formal; *d)* con manual; *e)* uso de indicadores ambientales; *f)* disponibilidad de estadísticas ambientales; y *g)* forma de captación de datos ambientales. El cuarto y último componente del índice se enfoca a las acciones en la planta y abarca dos aspectos de evaluación: *a)* instalaciones anticontaminantes; y *b)* monitoreo ambiental.

La cuarta sección, dedicada al índice de calificación de la trayectoria del comportamiento ambiental (evaluación dinámica), incluye explicaciones de los aspectos evaluados en sus tres componentes. El primer componente que trata sobre los cambios realizados en la planta con propósitos ambientales evalúa los cambios con tales fines en equipo, proceso, insumos y productos. El segundo componente de este índice se refiere a las fuentes de las mejoras en la gestión ambiental y cubre dos aspectos de evaluación: *a)* motivaciones del cambio más limpio; y *b)* fuentes de consulta. En el tercer componente, el cual se refiere a la evolución del desempeño ambiental, se incluyen los siguientes tres aspectos de evaluación: *a)* principales mejoras; *b)* cambio en la intensidad de combustible o electricidad; y *c)* cambio en la emisión de contaminantes.

La quinta sección trata del índice de calificación del comportamiento ambiental y agrupa en forma ponderada los tres índices anteriores; a saber: *a)* disposición a cumplir; *b)* gestión ambiental y acciones; y *c)* trayectoria del desempeño ambiental.

El índice de calificación de la responsabilidad ambiental corporativa se explica en la sexta sección y comprende cuatro aspectos de evaluación: *a)* política ambiental para las subsidiarias; *b)* requerimientos de cumplimiento; *c)* monitoreo, seguimiento del desempeño ambiental de la planta; y *d)* el impacto en la motivación de la planta.

Por último, el índice de calificación de la exigencia gubernamental se explica en la séptima sección, y está basado en dos aspectos de evaluación: *a)* auditoría ambiental por requerimiento del gobierno; y *b)* el impacto en la motivación de la planta.

Disposición a cumplir

Este índice se refiere a la voluntad o la determinación de cumplir con las normas y los deberes de protección ambiental. El índice considera los siguientes aspectos: *a)* documento con compromiso de cumplir; *b)* política de la matriz con obligaciones de cumplir; *c)* desempeño en términos de cumplimiento; *d)* incumplimiento detectado; y *e)* sanciones por incumplimiento.

a) Aspecto evaluado: Documento con compromiso de cumplir

Pregunta formulada en el cuestionario:
2.2 ¿De qué trata este documento de política ambiental? (Señale con una x.)

I. Un compromiso de cumplir con las leyes y regulaciones ambientales nacionales	☐
II. Un compromiso de cumplir más allá de las leyes y normas ambientales nacionales	☐
III a XI. (Otras)	☐

Criterio del puntaje: Si indica la opción I o la II, se asigna 2 puntos y de lo contrario, 0.

b) Aspecto evaluado: Política de la matriz con obligaciones de cumplir

Preguntas formuladas en el cuestionario:
2.5 Si la compañía es una afiliada de una empresa extranjera, ¿ésta cuenta con una política ambiental explícita que se aplique a las subsidiarias?

I. Sí ☐	II. No ☐

2.6 Esta política requiere de:

I. Cumplir con las normas ambientales mexicanas	☐
II. Cumplir con las normas ambientales de la corporación, que son más estrictas que las mexicanas	☐
III. Cumplir con las normas ambientales del país en el que se localiza la matriz	☐

Criterio del puntaje: Si la respuesta a la pregunta 2.5 es positiva y señala la opción I o la II de la pregunta 2.6, se asigna 2 puntos y de lo contrario, 0.

c) Aspecto evaluado: Desempeño en términos de cumplimiento

Pregunta formulada en el cuestionario:
5.1 ¿Cuál de los siguientes aspectos describe mejor el desempeño ambiental de la empresa? (Marque solamente uno.)

I. Es comparable con lo mejor existente en el ámbito internacional en esta industria	☐
II. Es comparable con lo mejor que hay en el ámbito nacional en esta industria y excede mínimamente los requerimientos legales	☐
III. Está explícitamente dentro de las normas ambientales nacionales	☐
IV. Está normalmente cumpliendo con las normas ambientales nacionales, pero algunas veces fallando en puntos específicos	☐
V. Normalmente no cumple con las normas nacionales	☐

Criterio del puntaje: La opción I = 4 puntos, la II = 3.5 puntos, la III = 2 puntos, la IV = 1 punto, y la V = 0 puntos.

d) Aspecto evaluado: Incumplimiento detectado

Pregunta formulada en el cuestionario:
5.2 ¿Se ha detectado que la compañía no cumple con las normas gubernamentales?

I. Sí ☐	II. No ☐

¿Con qué frecuencia? ________________________
¿En que áreas? (contaminación de aire, descarga de agua) ________________________

Criterio del puntaje: Si responde afirmativo, se asigna 0, y de lo contrario, 2 puntos.

e) Aspecto evaluado: Sanciones por incumplimiento

Pregunta formulada en el cuestionario:
5.3 ¿Qué acción se tomó contra la empresa por incumplimiento?

I. Una amonestación por escrito	☐
II. Una multa	☐
III. Una orden para reducir la contaminación	☐
IV. El cierre de una planta	☐
V. Otra (por favor especifique)	☐

Criterio del puntaje: La opción I = 0, y de la II a la V = -0.25 (0.25 negativo) cada una.

Cuadro A.1
Disposición a cumplir

		Puntos		
Núm. de pregunta	*Concepto*	*Máximo*	*Valores intermedios*	*Mínimo*
2.2	Documento con compromiso de cumplir	2	Ninguno	0
2.5 y 2.6	Política de la matriz extranjera con obligaciones de cumplir	2	Ninguno	0
5.1	Desempeño en términos de cumplimiento	4	1, 2 y 3.5	0
5.2	Incumplimiento detectado	2	Ninguno	0
5.3	Sanciones por incumplimiento	0	-0.25, -0.5 y -0.75	-1
Total en el caso de plantas *nacionales*		8	De -0.75 a 7.5	-1
Calificación de las nacionales con base 8 = 100		100	De -9.38 a 93.8	-12.5
Total en el caso de plantas *extranjeras*		10	De -0.75 a 9.5	-1
Calificación de las extranjeras con base 10 = 100		100	De -7.5 a 95	-10

Gestión ambiental y acciones (evaluación estática)

El concepto de *gestión ambiental y acciones* se refiere a la organización y administración de los planes y acciones de la empresa para proteger el ambiente en un tiempo dado. A este concepto se asocia un índice que pondera los siguientes cuatro componentes de evaluación estática: la política ambiental corporativa, las acciones con programas, la gestión ambiental y las acciones en la planta. Cada componente, a su vez, evalúa varios aspectos, como se describe en seguida.

1) Política ambiental corporativa

a) Aspecto evaluado: Política ambiental por escrito

Pregunta formulada en el cuestionario:
2.1 ¿La planta cuenta con una política ambiental por escrito? (En caso de ser así, por favor anexe una copia.)

I. Sí ❑	II. No ❑

Criterio del puntaje: Sí = 1 punto. No, 0.

b) Aspecto evaluado: Contenido de la política

Pregunta formulada en el cuestionario:
2.2 ¿De qué trata este documento de política ambiental? (Señale con una x.)

I. Un compromiso de cumplir con las leyes y regulaciones ambientales nacionales	❑
II. Un compromiso de cumplir *más allá* de las leyes y regulaciones ambientales nacionales	❑
III. Un compromiso de mejora continua en el desempeño ambiental	❑
IV a XI. (Otros elementos específicos)	❑

Criterio del puntaje: Respuesta I, II o III (alguna de ellas o todas) = 1 punto. De otra forma, hay que asignar 0.

c) Aspecto evaluado: Actitud ambiental

Pregunta formulada en el cuestionario:
2.3 ¿Cuál de los siguientes puntos describe mejor la actitud ambiental de la alta dirección de la planta? (Marque con una x *solamente uno.*)

I. Reconoce los problemas ambientales entre las *más altas* prioridades corporativas y se los comunica a los empleados	☐
II. Los reconoce como asuntos importantes	☐
III a V. (Otros puntos específicos)	☐

Criterio del puntaje: Respuesta I o II = 1 punto. De otra forma, hay que asignar 0.

d) Aspecto evaluado: Procedimientos por escrito

Pregunta formulada en el cuestionario:
2.4 ¿La planta tiene algún documento sobre los procedimientos que debe seguir para lo siguiente? (Señale con x en caso afirmativo.)

I. Los efectos de una emergencia ambiental en la planta	☐
II. Los efectos de una emergencia ambiental en la comunidad local	☐
III. La evaluación del impacto ambiental de nuevos proyectos	☐
IV. La disposición segura de los residuos industriales de la planta	☐
V. No tiene un documento sobre estos puntos	☐

Criterio del puntaje: Sin respuesta o señala V = 0; señala de I a IV = 0.25 puntos cada una.

2) Acciones con programas

a) Aspecto evaluado: Uso de programas

Pregunta formulada en el cuestionario:
3.1 ¿La planta tiene explícitamente algunos de los siguientes programas?

I. Para reducir las emisiones a la atmósfera	☐
II. Para reducir descargas de líquidos residuales (cantidad o calidad)	☐
III. Para reducir los residuos sólidos	☐
IV. Para incrementar la eficiencia del uso de energía	☐
V. Otros (por favor especifique)	☐
VI. Ninguno	☐

Criterio del puntaje: Sin respuesta o señala VI = 0; si de I a V señala una celda, 0.25 puntos; dos celdas, 0.5; tres celdas, 0.75 puntos, y cuatro o cinco celdas, 1 punto.

b) Aspecto evaluado: Acciones con metas

Pregunta formulada en el cuestionario:
3.2 ¿Este (o estos) programa(s) involucra(n) metas cuantitativas ambientales? (Si responde "no", pase a la pregunta 3.3).

I. Sí ☐	II. No ☐

En caso afirmativo, diga brevemente en qué consisten estas metas.
Criterio del puntaje: Sí = 1 punto. No, 0.

c) Aspecto evaluado: Capacitación ambiental

Pregunta formulada en el cuestionario:
3.3 ¿La empresa tiene un programa de capacitación en cuestiones ambientales? (Señale con x, según corresponda.)

I. Para el equipo directivo a cargo del ambiente	☐
II. Para el *staff* restante	☐
III. Para los obreros	☐
IV. Para otro personal	☐
V. No tiene programa de capacitación ambiental (pase a la pregunta 3.6)	☐

Criterio del puntaje: Sin respuesta o señala V = 0; señala celdas de I a IV = 0.25 puntos cada una.

d) Aspecto evaluado: Temas de capacitación ambiental

Pregunta formulada en el cuestionario:
3.4 ¿Qué temas de capacitación se cubren?

I. Minimización de residuos	☐
II. Tratamiento del agua antes de descargarla fuera de la planta	☐
III. Legislación ambiental	☐
IV. Análisis de riesgo	☐
V. Gestión y manejo ambiental	☐
VI. El control de la contaminación del aire	☐
VII. Auditoría ambiental	☐
VIII. Análisis de impacto ambiental	☐
IX. ISO 14000, 14001	☐
X. Otros temas (especifique)	☐

Criterio del puntaje: Sin respuesta = 0; si señala una celda, 0.25 puntos; dos celdas, 0.5; tres celdas, 0.75 puntos, y cuatro o más celdas, 1 punto.

e) Aspecto evaluado: Auditoría voluntaria

Pregunta formulada en el cuestionario:
3.6 ¿Le han hecho a la compañía una auditoría ambiental?

I. Sí, voluntariamente	☐
II. Sí, por requerimiento del gobierno	☐
III. No	☐

Criterio del puntaje: Sí, voluntariamente = 1 punto. Otra respuesta o sin respuesta = 0.

f) Aspecto evaluado: Actividades ambientales con la comunidad

Pregunta formulada en el cuestionario:
3.8 ¿La empresa realiza actividades ambientales con la comunidad local?

I. Sí ☐	II. No ☐

En caso afirmativo, explique brevemente estas actividades.
Criterio del puntaje: Sí = 1 punto. No, 0.

g) Aspecto evaluado: Certificación ISO 14000-14001

Pregunta formulada en el cuestionario (sección de la planta):
2.12 ¿Cuenta con la certificación ISO14000 o la ISO 14001?

I. ISO 14000 ☐	II. ISO 14001 ☐	III. Ninguna de éstas ☐

Criterio del puntaje: Con ISO 14000-14001 = 1 punto; de otra forma, 0.

3) Gestión ambiental

a) Aspecto evaluado: Especialista exclusivo en ambiente

Preguntas formuladas en el cuestionario:
4.1 ¿Cuál es el puesto-nombramiento de la persona que está a cargo de los asuntos ambientales en la empresa?
4.2 ¿De qué otras funciones en la empresa se responsabiliza también dicha persona?

Criterio del puntaje: Especialista exclusivo en ambiente = 1 punto; de otra forma, 0.

b) Aspecto evaluado: Comité de ambiente, seguridad e higiene

Pregunta formulada en el cuestionario:
4.4 ¿La compañía cuenta con un Comité de Ambiente, Seguridad e Higiene o un órgano similar?

I. Sí ☐	II. No ☐

Criterio del puntaje: Sí = 1 punto. No, 0.

c) Aspecto evaluado: Gestión formal

Pregunta formulada en el cuestionario:
4.5 ¿La empresa tiene un sistema formal de gestión ambiental?

I. Sí ☐	II. No ☐

Criterio del puntaje: Sí = 1 punto. No, 0.

d) Aspecto evaluado: Con manual

Pregunta formulada en el cuestionario:
4.6 ¿La empresa cuenta con un manual de gestión ambiental?

I. Sí ☐	II. No ☐

Criterio del puntaje: Sí = 1 punto. No, 0.

e) Aspecto evaluado: Uso de indicadores ambientales

Pregunta formulada en el cuestionario:
4.8 ¿Cuáles son los indicadores de desempeño ambiental que usa la empresa?

Criterio del puntaje: Si menciona al menos un indicador = 1 punto; de otra forma, 0.

f) Aspecto evaluado: Disponibilidad de estadísticas ambientales

Pregunta formulada en el cuestionario (sección de la planta):
4.1 ¿Tienen las siguientes estadísticas? (Señale con x como corresponda y anexe algunas de las estadísticas señaladas.)

I. Consumo total de combustible por unidad de producción (por kg, tonelada, pieza, etc.), por periodos	☐
II. Consumo total de energía eléctrica por unidad de producción, por periodos	☐
III. Total de agua utilizada por unidad de producción por periodos	☐
IV. Promedio del volumen de agua residual descargada	☐
V. Calidad de las descargas de agua (DBO, DQO, SST, etc.)	☐
VI. Nivel promedio de emisiones de contaminantes (SO_2, NO_2, CO, partículas)	☐
VII. Promedio anual (o mensual) de residuos sólidos peligrosos	☐

Criterio del puntaje: Sin respuesta = 0; cada celda señalada = 0.2 puntos.

g) Aspecto evaluado: Forma de captación de datos ambientales

Pregunta formulada en el cuestionario:
4.9 ¿Cómo capta la información sobre el desempeño ambiental (emisiones a la atmósfera, descargas de líquidos, residuos sólidos, etc.)?

I. Dicha información no es recabada por la empresa	☐
II. Es recolectada de una manera ad hoc y cuando se requiere	☐
III. Es recolectada sistemáticamente con una base regular	☐
IV. Es reportada regularmente a los gerentes y otros directivos	☐

Criterio del puntaje: Sin respuesta o señala la opción I = 0. Opción II = 0.25 puntos. Opción III = 0.5 puntos. Opción IV = 0.5 puntos. (Puede señalar las opciones II y IV = 0.75 punto, o las III y IV = 1 punto; pero no puede señalar I y otra, ni II y III al mismo tiempo).

4) Acciones en la planta

a) Aspecto evaluado: Instalaciones anticontaminantes

Pregunta formulada en el cuestionario (sección de la planta):
2.11 ¿Qué instalaciones, equipos y sistemas anticontaminantes o de tratamiento pro ambiental tiene la planta? (Mencione al menos los más importantes.)

Criterio del puntaje: Cuenta con instalaciones anticontaminantes = 1 punto. No tiene o no responde = 0.

b) Aspecto evaluado: Monitoreo ambiental

Pregunta formulada en el cuestionario (sección de la planta):
4.4 ¿Cómo son monitoreadas las emisiones a la atmósfera y las descargas de agua residual en la planta? (Señale con una x.)

	Atmósfera	*Agua*
I. Sin medida	❑	❑
II. Muestreo discreto (cuando se requiere)	❑	❑
III. Muestreo discreto (intervalos regulares)	❑	❑
IV. Monitoreo continuo	❑	❑

Criterio del puntaje: Sin medida = 0. Muestreo discreto (cuando se requiere) = 0.5 puntos. Muestreo discreto (intervalos regulares) = 0.75 puntos. Monitoreo continuo = 1 punto.

Cuadro A.2
Gestión ambiental y acciones (evaluación estática)

		Puntos		
Núm. de pregunta	*Concepto*	*Máximo*	*Valores intermedios*	*Mínimo*
	1. Política ambiental corporativa	4	De 0.25 a 3.75	0
	Calificación con base 4 = 100	100	De 6.25 a 93.75	0
2.1	Política ambiental por escrito	1	Ninguno	0
2.2	Contenido de la política	1	Ninguno	0
2.3	Actitud ambiental	1	Ninguno	0
2.4	Procedimientos por escrito	1	0.25, 0.5 y 0.75	0
	2. Acciones con programas	7	De 0.25 a 6.75	0
	Calificación con base 7 = 100	100	De 3.57 a 96.43	0
3.1	Uso de programas	1	0.25, 0.5 y 0.75	0
3.2	Acciones con metas	1	Ninguno	0
3.3	Capacitación ambiental	1	0.25, 0.5 y 0.75	0
3.4	Temas de capacitación ambiental	1	0.25, 0.5 y 0.75	0

3.6	Auditoría voluntaria	1	Ninguno	0
3.8	Actividades ambientales con la comunidad	1	Ninguno	0
(P) 2.12	Certificación ISO 14000-14001	1	Ninguno	0
	3. Gestión ambiental	7.4	De 0.2 a 7.2	0
	Calificación con base 7.4 = 100	100	De 2.7 a 97.3	0
4.2	Especialista exclusivo en ambiente	1	Ninguno	0
4.4	Comité de Ambiente Seguridad e Higiene	1	Ninguno	0
4.5	Gestión formal	1	Ninguno	0
4.6	Con manual	1	Ninguno	0
4.8	Uso de indicadores ambientales	1	Ninguno	0
(P) 4.1	Disponibilidad de estadísticas ambientales	1.4	0.2, 0.4, 0.6, 0.8, 1 y 1.2	0
4.9	Forma de captación de datos ambientales	1	0.25, 0.5 y 0.75	0
	4. Acciones en la planta	2	De 0.5 a 1.75	0
	Calificación con base 2 = 100	100	De 25 a 87.5	0
(P) 2.11	Instalaciones anticontaminantes	1	Ninguno	0
(P) 4.4	Monitoreo ambiental	1	0.5 y 0.75	0
	5. Evaluación integral	400	De 2.7 a 397.3	0
	Suma de calificaciones / 4	100	De 0.68 a 99.33	0

(P) Se refiere a la sección "la planta" del cuestionario.

Trayectoria del desempeño ambiental (evaluación dinámica)

El índice de la trayectoria del desempeño ambiental se basa en un concepto de evaluación dinámica que trata sobre la evolución de los resultados de protección ambiental logrados por la empresa a lo largo de cierto tiempo. Este índice pondera los siguientes tres componentes: los cambios en la planta con fines ambientales, las fuentes de las mejoras en la gestión ambiental y la evolución del desempeño ambiental propiamente dicha.

1) Cambios en la planta con fines ambientales

Aspecto evaluado: Cambios con fines ambientales en equipo, proceso, insumos y productos

Preguntas formuladas en el cuestionario (sección de la planta):

3.1 ¿Cuál ha sido el principal cambio en el equipo de la planta en los últimos cinco años? (Señale *sólo una* opción.)

I. Cambios para más eficiencia	☐
II. Para mejorar la ecología	☐
III. Ambos	☐
IV. No ha habido un cambio importante	☐

3.2 ¿Qué tipo de modificaciones en el proceso de producción (que no requirieran nuevo equipo) se han realizado en los últimos cinco años? (Señale *sólo una* opción.)

I. Para incrementar la eficiencia	☐
II. Para mejorar la ecología	☐
III. Para ambos propósitos	☐
IV. No ha habido un cambio importante	☐

3.3 ¿Han habido cambios *por razones ambientales* en los insumos (materias primas, materiales, productos intermedios y auxiliares) utilizados en la planta en los últimos cinco años?

I. Sí ❐	II. No ❐

En caso afirmativo, describa estos cambios.

3.4 ¿Se han realizado cambios *por razones ambientales* en los productos de la planta en los últimos cinco años?

I. Sí ❐	II. No ❐

Criterio del puntaje: Si en las preguntas 3.1 y 3.2 indica las opción II o la III (cambio para mejorar la ecología o ambos) y responde afirmativo a las preguntas 3.3 y 3.4: en uno de los casos (equipo, proceso, insumo o producto) = 2 puntos; en dos = 3 puntos; en tres o cuatro = 4 puntos. De otra forma = 0. *Nota*: Vale igual si en las preguntas 3.1 y 3.2 señala la opción II (para mejorar la ecología) o la III (ambos propósitos).

2) Fuentes de las mejoras en la gestión ambiental

a) Aspecto evaluado: Motivaciones del cambio más limpio

Pregunta formulada en el cuestionario:

5.5 Jerarquice los siguientes factores en orden de importancia que motivan a la empresa a tomar medidas para mejorar su desempeño ambiental (omita lo que usted considere que no es importante).

I. Las regulaciones gubernamentales	❐
II. Los requerimientos de los clientes en el mercado local o nacional	❐
III. El cliente del exterior	❐
IV. Los requerimientos de sus proveedores de insumos	❐
V. Las presiones de la comunidad local	❐

VI Las presiones de asociaciones o cámaras de comercio o industria	☐
VII La política de la matriz (en caso de una afiliación extranjera)	☐
VIII La imagen pública	☐
IX. Otro (por favor especifique)	☐

Criterio del puntaje: Sin respuesta = 0. Si señala las opciones VIII o VII como la más importante = 2 puntos; la II, III o IV = 1.5 puntos; la V o VI = 1 punto, y la I = 0.5 puntos. Si la IX es un factor interno de la corporación = 2 puntos; si es factor del mercado (clientes o proveedores) = 1.5 puntos; si es factor social o comunitario = 1 punto; si es intervención gubernamental = 0.5 puntos, y si responde que no hay factor que la motiven = 0.

b) Aspecto evaluado: Fuentes de consulta

Pregunta formulada en el cuestionario:
5.8 ¿Cuáles son las principales fuentes de asesoría para su mejora ambiental? (Señale las tres primeras en orden de importancia.)

I. Consultores	☐
II. Proveedores de equipo	☐
III. Clientes	☐
IV. Asociaciones industriales	☐
V. Universidades	☐
VI. Organizaciones gubernamentales	☐
VII. Organizaciones internacionales	☐
VIII. Matriz o proveedores extranjeros de tecnología	☐
IX. Otros (por favor especifique)	☐

Criterio del puntaje: Sin respuesta o si en la opción IX indica que no tiene fuente de asesoría = 0. Si responde tres fuentes = 1 punto; dos fuentes = 0.5 puntos, y una fuente = 0.25 puntos.

3) Evolución del desempeño ambiental

a) Aspecto evaluado: Principales mejoras

Preguntas formuladas en el cuestionario:
5.4 Jerarquice en orden de importancia los aspectos en los que ha logrado las principales mejoras ambientales durante los últimos cinco años (omita cualquiera que no sea importante).

I. Tratamiento (de emisiones, descargas, etc.)	☐
II. Reciclaje	☐
III. Modificación del proceso	☐
IV. Cambios en el producto	☐
V. Mantenimiento de las instalaciones	☐
VI. Sistemas de gestión ambiental	☐

Criterio del puntaje: Puede indicar varias respuestas (incluso todas). Si señala la opción I, se asigna 0.25 puntos. La respuesta II y la III valen 0.5 puntos cada una. Finalmente se asigna 1 punto si indica la IV, V o la VI. Si no indica ninguna, 0. (El total máximo es 4.25.)

b) Aspecto evaluado: Cambio en la intensidad de combustible o electricidad

Pregunta formulada en el cuestionario (sección de la planta):
4.3 De acuerdo con sus estadísticas, ¿cómo ha cambiado en los últimos cinco años? (Señale con x.)

	Subió	*Bajó*	*No cambió*
I. Consumo total de combustible por unidad de producción (por kg, tonelada, pieza, etc.), por periodos	☐	☐	☐
II. Consumo total de energía eléctrica por unidad de producción, por periodo	☐	☐	☐

Criterio del puntaje: Si redujo la intensidad en uno = 2; en los dos = 4; en ninguno = 0.

c) Aspecto evaluado: Cambio en la emisión de contaminantes

Pregunta formulada en el cuestionario (sección de la planta):
4.3 De acuerdo con sus estadísticas, ¿cómo ha cambiado en los últimos cinco años? (Señale con x.)

	Subió	*Bajó*	*No cambió*
III. Total de agua utilizada por unidad de producción por periodos	☐	☐	☐
IV. Promedio del volumen de agua residual descargada	☐	☐	☐
V. Calidad de las descargas de agua (DBO, DQO, SST, etc.)	☐	☐	☐
VI. Nivel promedio de emisiones de contaminantes (SO_2, NO_2, CO, partículas)	☐	☐	☐
VII. Promedio anual (o mensual) de residuos sólidos peligrosos	☐	☐	☐

Criterio del puntaje: De tres tipos de contaminación (del agua, la atmósfera o mediante residuos peligrosos), si redujo el volumen de emisión en uno = 2; en dos o tres = 4; en ninguno = 0.

Cuadro A.3
Trayectoria del comportamiento ambiental (evaluación dinámica)

		Puntos		
Núm. de pregunta	*Concepto*	*Máximo*	*Valores intermedios*	*Mínimo*
(P) 3.1 a 3.4	1. Cambios en la planta con fines ambientales[a]	4	2 y 3	0
	Calificación con base 4 = 100	100	50 y 75	0
	2. Fuentes de las mejoras en la gestión ambiental	3	De 0.25 a 2.5	0
	Calificación con base 3 = 100	100	De 8.3 a 83.3	0
5.5	Motivaciones	2	0.5, 1 y 1.5	0
5.8	Fuentes de consulta	1	0.25 y 0.5	0
	3. Evolución del desempeño ambiental	12.25	De 0.25 a 12	0
	Calificación con base 12.25 = 100	100	De 2.04 a 97.96	0
5.4	Principales mejoras	4.25	De 0.25 a 4	0
(P) 4.3	Cambio en la intensidad de energía[b]	4	2	0
(P) 4.3	Cambio en la intensidad de contaminación[c]	4	2	0
	4. Evaluación integral	300	De 2.04 a 297.96	0
	Suma de calificaciones / 3	100	De 0.68 a 99.32	0

(P) Se refiere a la sección "la planta" del cuestionario.
[a] Cambios con fines ambientales en *a)* equipo, *b)* proceso, *c)* insumos, *d)* productos.
[b] Consumo de combustible y energía eléctrica por unidad de producto.
[c] Tres tipos de contaminación (del agua, emisiones a la atmósfera y generación de residuos peligrosos).

Comportamiento ambiental

El concepto de *comportamiento ambiental* en el que se basa este índice se refiere a la voluntad, los esfuerzos de gestión y las acciones estratégicas de la empresa para cuidar el ambiente y los resultados de todo ello en el desempeño ambiental de la misma. Esta metodología, entonces, evalúa este índice mediante la suma ponderada de los tres índices anteriormente explicados; es decir los de disposición a cumplir, gestión ambiental y acciones (evaluación estática), y trayectoria del desempeño ambiental (evaluación dinámica).

Cuadro A.4
Comportamiento ambiental

	Puntos		
Concepto	*Máximo*	*Valores intermedios*	*Mínimo*
Disposición a cumplir	3	De 0.1 a 2.9	0
Gestión ambiental y acciones (evaluación estática)	3	De 0.1 a 2.9	0
Desempeño en términos de cumplimiento	4	De 0.1 a 3.9	0
Total	10	De 0.1 a 9.9	0
Calificación con base 10 = 100	100	De 1 a 99	0

Responsabilidad ambiental corporativa

La *responsabilidad ambiental corporativa* se concibe como la vigilancia interna para el cumplimiento de los códigos ambientales corporativos en las plantas productivas y otras unidades de la corporación. De este concepto se deriva un índice que pondera cuatro aspectos de evaluación: *a)* política ambiental para las subsidiarias; *b)* requerimientos de cumplimiento; *c)* monitoreo, seguimiento del desempeño ambiental de la planta; y *d)* el impacto en la motivación de la planta.

a) Aspecto evaluado: Política ambiental para las subsidiarias

Pregunta formulada en el cuestionario:
2.5 Si la compañía es una afiliada de una empresa extranjera, ¿ésta cuenta con una política ambiental explícita que se aplique a las subsidiarias?

I. Sí ❒	II. No ❒

Criterio del puntaje: Si responde afirmativo, 1 punto, y de lo contrario, 0.

b) Aspecto evaluado: Requerimientos de cumplimiento

Pregunta formulada en el cuestionario:
2.6 Esta política requiere de:

I. Cumplir con las normas ambientales mexicanas	❒
II. Cumplir con las normas ambientales de la corporación, que son más estrictas que las mexicanas	❒
III. Cumplir con las normas ambientales del país en el que se localiza la matriz	❒

Criterio del puntaje: Sin respuesta (congruente con la respuesta negativa a la pregunta anterior) = 0; si responde únicamente la opción I = 1 punto, y cualquier combinación de la opción I con la II y la III = 1.5 puntos.

c) Aspecto evaluado: Monitoreo, seguimiento del desempeño ambiental de la planta

Pregunta formulada en el cuestionario:
2.7 ¿La matriz monitorea el desempeño ambiental de su subsidiaria mexicana?

I. Sí, cada año	❒
II. Sí, varias veces al año	❒
III. Sí, cada dos años o más	❒
IV. No	❒

Criterio del puntaje: A la respuesta I se asigna 1 punto; a la II, 1.5; a la III, 0.5; y a la IV, 0.

d) Aspecto evaluado: Impacto en la motivación de la planta

Pregunta formulada en el cuestionario:

5.5 Jerarquice los siguientes factores en orden de importancia que motivan a la empresa a tomar medidas para mejorar su desempeño ambiental (omita lo que usted considere que no es importante).

I a VI. (Varios factores específicos)	❑
VII La política de la matriz (en caso de una afiliación extranjera)	❑
VIII La imagen pública	❑
IX. Otro (por favor especifique)	❑

Criterio del puntaje: Si la opción VII (política de la matriz) aparece en *primer* lugar = 1.5; en segundo. = 1; en tercero = 0.75; en otro = 0.5; en ninguno = 0.

Cuadro A.5
Responsabilidad corporativa

		Puntos		
Núm. de pregunta	*Concepto*	*Máximo*	*Valores intermedios*	*Mínimo*
2.5	Política ambiental para las subsidiarias	1	Ninguno	0
2.6	Requerimientos de cumplimiento	1.5	1	0
2.7	Monitoreo, seguimiento del desempeño ambiental de la planta	1.5	0.5 y 1	0
5.5	Impacto en la motivación de la planta	1.5	0.5, 0.75 y 1	0
	Total	5.5	De 0.5 a 5	0
	Calificación con base 5.5 = 100	100	De 9.09 a 90.91	0

Índice de la exigencia gubernamental

El *índice de la exigencia gubernamental* se refiere a la inspección y el monitoreo por parte del gobierno del cumplimiento de las leyes y normas ambientales. Está basado en dos aspectos de evaluación: *a)* auditoría ambiental por requerimiento del gobierno, y *b)* el impacto en la motivación de la planta.

a) Aspecto evaluado: Auditoría ambiental por requerimiento del gobierno

Pregunta formulada en el cuestionario:
3.6 ¿Le han hecho a la compañía una auditoría ambiental?

I. Sí, voluntariamente	☐
II. Sí, por requerimiento del gobierno	☐
III. No	☐

Criterio del puntaje: Si responde II, se asigna 1 punto; y de otra forma, 0.

b) Aspecto evaluado: Impacto en la motivación de la planta

Pregunta formulada en el cuestionario:
5.5 Jerarquice los siguientes factores en orden de importancia que motivan a la empresa a tomar medidas para mejorar su desempeño ambiental (omita lo que usted considere que no es importante).

I. Las regulaciones gubernamentales	☐
II a IX. (Otros factores específicos)	☐

Criterio del puntaje: Si la opción I (regulación gubernamental) aparece en *primer* lugar = 1; en segundo = 0.75; en tercero = 0.5; en otro = 0.25; en ninguno = 0.

Cuadro A.6
Exigencia gubernamental

		Puntos		
Núm. de pregunta	*Concepto*	*Máximo*	*Valores intermedios*	*Mínimo*
3.6	Auditoría ambiental por requerimiento del gobierno	1	Ninguno	0
5.5	Impacto en la motivación de la planta	1	0.25, 0.5 y 0.75	0
	Total	2	De 0.25 a 1.75	0
	Calificación con base 2 = 100	100	De 12.5 a 87.5	0

BIBLIOGRAFÍA

Agency of Industrial Science and Technology (AIST) (1993), *New Sunshine Program*, AIST, Ministry of International Trade and Industry, Tokio, <http://www.aist.go.jp/index_e.html>.

Agosin, M. y R. Ffrench-Davis (1993), "Trade Liberalisation in Latin America", *Revista de la CEPAL*, núm. 50, CEPAL, Santiago de Chile.

Albornoz, L. (2000), *Maquiladoras: nueva estrategia de desarrollo rural*, tesis de licenciatura, Facultad de Economía, Universidad Autónoma de Yucatán, Yucatán.

Albornoz, L. y R. Ortiz (2000), "La industria maquiladora como sostén de las comunidades rurales de Yucatán", *Comercio Exterior*, vol. 50, núm. 5, mayo, Banco Nacional de Comercio Exterior, México.

Alonso, J. y J. Carrillo (1996), "Gobernación económica y cambio industrial en la frontera norte de México: un análisis de trayectorias locales de aprendizaje", *Revista Eure*, vol. XXII, núm. 67, diciembre, Santiago de Chile, pp. 45-64.

Álvarez, J. y V. M. Castillo (coords.) (1986), "Ecología y frontera. Ecology and the Borderlands", ponencia presentada en el Encuentro de los Recursos para el Estudio del Medio Ambiente de las Californias, Universidad Autónoma de Baja California, Tijuana.

Álvarez, L. y M. L. González (1987), "Industria textil, tecnología y trabajo", en *Cuadernos de investigación*, Instituto de Investigaciones Económicas, Universidad Nacional Autónoma de México, México.

Amozurrutia, J. (1989), "Ahorro de las empresas maquiladoras por empleo de mano de obra mexicana", en B. González-Aréchiga y R. Barajas (comps.), *Las maquiladoras: Ajuste estructural y desarrollo regional*, El Colegio de la Frontera Norte/Fundación Friedrich Ebert, Tijuana.

Antweiler, W., B. R. Copeland y M.S. Taylor (1998), *Is Free Trade Good for the Environment?*, Discussion Paper, núm. 98-11, Department of Economics, University of British Columbia, Vancouver. (Publicado posteriormente en *American Economic Review* [2001], vol. 91, núm 4, septiembre, American Economic Association, Pittsburg, pp. 877-908.)

Arias, A. y G. Dutrénit (2003), "Acumulación de capacidades tecnológicas locales de empresas globales en México: el caso del Centro Técnico de Delphi Corp.", ponencia presentada en el X Seminario Latino-Iberoamericano de Gestión Tecnológica Altec 2003, noviembre, México. (Publicado en *Revista Iberoamericana de Ciencia, Tecnología, Sociedad e Innovación* [2003], núm. 6, mayo-agosto, Buenos Aires.)

Aroche, F. (2000), *Reformas estructurales y composición de las emisiones contaminantes industriales. Resultados para México*, Serie Medio Ambiente y Desarrollo, núm. 24, CEPAL, Santiago de Chile.

Asociación Nacional de la Industria Química (ANIQ) (varios años), *Anuario estadístico de la industria química mexicana*, Asociación Nacional de la Industria Química, México.

Azqueta, Diego (2002), *Introducción a la economía ambiental*, McGraw-Hill, Madrid.

Baker, G. (1989), "Costos sociales e ingresos de la industria maquiladora", *Comercio exterior*, vol. 39, núm. 10, Banco Nacional de Comercio Exterior, México, pp. 893-906.

____ (1990), "Mi comida con Andrés: Non Traditional Approach to Fiscal Equity and Academic Collaboration in Northern Mexico", en B. González-Aréchiga y J. C. Ramírez (comps.), *Subcontratación y empresas transnacionales: apertura y restructuración en la maquiladora*, El Colegio de la Frontera Norte-Fundación Friedrich Ebert, México, pp. 489-554.

Banco de México (1997), *Acervos y formación de capital*, Banco de México, México.

Banco Interamericano de Desarrollo (BID) (1997), *Economic and Social Progress in Latin America, 1997*, Banco Interamericano de Desarrollo, Washington.

Banco Mundial (1992), *World Development Report 1992: Development and the Environment*, The World Bank-Oxford University Press, Washington.

____ (1993), *Malaysia, Managing the Costs of Urban Pollution*, Banco Mundial, Washington.

____ (1995), *Argentina Managing Environmental Pollution: Issues and Options*, Banco Mundial, Environment and Urban Development Division, Washington.

____ (1996), *Brazil: Managing Environmental Pollution in the State of Rio de Janeiro*, Policy Report, vol.1, Banco Mundial, Washington.

____ (1998), *Mexico: the Guadalajara environmental management pilot*, Report núm. 18071-ME, Document of the World Bank, Washington.

____ (2000), *Greening Industry: New Roles for Communities, Markets and Governments*, A World Bank Policy Research Report, Oxford University Press, Oxford.

Barkin, D. (2004), "El desempeño ambiental de las empresas en México", *Comercio exterior*, vol. 54, núm. 12, diciembre, Banco Nacional de Comercio Exterior, México.

Barton, J. R. (1998), "The North-South Dimension of the Environmental and Cleaner Technology Industries", *Revista de la CEPAL*, núm. 64, CEPAL, Santiago de Chile, pp. 129-150.

____ (1999), *Environmental Regulations, Globalization of Production and Technological Change in the Iron and Steel Sector*, Draft Working Paper, julio, School of Development Studies, University of East Anglia, Norwich.

____ (2000), "Aco Verde: The Brazilian Steel Industry and Environmental Performance", en R. O. Jenkins (ed.), *Industry and Environment in Latin America*, Routledge, Londres, pp. 89-120.

____ y A. Mercado (2005), "¿Apertura limpia en América Latina? El caso del acero", *Comercio exterior*, vol. 55, núm. 8, agosto, Banco Nacional de Comercio Exterior, SNC, México, pp. 656-661.

Basualdo, E. M., E. Lifschitz y E. Roca (1988), *Las empresas multinacionales en la ocupación industrial en la Argentina, 1973-1983*, Oficina Internacional del Trabajo, Ginebra.

Beghin, J. y M. Potier (1997), "Effects of Trade Liberalisation on the Environment in the Manufacturing Sector", *World Economy*, vol. 20, núm. 4, junio, Blackwell Publishers, Oxford, Reino Unido.

Birdsall, N. y D. Wheeler (1992), "Trade Policy and Industrial Pollution in Latin America: Where are the pollution havens?", en P. Low (ed.), *International Trade and the Environment*, World Bank Discussion Papers, núm. 159, Banco Mundial, Washington.

Blanco, M. L. y A. Mercado (2001), "Innovaciones de las Normas Oficiales Mexicanas: una evaluación", El Colegio de México (borrador interno). (Publicado posteriormente en una versión ampliada y corregida: A. Mercado y M. L. Blanco, "Las Normas Oficiales Mexicanas Ecológicas para la industria mexicana: alcances, exigencia y requerimientos de reforma", *Gestión y Política Pública* [2003], vol. XII, núm. 1, enero, Centro de Investigación y Docencia Económicas, México, pp. 93-128.)

Blind, K. (2004), *New Products and Services: Analysis of Regulations Shaping New Markets,* Fraunhofer Institute for Systems and Innovation Research, Bruselas. (Estudio financiado por la Comisión Europea DG Enterprise/Innovation Policy Unit, en el marco del programa Innovation/SMES Programme, como parte del Fifth Research Framework Programme, ECSC/EC/EAEC.)

Böhm, E. y R. Walz (1996), "Life Cycle Analysis: A Methodology to Analyse Ecological Consequences within a Technology Assessment Study", *International Journal of Technology Management*, vol. 11, núms. 5-6, Inderscience Publishers, Ginebra, pp. 554-565.

Brañes, R. (1987), *Derecho ambiental mexicano*, Fundación Universo Veintiuno, México.

Brown, F. y A. Guzmán (1998), "Cambio tecnológico y productividad en la siderurgia mexicana, 1984-1994", *Comercio exterior*, vol. 48, núm. 10, octubre, Banco Nacional de Comercio Exterior/SNC, México, pp. 836-844.

Brown, F. y L. Domínguez (1989), "Nuevas tecnologías en la industria maquiladora de exportación", *Comercio exterior*, vol. 39, núm. 3, marzo, Banco Nacional de Comercio Exterior, México, pp. 215-223.

____ (1998), *Productividad: desafío de la industria mexicana*, Jus-Universidad Nacional Autónoma de México, México.

Buitelaar, R. M. y R. Padilla (2000), "Maquila, Economic Reform and Corporate Strategies", *World Development*, vol. 28, núm. 9, Elsevier, Montreal, pp. 1627-1642.

____ y R. Urrutia (1999), "Industria maquiladora y cambio técnico", *Revista de la CEPAL*, núm. 67, abril, CEPAL, Santiago de Chile, pp. 133-152.

Burki, S. J. y G. Perry (1997), *The Long March: A Reform Agenda for Latin America and the Caribbean in the Next Decade*, Banco Mundial, Washington.

Cairncross, F. (1993), *Las cuentas de la tierra*, Acento, Madrid.

____ (1996), *Ecología S.A.*, EcoEspaña, Madrid.

Cámara Nacional de la Industria del Hierro y del Acero (2002), *Diez años de estadística siderúrgica, 1992-2001*, Canacero, México.

____ (2002), *Perfil de la industria mexicana del hierro y del acero*, Canacero, México.

Canals, J. (1993), *La nueva economía global*, Ediciones Deusto, Madrid.

Canto Sáenz, Rodolfo (2001), *Del henequén a las maquiladoras: la política industrial de Yucatán, 1984-2001*, Instituto Nacional de Administración Pública, Universidad Autónoma de Yucatán, Yucatán.

Carraro, C. (ed.) (1997), *International Environmental Negotiations: Strategic Policy Issues*, Edward Elgar, Cheltenham.

Carrillo, G. (2004), "Mercados ecológicos. Posibilidades para la pequeña empresa", en R. M. Magaña y G. Vargas (comps.), *Evaluación de las políticas públicas: redefinición o continuidad*, Universidad Autónoma Metropolitana-Iztapalapa, México.

Carrillo, J. (1999), "Mexico: Firms Strategies and Industrial Policies. The Case of GM-Delphi", en Seminar on Subnational Economic Governance, núm. 24-28, junio, São Paulo.

____ (2002), "La industria de los televisores en México: integración y proveedores locales en Tijuana", *Asian Journal of Latin American Studies*, vol. 15, núm. 1, Seúl, pp. 5-42.

____ (ed.) (1986), *Reestructuración industrial: maquiladoras en la frontera de México-Estados Unidos*, El Colegio de la Frontera Norte/Consejo Nacional para la Cultura y las Artes, Mexico.

____ y A. Hualde (1997), "Third Generation Maquiladoras: The case of Delphi-General Motors", *Journal of Borderlands Studies*, vol. 12, New Mexico State University, Nuevo México.

____ y A. Lara (2003), "Maquiladoras de cuarta generación y coordinación centralizada", ponencia presentada en el Cuarto Congreso Nacional de Estudios del Trabajo, abril, Asociación Mexicana de Estudios del Trabajo, Hermosillo.

____ y C. Schatan (coords.) (2005), *El medio ambiente y la maquila en México: un problema ineludible*, Libros de la CEPAL, núm. 83, Comisión Económica para América Latina y el Caribe, LC/MEX/G.9, México.

____ y H. García (2003), "Escalamiento industrial y prevención de accidentes: el papel de las certificaciones internacionales", *Comercio exterior*, vol. 53, núm. 8, agosto, SNC, Banco Nacional de Comercio Exterior, México, pp. 734-743.

____ y K. Kopinak (1999), "Condiciones de trabajo y relaciones laborales en la maquila", en E. de la Garza y A. Bouzas (comps.), *Cambios en las relaciones laborales. Enfoque sectorial y regional*, vol. 1, Universidad Autónoma Metropolitana-Iztapalapa, México.

____ y R. Gomis (2002), "Medición de las generaciones de maquiladoras", ponencia presentada en el Seminario del Proyecto Aprendizaje Tecnológico y Escalamiento Industrial: Perspectivas para la Formación de Capacidades de Innovación en la Maquiladora de México, noviembre, Universidad Autónoma Metropolitana, México.

____ y R. Gomis (2003), *Maquiladoras en datos. Resultados de una encuesta*, El Colegio de la Frontera Norte, Tijuana.

____, H. García Jiménez y R. Gomis (2005), "Evolución productiva y desempeño ambiental en la industria maquiladora de exportación", en J. Carrillo y C. Schatan (coords.), *El medio ambiente y la maquila en México: un problema ineludible*, Libros de la CEPAL, núm. 83, LC/MEX/G.9, México.

____, H. García y R. Gomis (2003), *Desempeño ambiental y evolución productiva en la industria maquiladora de exportación*, reporte de investigación, El Colegio de la Frontera Norte, Tijuana.

Castilla, B. (1990), "La industria maquiladora en Yucatán: un nuevo modelo de desarrollo industrial", *Revista de la Universidad Autónoma de Yucatán*, vol. 5, núm. 173, abril-mayo-junio, Universidad Autónoma de Yucatán, Yucatán.

Cavallo, D. y J. Cottani (1991), "Argentina", en D. Papageorgiou, M. Michaely y A. M. Choksi (eds.), *Liberalizing Foreign Trade*, vol. 1, Blackwell, Oxford.

Center for Strategic and International Studies (CSIS) (1997), *The Environmental Protection System in Transition*, Center for Strategic and International Studies, CSIS Press, Washington.

Centro de Estudios del Sector Privado para el Desarrollo Sustentable, Cámara Nacional de la Industria de Transformación (1999), *Competitividad y protección ambiental: iniciativa estratégica del sector industrial mexicano*, Cespedes-Canacintra, México.

Centro de Investigaciones y Estudios Superiores en Antropología Social de Occidente (1998), *Cultura ambiental y la industria en Guadalajara*, CIESAS, Guadalajara.

Chemical Manufacturers Association (1998), *U.S. Chemical Industry Statistical Handbook 1998*, CMA, Arlington.

Chudnovsky, D. y A. López (1997), *Las estrategias de las empresas transnacionales en Argentina y Brasil*, Documento de Trabajo, Cenit, Buenos Aires.

____ y V. Freylejer (2000), "The Diffusion of Pollution Prevention Measures in LDCs: Environmental Management in Argentine Industry", en R. O. Jenkins (ed.), *Industry and Environment in Latin America*, Londres, Routledge, pp. 66-88.

____ y V. Freyler (1998), "The Diffusion of Pollution Prevention Measures in LDCs: Environmental Management in Argentine Industry", *LASA Meeting*, núm. 24-26, septiembre, Chicago.

Chudnovsky, D., F. Porta, A. López y M. Chidiak (1996), *Los límites de la apertura: liberalización, reestructuración productiva y medio ambiente*, Cenit-Alianza, Buenos Aires.

Chudnovsky, D., S. Rubin, E. Cap y E. Trigo (1999), *Comercio internacional y desarrollo sustentable: la expansión de las exportaciones argentinas en los años 1990 y sus consecuencias ambientales*, Documento de Trabajo, núm. 25, Centro de Investigaciones para la Transformación, Buenos Aires.

Coase, R. H. (1960), "The Problem of Social Cost", *Journal of Law and Economics*, vol. 3, núm. 44, Chicago.

Coes, D. V. (1991), "Brazil", en D. Papageorgiou, M. Michaely y A.M. Choksi (eds.), *Liberalizing Foreign Trade*, vol. 1, Blackwell, Oxford.

Comisión Económica para América Latina (2001), *Evaluación ambiental de los acuerdos comerciales: un análisis necesario*, documento núm. 41, CEPAL, Santiago de Chile.

Comisión Europea (1996), *La política europea de medio ambiente. Camino del siglo XXI*, Comunidad Europea, Bruselas.

Comisión Nacional del Agua (1994), *Diagnóstico de las acciones de saneamiento a nivel nacional: informe final*, CNA, Subdirección General de Infraestructura Hidráulica Urbana e Industrial, Gerencia de Potabilización y Tratamiento de Aguas, México.

Commission of the European Communities (2004), *Stimulating Technologies for Sustainable Development: An Environmental Technologies Action Plan for the European Union*, COM (2004) 38 final, Bruselas, 28 de enero.

Contreras, O., M. Kenney y J. Alonso (1998), "Los gerentes de las maquiladoras como agentes de endogeneización de la industria", *Comercio exterior*, vol. 47, núm. 8, agosto, Banco Nacional de Comercio Exterior, México, pp. 670-679.

Cooke, P., M. Gómez Uranga y G. Etxebarria (1997), "Regional Innovation Systems: Institutional and Organisational Dimensions", *Research Policy*, vol. 26, núms. 4-5, Amsterdam, pp. 475-491.

Copeland, B. R. y M. S. Taylor (1994), "North-South Trade and the Environment", *Quarterly Journal of Economics*, vol. CIX, núm. 3, Harvard University, Cambridge.

Córdova, G. (1999), "Evolución de la gestión ambiental en la frontera norte", *Revista Noesis*, vol. II, núm. 22/23, Universidad Autónoma de Ciudad Juárez, Ciudad Juárez, pp. 59-77.

Cropper, M. L. y W. E. Oates (1992), "Environmental Economics: A Survey", *Journal of Economic Literature*, vol. XXX, junio, Nashville, pp. 675-740.

Cueva, T. E. y B. I. Vásquez (2005), "Problemas ambientales en la frontera de Tamaulipas con Texas, con especial alusión a la contaminación industrial", en A. Mercado e I. Aguilar (eds.), *Sustentabilidad ambiental de la industria mexicana. Conceptos, tendencias internacionales y experiencias mexicanas*, El Colegio de México-Instituto Tecnológico y de Estudios Superiores de Monterrey, México.

Curran, M. A., (1996), *Environmental Life Cycle Assessment*, McGraw-Hill, Nueva York.

Dalcomuni, S. M., (2000), "Industrial Innovation and Environment in the Pulp Export Industry in Brazil", en R.O. Jenkins (ed.), *Industry and Environment in Latin America*, Routledge, Londres, pp. 143-167.

Daly, H. E. (1991), *Steady State Economics*, 2ª ed., Island Press, Washington. (Traducido al español por J. Herrera Rojas y E. L. Suárez [1989], *Economía, ecología y ética: ensayos hacia una economía en estado estacionario*, Fondo de Cultura Económica, México.)

Dasgupta, P. y K. G. Mäler (1991), "Poverty, Institutions, and the Environmental Resource Base", en J.R. Behrman y T. N. Srinivasan (eds.), *Handbook of Development Economics*, vol. 3, Elsevier Science, Oxford.

Dasgupta, S., H. Hettige y D. Wheeler (1997), "What Improves Environmental Performance? Evidence from Mexican Industry", *Development Research Group Working Papers Series*, núm. 1877, Banco Mundial, Washington.

De la O, M. E. y C. Quintero (2000), "Las industrias maquiladoras en México: orígenes comunes, futuros distintos", documento presentado en la Conferencia Internacional

Libre comercio, integración y el futuro de la industria maquiladora: producción global y trabajadores locales, El Colegio de la Frontera Norte-Comisión Económica para América Latina, Tijuana.

Dean, J. M. (1992), "Trade and the Environment: A Survey of the Literature", en P. Low (ed.), *International trade and the environment,* World Bank Discussion Papers, núm.159, Banco Mundial, Washington.

Departamento de Distrito Federal (1992), "Balance ambiental de la industria en la Zona Metropolitana de la Ciudad de México", México, mimeo.

Diario de Yucatán, "Sección local", 19 de enero y 4 de agosto de 1999.

Diario Oficial de la Federación, 21 de enero de 1997.

Dijkstra, A. G. (1997), *Trade Liberalisation and Industrial Development: Theory and Evidence from Latin America,* Working Paper Series, núm. 255, Institute of Social Studies, La Haya.

Dodgson, M. (1995), "Organizational Learning: A Review of Some Literatures", en *Organization Studies*, Londres, vol. 14, núm. 3, pp. 375-394.

Domínguez-Villalobos, Lilia (1995), "Reconversión ambiental y medio ambiente: el caso de Dupont", ponencia presentada en el Seminario Instrumentos económicos para un comportamiento empresarial favorable al medio ambiente, El Colegio de México, México, mimeo.

____ (1995), "Reconversión hacia tecnologías limpias: el caso de Cydsa", ponencia presentada en el Seminario Instrumentos económicos para un comportamiento empresarial favorable al medio ambiente, El Colegio de México, México, mimeo.

____ (1999), "Comportamiento empresarial hacia el medio ambiente: el caso de la industria manufacturera de la Zona Metropolitana de la Ciudad de México", en A. Mercado (coord.), *Instrumentos económicos para un comportamiento empresarial favorable al ambiente en México,* El Colegio de México-Fondo de Cultura Económica, México, pp. 179-238.

____ (2000), "Environmental Performance in the Mexican Chemical Fibres Industry in the Context of an Open Market", en R. O. Jenkins (ed.), *Industry and Environment in Latin America*, Routledge, Londres, pp. 190-217.

____ (2006), *México: empresa e innovación ambiental,* Universidad Autónoma de México-Miguel Ángel Porrúa, México.

Dussel, E. (2000), *El Tratado de Libre Comercio de Norteamérica y el desempeño de la economía en México,* LC/MEX/L431, CEPAL, México.

____ (2003), "Ser maquila o no ser maquila, ¿es ésa la pregunta?", *Comercio exterior,* vol. 53, núm. 4, abril, Banco Nacional de Comercio Exterior, SNC, México, pp. 328-337.

Edwards, S. (1995), *Crisis and Reform in Latin America: From Despair to Hope,* Oxford University Press for the World Bank, Nueva York.

El Colegio de la Frontera Norte (2001), "Mejoramiento de las condiciones de empleo en la industria maquiladora", informe de investigación, El Colegio de la Frontera Norte, Tijuana.

____ (2002), "Encuesta aprendizaje tecnológico y escalamiento industrial en plantas maquiladoras, Tijuana", Proyecto aprendizaje tecnológico y escalamiento industrial: perspectivas para la formación de capacidades de innovación en la maquiladora de México, Proyecto Conacyt 35947-s, El Colegio de la Frontera Norte-Facultad Latinoamericana de Ciencias Sociales-Universidad Autónoma Metropolitana, Tijuana.

Eliste, P. y P. Fredriksson (1998), "Does Open Trade Result in a Race to the Bottom? Cross-country Evidence", documento presentado en la conferencia Trade, Global Policy and the Environment, 21-22 de abril, Banco Mundial, Washington.

Elkington, J. (2001), "The Triple Bottom Line for 21st Business", en R. Welford y R. Starkey (eds.), *Business and Sustainable Development*, Earthscan Publications, Londres, pp. 20-43.

Elzen, B. y A. Wieczorek (2005), "Transitions Towards Sustainability Through System Innovation", *Technological Forecasting and Social Change*, vol. 72, núm. 6, American Elsevier, Nueva York, pp. 651-661.

Environmental Business International Inc. (1995), *The Global Market and United States Environmental Industry Competitiveness*, California, <www.ine.gob.mx>.

Environmental Protection Agency (1996), *US-Mexico Border XXI Program: Framework document*, United States Environmental Protection Agency, EPA160–R96–003, Washington.

Erkman, S. (1997), "Industrial Ecology: A Historical View", ponencia presentada en la 1ª Conferencia Europea de Ecología Industrial, Barcelona.

Eskeland, G. S. y A. E. Harrison (1997), *Moving to Greener Pastures? Multinationals and the Pollution-haven Hypothesis*, Working Paper, núm. 1744, Banco Mundial, Policy Research Department, Washington.

Esty, D. C. y B. S. Gentry (1997), "Foreign Investment, Globalisation and Environment", en *Globalisation and Environment: Preliminary Perspectives*, Organización para la Cooperación y el Desarrollo Económicos, París.

Expansión, la revista de negocios de México, México, D.F., agosto de 1997.

Farmer, A., J. R. Kahn, J. A. McDonald y R. O'Neill (2001), "Rethinking the Optimal Level of Environmental Quality: Justifications for Strict Environmental Policy", *Ecological Economics*, núm. 36, Elsevier, Amsterdam, pp. 461–473.

Fatemi, K. y D. Salvatore (1994), *The North American Free Trade Agreement*, Pergamon, Oxford.

Fernandez, L. y R. T. Carson (eds.) (2002), *Both Sides of the Border: Transboundary Environmental Management Issues Facing Mexico and the United States*, Kluwer Academia, Dordrecht.

Fernández, O. A. (1999), "Efectos de la aplicación de un impuesto ecológico neutral en México: análisis mediante un modelo de equilibrio general computable", en A. Mercado (coord.), *Instrumentos económicos para un comportamiento empresarial favorable al ambiente en México*, El Colegio de México-Fondo de Cultura Económica, México.

Ferraz, C. y C. Young (1999), *Trade Liberalization and Industrial Pollution in Brazil*, Serie Medio Ambiente y Desarrollo, núm. 23, CEPAL, Santiago de Chile.

Ferrer, N. (1986), "El abuso de la gestión ambiental", *Ecología política*, vol. 6, núm. 3, Barcelona, pp. 23-32.

Ferruntino, M. (1995), *International Trade, Environmental Quality and Public Policy*, US International Trade Commission, Office of Economics Working Paper, Washington.

Field, B. C. (1994), *Environmental Economics. An Introduction*, McGraw-Hill, Inc., Nueva York. (También publicado en español: (1998), *Economía ambiental: una introducción*, McGraw-Hill, Barcelona.)

_____ y M. K. Field (2002), *Environmental Economics. An Introduction*, 3ª ed., McGraw-Hill, Nueva York. (También publicado en español: (2002), *Economía ambiental*, 2ª ed., McGraw-Hill, Barcelona.)

Fondo Monetario Internacional (1997), *Perspectivas de la economía mundial, 1997*, Fondo Monetario Internacional,Washington.

_____ (2002), *Perspectivas de la economía mundial, 2000*, Fondo Monetario Internacional, Washington.

Franco, R. B. (1991), "Disposición de residuos industriales en la frontera: posibles impactos del Tratado de Libre Comercio", documento presentado en el "Plan Integral Ambiental Fronterizo México-Estados Unidos", septiembre 19 de 1991, Ciudad Juárez.

Freeman, C. (2002), "Continental, National and Sub-National Innovation Systems-Complementarity and Economic Growth", *Research Policy*, núm. 31, Amsterdam, pp. 191-211.

Fritsch, W. y G. Franco (1991), *Foreign Direct Investment in Brazil: Its Impact on Industrial Restructuring*, Organización para la Cooperación y el Desarrollo Económicos, París.

Frontera XXI, <http:&&yosemite1.epa.gov&oia&Mexusa.nsfl>.

Gabel, L. H. y B. Sinclair-Desgagné (1998), "The Firm, its Routines and the Environment", en T. Tietenberg y H. Folmer (eds.), *The International Yearbook of Environmental and Resource Economics 1988/1999. A Survey of Current Issues*, serie New Horizons in Environmental Economics, Edward Elgar, Cheltenham, pp. 89-118.

Ganster, P. y R. A. Sanchez (1998), *Sustainable Development in the San Diego-Tijuana region*, Center for US-Mexican Studies, UCSD, San Diego.

García de Fuentes, A. y J. Morales (2000), "La maquila en la peninsula de Yucatán", en J. Morales (ed.), *El eslabón industrial. Cuatro imágenes de la maquila en México*, Nuestro Tiempo, México, pp. 209-214.

García Jiménez, H. (1999), "Trayectorias productivas y tecnología ambiental en la maquila de Tijuana", *Región y Sociedad*, vol. XI, núm. 18, marzo, El Colegio de Sonora, Hermosillo, pp. 35-72.

_____ (2002), "La evolución manufacturera y las tecnologías ambientales en la industria maquiladora electrónica de Tijuana", *Comercio exterior*, vol. 52, núm. 3, marzo, Banco Nacional de Comercio Exterior, SNC, México, pp. 198-206.

Geels, F. (2005), "Co-evolution of Technology and Society: The Transition in Water Supply and Personal Hygiene in the Netherlands (1850-1930). A Case Study in

Multi-level Perspective", *Technology in Society*, vol. 27, núm. 3, Elsevier/Pergamon, Nueva York, pp. 363-397.

Georgescu-Roegen, N. (1971), *The Entropy Law and the Economic Process*, Harvard University Press, Cambridge.

Georghiou, L. J., S. Metcalfe, M. Gibbons, T. Ray y J. Evans (1986), *Post-innovation Performance: Technological Development and Competition*, Macmillan, Londres.

Gibson, R. B. (1999), "Questions about a Gift Horse. Voluntary Corporate Initiatives for Environmental Improvement are Attractive, Worrisome, and Significant", en R. B. Gibson (ed.), *Voluntary Initiatives: The New Politics of Corporate Greening*, Broadview Press, Peterborough, pp. 3-12.

Gitli, E. y C. Murillo (2001), "El modelo del TLCAN en materia de comercio y medio ambiente", *Comercio exterior*, vol. 51, núm. 5, mayo, Banco Nacional de Comercio Exterior, México.

Gladwin, T. (1987), "Environment, Development and Multinational Enterprise", en C. Pearson (ed.), *Multinational Corporations, Environment, and the Third World: Business Matters*, Duke University Press, Durham.

Gobierno de Tamaulipas (2002), *Diagnóstico ecológico del estado 2002*, Gobierno del Estado de Tamaulipas, Ciudad Victoria.

Gobierno del Estado de Yucatán (1992), *Programa de Desarrollo Regional de la Zona Henequenera, 1992-1994*, Gobierno del Estado de Yucatán, Yucatán.

____, Programa Estatal de Medio Ambiente, Gobierno Constitucional de los Estados Unidos Mexicanos, Gobierno Constitucional del Estado de Yucatán (1984), *Programa de Reordenación Henequenera y Desarrollo Integral de Yucatán*, México.

____, Programa Estatal de Medio Ambiente, Gobierno Constitucional de los Estados Unidos Mexicanos, Gobierno Constitucional del Estado de Yucatán (1992), *Programa de desarrollo regional de la zona henequenera de Yucatán, 1992-1994*, México.

Godínez, J. A. y A. Mercado (1996), "Fuentes de eficiencia de la maquila y competitividad en la industria maquiladora de exportación en México", *Frontera norte*, El Colegio de la Frontera Norte, Tijuana.

Goldin, I. y L. A. Winters (eds.) (1995), *The Economics of Sustainable Development*, Organization for Economic Co-operation and Development, Centre for Economic Policy Research, Cambridge University Press, Cambridge.

González Palomares, L. (1995), "Análisis de la contaminación del agua en el caso de México", en J. Quiroz (coord.), *Análisis de la contaminación de aguas en América Latina*, CENDE, Santiago de Chile.

González-Aréchiga, B. y J. C. Ramírez (comps.) (1990), *Subcontratación y empresas transnacionales. Apertura y reestructuración en la maquiladora*, El Colegio de la Frontera Norte-Fundación Friedrich Ebert, México.

Goulder, L. H. (1994), *Environmental Taxation and the "Double dividend": A Reader's Guide*, en Working Paper Series, núm. 4896, octubre, National Bureau of Economic Research, Cambridge.

Gouldson, A. y J. Murphy (1998), *Regulatory Realities: The Implementation of Industrial Environmental Regulation,* Earthscan Publications, Londres.

Graedel, T. E. (1997), "Designing the Ideal Green Product: LCA/SCLA in Reverse", *International Journal of Life Cycle Assessment,* vol. 2, núm. 1, Landsberg/Tokio, pp. 25-31.

Grant, R. (1996), "Prospering in Dynamically-Competitive Environments: Organizational Capability as Knowledge Integration", *Organization Science,* vol. 7, núm. 4, Hanover, Maryland, pp. 357-387.

Gravel, N. (2006), "Los factores de retención de la maquila: lección de Yucatán (1995-2005)", *Desacatos,* núm. 021, mayo-agosto, CIESAS, México.

Grossman, G. M. y A. B. Krueger (1991), "Environmental impacts of a North American Free Trade Agreement", Documento de Trabajo, núm. 3914, noviembre, National Bureau of Economic Research, Cambridge. (Otra version fue publicada en 1992 por el Centre for Economic Policy Research, Discussion Papers, núm. 644, Londres.)

_____ (1993), "Environmental Impacts of a North American Free Trade Agreement", en P. M. Gerber (ed.), *The Mexico-US Free Trade Agreement,* MIT Press, Cambridge. (Una versión previa de este capítulo había sido publicada en 1991 por el National Bureau of Economic Research, Cambridge)

Grupo Expansión (1997), *Expansión,* agosto, México.

Grupo Industrial Alfa (1997), *Report to Shareholders,* México.

Guevara, Alejandro y Paola del Río (2005), "La microempresa y el cumplimiento voluntario de la ley ambiental en México: recomendaciones de política", en Alfonso Mercado e Ismael Aguilar (eds.), *Sustentabilidad ambiental en la industria: conceptos, tendencias y experiencias mexicanas,* El Colegio de México-Instituto Tecnológico y de Estudios Superiores Monterrey, México.

Gurnham, F. (1965), *Industrial Wastewater Control,* Academic Press, Nueva York.

Guzmán, A. (2002), *Las fuentes del crecimiento en la industria siderúrgica mexicana. Innovación, productividad y competitividad,* Universidad Autónoma Metropolitana-Xochimilco-Miguel Ángel Porrúa, México.

H. Congreso del Estado de Tamaulipas (2004), *Ley de Protección Ambiental para el Desarrollo Sustentable del Estado de Tamaulipas,* LIX Legislatura, Decreto LVIII-858, Ciudad Victoria, 19 de octubre, <http://www.congresotamaulipas.gob.mx/>.

_____ (2004), Ley de Protección Ambiental para el Desarrollo Sustentable del Estado de Tamaulipas, LIX legislatura, Decreto LVIII-858, Ciudad Victroria, 19 de octubre.

Hahn, R. W. (1989), *A Primer on Environmental Policy Design,* Harwood Academic Publishers, Nueva York.

Hansen, M. (2002), "Environmental Regulation of Transnational Corporations: Needs and Prospects", en P. Utting (ed.), *The Greening of Business in Developing Countries: Rhetoric, Reality and Prospects,* Zed Books, Londres.

Hartman, C. L. *et al.* (1999), "Partnerships: A Path to Sustainability", *Business Strategy and the Environment,* núm. 8, Sheung Wan, Hong Kong, pp. 255-266.

Hettige, H., P. Martin, M. Singh y D. Wheeler (1995), The Industrial Pollution Projection System, Policy Research Working Paper, núm. 1431, marzo, Banco Mundial, Washington.

Hillary, R. y N. Thorsen (1999), "Regulatory and Self-regulation Mechanisms as Routes to Promote Cleaner Production", *Journal of Cleaner Production*, núm. 7, Elsevier, Amsterdam, pp. 1-11.

Hogenboom, B. (1998), *Mexico and the NAFTA Environment Debate*, International Books, Utrecht.

Hualde, A. (1997), "Las maquiladoras en México a fin de siglo", ponencia presentada en el Seminario Subregional Tripartito sobre Aspectos Sociales y Laborales de las Zonas Francas Industriales, 25-28 de noviembre , convocado por la Organización Internacional del Trabajo, San José de Costa Rica.

Huber, G. P. (1996), "Organizational Learning: A Guide for Executives in Technology-Critical Organisations", *International Journal of Technology Management*, vol. 11, núm. 7-8, Inderscience Publishers, Ginebra, pp. 821-832.

INE, Semarnap, Cenica, PNUD (2000), *Elementos para un proceso inductivo de gestión ambiental en la industria*, Instituto Nacional de Ecología, México.

Instituto de Ecología del Estado de Yucatán (2001), *Estudios de impacto ambiental de las maquiladoras*, documento interno, Instituto de Ecología del Estado de Yucatán, Yucatán.

Instituto Nacional de Ecología, (2000), <http://www.ine.gob.mx/dgmrar/rip/volumen/volumen.html>.

____, Secretaría del Medio Ambiente Recursos Naturales y Pesca/Centro Nacional para la Investigación y Capacitación Ambiental/Programa de las Naciones Unidas para el Desarrollo (2000), *Elementos para un proceso inductivo de gestión ambiental de la industria*, INE-Semarnap-CENICA-PNUD, México.

Instituto Nacional de Estadística Geografía e Informática (2002), *Estadística de la industria maquiladora de exportación*, INEGI, México, <http://dgcnesyp.inegi.gob.mx/cgi-win/bdi.exe>.

____ (2006a), *Anuario estadístico de Yucatán* , INEGI, Aguascalientes.

____ (2006b), *La producción, salarios, empleo y productividad de la industria maquiladora de exportación por región geográfica y entidad federativa, 1999-2004*, SCNM, Aguascalientes.

____ (2001-2005), *Industria maquiladora de exportación*, Estadísticas Económicas, Aguascalientes.

____ (1994), *XIV Censo industrial. Industrias manufactureras, extractivas y electricidad*, INEGI, Aguascalientes.

____ (1996), *La industria textil y del vestido en México*, INEGI, Aguascalientes.

____ (1998), *Sistema de cuentas económicas y ecológicas de México, 1988-1996*, INEGI, Aguascalientes.

____ (2000), *Sistema de cuentas nacionales de México. Producto interno bruto por entidad federativa 1993-1998*. INEGI, Aguascalientes.

_____ (2001), INEGI, Dirección General de Estadística, Aguascalientes, <http://www.inegi.gob.mx/estadistica/espanol/estados/yuc/economia/agregada/agr_01.html>.

_____ (2002), *Sistema de cuentas económicas y ecológicas de México, 1995-2000*, INEGI, Aguascalientes.

_____ (2002), *Sistema de cuentas nacionales de México. La producción, salarios, empleo y productividad de la industria maquiladora de exportación. Por región geográfica y entidad federativa, 1990-1999*, INEGI, Aguascalientes.

_____ (2004-2005), *Anuario estadístico de Tamaulipas: medio ambiente*, INEGI, Aguascalientes.

_____ (2004), *Sistema de cuentas nacionales de México. La producción, salarios, empleo y productividad de la industria maquiladora de exportación. Por región geográfica y entidad federativa. 1997-2002*, INEGI, Aguascalientes.

_____ (varios años), *Estadísticas económicas. Industria maquiladora de exportación*, INEGI, Aguascalientes, <http://dgcnesyp.inegi.gob.mx/cgi-win/bdi.exe>.

_____ (varios años), *La industria siderúrgica en México*, INEGI, Aguascalientes.

_____ (varios años), *El sector energético en México*, INEGI, Aguascalientes.

_____ (varios años), *Sistema de cuentas nacionales de México,* Banco de Información económica, México, <http://dgcnesyp.inegi.gob.mx/cgi-win/bdieintsi.exe/Consultar>.

_____ y Secretaría del Medio Ambiente, Recursos Naturales y Pesca (1998-2000), *Estadísticas del medio ambiente México*, INEGI-Semarnap (ediciones de 1997 y 1999), Aguascalientes.

International Iron and Steel Institute (IISI) (2002), *Steel Statistical Yearbook 2001*, International Iron and Steel Institute, Bruselas.

International Labour Office (1999), *Voluntary Initiatives Affecting Training and Education on Safety, Health and the Environment in the Chemical Industries*, International Labour Office, Ginebra.

Jacobs, M. (1999), *La economía verde*, Icaria, Barcelona.

Jacott M., C. Reed y M. Winfield (2002), "Generación y manejo de residuos peligrosos y embarques transfronterizos de residuos peligrosos entre México, Canadá y Estados Unidos, 1990-2000", Simposio de América del Norte sobre Análisis de los Vínculos entre Comercio y Medio Ambiente, Comisión de Cooperación Ambiental, México, <www.cec.org>.

Jaffe, A. B., S. R. Peterson, P. R. Portney y R. Stavins (1995), "Environmental Regulation and the Competitiveness of U.S. Manufacturing: What does the Evidence Tell us?", *Journal of Economic Literature*, vol. 33, núm. 1, marzo, Nashville.

Jenkins, R. O. (1996), "The Environmental Impact of Trade and Investment Flows to and from the NICS", Proposal to ESRC, The University of East Anglia, Norwich, mimeo.

_____ (1997), "The Environmental Impact of Trade and Investment Flows to and from the NICS", Proposal to ESRC, The University of East Anglia, Norwich, mimeo.

____ (1998), "Industrialization, Trade & Pollution in Latin America: A Review of the Issues", The University East Anglia, ponencia presentada en Latin-American Studies Association, septiembre 24-26, Chicago, mimeo.

____ (2000), *Industry and Environment in Latin America*, Routledge, Londres.

____ (2001), "Corporate Codes of Conduct: Self-regulation in a Global Economy", *Technology, Business and Society Programme Paper*, núm. 2, United Nations Research Institute for Social Development, Ginebra, pp. 1-35.

____, J. R. Barton, A. Bartzokas, J. Hesselberg y H. Knutsen (2002), *Environmental Regulation in the New Global Economy: The Impact on Industry and Competitiveness*, Edward Elgar, Cheltenham.

Jensen, V. (1996), "The Pollution Haven Hypothesis: Some Perspectives on Theory and Empirics", en S. Hansen, J. Hesselberg y H. Hveem (eds.), *International Trade Regulation, National Development Strategies and the Environment: Towards Sustainable Development?*, Occasional Paper núm. 2, University of Oslo, Centre for Development and the Environment, Oslo.

Johnstone, N. (1997), "Globalisation, Technology and Environment", *Globalisation and Environment: Preliminary Perspectives*, Organización para la Cooperación y el Desarrollo Económicos, París.

Kemp, R. (1994), "Technology and the Transition to Environmental Sustainability: The Problem of Technological Regime Shifts", *Futures*, vol. 26, núm. 10, Elsevier, Londres, pp. 1023-1046.

Kimura, A. (1992), *Japan's Experience in Environmental Protection*, Environment Agency, Tokio.

King, A. A. y M. J. Lenox (2000), "Industry Self-regulation without Sanctions: The Chemical Industry's Responsible Care Programme", *Academy of Management Journal*, vol. 43, núm. 4, Academy of Management, Nueva York, pp. 968-716.

Klemes, J. y D. Huisingh (2005), "Recent Advances in Industrial Process Optimisation", *Journal of Cleaner Production*, vol. 13, núm. 5, Elsevier, Amsterdam, pp. 451-454.

Koido, A. (2000), "Territorialized Nexus of Transnational Production Chain and its Disjunctive with Local Structure: Development of Industrial Agglomeration of CTV in US-Mexican Border and its Limits", documento presentado en la Conferencia Internacional Libre comercio, integración y el futuro de la industria maquiladora: producción global y trabajadores locales, El Colegio de la Frontera Norte-Comisión Económica para América Latina, Tijuana.

Kopinak, K. (2003), "Maquiladora Industrialization of the Baja California Peninsula: The Coexistence of the Thick and Thin Globalization with Economic Regionalism", *International Journal of Urban and Regional Research*, vol. 27, núm. 2, E. Arnold, Londres, pp. 319-336.

____, y S. G. García (2000), "Industrial Hazardous Waste in Tijuana and its Proximity to Local Populations", documento presentado en la Conferencia Internacional Libre comercio, integración y el futuro de la industria maquiladora: producción global y trabajadores locales, El Colegio de la Frontera Norte-Comisión Económica para América Latina, Tijuana.

Kosacoff, B. (2000) (ed.), *Corporate Strategies under Structural Adjustment in Argentina*, Macmillan, Londres.

Krut, R. (1998), *ISO 14000: A Missed Opportunity for Sustainable Global Industrial Development*, Earthscan Publications, Londres.

Kuznets, S. (1955), "Economic Growth and Income Inequality", *The American Economic Review*, vol. 49, American Economic Association, Nashville.

Lafont, J. J. y J. Tirole (1993), *A Theory of Incentives in Procurement and Regulation*, The MIT Press, Cambridge.

Lara, A. (2000), "Convergencia tecnológica y nacimiento de las maquiladoras de tercera generación: el caso Delphi-Juárez", *Comercio exterior*, vol. 50, núm. 9, septiembre, Banco Nacional de Comercio Exterior, SNC, México.

Lee, H. y D. Roland-Holst (1993), *International Trade and the Transfer of Environmental Costs and Benefits*, Technical Papers, núm. 91, Organización para la Cooperación y el Desarrollo Económicos, París.

Leonard-Barton, D. (1995), *Wellsprings of Knowledge: Building and Sustaining the Sources of Innovation*, Harvard School Press, Boston.

Levy D. (1995), "The Environmental Practices and Performance of Transnational Corporations", *Transnational Corporations*, vol. 4, núm. 1, Centro de Corporaciones Transnacionales de las Naciones Unidas, Nueva York, pp. 44-67.

____ (1997), "Environmental Management as Political Sustainability", *Organisation and Environment*, vol. 2, núm. 2, Sage Publications, Thousand Oaks, Londres, pp. 126-147.

Linnanen, L., T. Boström y P. Miettinen (1995), "Life Cycle Management Integrated Approach: Towards Corporate Environmental Issues", *Business Strategy and the Environment*, núm. 4, Sheung Wan, Hong Kong, pp. 117-127.

Low, P. (1992), "Trade Measures and Environmental Quality: The Implication of Mexico's Exports", en P. Low (ed.), *International Trade and the Environment*, World Bank Discussion Papers, núm.159, Banco Mundial, Washington.

____ (ed.) (1992), *International Trade and the Environment*, World Bank Discussion Papers, núm. 159, Banco Mundial, Washington.

____ y A. Yeats (1991), *Do "dirty" Industries Migrate?*, The World Bank, Washington.

Lucas, R., D. Wheeler y H. Hettige (1991), *Economic Development, Environmental Regulation & the International Migration of Toxic Industrial Pollution, 1960-88*, The World Bank, Washington.

Ludevid, M. (2000), *La gestión ambiental de la empresa*, Ariel, Barcelona.

Mabey, N. y R. McNally (1999), *Foreign Direct Investment and the Environment: From Pollution Havens to Sustainable Development*, WWF-UK Report, Londres.

Mani, M. y D. Wheeler (1999), "In Search of Pollution Havens? Dirty Industry in the World Economy, 1960-1995", en P. Fredriksson (ed.), *Trade, Global Policy and the Environment*, World Bank Discussion Paper, núm. 402, Washington.

Mann, H. y K. von Moltke (1999), *NAFTA's Chapter 11 and the Environment*, International Institute for Sustainable Development, Winnipeg.

Markandya, A. y R., Julie (1993), *The Earthscan Reader in Environmental Economics*, Earthscan Publications, Londres.

Mattar, J. (1994), "La competitividad de la industria química", en F. Clavijo y J. Casar (coords.), *La industria mexicana en el mercado mundial; elementos para una política industrial*, Lecturas núm. 80, vol. II, Fondo de Cultura Económica, México.

Meadows, D. L. *et al.* (1972), *Los límites del crecimiento*, Fondo de Cultura Económica, México.

Melé, P. *et al.* (2000), "Medio ambiente, orden jurídico y gestión urbana", en M. Bañuelos (coord.), *Sociedad, derecho y medio ambiente*, Consejo Nacional de Ciencia y Tecnología-Secretaría de Educación Pública-Universidad Autónoma Metropolitana-Secretaría de Medio Ambiente, Recursos Naturales/Pesca-Procuraduría Federal del Medio Ambiente.

Méndez, E. (1995), "La industria maquiladora en Tijuana: riesgo ambiental y calidad de vida", *Comercio exterior*, vol. 45, núm. 2, febrero, México, pp. 159-163.

Méndez, R., E. Vázquez y J. Pacheco (1997), "Determinación de la calidad bacteriológica del agua de consumo de una población rural del estado de Yucatán", *Revista Académica de la Facultad de Ingeniería*, vol. I, núm. 2, Universidad Autónoma de Yucatán, Yucatán, pp. 23-28.

Mendoza, T., T. Suárez, A. Hernández, L. López y A. López (1989), *Presencia y tendencia de la industria maquiladora en Yucatán*, Facultad de Contaduría y Administración, Universidad Autónoma de Yucatán, Yucatán.

Mercado, A. (1985), *Estructura y dinamismo del mercado de tecnología industrial en México. Los casos del poliéster, los productos textiles y el vestido*, El Colegio de México, México.

____ (1995), "Competitividad y ambiente: el caso de una maquiladora de componentes electrónicos", Seminario Instrumentos Económicos para un Comportamiento Empresarial Favorable al Medio Ambiente, El Colegio de México, México, mimeo.

____ (1996), *El comportamiento ambiental de la maquila fronteriza: un estudio de caso*, documento de circulación interna, El Colegio de México-El Colegio de la Frontera Norte, México.

____ (1998), "Evaluación ambiental de la industria maquiladora en México", documento presentado en The Workshop on Industrial Transformation in Latin America, organizado por Inter-American Institute for Global Change Research/International Human Dimensions Programm/Brazilian Academy of Science/U.S. National Science Foundation, noviembre 12-13, Universidad de Campinas, São José dos Campos.

____ (1999a) (coord.), *Instrumentos económicos para un comportamiento empresarial favorable al ambiente en México*, El Colegio de México-Fondo de Cultura Económica, México.

____ (1999b), "Introducción. Los instrumentos económicos con propósitos ambientales en México: los temas centrales de investigación", en A. Mercado (coord.), *Instrumentos económicos para un comportamiento empresarial favorable al ambiente en México*, El Colegio de México-Fondo de Cultura Económica, México, pp. 19-39.

____ (1999c), "Las decisiones ambientales de las empresas prestadoras de servicios", en A. Mercado (coord.), *Instrumentos económicos para un comportamiento empresarial favorable al ambiente en México*, El Colegio de México-Fondo de Cultura Económica, México, pp. 239-264.

____ (2000a), "El comportamiento de las maquiladoras con respecto al cumplimiento de las normas ambientales", documento presentado en la Conferencia Internacional sobre Libre Comercio, Integración y el Futuro de la Industria Maquiladora: Producción Global y Trabajadores Locales, 19, 20 y 21 de octubre, El Colegio de la Frontera Norte y Comisión Económica para América Latina, Tijuana.

____ (2000b), "El comportamiento empresarial con respecto al cumplimiento de las normas ambientales en la industria mexicana", en M. Bañuelos (coord.), *Sociedad, derecho y medio ambiente*, Consejo Nacional de Ciencia y Tecnología-Secretaría de Educación Pública-Universidad Autónoma Metropolitana-Secretaría del Medio Ambiente, Recursos Naturales y Pesca-Procuraduría Federal de Protección al Ambiente, México, pp. 291-322.

____ (2000c), "Environmental Assessment of the Mexican Steel Industry", en R. O. Jenkins (ed.), *Industry and Environment in Latin America*, Routledge, Londres, pp. 218-244.

____ (2001), "El comportamiento de las maquiladoras con respecto al cumplimiento de las normas ambientales", en *Memoria de la Conferencia Internacional: Libre comercio, integración y el futuro de la industria maquiladora: producción global y trabajadores locales*, Secretaría del Trabajo y Previsión Social-El Colegio de la Frontera Norte, México, pp. 199-210.

____ (2002), "Trayectorias de conducta ambiental de las empresas mexicanas", *Comercio exterior*, Banco Nacional de Comercio Exterior, SNC, vol. 52, núm. 2, febrero, México, pp. 110-117.

____ (2003a), "Seguridad y salud en las maquiladoras", *Comercio exterior*, vol. 53, núm. 8, agosto, Banco Nacional de Comercio Exterior, SNC, México, pp. 723-733.

____ y M. L. Blanco (2003b), "Las Normas Oficiales Mexicanas Ecológicas para la industria mexicana: alcances, exigencia y requerimientos de reforma", *Gestión y Política Pública*, vol. XII, núm. 1, enero, Centro de Investigación y Docencia Económicas, México, pp. 93-128.

____ y Ó. A. Fernández (1998), "La contaminación y las pequeñas industrias en México", *Comercio exterior*, vol. 48, núm. 12, Banco Nacional de Comercio Exterior, México.

____ y Ó. A. Fernández (2005), "¿Maquila limpia?", en J. Carrillo y C. Schatan, 2005 (coord.), en *El medio ambiente y la maquila en México*, Libros de la CEPAL, núm. 83,

Comisión Económica para América Latina y el Caribe, LC/MEX/G.9, México, pp. 291-318.

____ y Ó. A. Fernández (2005), "La generación de contaminación industrial en México y sus regiones", en A. Mercado e I. Aguilar Barajas (eds.), *Sustentabilidad ambiental en la industria: conceptos, tendencias y experiencias mexicanas*, El Colegio de México-Instituto Tecnológico y de Estudios Superiores de Monterrey, México, pp. 173-187.

____, L. Domínguez y Ó. A. Fernández (1995), "Contaminación industrial en la Zona Metropolitana de la Ciudad de México", *Comercio exterior*, vol. 45, núm. 10, octubre, Banco Nacional de Comercio Exterior, México, pp. 766-774.

____ y Óscar A. Fernández (1998), "La contaminación y las pequeñas industrias en México", *Comercio exterior*, vol. 48, núm.12, Banco Nacional de Comercio Exterior, México.

Meyer, S. (1992), "Environmentalism and Economic Orosperity: Testing the Environmental Impact Hypothesis", manuscrito no publicado, MIT.

Micheli, J. (2000), "Fin de siglo: construcción del mercado ambiental global", *Comercio exterior*, vol. 50, núm. 3, marzo, Banco Nacional de Comercio Exterior, México.

Ministerio del Medio Ambiente (2001), *Comércio e meio ambiente: uma agenda positiva para o desenvolvimento sustentable*, documento preparado para la XIII reunión del Foro de Ministros de Medio Ambiente de América Latina y el Caribe, Secretaría de Políticas para el Desarrollo Sustentable, Brasil, <http://www.mma.gov.br/port/sds/c&ma/corpo.html>.

Moffet, J. y F. Bregha (1999), "Responsible Care: Canada's Most Influential Voluntary Initiative Offers Many Lessons but its Biggest Challenges May Lie Ahead", en R.B. Gibson (ed.), *Voluntary Initiatives: The New Politics of Corporate Greening*, Broadview Press, Peterborough, pp. 69-92.

Molina, D. (1993), "A Comment on Whether Maquiladoras are in Mexico for Low Wages or to Avoid Pollution Abatement Costs", *Journal of Environment and Development*, vol. 2, núm. 1, San Diego, CA.

Montalvo, C. (1992), *Costo ambiental del crecimiento industrial: caso de estudio de la maquiladora electrónica en Tijuana, B. C.*, Friedrich-Ebert Foundation, México.

____ (2002), *Environmental Policy and Technological Innovation: Why do firms adopt or reject new technologies?*, Edward Elgar, Cheltenham.

____ (2004), "Challenges for Cleaner Production in International Manufacture Subcontracting: The Case of the Maquiladora Industry in Northern Mexico", *Frontera norte*, vol. 16, núm. 31, El Colegio de la Frontera Norte, Tijuana, pp. 69-100.

____ (2005), "Retos de política en la promoción de prevención de la contaminación en empresas manufactureras operando en esquemas de subcontratación internacional", en J. Carrillo y C. Schatan (coords.), *El medio ambiente y la maquila en México*, Libros de la CEPAL, Comisión Económica para América Latina y el Caribe, LC/MEX/G.9, México.

____ y R. Kemp (2004), *Industrial Clean Technologies Diffusion*, Proyect Report, ESTO Network, Delft.

Moreno-Brid, J. C. (1999), *Reformas macroeconómicas e inversión manufacturera en México,* Serie Reformas Económicas, núm. 47, Comisión Económica para América Latina y el Caribe, Santiago de Chile.

MPW, Canadá (1999), *Progress in Pollution Prevention 1997-1998: Annual Report of the Pollution Prevention Coordinating Committee*, Minister of Public Works and Government Services Canada, Ottawa. (Se puede consultar una copia de este documento en <http://www.ec.gc.ca/p2progress>).

Muldoon, P. y R. Nadarajah (1999), "A Sober Second Look: The Regulatory Approach Looks Better when the Context and Consequences of Voluntary Initiatives are Taken into Account", en R. B. Gibson (ed.), *Voluntary Initiatives: The New Politics of Corporate Greening,* Broadview Press, Peterborough, pp. 51-65.

Murray, C. (1979), "Chemical Waste Disposal a Costly Problem", *Chemical and Engineering News,* núm. 12, Columbus, OH, marzo.

Muthukumara, M. y D. Wheeler (1998), "In Search of Pollution Havens? Dirty Industry in the World Wconomy, 1960-1995", *Journal of Environment and Development,* La Jolla.

Nash, J. y J. Ehrenfeld (1997), "Codes of Environmental Management Practice: Assessing their Potential as a Tool for Change", en R. H. Socolow (ed.), *Annual Review of Energy and Environment*, Annual Reviews, núm. 22, Palo Alto, pp. 487-535.

National Science Foundation (NSF) (2000), *New Technologies for the Environment: Program Solicitation,* NSF, Directorate of Engineering, <http://www.nsf.gov/cgi–bin/getpub?nsf0049>.

Nava, A. (2002), *Reflexiones sobre la relación existente entre apertura comercial y medio ambiente en México,* tesis de licenciatura, Universidad Iberoamericana, México.

Neumayer, E. (2001), *Greening Trade and Investment: Environmental Protection without Protectionism,* Earthscan Publications, Londres.

Nonaka, I. (1994), "A Dynamic Theory of Knowledge Creation", *Organization Science*, vol. 5, núm. 1, Hanover, Maryland, pp. 14-37.

Nordström, H. y S. Vaughan (1999), *Trade and Environment*, Special Studies, núm. 4, Organización Mundial del Comercio, Ginebra.

O'Connor, D. (1999), "La aplicación de instrumentos económicos en países en vía de desarrollo: de la teoría a la implementación", en A. Mercado (coord.), *Instrumentos económicos para un comportamiento empresarial favorable al ambiente en México*, El Colegio de México-Fondo de Cultura Económica, México.

Odegard, J. T. H. (2000), "Economic Liberalization and the Environment. A Case Study of the Leather Industry in Brazil", en R. O. Jenkins (ed.), *Industry and Environment in Latin America*, Routledge, Londres.

Office of Technology Assessment (1992), *Trade and Environment: Conflicts and Opportunities,* Congress of the United States, OTA, Washington.

Opschoor, J. B. y H. B. Vos (1991), *Economics Instruments for Environmental Protection*, OCDE, París.

Organización para la Cooperación y el Desarrollo Económicos (1994), *The Environmental Effects of Trade,* OCDE, París.

____ (1995), *Report on Trade and Environment to the OECD Council at Ministerial Level,* Environment Directorate, Trade Directorate, COM/ENV/TD (95) 48/Final, OCDE, París.

____ (1997), *Economic Globalisation and the Environment,* OCDE, París.

____ (1998), *Environmental Performance Reviews: Mexico,* OCDE, París.

____ (1999), *Voluntary Approaches for Environmental Policy,* OCDE, París.

____ (2000a), *Environmental Performance Reviews (1st Cycle). Conclusions and Recommendations. 32 Countries (1993-2000),* Report on Mexico, noviembre, Working Party on Environmental Performance, OCDE, París.

____ (2000b), *OECD Environmental Outlook and Strategy: Past Trends and Future Outlooks for the Chemicals Industry,* Report ENV/JM/(2000)21, OCDE, París, pp. 3-35.

____ (2003), *Environmental Data. Compendium 2002,* OCDE, París.

Padilla, C. (1994), "La competitividad de la industria textil", en F. Clavijo y J. Casar, *La industria mexicana en la política mundial,* Lecturas del Trimestre Económico, núm. 80, Fondo de Cultura Económica, México.

Panagariya, A. y J. de Melo (1993), *New Dimensions in Regional Integration,* Cambridge University Press, Cambridge.

Paz, R. (2001), *Productividad y modernización en la industria de alimentos y bebidas de Yucatán,* tesis de licenciatura, Facultad de Economía, Universidad Autónoma de Yucatán, Yucatán.

Pearce, D. W. (1976), *Environmental Economics,* Longman Group Limited, Londres. (También publicado en español: *Economía ambiental,* Fondo de Cultura Económica, Mexico, 1985).

____ y R. K. Turner (1990-1991), *Economics of Natural Resources and the Environment,* Harvester Wheatsheaf, Nueva York y Londres, (También publicado en español: *Economía de los recursos naturales y del medio ambiente,* Celeste Ediciones, Madrid, 1995.)

Pérez, C. (1983), "Structural Change and Assimilation of New Technologies in the Economic and Social Systems", *Futures,* vol. 15, núm. 5, Elsevier, Londres, pp. 357-375.

Perman, R., Y. Ma., J. McGilvray y M. Common (1999), *Natural Resource & Environmental Economics,* Pearson Education Limited, Longman, Nueva York.

Perry, D., R.A. Sánchez, W. H. Glaze y M. Mazary (1990), "Binational Management of Hazardous Waste: The Maquiladora Industry at the US-Mexico Border", *Environmental Management,* vol. 14, núm. 4, Springer, Nueva York, pp. 441-450.

Porter, M. (1991), "America's green strategy", *Scientific American,* abril, Nueva York.

____ y C. Van der Linde (1995), "Green and Competitive: Ending the Stalemate", *Harvard Business Review,* septiembre-octubre, Boston, Mass., pp. 120-134.

Portos, I. (1992), *Pasado y presente de la industria textil en México*, Universidad Nacional Autónoma de México, Instituto de Investigaciones Estéticas, Nuestro Tiempo, México.

Prakash, A. (2000), "Responsible Care: An Assessment", *Business and Society*, núm. 39, Sage Publications, Thousand Oaks, Londres, pp. 183-209.

Presidencia de la República (2007), *Primer informe de gobierno*, anexo estadístico, Presidencia de la República, México, <http://www.informe.gob.mx/ANEXO_ESTADISTICO/>.

President's Council on Sustainable Development (1999), *Towards a Sustainable America: Advancing Prosperity, Opportunity and a Healthy Environment for the 21st Century*, President's Council on Sustainable Development, US/Government Printing Office, Washington.

Procuraduría Federal de Protección al Ambiente (1998), *Informe trianual de actividades 1995-1997*, Secretaría de Medio Ambiente, Recursos Naturales y Pesca, México.

Programa de las Naciones Unidas para el Desarrollo, Instituto Internacional para el Desarrollo Sustentable (2001), *Manual de medio ambiente y comercio*, IIDS, Canadá.

Programa de Naciones Unidas para el Medio Ambiente, IE (1994), *Company Environmental Reporting: A Measure of the Progress of Business and Industry towards Sustainable Development*, Sustain Ability and UNEP, Oficina de Industria y Medio Ambiente, París.

Programa de Naciones Unidas para el Medio Ambiente (1998), *Voluntary Codes of Conduct for the Environment*, PNUMA, Oficina de Industria y Medio Ambiente, París.

Quintana, R. L. (1997), "La industria mexicana de fibras químicas textiles", *Comercio exterior*, vol. 47, núm. 4, abril, Banco Nacional de Comercio Exterior, México.

Quintero, C. (1997), *Reestructuración sindical en la frontera norte. El caso de la industria maquiladora*, El Colegio de la Frontera Norte, Tijuana.

Rauscher, M. (1997), *International Trade, Factor Movements, and the Environment*, Clarendon Press, Oxford.

Red Mexicana de Acción Frente al Libre Comercio (1999), *El manejo de residuos peligrosos en la zona fronteriza México-EUA: más preguntas que respuestas*, versión preeliminar, Red Mexicana de Acción Frente al Libre Comercio, México.

Reinert, K. y D. W. Roland-Holst (2002), "Repercusiones del TLCAN en la contaminación industrial: algunos resultados preliminares", ponencia presentada en el Simposio de América del Norte sobre análisis de los vínculos entre comercio y medio ambiente, Comisión de Cooperación Ambiental, México, <www.cec.org>.

Roberts, T. (1998), "The End of the 'Pollution Haven' as 'Comparative Advantage'? Emerging International Environmental Standards and the Brazilian Chemical Industry", ponencia presentada en la UMASS-Amherst Conference, Space, Place and Nation: Reconstructing Neo-liberalism in the Americas, noviembre.

Rock, D. (1996), "Pollution Intensity of GDP and Trade Policy: Can the World Bank be Wrong?", *World Development*, vol. 24, núm. 3, Elsevier, Montreal, pp. 471-479.

Rodgers, C. (1998), *Producer Responsibility and the Role of Industry in Managing Waste from Electrical and Electronic Equipment,* tesis de doctorado, University of Sussex, Brighton.

Rodrik, D. (1994), "King Kong meets Godzilla: The World Bank and *the East Asian Miracle*", en A. Fishlow (ed.), *Miracle or Design? Lessons from the East Asian Experience,* Overseas Development Council, Washington.

Roome, N. (1994), "Business Strategy, R&D Management and Environmental Imperatives", en *R&D Management,* vol. 24, núm. 1, Manchester, Reino Unido, pp. 65-82.

Ros, J., J. Draisma, N., Lustig y A. Ten Kate (1996), "Prospects for Growth and the Environment in Mexico in the 1990s", *World Development,* vol. 24, núm. 2, Elsevier, Montreal, pp. 307-324.

Ruijters, Y. (1995), *The Relevance of Environmental Legislation for the Transfer of Environmentally Sound Technology: The Mexican Experience,* Discussion Paper núm. 9515, UNU/Intech, Maastricht.

Runge, C.F. *et al.* (1997), *Sustainable Trade Expansion in Latin America and the Caribbean: Analysis and Assessment,* World Resources Institute, Washington.

Sánchez, R. A. (1990), "Otra manera de ver la maquiladora: riesgos en el medio ambiente y la salud", en B. González Aréchiga y J. C. Ramírez (comps.), *Subcontratación y empresas transnacionales: apertura y reestructuración en la maquiladora,* El Colegio de la Frontera Norte-Fundación Friedrich Ebert, México, pp. 553-570.

____ (1991), "El Tratado de Libre Comercio en América del Norte y el medio ambiente de la frontera norte", en *Frontera norte,* vol. 3, núm. 6, Tijuana, pp. 5-28.

____ (2000), *Mexico's Manufacturing Exports and the Environment under NAFTA,* documento preparado para el North American Symposium on Understanding the Linkages between Trade and Environment, Commission for Environmental Cooperation, <www.cec.org/programs_projects/trade_environ_econ/pdfs/Schatan.pdf>.

____ (2002), *Las exportaciones manufactureras de México y el medio ambiente bajo el TLCAN,* <www.cec.org>.

Schaper, M. (1999), *Impactos ambientales de los cambios en la estructura exportadora en nueve países de América Latina y el Caribe: 1980-1995,* CEPAL, División de Medio Ambiente y Asentamientos Humanos, Santiago de Chile.

Schatan, C. (2000), *Contaminación industrial en los países latinoamericanos pre y post reformas económicas,* Serie Medio Ambiente y Desarrollo, núm. 22, CEPAL, Santiago de Chile.

____ (2002), "Las exportaciones manufactureras de México y el medio ambiente bajo el TLCAN", en Comisión para la Cooperación Ambiental del América del Norte, *Efectos ambientales del libre comercio,* Montreal, pp. 361-381. El documento puede consultarse en <http://cec.org/files/PDF/ECONOMY/simposio-sp.pdf>

____ y L. Callejas (2005), "La industria maquiladora electrónica en la frontera norte de México y el medio ambiente", en J. Carrillo y C. Schatan (coords.), *El medio ambiente y la maquila en México: un problema ineludible,* Libros de la CEPAL, núm. 83, Comisión Económica para América Latina y el Caribe, , LC/MEX/G.9, México.

_____ y J. Carrillo (coords.) (2005), *Empresas maquiladoras y su impacto ambiental en México*, Comisión Económica para América Latina y el Caribe-El Colegio de la Frontera Norte, México.

Schmidheiny, S. (1992), *Changing Course: A Global Business Perspective on Development and Environment*, BCSD/MIT Press, Cambridge.

Schnitzer, H. y S. Ulgiati (2004), "Less Bad is not Good Enough: A Call for Papers for a Special Issue", *Journal of Cleaner Production*, núm. 12, Elsevier, Amsterdam, pp. 439-441.

Secretaría de Energía (varios años), *Balance nacional de energía*, Estadísticas de energía, Secretaría de Energía, México, <http://www.energia.gob.mx/wb2/Sener/Sene_192_balance_de_energia>.

Secretaría de Medio Ambiente y Recursos Naturales (2003), *Compendio de estadísticas ambientales 2002*, Secretaría de Medio Ambiente y Recursos Naturales, México.

_____, <http://www.semarnat.gob.mx/informacionambiental/Pages/inicio.aspx>

Secretaría de Medio Ambiente, Recursos Naturales y Pesca (1998), *Ley General de Equilibrio Ecológico y Protección al Ambiente*, Poder Ejecutivo Federal, Secretaría de Medio Ambiente, Recursos Naturales y Pesca, México.

Secretaría de Medio Ambiente, Recursos Naturales y Pesca, Instituto Nacional de Ecología, Procuraduría Federal del Medio Ambiente (2000), *Gestión ambiental hacia la industria: logros y retos para el desarrollo sustentable 1995-2000*, Secretaría de Medio Ambiente, Recursos Naturales y Pesca, Instituto Nacional de Ecología, México.

Segerson, K. y N. Li (1999), "Voluntary Approaches to Environmental Protection", en H. Folmer y T. Tietenberg (eds.), *The International Yearbook of Environmental and Resource Economics 1999/2000. A Survey of Current Issues*, serie New Horizons in Environmental Economics, Edward Elgar, Cheltenham, pp. 273-306.

Senge, P. M. (1990), *The Fifth Discipline*, Century Business, Londres.

Shaman, D. (1996), *Brazil's Pollution Regulatory Structure and Background*, Banco Mundial, Washington.

Skea, J. (1995), "Environmental Technology", en H. Folmer, H. L. Gabel y J. B. Opschoor (eds.), *Principles of Environmental Economics: A Guide for Students and Decision Makers*, Edward Elgar, Aldershot, pp. 55-78.

Smits, R. y S. Kuhlmann (2004), "The Rise of Systemic Instruments in Innovation Policy", *International Journal of Foresight and Innovation Policy*, vol. 1, núms. 1-2, Inderscience, Ginebra, pp. 4-32.

_____, J. Leyten y P. den Hertog (1995), "Technology Assessment and Technology Policy in Europe: New Concepts, New Goals, New Infrastructures", *Policy Sciences*, núm. 28, American Elsevier, Nueva York, pp. 271-299.

Society of Environmental Toxicology and Chemistry (1993), *Guidelines for Life Cycle Assessment: A Code of Practice*, Society of Environmental Toxicology and Chemistry, Bruselas.

Sorsa, P. (1994), *Competitiveness and Environmental Standard: Some Exploratory Results*, Policy Research Working Paper, núm. 1249, World Bank, Washington.

Sprenger, R. U. (1997), "Globalisation, Employment and Environment", en *Globalisation and Environment: Preliminary Perspectives,* Organización para la Cooperación y el Desarrollo Económicos, París.

Stallings, B. y W. Peres (2000), *Growth Employment and Equity: The Impact of Economic Reforms in Latin America and the Caribbean*, Brookings Institution, Washington.

Steger, U. (1996), "Managerial Issues in Closing the Loop", *Business Strategy and the Environment*, núm. 5, Wiley Interscience, Nueva York y Chichester, Reino Unido, pp. 252-268.

Stern, D., M. Common y E. Barbier (1996), "Economic Growth and Environmental Degradation: The Environmental Kuznets Curve and Sustainable Development", en *World Development*, núm. 7, vol. 24, Elsevier Science, Oxford.

Storey, M., G. Boyd y J. Dowd (1999), "Voluntary Agreements with Industry", en C. Carraro y F. Lévêque (eds.), *Voluntary Approaches in Environmental Policy*, Kluwer Academic Publishers, Dordrecht.

Stromberg, P. (2002), "The Mexican Maquila Industry and the Environment. An Overview of the Issues", *Estudios y perspectivas*, núm. 12, Comisión Económica para América Latina, México.

Tamames, R. (1985), *Ecología y desarrollo: la polémica sobre los límites al crecimiento,* Alianza, Madrid.

Taylor, L. (2000), "The Origins of the Maquila Industry in Mexico", documento presentado en la Conferencia Internacional Libre comercio, integración y el futuro de la industria maquiladora: producción global y trabajadores locales, El Colegio de la Frontera Norte/Comisión Económica para América Latina, Tijuana.

____ (2003), "Los Orígenes de la Industria Maquiladora en México", *Comercio exterior,* vol. 53, núm. 11, noviembre, Banco Nacional de Comercio Exterior, México, pp. 1045-1056.

Teece, D. J. y G. Pisano (1994), "The Dynamic Capabilities of Firms: An Introduction", *Industrial and Corporate Change*, vol. 3, núm. 3, Fondazione ASSI, Oxford University, Oxford, Reino Unido, pp. 537-56.

Ten Kate, A. (1993), *Industrial Development and the Environment in Mexico,* Secretaría de Comercio y Fomento Industrial, México. (Publicado también en el mismo año por el Banco Mundial, Working Paper, núm. WPS 1125, Washington).

____ y F. de Mateo (1989), "Apertura comercial y estructura de la protección en México", *Comercio exterior*, vol. 39, núm. 4, Banco Nacional de Comercio Exterior, México.

The Economist (2000), "A Survey of Mexico: After the Revolution", 28 de octubre, Londres.

The Lexington Group (1996), *Encuesta sobre cuestión ambiental en la industria mexicana*, Instituto Tecnológico de Estudios Superiores de Monterrey-Comisión de Cooperación Ambiental-The Lexington Group, Monterrey, mimeo.

Tidd, J., J. Bessantand y K. Pavitt (1997), *Managing Innovation: Integrating Technological, Market and Organizational Change,* John Wiley and Sons, Chichester.

Tirole, J. (1989), *The Theory of Industrial Organization*, The MIT Press, Cambridge.

Top Runner (2004), <www.ecj.or.jp/top_runner/index.html>.

Tsoutsos, T. D. y Y. A. Stamboulis (2005), "The Sustainable Diffusion of Renewable Energy Technologies as an Example of an Innovation-focused Policy", *Technovation*, vol. 25, núm. 7, Elsevier Scientific, Amsterdam, pp. 753-761.

United Nations Centre on Transnational Corporations (1992), *World Investment Report, 1992*, Naciones Unidas, Nueva York.

United Nations Conference on Trade and Development (1999), "Trade, Environment and Development. Lessons from Empirical Studies: The Case of Brazil", en *Reconciliation of Environment and Trade Policies: Results of Case Studies*, UNCTAD, Ginebra.

Urquidi, V. L. (1972), "Incentivos contra la contaminación", *La Gaceta*, núm. 17., Fondo de Cultura Económica, México.

____ (1994), "The Use of Economic Incentives for Clean Technology in Developing Countries", documento presentado en la Tercera Conferencia Internacional de la International Association for Clean Technology, 6-8 de abril, Viena.

____ (1995), "Política ambiental y regionalización", *Frontera Norte*, vol. 7, núm. 14, julio-diciembre, El Colegio de la Frontera Norte, Tijuana.

____ (1999), "Instrumentos económicos para la política ambiental: estructura industrial y comportamiento empresarial en los países en vía de desarrollo, con referencia a México", en A. Mercado (coord.), *Instrumentos económicos para un comportamiento empresarial favorable al ambiente en México*, El Colegio de México-Fondo de Cultura Económica, México, pp. 107-142.

____ (2002a), "El problema de los desechos industriales en México", *Comercio exterior*, vol. 52, núm. 3, marzo, Banco Nacional de Comercio Exterior, SNC, México, D.F., pp. 216-221.

____ (2002b), "Limitantes y progresos en el comportamiento ambiental de las empresas mexicanas", *Comercio exterior*, vol. 52, núm. 2, febrero, Banco Nacional de Comercio Exterior, SNC, México, pp. 106-108.

Utting, P. (2000), *Business Responsibility for Sustainable Development*, United Nations Research Institute for Social Development, Ginebra.

Van de Kerkhof, M. y A. Wieczorek (2005), "Learning and Stakeholder Participation in Transition Processes towards Sustainability: Methodological Considerations", *Technological Forecasting and Social Change*, vol. 72, núm. 6, pp. 733-747.

Van den Berg, N. W., C. E. Dutilh y G. Huppes (1995), *Beginning LCA: A Guide into Environmental Life Cycle Assessment*, National Reuse of Waste Research Program, Rotterdam.

Van den Bosch, S. J. M., J. C. Brezet y P. J. Vergragt (2005), "How to Kick Off System Innovation: A Rotterdam Case Study of the Transition to a Fuel Cell Transport System", *Journal of Cleaner Production*, vol. 13, núms. 10-11, Elsevier, Amsterdam, pp. 1027-1035.

Van Kleef, y N. Roome (2007), "Developing Capabilities and Competence for Sustainable Business Management as Innovation: A Research Agenda", *Journal of Cleaner Production*, vol. 15, núm. 1, Elsevier, Amsterdam, pp. 38-51.

Van Weenen, J. (1995), "Towards Sustainable Product Development", *Journal of Cleaner Production*, vol. 3, Elsevier, Amsterdam, núms. 1-2, pp. 95-100.

Varady, R., P. Romero-Lankao y C. Hankins (2002), "Whither Hazardous-materials Management in the U.S.-Mexico Border Region?", en L. Fernández y R. T. Carson (eds.), *Both Sides of the Border. Transboundary Environmental Management Issues facing Mexico and the United States*, Kluwer Academic Publishers, Dordrecht, pp. 347-381.

Vásquez, B. I. y T. E. Cueva (2002), "Las normas ambientales y maquiladoras de autopartes en Matamoros y Reynosa", *Comercio exterior*, vol. 52, núm. 2, febrero, Banco Nacional de Comercio Exterior, SNC, México, pp. 119-128.

Vera-Cruz, A., G. Dutrénit y J. L. Gil (2003), "Derramas de la maquila y capacidades tecnológicas y empresariales de las Pymes proveedoras", X Seminario Latino-Iberoamericano de Gestión Tecnológica Altec 2003, noviembre, México.

Vilanova, S, (1994), *Empresarios verdes para un planeta azul,* Blume, Madrid.

Von Weizsacker, E. y J. Jesinghaus (1992), *Ecological Tax Reform. A Policy Proposal for Sustainable Development,* Zed Books, Londres.

Weeks, J. (1996), "The NEM and the Manufacturing Sector in Latin America", en V. Bulmer-Thomas (ed.) *The New Economic Model in Latin America and its Impact on Income Distribution and Poverty,* Macmillan, Londres.

Weintraub, S. (1997), *El TLC cumple tres años: un informe de sus avances,* Fondo de Cultura Económica-Instituto Tecnológico Autónomo de México, México.

Welford, R. J. (1995), *Environmental Strategy and Sustainable Development: The Corporate Challenge for the 21st Century*, Routledge, Londres.

____ (1996), *Corporate Environmental Management: Systems and Strategies*, Earthscan Publications, Londres.

Wenk, M. S. (2005), *The European Union's Eco-management and Audit Scheme*, Springer, Dordrech.

Wheeler, D. (1991), *Industry Pollution Projections,* Technical Paper, Banco Mundial, Washington.

____ y P. Martin (1992), "Prices, Policies and the International Diffusion of Clean Technology: The Case of Wood Pulp Production", en P. Low (ed.), *International Trade and the Environment,* World Bank Discussion Papers, Washington.

Wilson, P. (1992), *Exports and Local Development Mexico's New Maquiladoras*, University of Texas Press, Austin.

Wimmer, W., W. Züst y K. Lee (2005), *Ecodesign Implementation: A Systematic Guidance on Integrating Environmental Considerations into Product Development*, Springer, Dordrecht.

Wylynko, B. D. (1999), "Beyond Command and Control: A New Environmental Regulatory Strategy Links Voluntarism and Government Initiative", en R. B. Gibson (ed.), *Voluntary Initiatives: The New Politics of Corporate Greening*, Broadview Press, Peterborough, pp. 161-175.

Young, C. (1998), "Industrial Pollution and Export-oriented Policies in Brazil", *Revista brasileira de economía,* vol. 52, núm. 4, Río de Janeiro.

____, M. Lustosa, A. Periera y J. C. de Almeida (2001), *Comércio e meio ambiente,* Relatório de Pesquisa presentado para la red IPEA, Instituto de Economía, Río de Janeiro.

LISTA DE DIAGRAMAS, ESQUEMAS, GRÁFICAS Y CUADROS

Diagramas

Esquemas

Gráficas

Cuadros

SOBRE LOS AUTORES

Lilian Albornoz Mendoza es investigadora en la Facultad de Economía de la Universidad Autónoma de Yucatán y ha colaborado con el Departamento de Manejo y Conservación de Recursos Naturales Tropicales (protropico), de la Universidad Autónoma de Yucatán en Mérida, Yuc. Tiene estudios de maestría en Economía (El Colegio de México). Su correo electrónico es <lilimendoza@yahoo.com>.

Flor Brown es investigadora en la Facultad de Economía de la Universidad Nacional Autónoma de México, México, D. F. Es doctora en Economía y su correo electrónico es <brown@servidor.unam.mx>.

Graciela Carrillo González es investigadora en el Departamento de Economía, Universidad Autónoma Metropolitana-Azcapotzalco, México, D. F. Es doctora en Economía (Universidad de Barcelona). Su correo electrónico es <graci@prodigy.net.mx>.

Jorge Carrillo es investigador en el Departamento de Estudios Sociales de El Colegio de la Frontera Norte, Tijuana, B. C. Es doctor en Sociología (El Colegio de México). Su correo electrónico es <carrillo@colef.mx>.

Teresa Elizabeth Cueva Luna es investigadora en El Colegio de la Frontera Norte en la ciudad de Matamoros, Tamps., México. Es doctora en Estudios de Desarrollo (University of East Anglia) y maestra en Desarrollo Regional (El Colegio de la Frontera Norte). Su correo electrónico es <terelizmx@yahoo.com>.

Lilia Domínguez Villalobos es investigadora en la Facultad de Economía de la Universidad Nacional Autónoma de México, México, D. F. Es doctora en Economía (Universidad Autónoma Metropolitana-Xochimilco) y su correo electrónico es <ldv@servidor.unam.mx>.

Óscar Alberto Fernández Constantino es profesor-investigador en el Centro de Estudios Económicos de El Colegio de México y profesor en la Escuela Superior de Físico-Matemáticas del Instituto Politécnico Nacional, en México, D. F. Es candidato a doctor en Economía (Universidad Nacional Autónoma de México) y maestro en Economía (El Colegio de México). Su correo electrónico es <ofernan@colmex.mx>.

Humberto García Jiménez es profesor-investigador en Economía en la Universidad Cristobal Colón, campus Calasanz, Boca del Río, Veracruz. Es maestro en Desarrollo

Regional (El Colegio de la Frontera Norte) y candidato a doctor en Ciencia Social (El Colegio de México). Sus correos electrónicos son <humbertgarcia@yahoo.com> y <hgarcia@colmex.mx>.

Redi Gomis es investigador en el Departamento de Estudios Sociales de El Colegio de la Frontera Norte, Tijuana, B. C. Es doctor en Estudios Sociales (El Colegio de la Frontera Norte). Su correo electrónico es <hredi@colef.mx>.

Alejandro Guevara Sanginés es director de la División de Estudios Sociales de la Universidad Iberoamericana, México, D. F. Es doctor en Economía (Universidad Autónoma de Madrid). Su correo electrónico es <alejandro.guevara@uia.mx>.

Rhys O. Jenkins es profesor de Economía en la School of Development Studies, University of East Anglia, en el Reino Unido. Su correo electrónico es <r.o.jenkins@uea.ac.uk>.

Verónica María Medina Ross es consultora privada en San Francisco, Calif. Es doctora en Ciencias Ambientales (University of East Anglia). Su correo electrónico es <vross22@hotmail.com>.

Alfonso Mercado García es coordinador del programa sobre Ciencia, Tecnología y Desarrollo, y profesor-investigador en el Centro de Estudios Económicos de El Colegio de México. Es maestro en Economía del Desarrollo (University of Sussex) y maestro en Economía (El Colegio de México). Su correo electrónico es <amercado@colmex.mx>.

Carlos Montalvo Corral es consultor en jefe del Institute of Strategy, Technology and Policy, en la Netherlands Organization for Scientific Applied Research, Delft, Holanda. Es doctor en Ciencia y Tecnología (University of Sussex). Su correo electrónico es <montalvo.@stb.tno.nl>.

Belém Iliana Vásquez Galán es investigadora en el Colegio de la Frontera Norte en la ciudad de Monterrey, N. L. México. Es doctora en economía (University of Birminham). Su correo electrónico es <belem_iliana@hotmail.com>.

Ambiente e industria en México,
se terminó de imprimir en junio de 2008
en los talleres de Formación Gráfica, S. A. de C. V.,
Matamoros 112, col. Raúl Romero, 57630,
Ciudad Nezahualcóyotl, Estado de México.
Formación: Logos Editores.
Portada: Irma Eugenia
Alva Valencia.
Cuidó la edición la
Dirección de Publicaciones
de El Colegio de México.

Made in the USA
Monee, IL
18 October 2026

66035459R00308